新工科建设·计算机类系列教材

微机原理及应用
（第2版）

李 鹏　雷 鸣　　主　编
许建国　陈国瑞　　副主编

电子工业出版社
Publishing House of Electronics Industry
北京·BEIJING

内 容 简 介

本书以 16 位/32 位/64 位微处理器为背景，以 32 位微机为主，追踪微机高性能技术的应用与发展，全面、系统地介绍了现代微机的组成、工作原理、硬件配置和接口技术等，主要内容包括：微机系统的组成、微处理器、指令系统与汇编语言源程序设计、存储器技术、Cache 及 Cache 的组织与控制、输入/输出接口及其应用、高级可编程中断控制器（APIC）、并行接口技术、定时/计数技术、USB 及 PCI-Ex 等总线、模/数和数/模转换技术、Pentium 和 P6 超标量流水线、动态分支预测技术、动态执行技术、Pentium 4 微处理器的微结构、多核技术，以及 Intel 64 位微处理器的体系结构。

本书内容由浅入深，通俗易懂，联系实际，便于自学，反映了现代微机的新知识、新技术。本书可以作为普通高等院校本/专科"微机原理及应用""微机原理与接口技术"等课程的教材，也可作为计算机、电子、通信及自控类专业本/专科生和有关计算机应用开发人员的参考书。

为便于教师组织教学与学生自学，本书配有电子教案，读者可登录华信教育资源网（www.hxedu.com.cn）注册下载。

未经许可，不得以任何方式复制或抄袭本书之部分或全部内容。
版权所有，侵权必究。

图书在版编目（CIP）数据

微机原理及应用 / 李鹏，雷鸣主编. —2 版. —北京：电子工业出版社，2023.9
ISBN 978-7-121-46099-9

Ⅰ．①微… Ⅱ．①李… ②雷… Ⅲ．①微型计算机－高等学校－教材 Ⅳ．①TP36

中国国家版本馆 CIP 数据核字（2023）第 149615 号

责任编辑：戴晨辰
印　　刷：三河市君旺印务有限公司
装　　订：三河市君旺印务有限公司
出版发行：电子工业出版社
　　　　　北京市海淀区万寿路 173 信箱　　　邮编：100036
开　　本：787×1092　1/16　　印张：22.25　　字数：584 千字
版　　次：2014 年 1 月第 1 版
　　　　　2023 年 9 月第 2 版
印　　次：2023 年 9 月第 1 次印刷
定　　价：69.90 元

凡所购买电子工业出版社图书有缺损问题，请向购买书店调换。若书店售缺，请与本社发行部联系，联系及邮购电话：(010) 88254888，88258888。
质量投诉请发邮件至 zlts@phei.com.cn，盗版侵权举报请发邮件至 dbqq@phei.com.cn。
本书咨询联系方式：dcc@phei.com.cn。

前 言

"微机原理及应用"是计算机、电子、通信、机械制造及其自动化等专业十分重要的一门专业基础课程,曾被评为"湖北省优质课程"及长江大学"校级精品课程"。微型计算机是发展迅速、处于不断变革中的一门新兴学科,与其有关的新知识、新技术不断被推出与应用,内容丰富,覆盖面广,因此教材的同步改革势在必行。

编者经过多年的教学实践与探索,修订了本书。本书共 12 章,主要内容包括:

第 1 章介绍了微处理器和微机的发展过程,包括从 2003 年至今的六代微机。重点介绍了运算基础知识,包括定点数及定点数的原码、反码、补码与补码运算;浮点数及 IEEE 754 标准浮点数;逻辑运算;BCD 码和 ASCII 码。

第 2 章从微机的硬件系统和微机的软件系统两方面介绍了微型计算机系统,包括微机硬件系统的基本结构、16 位微机结构、32 位微机结构,以及系统软件和应用软件、计算机程序设计语言、微机系统等。

第 3 章介绍了 16 位、32 位微处理器内部的编程结构及寄存器阵列;32 位微处理器的 4 种工作模式;80386 外部 32 位数据总线与存储器的接口技术;80486 的结构特点;Pentium 微处理器的功能结构、引脚信号及总线周期等。

第 4 章将指令系统与汇编语言程序设计合成一章进行介绍,包括 8086 微处理器的寻址方式、16 位和 32 位微处理器指令系统及汇编语言源程序设计。汇编语言源程序设计包括 16 位完整段和 32 位简化段的编程应用,配合大量程序例题,帮助读者理解汇编编程的格式并熟悉指令的应用。

第 5 章介绍了主存储器和虚拟存储器技术。主存储器包括 SRAM、ROM、DRAM,介绍了 16 位、32 位、64 位微机的内存组织,高速缓冲存储器(Cache)及其组织与控制。虚拟存储器技术包括虚拟存储机制和段、页两级管理。

第 6 章介绍了三方面内容。第一,计算机与外设接口的基本知识,包括串、并行接口的概念,8 位/16 位/32 位 I/O 端口地址的译码技术,I/O 数据传输的方式;第二,DMA 传输方式;第三,中断传输方式,包括可编程中断控制器(PIC)82C59A、实模式的中断技术、保护模式的中断技术及高级可编程中断控制器(APIC)。

第 7 章介绍了可编程并行接口芯片 8255A 的内部结构、功能、编程及综合应用举例;微机并行打印机接口的组成、内部寄存器及编程。

第 8 章介绍了可编程时间间隔定时器芯片 8254 的内部结构、工作方式及编程应用,以及定时器/计数器 8253 及其在 IBM PC/XT 微机中的具体应用。

第 9 章介绍了异步通信的基本知识;可编程异步通信接口芯片 INS 8250 的内部结构及编程;EIA RS-232-C 串行通信接口标准;通用串行总线 USB 的特点、USB 主控器与 PCI 总线接口;基于串行传输的键盘接口技术和鼠标接口技术。

第 10 章介绍了 D/A 转换芯片 DAC0832(8 位)和 DAC1210(12 位)、A/D 转换芯片 ADC0809(8 位)和 AD574(12 位),阐述了各芯片与计算机的硬件连接及软件编程。

第 11 章介绍了总线的特性、分类及其传输的操作过程；局部总线 ISA、EISA、VESA 及 PCI；高速图形加速接口 AGP；最新的局部总线 PCI-Ex 及其应用；外部总线 IDE 及其传输模式。

第 12 章介绍了 CISC 与 RISC 技术；重点介绍了流水线技术，包括 80486 的指令流水线技术、Pentium 微处理器和 P6 微处理器中的超标量流水线技术；动态分支预测技术；动态执行技术；Pentium 4 的微体系结构及 Intel Core i7 920 微体系结构；多核微处理器及多线程；Intel 64 和安腾体系结构的技术特性等。

本书与第 1 版相比，总体结构稍有变动，主体内容保持不变，主要修订了以下内容：

第一，第 1 章修改了标题，在内容上结合微处理器的实际结构，完善了 IEEE 754 标准浮点数的描述，突显了运算基础知识；删除了逻辑电路基础部分，将原译码电路部分移入第 5 章。

第二，第 6 章新增了高级可编程中断控制器（APIC）。

第三，第 11 章新增了 VESA 总线和 PCI-Ex 总线。

第四，增加了第 12 章。除超标量流水线技术一节来自第 1 版第 3 章外，其他内容均是新增加的。

第五，每章末尾均增加了小结。

第六，本书各章根据需要，修改和增加了文字、表格及图形，以便对相关内容有更清晰的讲解。

本书由李鹏、雷鸣负责大纲的制定。李鹏统稿并编写第 2、4、5、10、11、12 章，雷鸣编写第 3、9 章，许建国编写第 1、6、7 章，陈国瑞编写第 8 章。赵立辉、白凯、林华、魏登峰、张健等参加了编程、调试与校对等工作。

本书由华中科技大学王福昌教授担任主审，在此对其表示最真诚的感谢！

本书包含配套教学资源，读者可登录华信教育资源网（www.hxedu.com.cn）下载。

由于编者的学识水平有限，本书存在疏漏和不当之处在所难免，敬请读者不吝指正，以便在今后的修订中加以改进。

编 者
2023 年 1 月

目 录

第1章 微型计算机运算基础知识 1
1.1 微型计算机的发展 1
- 1.1.1 计算机的发展概况 1
- 1.1.2 微处理器及微机的发展 1

1.2 计算机中的数制 4
- 1.2.1 数制 4
- 1.2.2 不同数制之间的转换 6

1.3 定点数 7
- 1.3.1 定点数的表示法 7
- 1.3.2 定点数的原码、反码与补码 7

1.4 IEEE 754 标准浮点数 11
- 1.4.1 浮点数的表示法 11
- 1.4.2 浮点数的规格化 11

1.5 无符号数、BCD 码与 ASCII 码 13
- 1.5.1 无符号数的表示范围及算术运算 13
- 1.5.2 无符号数的逻辑运算 13
- 1.5.3 BCD 码与 ASCII 码 14

小结 17
习题与思考题 18

第2章 微型计算机系统概论 19
2.1 微型计算机的硬件系统 19
- 2.1.1 微机硬件系统的基本结构 19
- 2.1.2 16 位微机的结构 21
- 2.1.3 32 位微机的结构 22

2.2 微型计算机的软件系统 24
- 2.2.1 系统软件和应用软件 24
- 2.2.2 计算机程序设计语言 26
- 2.2.3 微型计算机系统 27

小结 28
习题与思考题 29

第3章 微处理器 30
3.1 微处理器的基本组成和基本功能 30
- 3.1.1 微处理器的基本组成 30
- 3.1.2 微处理器的基本功能 31

3.2 微处理器内部的寄存器 31
- 3.2.1 8086 微处理器内部的寄存器 31
- 3.2.2 80386 微处理器内部的寄存器 38

3.3 微处理器对存储器的管理 40
- 3.3.1 32 位微处理器的工作模式 40
- 3.3.2 实模式存储器管理 42

3.4 8086 系统中的存储器组织 44
3.5 32 位微处理器 45
- 3.5.1 80386 微处理器的功能结构 45
- 3.5.2 Pentium 微处理器的功能结构 47
- 3.5.3 Pentium 微处理器的引脚信号 50
- 3.5.4 Pentium 微处理器的总线周期 54

小结 58
习题与思考题 59

第4章 指令系统与汇编语言源程序设计 61
4.1 8086 微处理器的寻址方式 61
- 4.1.1 指令的一般格式 61
- 4.1.2 8086 微处理器的寻址方式 62

4.2 16 位微处理器的指令系统 65
- 4.2.1 数据传送指令 65
- 4.2.2 算术运算指令 71
- 4.2.3 逻辑运算指令 75
- 4.2.4 移位指令 78
- 4.2.5 串操作指令 81
- 4.2.6 控制转移指令 86
- 4.2.7 子程序调用与返回指令 91

		4.2.8 中断调用指令 94
		4.2.9 符号扩展指令 96
		4.2.10 处理机控制指令 97
	4.3	32 位微处理器的寻址方式和指令
		系统 98
		4.3.1 32 位微处理器的寻址方式 98
		4.3.2 32 位微处理器的扩充与新增
		指令 101
	4.4	汇编语言源程序设计 106
		4.4.1 汇编语言源程序的开发 106
		4.4.2 常量、变量、标号及标识符 ... 107
		4.4.3 数值的定义 109
		4.4.4 完整段定义 111
		4.4.5 简化段定义 112
		4.4.6 基本汇编语言源程序设计 114
	小结 120
	习题与思考题 121
第 5 章	存储器技术 124
	5.1	微型计算机存储器概述 124
		5.1.1 微型计算机中存储器的类型 124
		5.1.2 半导体存储器芯片的主要性能
		指标 125
	5.2	半导体存储器芯片的结构与原理 126
		5.2.1 几种逻辑符号和译码器 126
		5.2.2 存储器芯片 128
		5.2.3 静态随机存取存储器 131
		5.2.4 动态随机存取存储器 132
		5.2.5 只读存储器 135
		5.2.6 在线读/写非易失性存储器 137
	5.3	微型计算机中内部存储器的组织 140
		5.3.1 8 位和 16 位微机的内存组织 141
		5.3.2 32 位和 64 位微机的内存组织 .. 144
	5.4	高速缓冲存储器 146
		5.4.1 Cache 的基本原理 146
		5.4.2 Cache 的组织方式与置换策略 147
		5.4.3 Cache 控制器 82385 152
	5.5	虚拟存储机制和段、页两级管理 154
		5.5.1 虚拟存储机制 154
		5.5.2 段、页两级管理 155

	小结 158
	习题与思考题 159
第 6 章	输入/输出接口技术及中断 161
	6.1 并行与串行输入/输出接口 161
		6.1.1 常用的锁存器和缓冲器 161
		6.1.2 基本的输入/输出接口电路 162
		6.1.3 输入/输出接口电路的基本
		功能 164
	6.2 输入/输出端口技术 165
		6.2.1 80x86 输入/输出端口的独立编址
		方式 165
		6.2.2 输入/输出指令 166
		6.2.3 输入/输出端口地址的分配 167
		6.2.4 16 位微机输入/输出端口地址的
		译码电路 168
		6.2.5 32 位微机输入/输出端口地址的
		译码电路 169
		6.2.6 输入/输出保护 170
	6.3 输入/输出接口电路传输数据的
		方式 170
		6.3.1 程序控制输入/输出方式 170
		6.3.2 直接存储器存取方式
		（DMA 方式） 173
		6.3.3 中断控制输入/输出方式 175
	6.4 可编程中断控制器 82C59A 176
		6.4.1 82C59A 概述 176
		6.4.2 82C59A 的内部结构 177
		6.4.3 82C59A 的引脚 178
		6.4.4 82C59A 的工作原理 180
		6.4.5 82C59A 的命令字及编程 182
		6.4.6 82C59A 在微机系统中的应用 ... 187
	6.5 实模式的中断技术 190
		6.5.1 中断及中断系统 190
		6.5.2 可屏蔽中断的中断响应与中断
		处理 190
		6.5.3 实模式的中断系统 192
	6.6 保护模式的中断技术 197
	6.7 高级可编程中断控制器 201
		6.7.1 APIC 的基本组成 201

6.7.2 本地 APIC 可以接收的中断源......203
小结......204
习题与思考题......205

第 7 章 微机的并行接口技术及应用......207
7.1 可编程并行接口芯片 8255A......207
  7.1.1 8255A 的内部结构......207
  7.1.2 8255A 的引脚信号及功能......208
  7.1.3 8255A 的两个控制字及编程......209
  7.1.4 8255A 的三种工作方式及其应用......211
7.2 微机的并行打印机接口......221
  7.2.1 Centronics 并行打印机接口......221
  7.2.2 并行打印机接口内部的寄存器......222
  7.2.3 并行打印机接口编程......224
小结......225
习题与思考题......226

第 8 章 定时/计数技术......227
8.1 8254 的功能、内部结构和外部引脚......227
  8.1.1 8254 的功能......227
  8.1.2 8254 的内部结构......227
  8.1.3 8254 的外部引脚......230
8.2 8254 的控制字......231
  8.2.1 8254 的方式控制字......231
  8.2.2 8254 的锁存命令字和状态字......232
8.3 8254 的工作方式及应用......233
  8.3.1 8254 的 6 种工作方式......233
  8.3.2 8254 的应用举例......237
8.4 定时器/计数器 8253......240
  8.4.1 8254 与 8253 的比较......240
  8.4.2 8253-5 的应用举例......240
小结......242
习题与思考题......242

第 9 章 串行通信接口技术......244
9.1 串行通信基础......244
9.2 可编程异步通信接口芯片 8250......247
  9.2.1 8250 的基本功能、内部结构和引脚功能......247
  9.2.2 8250 编程......252
9.3 RS-232-C 串行通信接口......259
9.4 通用串行总线 USB......260
  9.4.1 USB 概述......260
  9.4.2 USB 的物理接口、USB 设备的供电及 USB 的信号......261
  9.4.3 USB 主控器/根集线器、设备、集线器及其拓扑结构......263
9.5 键盘接口技术......265
  9.5.1 键盘的分类与接口......266
  9.5.2 键盘中断处理程序......268
9.6 鼠标接口技术......271
  9.6.1 鼠标接口......271
  9.6.2 鼠标驱动程序及其功能调用......272
小结......273
习题与思考题......274

第 10 章 模/数和数/模转换技术......275
10.1 模拟量输入与输出通道的组成......275
  10.1.1 模拟量输入通道的组成......275
  10.1.2 模拟量输出通道的组成......278
10.2 数/模（D/A）转换器......278
  10.2.1 D/A 转换器的基本结构......278
  10.2.2 D/A 转换器的主要技术指标......280
  10.2.3 D/A 转换芯片 DAC0832......280
  10.2.4 D/A 转换芯片 DAC1210......283
10.3 模/数（A/D）转换器......286
  10.3.1 A/D 转换器的工作原理......286
  10.3.2 A/D 转换器的主要技术指标......287
  10.3.3 A/D 转换芯片 ADC0809......288
  10.3.4 A/D 转换芯片 AD574......292
小结......296
习题与思考题......296

第 11 章 总线技术......297
11.1 总线概述......297
  11.1.1 总线的 5 个特性......297
  11.1.2 总线的分类......298
  11.1.3 总线传输的操作过程......298
11.2 局部总线 ISA 和 EISA......300
  11.2.1 局部总线 ISA......300

11.2.2 局部总线 EISA 302
11.3 局部总线 VESA 和 PCI 303
 11.3.1 VESA 总线 303
 11.3.2 PCI 总线 304
11.4 高速图形加速接口 AGP 310
11.5 PCI-Ex 总线 311
 11.5.1 PCI-Ex 技术 311
 11.5.2 PCI-Ex 的应用 312
11.6 外部总线 IDE 313
 11.6.1 IDE 简介 313
 11.6.2 IDE 接口的引脚 313
 11.6.3 IDE 接口的传输模式 314
 11.6.4 串行 ATA 接口 316
小结 317
思考题与习题 318

第 12 章 提高微处理器性能的技术 319
12.1 CISC 与 RISC 技术 319
 12.1.1 CISC 技术 319
 12.1.2 RISC 技术 320
12.2 微处理器中的超标量流水线技术 321

12.2.1 指令流水线技术 321
12.2.2 超标量流水线技术 321
12.2.3 指令流水线技术中的相关问题 323
12.2.4 动态分支预测技术 325
12.3 动态执行技术 327
 12.3.1 Pentium II 微处理器的指令流水线技术 328
 12.3.2 Pentium 4 微处理器的微结构及主要技术特征 332
12.4 微处理器中的多核技术 336
 12.4.1 多核微处理器及多线程概述 336
 12.4.2 Intel Core i7 920 340
12.5 Intel 64 位微处理器的两种体系结构 342
 12.5.1 Intel 64 体系结构 343
 12.5.2 安腾体系结构 344
小结 345
思考题与习题 346

参考文献 348

第 1 章 微型计算机运算基础知识

本章首先介绍了计算机的发展概况和微处理器及微型计算机的发展，通过对微型计算机发展历程的简单梳理，为读者初步指明了本课程内容的学习方向；随后介绍了计算机中的数制、无符号数和带符号数（包括定点数和浮点数），以及定点数、IEEE 754 标准浮点数和无符号数的运算规则等。定点数和浮点数的运算是微机运算的重要基础。

1.1 微型计算机的发展

1.1.1 计算机的发展概况

1946 年—1957 年——电子管数字计算机时代。

世界上第一台计算机于 1946 年 2 月 14 日在美国诞生，名为电子数字积分计算机（Electronic Numercial Integrator And Calculator，ENIAC）。ENIAC 采用的电子元件是电子管（真空管），它使用机器语言编程，主要应用于军事目的和科学研究。

1958 年—1964 年——晶体管数字计算机时代。

随着晶体管的发展，晶体管逐渐取代电子管作为计算机的电子元件，使计算机进入了第二代。第二代计算机具有体积小、质量轻、耗电少、运算速度快等特点。由于使用了操作系统，并采用高级语言编程，所以第二代计算机的应用领域广泛。

1965 年—1970 年——中、小规模集成电路数字计算机时代。

计算机的电子元件采用了中、小规模的集成电路（MSI、SSI），用半导体存储器取代磁芯存储器，计算机的体积更小、耗电更少、可靠性更高、功能更强、运算速度更快。

1971 年至今——大规模、超大规模集成电路数字计算机时代。

随着大规模集成电路（LSI）和超大规模集成电路（VLSI）技术的发展，在一块半导体芯片上可以集成几千个甚至数十亿个晶体管，计算机的性能不断提高，价格不断下降。大规模集成电路生产技术水平的不断提高推动了计算机的飞速发展，计算机的核心部件——微处理器也得到了快速发展。按照规模和功能，计算机可分为微型机、小型机、中型机、大型机、巨型机等，它们都得到了广泛的应用。在科学计算、自动控制、信息管理、人工智能及家用计算机等方面，微型计算机是最常见的，显然它也是使用最广泛的。

通常把用于工作、学习及娱乐的微型计算机称为个人计算机（PC），也称为桌面计算机；把支持网络的文件服务器、WWW 服务器等称为高档微型计算机系统；把生产、工作和生活中使用的各种智能化的电子仪器称为嵌入式计算机系统，因为该系统中的核心部件是专用的微处理器芯片，并为其配备了特定的操作软件。

1.1.2 微处理器及微机的发展

计算机具备控制和运算功能的核心部件称为中央处理单元（Central Processing Unit，CPU）。微机中的核心部件是微处理器芯片，即微处理器（Micro Processor，MP），微处理器不仅能够实现微机系统的控制与运算功能，而且集成度越来越高，功能越来越强大，习惯上它也被称为 CPU。

以微处理器为核心，配上由大规模集成电路制作的存储器、输入/输出接口电路及系统总线等所组成的计算机，称为微型计算机（Micro Computer，MC 或 µC），简称微机。

微处理器是微型计算机的核心部件，微型计算机的发展依赖于微处理器的发展。生产微处理器的厂商很多，著名的有 Intel 公司、Motorola 公司、Zilog 公司等。

微型计算机普遍使用的是 80x86 系列微处理器，下面简单介绍 Intel 公司生产的 80x86 系列微处理器及其微型计算机。

微型计算机的发展过程大体上分为以下六代：

第一代微型计算机的发展时代：1971 年—1973 年。

1971 年，Intel 公司推出了型号为 Intel 4004 的 4 位微处理器，标志着世界上首台 4 位微型计算机 MCS-4 问世。1972 年，Intel 公司又推出了 8 位的 8008 微处理器，该微处理器采用 PMOS 工艺，集成度大约为 2000 个晶体管/片，时钟频率小于 1MHz，使用机器语言编程，平均指令执行时间为 10～15µs。

第二代微型计算机的发展时代：1974 年—1977 年。

第二代微型计算机是以 8 位字长的微处理器为核心的计算机。典型的微处理器有 Intel 公司推出的 8080 微处理器和 8085 微处理器等。这类微处理器采用 NMOS 工艺，集成度大约为 9000 个晶体管/片，时钟频率小于 4MHz。微处理器的指令系统比较完善，软件系统使用了操作系统，可以采用汇编语言、高级语言编程，平均指令执行时间为 1～2µs。

第三代微型计算机的发展时代：1978 年—1984 年。

第三代微型计算机是以 16 位字长的微处理器为核心的计算机。典型的微处理器有 Intel 公司推出的 8086/8088 微处理器、80286 微处理器。这类微处理器采用 HMOS 工艺，集成度大约为 29000 个晶体管/片，时钟频率为 4～25MHz。微处理器的指令系统更加完善，软件系统使用了操作系统，可以采用汇编语言、高级语言编程。

8086 微处理器的数据总线为 16 位，地址总线为 20 位，内存（主存）容量为 1MB，时钟频率为 5MHz。8086 微处理器的指令系统为 80x86 系列微处理器指令系统中的 16 位基本指令集。

1979 年，Intel 公司推出了准 16 位微处理器 8088，其与 8086 微处理器的区别是外部数据总线减少至 8 位，以便与外部 8 位的设备相连接，内部保持 16 位结构，指令系统与 8086 微处理器完全相同。

1982 年，Intel 公司推出了另一种 16 位结构的微处理器 80286，其地址总线由 20 位扩展为 24 位，内存容量由 1MB 扩充至 16MB。在工作方式上，80286 微处理器相当于一个快速的 8086 微处理器，在新增的保护方式下，它提供了存储器管理、保护机制及多任务管理的硬件支持，使操作系统的功能进一步完善，从而使微机的性能大大提升。

1981 年，以 8088 微处理器为核心的微型计算机首次被组成，开创了微型计算机的新时代。1982 年，以 80286 微处理器为核心的 286 微型计算机被组成。

第四代微型计算机的发展时代：1985 年—1992 年。

1985 年，Intel 公司推出了 32 位的 80386 微处理器，该微处理器采用了 CHMOS 工艺，即高性能互补金属氧化物半导体工艺，集成度达到 15～50 万个晶体管/片，时钟频率有 16MHz、25MHz 及 33MHz 三种，首次采用了 32 位结构，地址总线和数据总线均为 32 位，可寻址 4GB 内存空间，其指令系统在兼容 16 位 80286 指令系统的基础上，将指令全面扩充到了 32 位，并新增了少数指令。以 80386 微处理器为核心的 386 微机的整体性能远远优于 286 微机。

1989 年，Intel 公司推出了 32 位的 80486 微处理器，其集成度达到 120 万个晶体管/片，时钟频率有 25MHz、33MHz 及 50MHz 三种。从结构上看，80486 微处理器=80386 微处理器+80387 协处理器+8KB 高速缓冲存储器（Cache），它不仅内部集成了 8KB L1 Cache，而且支持外部（主板）上的 L2 Cache。以 80486 微处理器为核心的 486 微机的数据处理能力及运行速度都优于 386 微机。

1985 年，Intel 公司推出了 80386 微处理器后，决定将 80386 芯片的指令集结构（Instruction Set Architecture）作为以后开发 80x86 系列微处理器的标准，该结构被称为 Intel 32 位结构（Intel Architecture-32，IA-32）。后来，在推出 64 位微处理器之前，许多微处理器都采用了 IA-32，采用 IA-32 的微处理器简称 32 位 80x86 微处理器。

第五代微型计算机的发展时代：1993 年—2002 年。

1993 年 3 月，Intel 公司推出了第五代微处理器 Pentium（译为"奔腾"）586，简称 P5，并相应推出了采用 IA-32 的 Pentium 系列微机。之后推出了 Pentium Pro、Pentium II、Pentium III（统称为 P6），还有 Pentium 4 微处理器、Celeron（赛扬）微处理器和 Xeon（至强）微处理器等。

以上 P5、P6 及 Pentium 4 等微处理器的内部都是 32 位结构，以它们为核心的微机统称为第五代微机。

Pentium CPU 与外部内存连接的数据线是 64 位的，可以提高其与外部内存交换数据的速度。Pentium CPU 内部有两路超标量指令流水线，可以在每个时钟周期内执行两条指令。Pentium CPU 内部的 L1 Cache 分为两个彼此独立的 8KB 存储器，即 8KB 代码 Cache 和 8KB 数据 Cache，可以减少争用 Cache 的情况，提升运行速度。

1995 年，Intel 公司推出了 Pentium Pro（高能奔腾）微处理器。Pentium Pro 微处理器由两片 CPU 组成，一片 CPU 由 550 万个晶体管构成，内部含有 8KB 代码 L1 Cache 和 8KB 数据 L1 Cache；另一片 CPU 由 3100 万个晶体管构成，内部含有 256KB 或 512KB 的 L2 Cache。

Pentium Pro 微处理器具有三路超标量指令流水线，共分为 12 级，可以同时执行 3 条指令。为了避免流水线产生停顿，Pentium Pro 微处理器采用了分支预测、数据流分析及推测执行技术。

1997 年，Intel 公司正式推出了 Pentium II 微处理器。它在 Pentium Pro 微处理器的基础上加入了多媒体扩展（MultiMedia eXtension，MMX）技术，在 IA-32 指令系统中新增了 57 条整数运算的多媒体指令，即 MMX 指令，用于对图像、音频、视频及通信数据的处理，故它也称为 Pentium MMX 微处理器，即多能奔腾微处理器。

1999 年，Intel 公司根据互联网和三维多媒体程序的应用要求，在 Pentium II 微处理器的基础上新增了 70 条侧重于浮点单精度多媒体运算的数据流 SIMD 扩展（Streaming SIMD Extensions，SSE）指令，开发出 Pentium III 微处理器，SSE 指令也称为 MMX-2 指令。

2000 年 11 月，Intel 公司推出了 Pentium 4 微处理器，它仍然是 IA-32 微处理器。在 IA-32 指令系统中，最初的 Pentium 4 微处理器新增了 76 条 SSE2 指令，用于提高浮点双精度多媒体运算的能力；后来又增加了 13 条 SSE3 指令，用于完善 SIMD（多媒体指令）的指令集。Pentium 4 微处理器的时钟频率为 3.4 GHz，L2 Cache 的容量高达 1MB。

Intel 公司为了适应市场的需要，从 Pentium II 微处理器开始，将同一代的微处理器分为低档和高档。面向低价位的 PC，推出了 Celeron 微处理器；面向服务器、工作站的高端产品，推出了 Xeon 微处理器。为了满足笔记本电脑功耗低、发热量小等需求，Intel 公司推出了 Pentium M 系列微处理器。

第六代微型计算机的发展时代：2003 年至今。

第六代微型计算机一般是指以字长 64 位的微处理器为核心的计算机。Core（酷睿）等系列微处理器时代通常称为第六代。世界上除 Intel 公司外，还有 AMD、IBM、SUN 等计算机公司，这几大公司先后推出了多种采用精简指令系统结构的 64 位微处理器。例如，Intel 公司在 2000 年推出的 64 位 Itanium（安腾）微处理器，在 2002 年推出的 Itanium 2 微处理器。这些 64 位微处理器不兼容通用 PC，因为它们都不是采用 IA-32 的 64 位扩展结构，使用不了现有 80x86 微机的硬软件资源，它们面向的是服务器、工作站的高端应用。

（1）IA-32 的 64 位扩展。

2003 年，AMD 公司率先推出了兼容 80x86 指令集、支持 64 位的 Athlon64 微处理器，将 PC 引入 64 位。

2004 年，Intel 公司推出了扩展存储器 64 位技术（EM64T），实现了基于 IA-32 的 64 位扩展，将 IA-32 指令系统扩展到 64 位，即 Intel 64 结构。2005 年，扩展存储器 64 位技术首先应用于支持超线程技术的 Pentium 4 终极版微处理器。

IA-32 微处理器支持计算机系统工作在可选择的实地址方式、保护方式、虚拟 8086 方式及系统管理 SMM 方式下。Intel 64 结构引入了 32 位扩展方式 IA-32e，即 64 位方式，此方式向上保持了 32 位和 16 位软件的兼容，且允许 64 位操作系统运行存取 64 位线性地址空间的应用程序，具有 64 位指令指针，可以访问 64 位通用寄存器、附加的多媒体寄存器及附加的通用寄存器等。

（2）多核技术。

在一片集成电路芯片上制作两个或两个以上微处理器执行核心，用于提升 IA-32 微处理器硬件的多线程能力的技术称为多核（Multi-core）技术。

例如，2008 年，Intel 推出了 64 位 4 个内核的基于 Nehalem 结构的 Core i7（酷睿 i7）微处理器。其内核代号为 Bloomfield，拥有 8MB 三级缓存，支持三通道的 DDR 3 内存。该微处理器采用 LGA 1366 针脚设计，支持第二代超线程技术，即该微处理器能以 8 线程运行。

目前利用单芯片多处理器技术生产的双核、4 核、8 核等微处理器芯片，CPU 中包含更多的线程，可多级高速缓存，以及其与处理器无缝融合"核心显卡"的应用，使 CPU 芯片的功能不断增加，运行速度不断提高，性能明显提升。

1.2 计算机中的数制

1.2.1 数制

在应用科学技术领域，计算机是处理信息的工具。各种形式的信息，如数字、文字、声音、图像、温度和压力等，都要转换为计算机能识别的符号。信息的符号化就是数据，是计算机所能识别的数据。在现代计算机系统中，数据都是二进制形式的。

二进制数只由两个数字（0 和 1）组成。在计算机的逻辑电路中，用两个不同的电信号，如低电平 0V 代表逻辑 0，高电平 3.6V 代表逻辑 1，就可以方便地表示二进制数。因此，只需要制造有两个状态的电子器件并用其来表示二进制数中的两个数字即可，应用电子线路容易实现，且简单可靠，十分方便。

由于阅读和书写二进制数很不方便，因此在书写（编程）和计算机输入/输出时，通常使用十进制数、十六进制数或八进制数，计算机通过软件及输入/输出（I/O）接口可以将十进制数、八进制数、十六进制数转换成计算机能够接受的二进制数，以便计算机对二进制数进行处理。

计算机将二进制数处理完成后,需要将结果的二进制数转换成八进制数、十进制数或十六进制数,以便显示器或打印机以八进制数、十进制数或十六进制数的形式输出。

1. 十进制数

十进制数有两个特点:第一,由十个数字(0、1、2、3、4、5、6、7、8、9)构成;第二,逢十进一。十进制数可以用按位权值的方法来表示,任何一个十进制数都可以用其按位权值的形式来表示。

$$N=X_{n-1}\times 10^{n-1}+X_{n-2}\times 10^{n-2}+\cdots+X_0\times 10^0+X_{-1}\times 10^{-1}+\cdots+X_{-m}\times 10^{-m}$$

式中,X 为一个十进制数,基数是 10,整数位有 n($n-1\sim 0$)位,小数位有 m($-1\sim -m$)位。例如:

$$(128.6)_{10}=1\times 10^2+2\times 10^1+8\times 10^0+6\times 10^{-1}$$

2. 二进制数

二进制数也有两个特点:第一,由两个数字(0 和 1)构成;第二,逢二进一。二进制数也可以用其按位权值的形式来表示。

$$N=X_{n-1}\times 2^{n-1}+X_{n-2}\times 2^{n-2}+\cdots+X_0\times 2^0+X_{-1}\times 2^{-1}+\cdots+X_{-m}\times 2^{-m}$$

式中,X 为一个二进制数,基数是 2,整数位有 n($n-1\sim 0$)位,小数位有 m($-1\sim -m$)位。例如:

$$(1011.101)_2=1\times 2^3+0\times 2^2+1\times 2^1+1\times 2^0+1\times 2^{-1}+0\times 2^{-2}+1\times 2^{-3}$$
$$=8+0+2+1+0.5+0.00+0.125=(11.625)_{10}$$

3. 八进制数

八进制数由 0、1、2、3、4、5、6、7 共 8 个数字构成,逢八进一。八进制数也遵守按位权值展开的规则。例如:

$$(127.4)_8=1\times 8^2+2\times 8^1+7\times 8^0+4\times 8^{-1}=64+16+7+0.5=(87.5)_{10}$$

4. 十六进制数

十六进制数由 0、1、2、3、4、5、6、7、8、9、A、B、C、D、E、F 共 16 个符号构成,逢十六进一。十六进制数也遵守按位权值展开的规则,只不过其中的基数是 16。例如:

$$(A2C.8)_{16}=10\times 16^2+2\times 16^1+12\times 16^0+8\times 16^{-1}=10\times 256+2\times 16+12+0.5=(2604.5)_{10}$$

二进制(Binary)数的习惯书写单位为 B,八进制(Octal System)数的习惯书写单位为 O,十进制(Decimal System)数的习惯书写单位为 D,十六进制(Hexadecimal System)数的习惯书写单位为 H。

四种进位制的对照表如表 1-1 所示。

表 1-1 四种进位制的对照表

十进制数	二进制数	八进制数	十六进制数
0	0	0	0
1	1	1	1
2	10	2	2

续表

十进制数	二进制数	八进制数	十六进制数
3	11	3	3
4	100	4	4
5	101	5	5
6	110	6	6
7	111	7	7
8	1000	10	8
9	1001	11	9
10	1010	12	A
11	1011	13	B
12	1100	14	C
13	1101	15	D
14	1110	16	E
15	1111	17	F
16	10000	20	10

1.2.2 不同数制之间的转换

在四种数制的相互转换中，十进制数与二进制数的相互转换是基础，只要掌握了十进制数转换成二进制数的方法，其他问题就比较容易解决了。这是因为，第一，将十进制数转换成二进制数的方法同样适用于将十进制数转换成八进制数或十六进制数；第二，由二进制数转换成八进制数或十六进制数比较方便。

二进制数、八进制数及十六进制数转换成十进制数，均按位权值展开并求和即可。

1．十进制数转换为二进制数

十进制数的整数部分与小数部分转换成二进制数的原理不同，对应不同的转换方法。

第一，十进制数的整数部分转换成二进制数采用"除 2 取余"的方法，将十进制数连续除以 2 取余数作为各步骤的结果，直到商为 0。首次的余数是二进制数的最低位，末次的余数是二进制数的最高位。

例如，将十进制数 44 转换成二进制数。

44/2=22　　　　　余数=0（最低位）
22/2=11　　　　　余数=0
11/2=5　　　　　　余数=1
5/2=2　　　　　　余数=1
2/2=1　　　　　　余数=0
1/2=0　　　　　　余数=1（最高位）

转换结果为 44D=101100B。

第二，十进制数的小数部分转换成二进制数采用"乘 2 取整"的方法，将小数部分连续乘 2 取整数值作为各步骤的结果，直到小数部分为 0 或已经达到所要求的精度为止。乘 2 后首次得到的整数是二进制数的最高位，末次得到的整数是二进制数的最低位。

例如，将十进制数 0.375 转换成二进制数。

0.375×2=0.750　　　　整数=0（最高位）

0.75×2=1.50　　　　　整数=1
0.50×2=1.00　　　　　整数=1（最低位）

转换结果为 0.375D=0.011B。

十进制数转换成八进制数及十六进制数的方法与上述方法类似。

2．二进制数转换为八进制数

对于二进制数的整数，从低位到高位，每 3 位二进制数写成一个八进制数，最后，当高位不足 3 位时，在最高位补 0 后组成 3 位二进制数即可。

例如，将二进制数 11101011 转换为八进制数，高位补一个 0，写成 011 101 011B=353O。

对于二进制数的小数，从高位到低位，每 3 位二进制数写成一个八进制数，最后，如果低位不足 3 位，在右边补 0，组成 3 位二进制数即可。

例如，将二进制数 0.1101011 转换为八进制数，低位补两个 0，写成 0.110 101 100B=0.654O。按照类似的方法，可以将二进制数转换成十六进制数。

1.3　定点数

1.3.1　定点数的表示法

在微型计算机中，既可以实现定点运算，又可以实现浮点运算。因此，在微型计算机中既有定点数，也有浮点数，且各自都有相应的表示法。

在计算机中的定点数约定二进制数的小数点的位置固定在某一位。原则上讲，小数点的位置固定在哪一位都行，不过通常有两种定点格式，一是将小数点固定在数的最左边，即纯小数；二是将小数点固定在数的最右边，即纯整数。前者通常用作浮点数的尾数，后者通常被用在定点整数的运算及浮点数的阶码中。

用宽度为 $n+1$ 位的数字来表示定点数 X。其中，X_0 表示数的符号，如 1 表示负数，0 表示正数；其余数字表示它的数位。对于任意定点数 $X = X_0X_1X_2\cdots X_n$，在定点计算机中可表示为：

① 如果 X 为纯小数，小数点固定在 X_0 与 X_1 之间，那么数 X 的表示范围为

$$0 \leqslant |X| \leqslant 1-2^{-n} \tag{1-1}$$

② 如果 X 为纯整数，小数点固定在 X_n 的右边，那么数 X 的表示范围为

$$0 \leqslant |X| \leqslant 2^n-1 \tag{1-2}$$

1.3.2　定点数的原码、反码与补码

1．机器数与真值

在计算机中，传输与加工处理的信息均为二进制数，二进制数的逻辑 1 和逻辑 0 分别代表高电平和低电平。计算机只能识别 1 和 0 两个状态，那么如何确定与识别是正二进制数还是负二进制数呢？解决的办法是将二进制数的最高位作为符号位。例如，1 表示负数，0 表示正数。若字长取 8 位，则 10001111B 表示−15，00001111B 表示+15，这便构成了计算机所能识别的数。带符号的二进制数称为机器数，机器数所代表的值称为真值。

机器数的表示方式主要有原码、反码、补码和移码 4 种形式。本节介绍原码、反码和补码，移码在浮点数一节中介绍。

2. 原码的表示法

若定点整数的原码为 $X_0X_1X_2\cdots X_n$,则原码表示的定义为

$$[X]_{原} = \begin{cases} X, & 2^n > X \geqslant 0 \\ 2^n - X = 2^n + |X|, & 0 \geqslant X > -2^n \end{cases} \tag{1-3}$$

式中,X_0 为符号位。若 $n = 7$,即字长为 8 位,则

① X 的取值范围:$-127 \sim +127$。
② $[+127]_{原} = 01111111$。
③ $[-127]_{原} = 11111111$。
④ $[+0]_{原} = 00000000$。
⑤ $[-0]_{原} = 10000000$。

原码的表示法简单易懂,但是加法运算电路复杂,不容易实现。

3. 反码的表示法

定点整数反码表示的定义为

$$[X]_{反} = \begin{cases} X, & 2^n > X \geqslant 0 \\ (2^{n+1} - 1) + X, & 0 \geqslant X > -2^n \end{cases} \tag{1-4}$$

同样地,若 $n = 7$,即字长为 8 位,则

① X 的取值范围:$-127 \sim +127$。
② $[+127]_{反} = 01111111$。
③ $[-127]_{反} = 10000000$。
④ $[+0]_{反} = 00000000$。
⑤ $[-0]_{反} = 11111111$。

4. 补码的表示法

定点整数补码表示的定义为

$$[X]_{补} = \begin{cases} X, & 2^n > X \geqslant 0 \\ 2^{n+1} + X = 2^{n+1} - |X|, & 0 \geqslant X \geqslant -2^n \end{cases} \tag{1-5}$$

同样地,如果 $n = 7$,即字长为 8 位,那么

① X 的取值范围:$-128 \sim +127$。
② $[+127]_{补} = 01111111$。
③ $[-128]_{补} = 10000000$。
④ $[+0]_{补} = [-0]_{补} = 00000000$。
⑤ $[-127]_{补} = 10000001$。

【例 1-1】 设计算机的字长为 8 位,$X=68$,$Y=-68$,分别求出 X 和 Y 的原码、反码及补码。

解:$[X]_{原} = [X]_{反} = [X]_{补} = 01000100$

$[Y]_{原} = 11000100$

$[Y]_{反} = 10111011$

$[Y]_{补} = 10111100$

5. 定点数补码的加减法运算及溢出判断

计算机中的基本运算有逻辑运算和算术运算两种：逻辑运算包括逻辑与、逻辑或、逻辑非等，均是按位进行的，即权值对应的位进行逻辑运算；算术运算包括加、减、乘、除四则运算。在运算过程中有进位与借位，根据选取的算法，找出运算规律，以便用物理器件来实现其运算。在实际应用中往往用补码进行加减法运算，因为使用补码来设计与实现加减法运算电路很方便。

1) 补码的加法运算

规则： $[X]_{补}+[Y]_{补} = [X+Y]_{补}$ （1-6）

条件：X、Y 及 $X+Y$ 都在定义域内。

特点：符号位参与运算；以 2^{n+1} 为模做加法运算，最高位相加产生的进位自然丢掉。根据运算后结果的符号位，对结果求补，便可还原出真值，即 $[[X+Y]_{补}]_{补} = X+Y$。

在下面所有例题的运算过程中，均假定字长为 8 位。

【例 1-2】 已知 $X = +00001111$，$Y = +01000000$，求 $X+Y$。

解：$[X]_{补} = 00001111$　　$[Y]_{补} = 01000000$

```
   00001111
 + 01000000
   ────────
   01001111 = [X+Y]补，X+Y = 01001111。
```

【例 1-3】 已知 $X = -00001111$，$Y = 01000000$，求 $X+Y$。

解：$[X]_{补} = 11110001$　　$[Y]_{补} = 01000000$

```
   11110001
 + 01000000
   ────────
 1 00110001 = [X+Y]补，X+Y = 00110001。
```

2) 补码的减法运算

由于 $X-Y = X+(-Y)$，所以补码的减法运算仍可以用加法运算电路来完成，即 $[X]_{补}+[-Y]_{补} = [X-Y]_{补}$。

【例 1-4】 已知 $X = 01000000$，$Y = 00001111$，求 $X-Y$。

解：$[X]_{补} = 01000000$　　$[-Y]_{补} = 11110001$

```
   01000000
 + 11110001
   ────────
 1 00110001 = [X-Y]补，X-Y = 00110001。
```

3) 溢出判断

若参与操作的两个数在定义域内，但运算结果超出了字长范围内补码所能表示的值，使所计算出的结果产生了错误，则称为溢出。

例如，若字长为 8 位，则补码所能表示的数的范围是 $-128 \sim +127$；若字长为 n 位，则补码所能表示的数的范围是 $-2^{n-1} \sim 2^{n-1}-1$。当运算结果超出该范围时，便产生溢出。两个正数相加可能产生正的溢出，两个负数相加可能产生负的溢出，正、负两数相加一定不会产生溢出。

【例 1-5】 两个正数相加产生溢出的示例。

```
  C7C6
   01000000          +64
 + 01000001         + 65
   ────────         ──────
   10000001          +129>+127
```

结果错误，产生了溢出。

两个正数相加，结果为负数形式是由于+129>+127。从上式可看出 $C_6=1$，$C_7=0$。其中，C_6 是位号为 6 的两个数相加所产生的进位，即次高位两数相加后向高位产生的进位；同理，C_7 是位号为 7 的两个数相加所产生的进位。$OF = C_6 \oplus C_7 = 1 \oplus 0 = 1$，溢出标志 OF = 1，表示有溢出。

【例 1-6】 用补码列竖式的方法，计算 –128–1，并判断是否有溢出。

解：

$$\begin{array}{r} C_7C_6 \\ [-128]_补 = 1\,0\,0\,0\,0\,0\,0\,0 \\ +\ [-1]_补 = 1\,1\,1\,1\,1\,1\,1\,1 \\ \hline \boxed{1}\,0\,1\,1\,1\,1\,1\,1\,1 \end{array}$$

两个负数相加，结果为正数形式是由于 –128–1 = –129<–128。从上式可看出 $C_6=0$，$C_7=1$，$OF=C_6 \oplus C_7 = 0 \oplus 1 = 1$，表示有溢出。

【例 1-7】 用补码列竖式的方法，计算 64–1，并判断是否有溢出。

解：

$$\begin{array}{r} C_7C_6 \\ [+64]_补 = 0\,1\,0\,0\,0\,0\,0\,0 \\ +\ [-1]_补 = 1\,1\,1\,1\,1\,1\,1\,1 \\ \hline \boxed{1}\,0\,0\,1\,1\,1\,1\,1\,1 \end{array}$$

64–1=63=00111111B。$C_7=1$，$C_6=1$，$OF = C_6 \oplus C_7 = 1 \oplus 1 = 0$，无溢出。

4）可控的补码加法/减法运算电路

可控的补码加法/减法运算电路如图 1-1 所示，其基本结构是由 8 个一位全加器构成的串行进位加法电路，该电路可以实现两个 8 位二进制数相加。设二进制数 $A=A_7A_6A_5A_4A_3A_2A_1A_0$，$A$ 是被加数或被减数，$B=B_7B_6B_5B_4B_3B_2B_1B_0$，$B$ 是加数或减数，M 是控制位。当 $M=0$ 时，$C_0=0$，$B_7 \sim B_0$ 均与逻辑 0 异或，分别经过一个异或门，且反相后均不会送至对应的一位全加器，因此，可以实现 $A+B$ 操作；当 $M=1$ 时，$B_7 \sim B_0$ 均与逻辑 1 异或，分别经过一个异或门，均会反相后送至对应的一位全加器，且 $C_0=M=1$，因此，实现了 B 取反、最末位+1 的操作，即

$$A+(\overline{B}+1) = A+[-B]_补$$

于是，当 $M=1$ 时，完成 $A-B$ 操作。V 是溢出位，$V=C_7 \oplus C_6$。

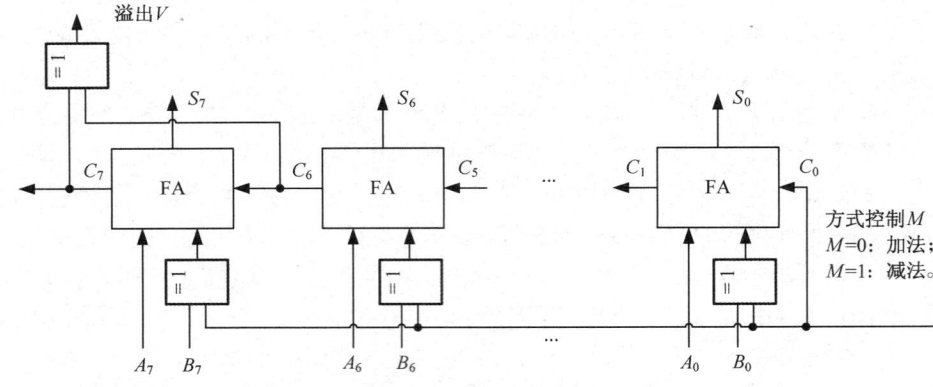

图 1-1 可控的补码加法/减法运算电路

1.4 IEEE 754 标准浮点数

1.4.1 浮点数的表示法

在高性能的微处理器中含有浮点处理部件 FPU,其处理的数据都是浮点数,浮点数包含阶码、阶符、尾数及数符等信息。

任意一个十进制数 N 可以写成:

$$N = 10^E \times M \tag{1-7}$$

同样地,任意一个二进制数 N 可以写成:

$$N = 2^E \times m \tag{1-8}$$

式中,m 为浮点数的尾数,是一个纯小数;E 是比例因子的指数,称为浮点数的指数,是一个纯整数,比例因子的基数是一个常数,这里取值为 2。例如,$N = 101.1101 = 2^{0011} \times 0.1011101$。

可以看出,在计算机中存放一个完整的浮点数,其应该包括阶码、阶符、尾数及尾数的符号(数符)4 部分。完整浮点数的格式如图 1-2 所示。

MSB			LSB
E_S	$E_1E_2\cdots E_m$	M_S	$M_1M_2\cdots M_n$
阶符	阶码	数符	尾数

图 1-2 完整浮点数的格式

尾数是纯小数,有 n 位,其中,M_n 是最低有效位(LSB),一位指示其正负的符号位 M_S。阶码是纯整数,有 m 位,阶码的符号位(阶符)占 1 位(E_S),E_S 是最高有效位(MSB)。

在 1985 年制定的关于浮点数表示的 IEEE 754 标准中,包括 32 位浮点数和 64 位浮点数两种规格的标准格式,即单精度浮点数和双精度浮点数。这两种浮点数标准是构成微处理器中浮点处理部件的重要支撑。

两种浮点数标准的格式如图 1-3 所示。

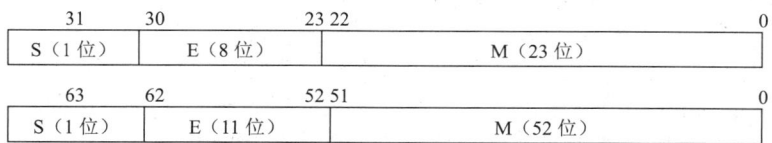

图 1-3 两种浮点数标准的格式

其中,S(1 位)是数符,M 是尾数,E 是阶码,用移码表示。

1.4.2 浮点数的规格化

1. 移码的表示法

两种浮点数标准格式的阶码都采用移码描述,设字长 $n=8$,定点整数移码的定义为

$$[X]_{移} = 2^{n-1} + X, \quad -2^{n-1} \leqslant X < +2^{n-1} \tag{1-9}$$

由于有一位符号位,偏移量是 $2^7=128$,所以,真值 X 的取值范围是 $-128 \sim 127$,那么 $[X]_{移}$ 的范围是 00000000~11111111B。

补码与移码的符号位正好相反，尾数部分完全相同。

例如：X=00000010，[X]_补=00000010，[X]_移=10000010。

X=−00000010，[X]_补=11111110，[X]_移=01111110。

2．浮点数的阶码

在 32 位单精度浮点数中，约定基数 R=2。S 是尾数的符号位，即浮点数的符号位，它占一位，被安排在最高位，通常用机器数来表示。例如，选用补码表示尾数部分，0 表示正数，1 表示负数，尾数 M 占 23 位，放在低位部分，尾数是用纯小数表示的。

E 是阶码，占 8 位，阶码采用移码的方式来表示，便于浮点数的运算。从移码的定义中可以看出，阶码的上移值是 128，实际取 127，即 E=e+127。最高位是符号位，0 表示负数，1 表示正数，与补码的符号位正好相反。

如果把真值 e 的取值范围定为−126～+127，而不是−128～+127，那么，8 位二进制数的补码、标准偏移码和浮点数的阶码的对应关系如表 1-2 所示。在 8 位二进制数的 256 个编码中，将全 0 和全 1 两个编码作为移码（浮点阶码），在 IEEE 754 标准浮点数中将其作为其他用途。

表 1-2　8 位二进制数的补码、标准偏移码和浮点数的阶码的对应关系

真值（十进制数）	补码	标准偏移码（偏移 128）	浮点数的阶码（偏移 127）
−128	10000000	00000000	—
−127	10000001	00000001	—
−2	11111110	01111110	01111101
−1	11111111	01111111	01111110
0	00000000	10000000	01111111
+1	00000001	10000001	10000000
+2	00000010	10000010	10000001
+126	01111110	11111110	11111101
+127	01111111	11111111	11111110

同理，在 64 位双精度浮点数中，阶码占 11 位，E=e+1023。

3．浮点数的规格化

在实际应用中，为了提高浮点数的精度，在调整浮点数时，会对浮点数的尾数进行规格化，即尾数域的最左边总有一位整数 1 不予存取，在计算过程中，默认有一个整数 1 存在。对单精度浮点数而言，实际将其尾数扩充到了 24 位，这样的浮点数称为规格化的 IEEE 754 标准的浮点数。

根据规格化的 32 位浮点数的表示形式，可以采用如下公式反过来求数 N 的真值。

$$N = (-1)^S \times (1.M) \times 2^{E-127} \quad (1\text{-}10)$$

$$e = E - 127$$

在 64 位浮点数中，阶码占 11 位，数中的符号位占 1 位，尾数域占 52 位，阶码上移值 1023，同理，采用如下公式求真值 N。

$$N = (-1)^S \times (1.M) \times 2^{E-1023} \quad (1\text{-}11)$$

$$e = E - 1023$$

在实际情况中，采用规格化尾数的方法（尾数最左边的位 1 被隐藏）可以扩充浮点数表示的范围，从而提高处理数据的精度。

【例 1-8】 设 $N = 2^{0111} \times 0.1011101$，求数 N 规格化的 32 位 IEEE 754 标准的浮点数。

解：$N = 2^{00000111} \times 0.10111010000000000000000 = 2^{00000110} \times 1.01110100000000000000000$

其浮点数格式如下。

S 为 0，$E = e + 127 = 00000110 + 01111111 = 10000101$，$M = 01110100000000000000000$。

1.5 无符号数、BCD 码与 ASCII 码

1.5.1 无符号数的表示范围及算术运算

1. 无符号数的表示范围

无符号数每一位上的 0 或 1 都是有效的数据位，没有符号位。无符号数表示的一定是正数，它不可能表示负数。

设计算机的字长为 n 位，一个 n 位无符号二进制数 X 可以表示的数值范围为

$$0 \leqslant X \leqslant 2^n - 1$$

例如：$n = 8$，$2^8 - 1 = 255$，即 $0 \leqslant X \leqslant 255$，$X$ 的表示范围是从 00000000B 到 11111111B。

2. 无符号数的算术运算

在 80x86 指令系统中，带符号数和无符号数的算术运算中都包含加、减、乘、除运算指令。无符号数的加、减、乘、除运算主体规则类似于十进制数的加、减、乘、除运算主体规则，区别是其采用二进制数运算，而不采用十进制数。

两个无符号数的加法运算的规则是：位权值相同的两个二进制数逐位相加，逢二进一。如果最高位相加有进位输出，则称之为进位，是有效数据位。前面讨论的带符号数运算产生的进位称为溢出位。

【例 1-9】 列竖式进行两个无符号二进制数 10101101 和 10001101 的加法运算。

解：
```
   10101101
 + 10001101
 ----------
  100111010
```

10101101B + 10001101B = 100111010B

最高位向更高位进位 1，代表 256。

两个无符号数的减法运算的规则是：位权值相同的两个二进制数逐位相减，向高位借 1 位等于 2。如果最高位相减有借位，则表示被减数不够减。

【例 1-10】 列竖式进行两个无符号二进制数 10101101 和 10011101 的减法运算。

解：
```
   10101101
 - 10011101
 ----------
   00010000
```

10101101B − 10011101B = 00010000B

1.5.2 无符号数的逻辑运算

根据逻辑运算的规则，应用逻辑器件可以设计计算机中的逻辑运算部件，逻辑运算部件可

以实现两个 N 位二进制数的逻辑运算。在 80x86 指令系统中，有逻辑与、逻辑或、逻辑非及逻辑异或 4 种运算指令。

1. 逻辑与运算

逻辑与运算又称逻辑乘运算，根据运用的场合不同，可以使用的运算符有×、·、∧ 及 AND 等。逻辑与运算产生两个逻辑变量的逻辑积。两个 N 位二进制数实现逻辑与运算的规则是：两个 N 位二进制数中位权值相等的位相"与"，产生两个 N 位二进制数的逻辑积。

【例 1-11】 已知 $A = 10101101$，$B = 00001111$，求 $Y = A \cdot B$。

解：
$$\begin{array}{r} 10101101 \\ \wedge\,00001111 \\ \hline 00001101 \end{array}$$

2. 逻辑或运算

逻辑或运算又称逻辑加运算，根据运用的场合不同，可以使用的运算符有+、∨ 及 OR 等。逻辑或运算产生两个逻辑变量的逻辑或。两个 N 位二进制数实现逻辑或运算的规则是：两个 N 位二进制数中位权值相等的位相"或"，产生两个 N 位二进制数的逻辑或。

【例 1-12】 已知 $A = 10101101$，$B = 00001111$，求 $Y = A+B$。

解：
$$\begin{array}{r} 10101101 \\ \vee\,00001111 \\ \hline 10101111 \end{array}$$

3. 逻辑非运算

逻辑非运算对单一的逻辑变量进行求反运算，为逻辑否定，逻辑 1 取反为逻辑 0，逻辑 0 取反为逻辑 1。如果对变量 A 取反，则其运算符是在变量上边画一条横线，用表达式表示为 $Y = \overline{A}$。对 N 位二进制数求反，就是将 N 位二进制数中各位逐位取反，其结果是原二进制数的反。

【例 1-13】 已知 $A = 10101101$，求 $\overline{A}$。

解： $\overline{1 0 1 0 1 1 0 1} = 01010010$

4. 逻辑异或运算

逻辑异或运算根据运用的场合不同，可以使用的运算符有 ⊕、∀ 及 XOR 等。逻辑异或运算产生两个逻辑变量之间的"不相等"的逻辑加。两个 N 位二进制数实现逻辑异或运算的规则是：两个 N 位二进制数中位权值相等的位相"异或"，产生两个 N 位二进制数的逻辑异或。

【例 1-14】 已知 $A = 10101101$，$B = 00001111$，求 $Y = A \oplus B$。

解：
$$\begin{array}{r} 10101101 \\ \forall\,00001111 \\ \hline 10100010 \end{array}$$

1.5.3 BCD 码与 ASCII 码

1. BCD 码（二-十进制码）

1）BCD 码的表示

BCD 码是一种常用的数字代码，它是将每个十进制数用 4 位二进制数来表示的编码。计算机不仅要处理二进制数，还要处理十进制数。例如，用 80x86 指令编程，既可以实现两个二进制数的加减运算，又可以实现两个 BCD 码的加减运算。将十进制数用二进制编码来表示，以便进行算术运算。

在计算机中常用的 BCD 码是 8421 码,也称为 8421BCD 码或标准 BCD 码。每个 BCD 码每位上对应的权值与二进制权值相同,十进制数 0~9 的 BCD 码分别为 0000、0001、0010、0011、0100、0101、0110、0111、1000、1001,1010~1111 这 6 种编码不被使用。标准 BCD 码只需要用 4 位二进制数表示一个十进制数,在书写时,为了与二进制数相区别,可以在每 4 位二进制数之间留一个空格。例如,98 可以写成 1001 1000,或者写成(10011000)BCD。

2)8421BCD 码的加法

从补码加法/减法运算电路中可以知道,计算机中的基本运算电路只能做二进制加法运算,如果利用它实现 8421BCD 码相加,则必须先找出将二进制加法运算电路转换为 8421BCD 码相加的规则,然后遵循该规则设计出 8421BCD 码相加的运算电路。通过下面的举例,可以找出运用二进制加法运算电路实现 8421BCD 码相加的规则,从而可以在二进制加法运算电路的基础上,增加少许电路设计出 8421BCD 码的加法运算电路。

【例 1-15】 两个 2 位的 8421BCD 码相加,不需要修正的示例。

```
    0100 0101
  + 0101 0100
    1001 1001    结果正确
```

【例 1-16】 两个 2 位的 8421BCD 码相加(45+55),需要修正的示例。

```
    0100 0101
  + 0101 0101
    1001 1010    结果不正确
  +      110    个位加 6 修正
    1010 0000    结果仍不正确
  + 110          十位加 6 修正
  1 0000 0000    结果正确
```

由此可得出用二进制加法运算电路实现 8421BCD 码加法的两条规则:

(1)两个 8421BCD 数对应的 BCD 码位用二进制加法相加后,如果向高位 BCD 码产生了进位,则说明已经逢十六进一。二进制加法运算电路只能逢十六进一,不能逢十进一,结果丢掉了 6,为了补 6,必须要加 6 修正。

(2)两个 8421BCD 数对应的 BCD 码位用二进制加法相加,若产生的和小于 10,则结果正确;如果产生的和大于或等于 10,则对和加 6 修正,可以产生进位,从而可以正确实现两个一位 BCD 数的相加。

在 8421BCD 码的加法运算电路中,除包含基本的二进制加法运算电路外,还应该包含用作加 6 修正的二进制加法运算电路。

3)8421BCD 码的减法

两个 8421BCD 数相减,有如下两条规则:

(1)两个 8421BCD 数对应的 BCD 码位采用二进制数相减,若不发生借位,则结果正确。

(2)两个 8421BCD 数对应的 BCD 码位采用二进制数相减,若 BCD 码位的低位向高位发生了借位,那么由于是二进制数运算,借一位当作 16,而实际上借一位只能当作 10,所以在低位上要减 6 修正。

2. ASCII 码（美国信息交换标准代码）

计算机不仅能够识别各种数字并对其进行算术运算和逻辑运算，还能够识别各种字母和符号。例如，计算机的输入/输出设备均以 ASCII 码传输字母和各种符号，空格、换行等均有相应的控制符，文件编辑和各种管理也使用 ASCII 码。

计算机中常用的是 7 位 ASCII 码，共 128 个 ASCII 字符，ASCII 码编码表如表 1-3 所示。128 个 ASCII 字符可以分为两部分，一部分由 94 个编码组成，另一部分由 34 个编码组成。前者包括 10 个阿拉伯数字（0～9）、52 个英文大小写字母、32 个标点符号和运算符；后者为 34 个控制命令的 ASCII 码，也称为控制字符，其编码值为 0～32 和 127，控制计算机输入/输出设备的操作及计算机软件的执行情况。34 个控制字符的功能表如表 1-4 所示。

表 1-3　ASCII 码编码表

低位 LSB		高位 MSB														
		0	000	1	001	2	010	3	011	4	100	5	101	6	110	7	111
0	0000	NUL		DLE		SP		0		@		P		`		p	
1	0001	SOH		DC1		!		1		A		Q		a		q	
2	0010	STX		DC2		"		2		B		R		b		r	
3	0011	ETX		DC3		#		3		C		S		c		s	
4	0100	EOT		DC4		$		4		D		T		d		t	
5	0101	ENQ		NAK		%		5		E		U		e		u	
6	0110	ACK		SYN		&		6		F		V		f		v	
7	0111	BEL		ETB		'		7		G		W		g		w	
8	1000	BS		CAN		(		8		H		X		h		x	
9	1001	HT		EM		)		9		I		Y		i		y	
A	1010	LF		SUB		*		:		J		Z		j		z	
B	1011	VT		ESC		+		;		K		[		k		{	
C	1100	FF		FS		,		<		L		\		l		|	
D	1101	CR		GS		-		=		M		]		m		}	
E	1110	SO		RS		·		>		N		↑		n		~	
F	1111	SI		US		/		?		O		←		o		DEL	

表 1-4　34 个控制字符的功能表

控制字符	功能说明	控制字符	功能说明	控制字符	功能说明	控制字符	功能说明
NUL	空	HT	横向列表	FF	走纸控制（换页）	DC3	设备控制 3
SOH	标题开始	LF	换行	CR	回车	DC4	设备控制 4
STX	正文开始	SYN	空转同步	SO	移位输出	NAK	否定应答
ETX	正文结束	ETB	信息组传输结束	SI	移位输入	FS	文件分隔符
EOT	传输结束	CAN	作废	SP	空格	GS	组分隔符
ENQ	询问	EM	纸尽	DLE	数据链换码	RS	记录分隔符
ACK	确认	SUB	取代	DC1	设备控制 1	US	单元分隔符
BEL	响铃	ESC	换码	DC2	设备控制 2	DEL	删除
BS	退一格	VT	垂直制表				

由于选用 7 位二进制数编码表示一个 ASCII 码，所以 ASCII 码字节中的最高位（D_7）没有使用，但为了正确传输数据，该位通常被用作奇偶校验位，可以用它构成奇校验码或偶校验

码来进行传输。该位也可以恒置 1，构成标记校验码；还可以恒置 0，构成空格校验码。

【例 1-17】 求大写字母 A 和数值 9 的 ASCII 码，并写出其奇校验码、偶校验码、标记校验码及空格校验码。

解： 查表 1-3，得大写字母 A 和数值 9 的 ASCII 码分别是 01000001B 和 00111001B，其 ASCII 码、奇校验码、偶校验码、标记校验码及空格校验码如表 1-5 所示。

表 1-5　大写字母 A 和数值 9 的 ASCII 码、奇校验码、偶校验码、标记校验码及空格校验码

字母或数值	ASCII 码	奇校验码	偶校验码	标记校验码	空格校验码
A	01000001	11000001	01000001	11000001	01000001
9	00111001	10111001	00111001	10111001	00111001

小结

第一代微型计算机（1971 年—1973 年）：采用 4 位微处理器 Intel 4004。

第二代微型计算机（1974 年—1977 年）：采用 8 位微处理器 Intel 8080 和 8085 等，使用了操作系统，采用汇编语言、高级语言编程。

第三代微型计算机（1978 年—1984 年）：采用 16 位微处理器 Intel 8086、8088、80286 等，指令系统更加完善，使用了操作系统，采用汇编语言、高级语言编程。

第四代微型计算机（1985 年—1992 年）：32 位的 Intel 80386 微处理器首次采用了 32 位结构，地址总线和数据总线均为 32 位，可寻址 4GB 内存空间，兼容 16 位 80286 指令系统。

第五代微型计算机（1993 年—2002 年）：采用高性能的 32 位微处理器 Pentium，以及后来推出的 Pentium Pro、Pentium II、Pentium III 和 Pentium 4 等微处理器。微处理器的内部都是 32 位结构，且都采用了超标量指令流水线技术。

第六代微型计算机（2003 年至今）：第六代微型计算机一般是指以字长 64 位的微处理器为核心的计算机。字长 64 位的微处理器称为 Core 系列微处理器。

任何一个二进制数均可以用其按位权值的形式来表示：

$$N = X_{n-1} \times 2^{n-1} + X_{n-2} \times 2^{n-2} + \cdots + X_0 \times 2^0 + X_{-1} \times 2^{-1} + \cdots + X_{-m} \times 2^{-m}$$

任何一个八进制数、十六进制数也可以用其按位权值的形式来表示。

不同进位制的数可以相互转换，其中，十进制数与二进制数的相互转换是基础。

在微型计算机中，既可以实现定点运算，又可以实现浮点运算。相应地，有定点数与浮点数的表示方式。计算机中带（正、负）符号的二进制数称为机器数，机器数的定点表示法有原码、反码及补码三种。其中，补码表示的定义如下：

$$[X]_{\text{补}} = \begin{cases} X, & 2^n > X \geq 0 \\ 2^{n+1} + X = 2^{n+1} - |X|, & 0 \geq X \geq -2^n \end{cases}$$

如果 $n=7$，即字长为 8 位，那么 X 的取值范围为 −128～+127。

定点数的加减法运算通常用补码进行运算，运算规则如下。

$$[X]_{\text{补}} + [Y]_{\text{补}} = [X+Y]_{\text{补}}$$
$$[X]_{\text{补}} + [-Y]_{\text{补}} = [X-Y]_{\text{补}}$$

溢出指两数运算结果超出了字长范围内补码所能表示的值，使其结果产生了错误。

在高性能的微处理器中含有浮点处理部件 FPU。其处理的数据是浮点数，浮点数包含阶码、阶符、尾数及数符等信息。

根据规格化的 32 位浮点数的表示形式，可以采用如下公式反过来求数 N 的真值。

$$N = (-1)^S \times (1.M) \times 2^{E-127}$$

在微型计算机中，可以实现无符号数的加、减、乘、除运算及逻辑运算。

计算机中常用的是 7 位 ASCII 码，共 128 个 ASCII 字符。

BCD 码是一种常用的数字代码，它是将每个十进制数用 4 位二进制数来表示的编码。计算机不仅要处理二进制数，还要处理十进制数。

习题与思考题

1.1 计算题

（1）设字长为 8 位，将十进制数 78 和 108 分别转换成二进制数、八进制数及十六进制数。

（2）设 X=1001010111110B，求出其对应的八进制数及十六进制数。

（3）设计算机字长为 8 位，分别求出下列各数的原码、反码和补码。

① $X = -78$ ② $Y = 32$ ③ $X = -64$ ④ $Y = -32$

（4）设计算机字长为 8 位，已知 $X = -36$，$Y = 37$，用补码计算 $X+Y$，并判断是否有溢出。

（5）设计算机字长为 16 位，将下列各十进制数分别写成 BCD 数的格式。

① $X = 66$ ② $Y = 126$ ③ $Z = 259$ ④ $W = 514$

（6）设有两个 BCD 数：$M = 1001\ 1001$ 和 $N = 0101\ 1001$，试用列竖式的方法计算 $M+N$，注意要做加 6 修正运算。

（7）若规格化的 32 位浮点数 N 的二进制存储格式为 41360000B，则求其对应的十进制数。注意，阶码的上移值是 127。

（8）已知二进制数 $X = 10111101.1011$，阶码的上移值取 127，求其规格化的 32 位浮点数。

1.2 问答题

（1）什么是溢出？判断溢出的方法是什么？

（2）为什么要用 8 位 ASCII 码表示数字、字母和控制符？

1.3 思考题

分析 IEEE 754 标准双精度浮点数表示法的内容及意义。

第 2 章 微型计算机系统概论

本章主要介绍微型计算机系统的基本结构。微型计算机系统包括硬件（Hardware）与软件（Software）两大部分，分别称为硬件系统与软件系统。硬件系统包括 CPU、显卡、内存、硬盘、光驱、主板、电源等。软件系统包括操作系统、语言处理程序、诊断调试程序、设备驱动程序，以及为提高机器效率而设计的各种程序和应用软件（文字处理软件 EXCEL、绘图软件 PS、财务管理软件）等。

2.1 微型计算机的硬件系统

2.1.1 微机硬件系统的基本结构

根据冯·诺依曼计算机的基本思想，微机的硬件系统由运算器、控制器、存储器、输入/输出（I/O）设备等组成。

微机硬件系统的基本结构如图 2-1 所示，它由 CPU、存储器、各类 I/O 接口、相应的 I/O 设备，以及连接各部件的地址总线、数据总线、控制总线组成。

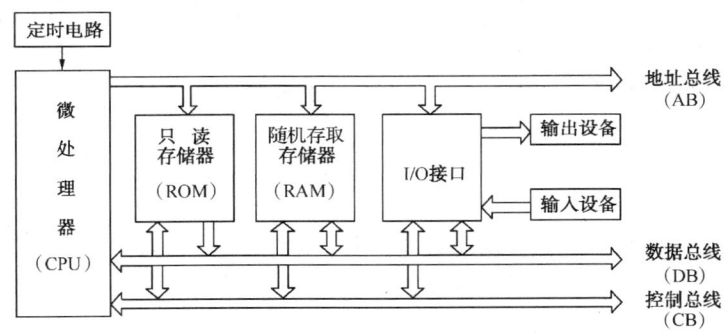

图 2-1 微机硬件系统的基本结构

1．微处理器

微处理器简称 μP、MP 或 CPU。CPU 是采用大规模和超大规模集成电路技术将算术逻辑部件（Arithmetic Logic Unit，ALU）、控制部件（Control Unit，CU）和寄存器组 R（Registers）等基本部分及内部总线集成在一片半导体芯片上的电子器件。

2．存储器

存储器从存储方式上看，包括只读存储器（ROM）和随机存取存储器（RAM）两类。存储器的功能主要是存放程序与数据。程序是指令的有序集合，也是计算机运行的依据；数据则是计算机操作的对象。无论是程序还是数据，在计算机的存储器中都以二进制数的形式存放，不是高电平逻辑 1，就是低电平逻辑 0，它们统称为信息。计算机在执行程序之前，必须把这些信息存放到一定范围内的存储器中。存储器被划分成许多小单元，这些小单元称为存储单元。一

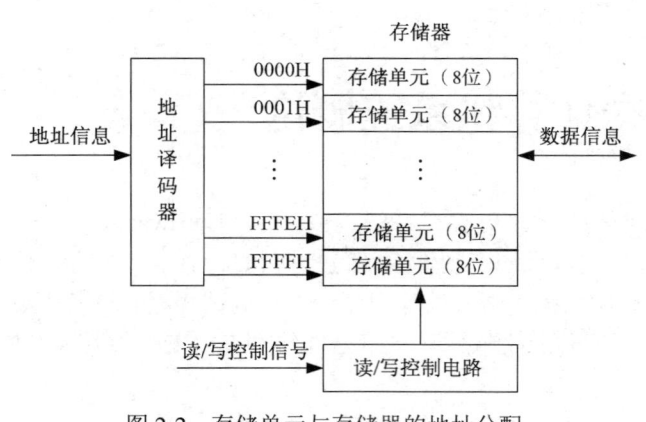

图 2-2　存储单元与存储器的地址分配

个存储单元包括 8 位（bit）二进制数，即 1 字节（Byte）。在微机中，存储器均按字节(1 字节由 8 位二进制信息组成)编址，即每一字节有一个二进制地址编码。给每个存储单元分配的固定地址称为单元地址，由 CPU 发出的地址信息对各个存储单元进行寻址，并由 CPU 确定对选中的存储单元是进行读操作还是写操作。存储单元与存储器的地址分配如图 2-2 所示。

CPU 从存储器中读出数据，或者把数据存入存储器，都称为访问存储器。从存储器中读出数据称为读访问，把数据存入存储器称为写访问。当 CPU 访问存储器时，首先发出待访问存储单元的地址，然后发出读操作命令或写操作命令，并进行数据的读或写。

3．I/O 接口及其外设

I/O 接口是 CPU 与 I/O 设备之间的连接电路，不同的 I/O 设备有不同的 I/O 接口电路。例如，显示器通过显卡与 CPU 相连接；键盘通过键盘接口电路与 CPU 相连接；网络通过网卡与 CPU 相连接。由于不同外设的工作速度及驱动方式等差别很大，没有一种外设能够与微处理器的总线直接相连接，因此各种 I/O 接口电路就是为了完成这一匹配任务而被设计出来的。一般 I/O 接口电路可以实现信号的变换、数据的缓冲与传输、中断的控制、控制信号的输出和状态信号的输入等。

4．总线的分类及功能

总线（BUS）包括地址总线、数据总线和控制总线三种。总线将多个功能部件连接起来，并提供传输信息的公共通道，能被多个功能部件分时共享。总线上能同时传送二进制信息的位数称为总线宽度。

CPU 通过三种总线连接存储器和 I/O 接口，构成了微型计算机的基本结构。

（1）地址总线。

地址总线（Address Bus，AB）是 CPU 发出的地址信息，用于对存储器和 I/O 接口进行寻址，以便 CPU 对存储器和 I/O 接口的指定单元进行读/写操作。地址总线的宽度决定了 CPU 访问存储器的最大容量。

（2）数据总线。

数据总线（Data Bus，DB）是 CPU 和存储器、CPU 和 I/O 接口之间传输信息的数据通路。数据总线传输数据的方向为双向传输，可由 CPU 传输信息给存储器或 I/O 接口，或者进行反方向传输。数据总线的宽度越宽，CPU 传输数据信息的效率越高。8086 CPU 的外部数据总线为 16 位，Pentium CPU 的外部数据总线为 64 位，它们分别表示 CPU 一次可以与存储器传输 16 位和 64 位的二进制信息。

（3）控制总线。

CPU 的控制总线（Control Bus，CB）按照传输方向可分为两种：一种是由 CPU 发出的控制信号，用于对其他部件进行读控制、写控制等；另一种则是由其他部件向 CPU 发出的控制信号，反向实现对 CPU 的控制。在这两种方向的控制信号中，前者多于后者。

2.1.2 16 位微机的结构

IBM PC/XT/AT 是以 16 位微处理器为核心的微型计算机，统称为 16 位 IBM PC 系列机。IBM PC/AT 以 80286 CPU 为核心。IBM PC/AT 及其兼容机主板的结构如图 2-3 所示。

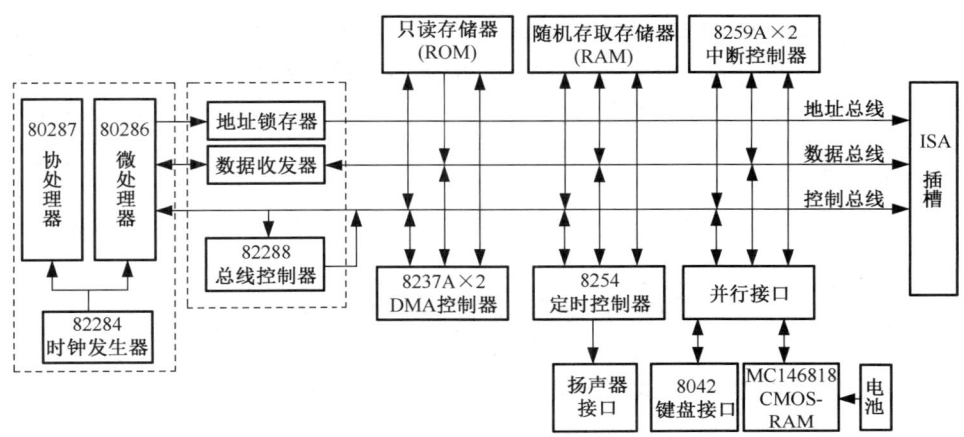

图 2-3 IBM PC/AT 及其兼容机主板的结构

1．微处理器

在图 2-3 中，选用 80286 微处理器作为主处理器。当 80286 微处理器工作在实地址方式下时，与 8086 微处理器完全兼容，它还可以工作在保护虚地址方式下。在图 2-3 中，80287 数字数据处理器（NDP）作为协处理器，包括一整套算术指令，以及强有力的指数、对数及三角函数指令，它采用普通 80 位内部浮点数格式处理不同格式的数据。82284 是 80286 CPU 的时钟发生器/驱动器，向系统提供 8MHz 的工作时钟。从总线结构上分析，80286 CPU 的地址总线、数据总线和控制总线是第一层，也称为 CPU 总线。

2．局部总线

CPU 总线经过地址锁存器、数据收发器及 82288 总线控制器的变换与驱动后，产生了系统的地址总线、数据总线及控制总线，统称为局部总线。局部总线是主板上 CPU、内存储器（主存储器）和各类接口的公共通道。IBM 公司将 IBM AT 的结构定义为 PC 工业标准结构（Industry Standard Architecture，ISA），其局部总线称为 ISA 总线。为了便于扩充 I/O 接口卡，增加 IBM AT 的应用范围，将 ISA 总线在主板上制作成多个插槽。

3．内存储器

内存储器由半导体随机存取存储器（RAM）芯片和只读存储器（ROM）芯片组成。
RAM 用于存放操作系统、各种应用程序及程序运行所需要的数据。
ROM 主要固化了操作系统中最底层的程序，即基本输入/输出系统（Basic Input/Output System，BIOS），也称为 ROM-BIOS。BIOS 由许多子程序组成，用来驱动与管理键盘、打印机、磁盘、显示器、RS-232-C 串行通信等设备。在 BIOS 中，子程序的执行是由操作系统的调用来实现的，用户也可以调用 BIOS 中的子程序来完成对外设的驱动。

4. 各类 I/O 接口

在图 2-3 中，两片 8237A 直接存储器存取（Direct Memory Access，DMA）控制器芯片级联，构成 7 个独立的可编程的 DMA 通道。DMA 的主要作用是控制内存储器的大量数据不经过 CPU 而直接在存储器或硬盘之间相互快速传输。

两片 8259A 中断控制器芯片级联，可以管理 15 级可屏蔽中断的申请，控制 15 个外部中断源设备与 CPU 并行工作。

一片可编程时间间隔的 8254 定时控制器芯片用于定时，其输出的脉冲信号作为扬声器的声源。MC146818 是日历时钟 CMOS-RAM 芯片，提供系统的时钟等。

并行接口作为 CPU 与键盘之间的通信接口。CPU 通过并行接口读取每一个键的键值。

2.1.3 32 位微机的结构

以 80386 微处理器指令集结构为标准的微处理器，在 20 多年的应用与发展进程中产生了许多型号的主板。

Intel Core 2 是 Pentium 系列的微处理器，以其为控制中心组成的主板构成了多层次的结构。图 2-4 所示为 Intel Core 2 微机控制中心的分层结构图，包含 1 个 CPU、3 个外围芯片、5 种接口及 7 类总线，系统结构满足 1-3-5-7 规则。1-3-5-7 规则指主要的结构，但在实际结构中有增也有减。

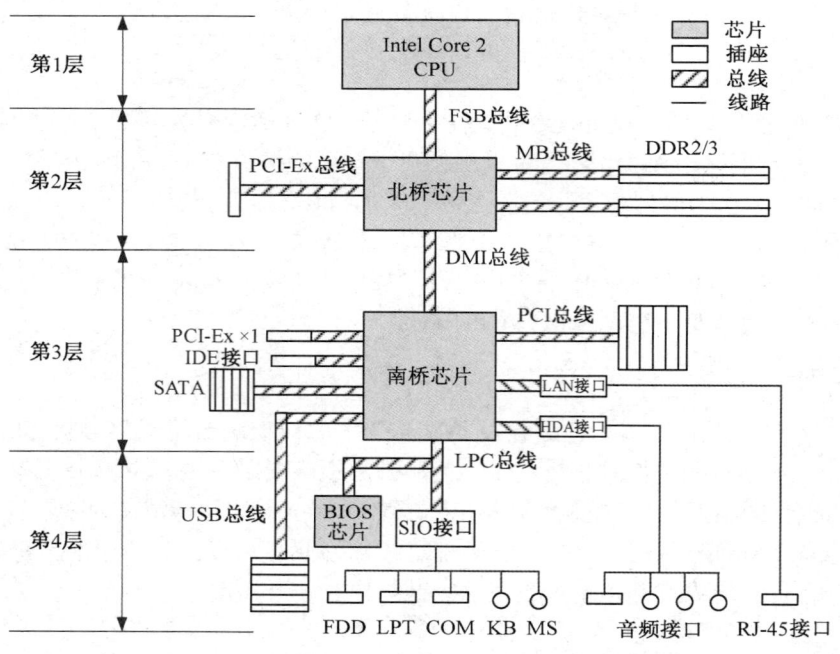

图 2-4 Intel Core 2 微机控制中心的分层结构图

1. 1 个 CPU

微机系统以 CPU 为中心进行设计，CPU 位于系统分层结构的顶层（第 1 层），控制整个系统的运行状态。从系统性能上分析，CPU 的运行速度最快，上层的数据逐层传输到下层，其传输速率逐渐降低，性能逐渐下降；从系统组成上分析，CPU 的更新换代必然导致外围芯片组（南桥、北桥等）及内存结构的改变。

2. 3 个外围芯片

3 个外围芯片包括北桥芯片（MCH）、南桥芯片（ICH）及 BIOS 芯片（FWH），其各自功能说明如下。

北桥芯片具有三大接口的功能，包括 CPU 与高速内存之间的接口（MB 总线）、CPU 与高速显示器之间的接口（PCI-Ex 总线），以及 CPU 与南桥芯片之间的接口（DMI 总线）。北桥芯片相对南桥芯片来说，直接连接的设备要少一些，但是，其传输数据量要大许多，北桥芯片的好坏直接影响主板的性能。

南桥芯片提供多种低速外设的接口，并与之相连接。南桥芯片管理低速 I/O 设备的通信，如 PCI-Ex×1、USB、LAN、HDA、SATA、IDE、LPC 等连接的设备，实时时钟控制器、高级电源管理、IDE 控制及附加功能等。不同的南桥芯片在功能上会存在很大的差异，厂商会根据成本控制及市场定位来选择搭配，甚至可以选择其他厂商的南桥芯片。

BIOS 芯片主要解决硬件系统与软件系统的兼容问题。

BIOS 芯片固化了一组 BIOS 设置程序，只有在开机时才可以运行该设置程序，并对计算机系统进行设置。其主要功能是为计算机提供最底层的、最直接的硬件设置和控制。

CMOS 主要用于存储 BIOS 设置程序所设置的参数与数据。而 BIOS 设置程序主要对基本 I/O 系统进行管理和设置，使系统运行在较好的状态下；使用 BIOS 设置程序还可以排除系统故障或诊断系统问题。注意，使用的主板不同，BIOS 具体设置的项目有所不同。

3. 5 种接口

（1）串行 ATA（Advanced Technology Attachment）接口。

串行 ATA 的中文意思是"串行高级技术附加装置"，这是一种完全不同于并行 ATA 的新型硬盘接口类型。Serial ATA 1.0 定义的数据传输速率可达 150MB/s，这比最快的并行 ATA 所能达到的最高数据传输速率 133MB/s 还高，而目前 SATA II 的数据传输速率则高达 300MB/s。SATA 总线使用嵌入式时钟信号，具备了更强的纠错能力，与以往相比其最大的区别在于能对传输指令（不仅仅是数据）进行检查，如果发现错误则会自动校正，这在很大程度上提高了数据传输的可靠性。串行 ATA 接口还具有结构简单、支持热插拔等优点。

（2）电子集成驱动器（Integrated Drive Electronics，IDE）接口。

IDE 是把"硬盘控制器"与"盘体"集成在一起的硬盘驱动器。IDE 接口是现在普遍使用的外部接口，主要接硬盘和光驱，同时采用 16 位数据并行传输方式，体积小、数据传输快。一个 IDE 接口只能接两个外部设备。IDE 接口技术从诞生至今一直在不断发展，性能也在不断提高。

（3）超级输入/输出（SIO）接口。

所谓"超级"，是指 SIO 接口集成了 PS/2 键盘（KB）、PS/2 鼠标（MS）、RS-232-C 串口通信（COM）、并行接口（LPT）等接口的处理功能，而这些接口连接的设备都是计算机中慢速的 I/O 设备。SIO 接口的主要功能包括处理从键盘、鼠标、串行接口等连接设备传输而来的串行数据，并将它们转换为并行数据传输到 CPU；将 CPU 传输来的并行数据转换为串行数据传输到串行设备，同时负责 LPT、软驱接口（FDD）数据的传输与处理。

（4）LAN（Local Area Network）接口。

LAN 接口又称局域网接口。LAN 接口是内网接口，主要用于路由器与局域网的连接。因为局域网的类型多种多样，所以路由器的局域网接口类型也可能是多种多样的。不同的网络有不同的接口类型，常见的以太网接口主要有 AUI、BNC 和 RJ-45 接口等。路由器或交换机上的 LAN 接口一般指局域网接口。RJ-45 接口就是一般的网线接头。

图 2-4 中的 RJ-45 接口是常见的双绞线以太网接口。因为在快速以太网中主要采用双绞线作为传输介质，所以根据端口的通信速率不同，RJ-45 接口又可分为 10Base-T 网 RJ-45 接口和 100Base-TX 网 RJ-45 接口两类。其中，10Base-T 网 RJ-45 接口在路由器中通常标识为"ETH"，100Base-TX 网 RJ-45 接口在路由器中通常标识为"10/100bTX"。

RJ-45 接口的引脚名称如下。
① TX+ Tranceive Data+ （发信号+）；
② TX− Tranceive Data− （发信号−）；
③ RX+ Receive Data+ （收信号+）；
④ n/c Not connected （空脚）；
⑤ n/c Not connected （空脚）；
⑥ RX− Receive Data− （收信号−）；
⑦ n/c Not connected （空脚）；
⑧ n/c Not connected （空脚）。
（5）高级数字化音频（HDA）接口。

HDA 接口往往需要先外接音频扩大器，然后驱动音响设备。部分高端产品还提供无线局域网接口、蓝牙接口、IEEE 1394 接口及 RAID 接口。

4．7 类总线

7 类总线分别为：
① 前端总线（FSB）；
② 内存总线（MB）；
③ 南北桥连接总线（DMI）；
④ 图形显示总线（PCI-Ex）；
⑤ 通用串行设备总线（USB）；
⑥ 少针脚总线（LPC）；
⑦ 外部设备互连总线（PCI）。

2.2　微型计算机的软件系统

2.2.1　系统软件和应用软件

1．微型计算机系统的层次结构

微型计算机系统由硬件与软件构成，它是一个十分复杂的系统。该系统把计算机简单分为 4 层，最下层是硬件系统，将其作为第 1 层，用户为第 4 层。一个层次对应一类人员看到的计算机特性，上层需要下层的支持，下层为上层提供服务。用户、软件和硬件的关系示意图如图 2-5 所示。

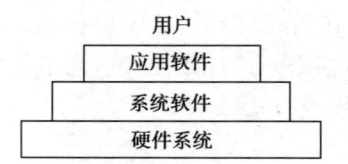

图 2-5　用户、软件和硬件的关系示意图

计算机软件系统包括系统软件和应用软件两大类。

系统软件是由计算机厂家提供的专门用于使用和管理计算机的软件,而应用软件是用户为解决实际问题,自行编制的各种程序。

系统软件为计算机的使用提供最基本的功能,但其并不针对某一特定应用领域。应用软件则恰好相反,不同的应用软件根据用户和所服务的领域提供不同的功能。

软件是用户与硬件之间的接口,用户主要通过软件与计算机进行交流。为了方便用户,并使计算机系统具有较高的总体效用,在设计计算机系统时,必须考虑软件与硬件的结合,以及用户的要求和软件的要求。

2. 系统软件

系统软件是为了方便使用、维护和管理计算机资源的程序及其文档。它包括操作系统、语言处理程序、数据库管理系统、设备驱动程序、工具类程序等,其中,最重要的是操作系统。

(1) 操作系统。

操作系统(Operating System,OS)是配置在计算机硬件上的第一层软件,是管理计算机全部硬件与软件资源并为用户提供操作界面的系统软件的集合,也是计算机系统的内核与基石。

计算机系统的资源可分为设备资源和信息资源两大类。设备资源指组成计算机的硬件设备,如中央处理器、内存储器、外存储器、打印机、网络、显示器、键盘输入设备等。信息资源指存放在计算机内的各种数据,如文件、程序库、知识库、系统软件和应用软件等。

操作系统的处理机(CPU)管理的主要任务是,确定对处理机的分配策略,实施对进程或线程的调度和管理。

操作系统的存储管理的主要任务是,实现对内存的组织、分配、回收、保护与虚拟(扩充)。由于系统中的内存容量有限,因此如何使用有限的内存运行比其大得多的作业,并且使尽可能多的进程进入内存并发执行是操作系统需要解决的一个重要问题。

操作系统的设备管理的主要任务是,实现对外部设备的输入和输出的管理。

操作系统的文件管理的主要任务是,给用户提供一个方便、快捷、可共享的文件使用环境,并且实现对文件的保护等。

操作系统的网络管理的主要任务是,提供计算机与网络进行数据传输的功能和网络安全防护功能。

操作系统是计算机与用户之间的接口,为用户使用计算机提供良好的界面。

总之,操作系统的主要功能是资源管理、程序控制和人机交互等。用现代观点来说,一个标准个人计算机的操作系统应该提供进程管理、I/O 驱动管理、记忆空间管理、文件系统管理、网络通信、安全机制、使用者界面等功能。

20 世纪 80 年代,第一个磁盘操作系统(Disk Operating System,DOS)诞生。DOS 是一种单用户操作系统,通常只有一个用户的一个应用程序在机器上执行。DOS 相对比较简单,允许程序员访问任意资源,可以直接执行输入和输出指令,方便计算机接口的开发与应用。DOS 主要应用在 16 位 IBM PC 系列机和兼容机上,随着微机的发展,操作系统得到了不断提升与更新,发展为多任务操作系统及网络操作系统。

操作系统的形态与版本多样,不同计算机安装的操作系统可从简单到复杂,包括从手机的嵌入式系统到超级计算机的大型操作系统。

32 位 PC 主要使用 Windows 操作系统或 Linux 操作系统。本书基于 Windows 操作系统平台,在 Windows 环境下学习汇编语言编程。Windows 操作系统版本多,更新快,依次有

Windows98、Windows2000、WindowsXP、Windows7、Window8、Windows10 等。

操作系统按照应用领域划分，主要可分为三种：桌面操作系统、服务器操作系统和嵌入式操作系统。

（2）语言处理程序。

语言处理程序一般由汇编语言源程序、编译程序、解释程序和相应的操作程序等组成。

（3）数据库管理系统。

"数据库"是为了实现一定目的，按照某种规则组织起来的数据的"集合"。数据库管理系统是用户与数据库之间的接口，它为用户提供完整的操作命令。例如，建立、修改和查询数据库中的信息，对数据库中的信息进行统计和排序等处理。数据库管理系统是对数据库进行有效管理和操作的一种系统软件。当前微机中比较流行的数据库管理系统有 DB2、Sybase、Oracle、SQL Server 等。

（4）设备驱动程序。

在微机系统中，外部设备有键盘、打印机、图形显示器及网络等。计算机如何对这些外部设备进行 I/O 操作呢？这就需要有设备驱动程序。设备驱动程序是操作系统中用于控制特定设备的软件组件，只有安装并配置了设备驱动程序，计算机才能使用外部设备。设备驱动程序可以被静态地编译进系统，即当计算机启动时，包含在操作系统中的设备驱动程序被自动加载，供用户随时使用；也可以通过动态内核链接软件"kld"在需要时被加载。

（5）工具类程序。

用户借助工具类程序可以方便地使用计算机，以及对计算机进行维护和管理等。主要的工具类程序有测试程序、诊断程序及编辑程序等。

3．应用软件

应用软件是为了某种特定的用途而开发的各种软件及其有关的资料。应用软件必须在系统软件的环境下运行，才能被用户使用。

应用软件和系统软件是相对应的，应用软件是用户可以使用的各种程序设计语言及用各种程序设计语言编制的应用程序的集合，分为应用软件包和用户程序。应用软件包是利用计算机为解决某类问题而设计的程序集，其可供用户使用。

应用软件包括办公室软件、互联网软件、多媒体软件、实时工业控制软件、分析软件、商务软件等。

2.2.2　计算机程序设计语言

程序设计语言是用来开发计算机应用软件的编程语言，即程序员用来编写程序的语言，是人与计算机交流的工具。按照编程语言发展的先后顺序，计算机语言可分为机器语言、汇编语言和高级语言。

1．机器语言

机器语言（Machine Language）是底层的计算机语言，对应机器指令（Machine Instruction），每条机器指令都是用二进制数（0 和 1）按照一定的规则所编排的指令代码。这种用二进制代码指令表达的计算机语言就称为机器语言。计算机硬件可以直接识别用机器语言编写的程序。机器指令由操作码和操作数组成，它是面向计算机的，也称为硬指令。一条机器指令的执行使计算机完成一个特定的操作。每种微处理器都规定了自己所特有的、一定数量的机器指令集，这些机器指令集称为该计算机的指令系统。由机器指令集构成的特定程序称为机器语言程序。

2．汇编语言

汇编语言（Assembly Language）是对机器语言的一种提升，人们用助记符表示机器指令的操作码，用变量代替操作数的存放地址，还可以在指令前加上标号，用来代表该指令的存放地址等。这种用符号书写的、其主要操作与机器指令基本上一一对应并遵循一定语法规则的计算机语言就是汇编语言。用汇编语言书写的程序称为汇编语言源程序。但汇编语言是为了方便程序员编程而设计的一种符号语言，用它编写的汇编语言源程序必须先经过宏汇编程序汇编，生成目标程序（.OBJ），再经过连接程序连接，生成可执行的程序，最后被计算机识别并执行。

支持 Intel 80x86 微处理器汇编程序的宏汇编程序有多种，最常用的是微软公司的宏汇编程序 MASM，可在 DOS 和 Windows 操作系统下进行汇编操作。

自 20 世纪 80 年代微软公司推出 MASM 1.0 以来，宏汇编程序 MASM 又相继推出了许多版本，如表 2-1 所示。

表 2-1 宏汇编程序 MASM 的版本

版本	支持的微处理器、协处理器及指令系统	软件包存在的位置
MASM 4.0	80286/80287 微处理器/协处理器	独立
MASM 5.0	80386/80387 微处理器/协处理器	独立
MASM 6.0	80486 微处理器	独立
MASM 6.14	MMX Pentium、PentiumⅡ、PentiumⅢ指令系统	独立
MASM 6.11	Pentium 3 的 SSE 指令系统	最后独立执行的 MASM 软件包
MASM 6.15	Pentium 4 的 SSE2 指令系统	存在于 Visual C++ 6.0 开发工具中
MASM 7.10	Pentium 4 的 SSE3 指令系统	存在于 Visual C++.NET 2005 中
MASM 8.10	Pentium 4 的 SSE3 指令系统；提供了 ml64.exe 程序，用来支持 64 位指令系统	存在于 Visual C++.NET 2005 中

3．高级语言

高级语言（High-level Language）是从 20 世纪 50 年代中期开始逐步发展起来的，它是面向问题的程序设计语言，是人与计算机交流的工具。与汇编语言相比，高级语言不仅将许多相关的机器指令合为单条指令，而且去掉了与具体操作有关但与完成工作无关的细节，如使用堆栈、寄存器等，这样就大大简化了程序中的指令。用高级语言所编制的源程序不能直接被计算机识别，高级语言源程序必须转换为可执行的程序，其转换方式分为解释类与编译类两种，目前主要使用编译类。编译是指在源程序执行之前，必须将源程序经过编译程序编译，生成可执行的程序。

用高级语言编程效率高、独立于具体的计算机硬件、通用性和可移植性好。

当前高级语言已经有上百种之多，但广泛应用的只有十几种。每一种高级语言都有其适宜的领域。

2.2.3 微型计算机系统

微型计算机系统的基本组成如图 2-6 所示。微型计算机系统由硬件、软件、I/O 设备及电源等组成。硬件由微处理器、存储器、各类 I/O 接口及总线四部分组成。软件由系统软件和应用软件组成。系统软件包括操作系统和一系列系统实用程序，如编辑程序、汇编程序、编译程序、调试程序等。应用软件是为解决各类问题所编写的应用程序。在系统软件的支持下，微型计算机系统中的硬件功能才能发挥，用户才能方便地使用计算机。

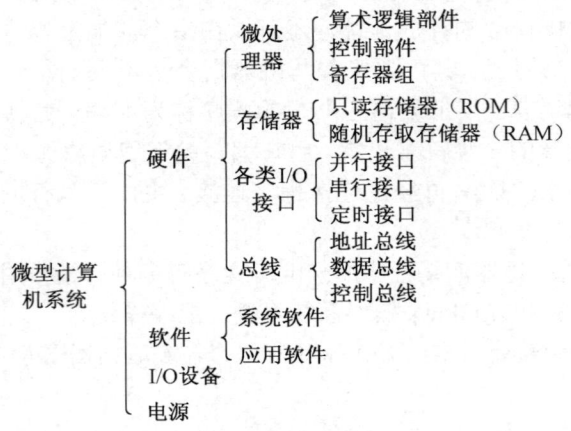

图 2-6　微型计算机系统的基本组成

小结

微机硬件系统的基本结构由微处理器（CPU）、存储器、各类 I/O 接口、相应的 I/O 设备，以及连接各部件的地址总线、数据总线和控制总线组成。

CPU 是采用大规模和超大规模集成电路技术将算术逻辑部件（ALU）、控制部件（CU）和寄存器组 R 等基本部分及内部总线集成在一片半导体芯片上的电子器件。

总线包括地址总线、数据总线和控制总线三种。总线将多个功能部件连接起来，并提供传输信息的公共通道，能被多个功能部件分时共享。

Intel Core 2 微机控制中心的分层结构包含 1 个 CPU、3 个外围芯片、5 种接口及 7 类总线。

微型计算机系统由硬件与软件构成，它是一个十分复杂的系统。该系统把计算机简单分为 4 层：用户、应用软件、系统软件和硬件系统。

机器语言是底层的计算机语言，对应机器指令，每条机器指令都是用二进制数（0 和 1）按照一定的规则所编排的指令代码。计算机硬件可以直接识别用机器语言编写的程序。

汇编语言是对机器语言的一种提升，人们用助记符表示机器指令的操作码，用变量代替操作数的存放地址，还可以在指令前加上标号，用来代表该指令的存放地址等。这种用符号书写的、其主要操作与机器指令基本上一一对应并遵循一定语法规则的计算机语言就是汇编语言。

高级语言是面向问题的程序设计语言，是人与计算机交流的工具。

微型计算机系统由硬件、软件、I/O 设备及电源等组成。硬件由微处理器、存储器、各类 I/O 接口及总线四部分组成。软件由系统软件和应用软件组成。系统软件包括操作系统和一系列系统实用程序，如编辑程序、汇编程序、编译程序、调试程序等。应用软件是为解决各类问题所编写的应用程序。在系统软件的支持下，微型计算机系统中的硬件功能才能发挥，用户才能方便地使用计算机。

习题与思考题

2.1 填空题

（1）假设 4 种 CPU 内存地址线分别为 16 位、20 位、24 位和 32 位，每种 CPU 分别可寻址内存空间 _____ 字节、_____ 字节、_____ 字节、_____ 字节。

（2）RJ-45 接口中的 4 条有用的信号线是 _____、_____、_____ 和 _____。

（3）微型计算机的基本结构包括 _____、_____、_____ 三种总线。

（4）Intel Core 2 微机控制中心的分层结构包括 _____、_____、_____ 和 3 个外围芯片。

2.2 问答题

（1）微型计算机中的存储器是怎样编址的？

（2）微型计算机中的地址总线的作用是什么？

（3）什么是操作系统？

（4）16 位微机结构中有哪些 I/O 接口，各自的主要功能是什么？

（5）Intel Core 2 微机控制中心的分层结构中有哪 7 种总线？

（6）SIO 接口包括哪些外设的接口？

（7）BIOS 的主要功能有哪些？

（8）操作系统的管理功能有哪些？

2.3 思考题

结合具体微机，分析其主板的结构与组成。

第3章 微处理器

本章将介绍 16 位和 32 位微处理器的结构，主要包括微处理器内部的寄存器组、微处理器对存储器的管理、微处理器的引脚及其工作时序等。

3.1 微处理器的基本组成和基本功能

3.1.1 微处理器的基本组成

微处理器的基本组成包括运算器和控制器两大部分。

1．运算器

图 3-1 所示为运算器示意图。在控制器发出的控制命令下，运算器要对二进制数进行算术运算、逻辑运算及信息传输等，主要进行加、减、乘、除、逻辑与、逻辑或、逻辑异或、逻辑非运算及提供数据传输的通路等，因此，运算器也称为算术逻辑部件（ALU）。图 3-1 中的 ALU 有两组数据输入端和一组数据输出端，由于图 3-1 是 ALU 的基本组成，因此图中只示意了 A、B、C、D 4 个寄存器。在控制器的作用下，根据所执行的指令，选择相应的两个寄存器所寄存的二进制数并将其送入 ALU，经过相应的操作后，运算结果经过缓冲器（C1 有效）被送到指定的寄存器或存储器中存放。A、B、C、D 4 个寄存器中存放的二进制数也可以经过缓冲器（C2 有效）送到其他寄存器或存储器中存放。运算器在处理数据过程中，对标志寄存器 F 会产生影响，如进位标志 CF、溢出标志 OF 等，其结果一定会被存放到标志寄存器 F 中。数据线是 CPU 内部数据传输的公共通路。

2．控制器

控制器由指令指针（Instruction Pointer，IP）、指令寄存器（Instruction Register，IR）、指令译码器（Instruction Decoder，ID）及操作控制器（OC）等组成，图 3-2 所示为基本控制器示意图。

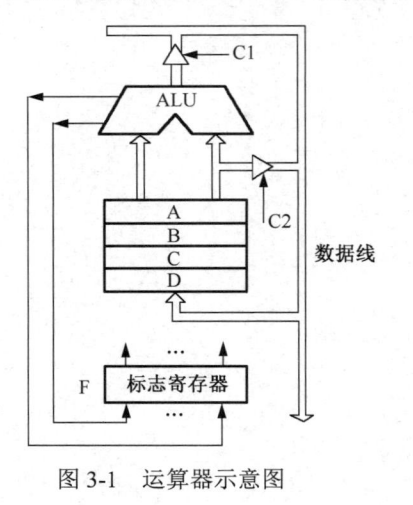

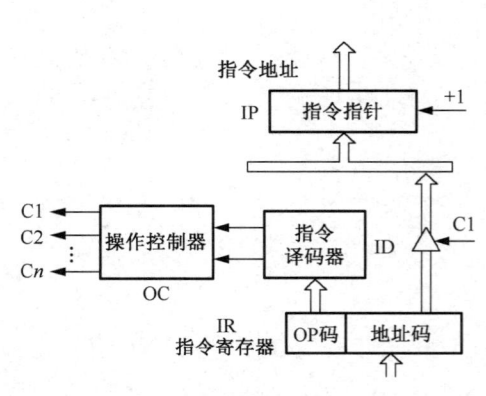

图 3-1　运算器示意图

图 3-2　基本控制器示意图

在图 3-2 中的指令指针中存放存储器地址，为了保证程序能够连续地顺利执行，CPU 必须自动记忆下一条指令存放在内存中的地址。指令指针又称指令计数器，它有自动加 1 的功能。

指令寄存器用来保存计算机当前正在执行或即将执行的指令。当一条指令被执行时，CPU 先从内存中取出指令的操作码，再存入指令寄存器，以便指令译码器进行译码分析。

指令译码器用来对指令进行译码，以确定指令的性质和操作。

操作控制器根据不同的指令产生不同的操作命令（电平信号或脉冲信号），以控制各个部件的微操作。操作控制器根据当前所执行的指令，协调和指挥计算机系统有条不紊地操作。

在指令寄存器中的地址码段显示下一条指令在存储器中的地址，通过接通 C1 缓冲器（三态门），将地址码传送给指令指针，从而改变指令指针中的值，停止顺序执行的程序，转去执行转移指令，即从转移的目的地址处取出指令并执行。

3.1.2 微处理器的基本功能

微处理器是指挥微机各部件协调工作的控制中心，包括以下基本功能。

1. 指令控制功能

指令的有序集合构成了某一个完整的程序，程序的执行就是执行某一个有序的指令集合。微处理器控制指令的执行，包括顺序执行指令、执行转移指令、响应中断请求、执行中断服务程序等。

2. 操作控制功能

CPU 逐条执行程序中的指令，一条指令的执行往往由若干操作信号的组合来实现。CPU 根据指令操作码和时序信号产生各种操作控制信号，以便正确地选择数据通路，从而完成取指令和执行指令的控制。操作控制功能分为时间控制功能和数据加工功能两种。

（1）时间控制功能：对指令的各个操作实施时间片段及先后顺序的精确定时，使计算机有条不紊地自动工作。

（2）数据加工功能：对操作数实现算术运算和逻辑运算，完成对原始信息的加工和处理。

操作控制分为两类：硬布线控制和微程序控制。

（1）硬布线控制是采用通常的时序逻辑电路实现的。随着微处理器功能及指令功能的增加，硬布线控制的实现更加复杂。

（2）微程序控制是采用存储逻辑实现的，具有代表性的是第五代微处理器 Pentium 采用的微程序控制器。它将每一条机器指令的执行过程分解成各自的一段由微指令（微指令的基本格式包括操作控制和顺序控制两个字段）组成的微程序，并把每一条机器指令对应的微程序存放在微处理器内部的只读存储器（ROM）中，这就是所谓的"存储逻辑"。经过指令译码后，执行某条机器指令只需转移到 ROM 中去执行对应的某个微程序即可。在 ROM 中逐条取出某个微程序的微指令，并执行该微指令，一个微程序执行结束，相应的机器指令也就执行完成。

3.2 微处理器内部的寄存器

3.2.1 8086 微处理器内部的寄存器

8086 微处理器内部和外部的数据线都是 16 位的，它是典型的 16 位微处理器，具有 20 位地址线，可以寻址内存 2^{20} 字节，即 1MB。8086 微处理器的工作模式被称为实模式。80x86 的 32 位微机具有 32 位地址线，可以寻址内存 2^{32} 字节（4GB），可以兼容 8086 微处理器工作的实模式。

本节主要讨论 8086 微处理器内部寄存器的组成。为什么不直接讨论 32 位微处理器内部寄存器的组成呢？因为 16 位的 8086 微处理器是基础，其内部寄存器是 32 位微处理器内部寄存器的一部分。在汇编语言源程序的结构中，32 位微机兼容 16 位汇编语言源程序，即在 32 位微机上可以直接运行 16 位汇编语言源程序，并且，只要掌握了 16 位微机的指令系统，就可以很方便地扩充到 32 位微机的指令系统并编写 32 位汇编语言源程序。

1．8086 微处理器内部的组成

8086 微处理器内部的组成如图 3-3 所示。从图中可以看出，它由两大部件组成：总线接口部件（Bus Interface Unit，BIU）和执行部件（Execution Unit，EU）。

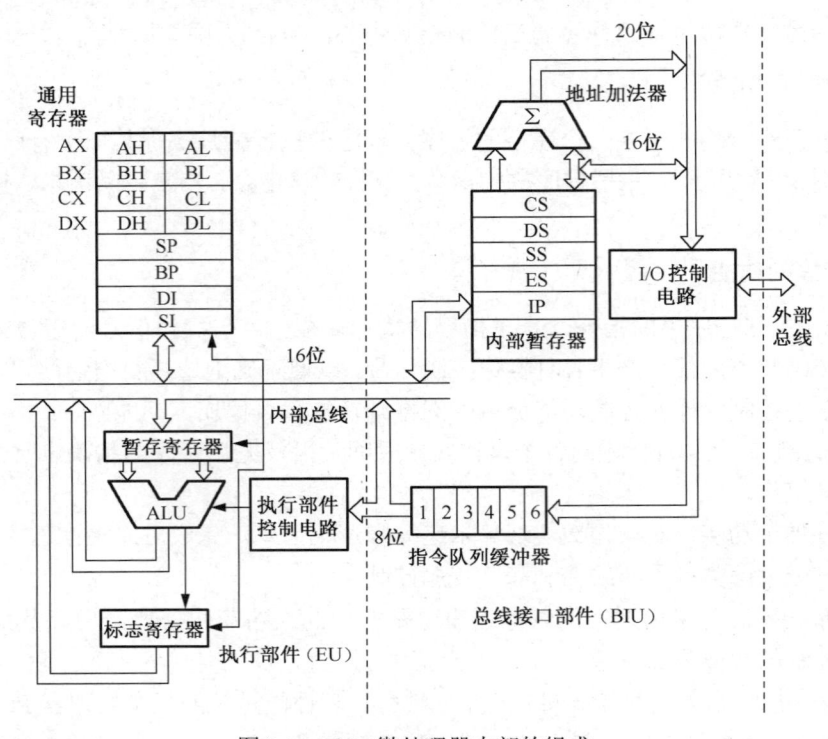

图 3-3　8086 微处理器内部的组成

1）总线接口部件（BIU）

BIU 的主要功能：8086 微处理器内部集成了其与外部存储器及 I/O 端口的接口电路，它能够提供 16 位双向传输的数据总线；由 20 位地址加法器产生并发出 20 位的物理地址；预取指令并将其存入先进先出的指令队列缓冲器；BIU 能将 8086 微处理器的内部总线与外部总线相连，发出各种总线控制信号，如 CPU 对存储器的读或写命令，以及它对 I/O 端口的读或写命令。

BIU 的主要组成部分如下。

（1）Σ：20 位地址加法器，它能将 16 位逻辑地址转换为读/写存储器所需要的 20 位物理地址。

（2）4 个 16 位段寄存器：
CS：代码段寄存器（Code Segment Register）；
DS：数据段寄存器（Data Segment Register）；
SS：堆栈段寄存器（Stack Segment Register）；
ES：附加段寄存器（Extra Segment Register）。
（3）IP：16 位指令指针（Instruction Pointer），专用于存放下一条将要执行指令的偏移地址。
（4）I/O 控制电路：用于控制总线的开放、关闭及信号传输的方向等。
（5）6 字节指令队列缓冲器：用于存放预先从存储器取出的 6 字节指令代码。

BIU 的基本工作原理：CS 中的 16 位段基地址左移 4 位，并且低 4 位补 4 个 0，加上 16 位指令指针的值，产生 20 位物理地址（实际地址），这由 20 位地址加法器完成。20 位物理地址存入地址寄存器，并将地址寄存器的输出端连接到 CPU 的外部地址引脚上，通过总线控制逻辑发出存储器读信号，从 20 位物理地址指定的存储单元中取出指令，并送到指令缓冲队列中等待执行。

指令指针寄存器有自动加 1 的功能，它指向下一条指令在当前代码段内的偏移地址。

2）执行部件（EU）

EU 的主要功能：从 BIU 的指令队列缓冲器中获取指令，对指令进行译码分析并执行。向 BIU 提出访问存储器或 I/O 接口的请求，执行指令所需要的操作数和运算结果都是通过 BIU 与指定的内存单元或外设端口进行传输的。

EU 的主要组成部分如下。

（1）ALU：算术逻辑部件，它可以对 2 个 8 位或 16 位的二进制数进行算术运算和逻辑运算，也可以对 8 位或 16 位的二进制数进行移位操作等。

（2）暂存寄存器：由 16 位寄存器组成，用于暂时存放参加运算的操作数。

（3）标志寄存器：也称为处理机状态字（PSW），用于存放 ALU 运算结果的状态标志等。

（4）通用寄存器组：8 个通用的 16 位寄存器，AX、BX、CX、DX、SI、DI、堆栈指针 SP 和基址指针 BP。

EU 的基本工作原理：通常，CPU 从内存取出指令并填满 6 字节指令队列缓冲器后，EU 可从指令队列中取出指令来执行。EU 从指令队列输出端取出指令后，BIU 便自动调整指令队列输出端的指针。当指令队列中有 2 个或 2 个以上字节空出时，BIU 便将内存按代码的顺序自动取出后续的代码并将其填入指令队列。当指令队列已装满，EU 没有向 BIU 申请读/写存储器及 I/O 端口的操作数时，BIU 不会执行任何总线操作，处于一种空闲状态。

EU 从指令队列取走指令并译码后，如果需要从存储器或 I/O 端口读或写操作数，EU 便向 BIU 传输偏移地址。BIU 只要收到 EU 送来的偏移地址，就通过地址加法器，将现行数据段及送来的偏移地址组成 20 位的物理地址，根据现行的 20 位物理地址，通过执行存储器的读/写总线周期来完成读/写操作，或者通过执行 I/O 端口的读/写总线周期来完成读/写 I/O 端口的操作。

一个程序中的转移指令是不可缺少的，而且占比不能小。对指令译码后必须转移执行，清除已经取出的指令，重新进行取指令操作，这严重影响了程序执行的速度，是 32 位微机和 64 位微机要解决的问题。

EU 根据指令要求向 EU 内部各部件发出控制命令，完成执行指令的功能。

2．8086 微处理器内部的寄存器

8086 微处理器内部的寄存器是微处理器的重要组成之一。在执行程序的过程中，寄存器主要用来存放运算过程中所需要的操作数、操作数地址和中间结果等。

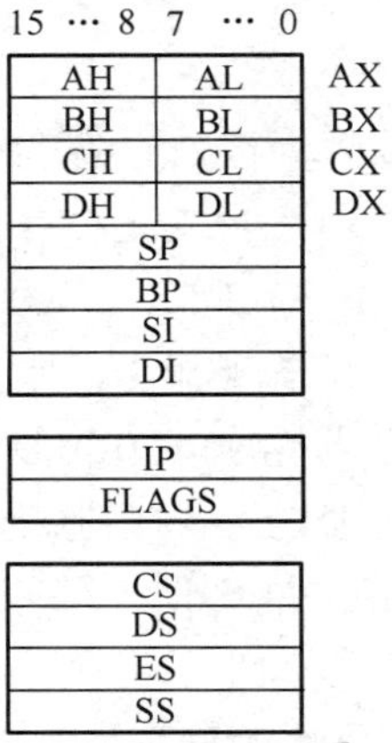

8086 微处理器内部包含 4 组 16 位寄存器，分别是通用寄存器组、段寄存器、指令指针寄存器及标志寄存器。8086 微处理器内部的寄存器如图 3-4 所示。

1）通用寄存器组

通用寄存器组由 8 个 16 位的寄存器组成，包括 AX、BX、CX 和 DX 4 个 16 位的寄存器（也称为数据寄存器），以及 SP、BP、SI、DI 4 个寄存器。

每个 16 位的数据寄存器都可以分为两个 8 位的寄存器，高 8 位寄存器为 AH、BH、CH 和 DH，低 8 位寄存器为 AL、BL、CL 和 DL。

在汇编语言源程序的设计中，这 4 个 16 位的数据寄存器除了作为数据寄存器使用，每个寄存器还有它们各自的专门用法（具体使用方法见第 4 章）。

图 3-4 8086 微处理器内部的寄存器

AX：累加器，用于算术运算、逻辑运算及在 I/O 指令中作为数据寄存器使用等。

BX：基址寄存器，在间接寻址中作为基址寄存器，常用作偏移地址访问数据段。

CX：计数寄存器，作为循环和串行操作等指令中的隐含计数器。

DX：数据寄存器，常用来存放双字长数据的高 16 位或外设端口的地址。

SP、BP、SI 和 DI 这 4 个 16 位通用寄存器均不能分成两个 8 位寄存器，但可以作为 16 位数据寄存器使用，且也有各自的特殊应用场合，具体用法如下。

SP：堆栈指针（Stack Pointer），又称堆栈指示器。SP 用于指示栈底或栈顶的偏移地址。

BP：基址指针（Base Pointer），常用作偏移地址访问堆栈段。

SI：源变址寄存器 （Source Index Register）。

DI：目的变址寄存器 （Destination Index Register）。

SI 和 DI 通常与数据段寄存器 DS 一起使用，用来确定数据段中某一存储单元的地址。在进行字符串操作时，SI 用于存放源操作数的偏移地址，DI 用于存放目的操作数的偏移地址，SI 与 DS 联用表示寻址数据段，DI 与 ES 联用表示寻址附加数据段。

2）段寄存器

8086 微处理器外部具有 20 位的地址线，在总线接口单元可以通过 20 位地址加法器产生 20 位的物理地址，访问 1MB 的存储器。但是，8086 微处理器内部的所有寄存器都是 16 位的，采用寄存器间接寻址只能寻址 64KB 的存储空间，因此，8086 微处理器对存储器采用分段技术，将 1MB 的存储空间分成若干逻辑段，每段存储容量最大为 64KB。

在 8086 微处理器内部设有 4 个 16 位段寄存器，4 个段寄存器把存储器分成了 4 个不同使用目的的存储空间，包括代码段寄存器（CS）、数据段寄存器（DS）、附加段寄存器（ES）、堆栈段寄存器（SS）。段寄存器与段内偏移地址组合形成 20 位物理地址，段内偏移地址可能存放在寄存器中，也可能存放在存储器中。

代码段寄存器（CS）：定义代码段的起始地址，用逻辑地址表示为 CS:0000H，代码段用来保存微处理器使用的程序代码。在 8086 系统中，用逻辑地址表示代码段的末地址，即 CS:XXXXH。

图 3-5 所示为代码段存储空间示意图。图中的末地址是 CS:FFFFH，所以代码段的最大存储范围是 0000H～FFFFH，即最大存储空间为 64KB。

数据段寄存器（DS）：定义数据段的起始地址，用逻辑地址表示为 DS:0000H，图 3-6 所示为数据段存储空间示意图。图中的末地址是 DS:FFFFH，所以数据段的最大存储范围是 0000H～FFFFH，即最大存储空间为 64KB。数据段用来保存在程序执行过程中使用的数据及存放程序运行后的结果。

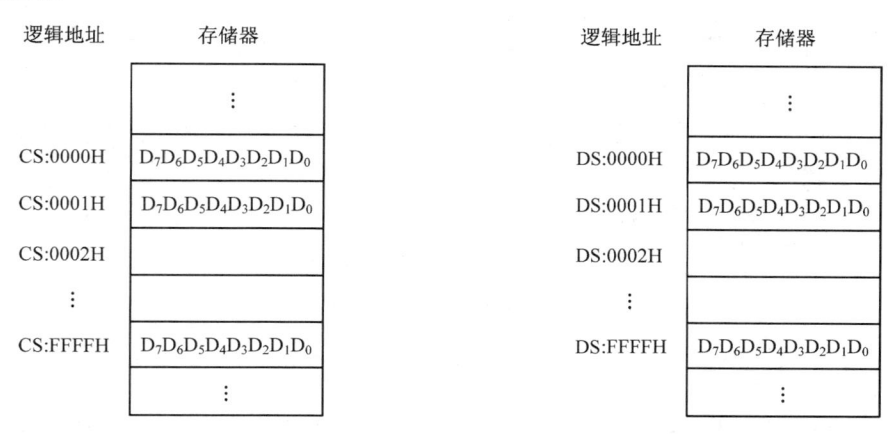

图 3-5　代码段存储空间示意图　　　　图 3-6　数据段存储空间示意图

附加段寄存器（ES）：与数据段寄存器类似，附加段寄存器定义附加段的起始地址，附加段的最大存储空间也为 64KB。附加数据段是为某些串操作指令存放操作数而附加的一个数据段。附加段是串操作指令隐含的一个数据段，附加段可以作为一般数据段使用，也可以作为数据段空间不满足程序需求的补充。

堆栈段寄存器（SS）：定义堆栈段的起始地址。堆栈段是一个特殊的随机存取存储区，堆栈段寄存器与堆栈指针 SP 共同确定堆栈段内的存取地址（SS:SP），其最大存储空间为 64KB。堆栈段用来临时保存程序执行过程中代码的地址信息、有关寄存器的内容及传输参数等。

3）指令指针寄存器

16 位指令指针（IP）用来存放将要执行的下一条指令在当前代码段中的偏移地址，它与 CS 联用（CS:IP）以确定下一条指令的物理地址。

当顺序执行程序时，CPU 每取出一个指令字节，IP 自动加 1，指向代码段中下一个要读取的字节；当 CPU 实现段内的程序转移时，IP 单独发生改变；当 CPU 实现段间的程序转移时，CS 和 IP 同时发生改变。

【例 3-1】 设存放在 CS 中的当前代码段基地址值是 8000H，IP 中存放下一条将要执行指令的段内偏移地址是 0500H，求其物理地址 PA。

解：PA = 8000H×16+0500H = 80500H

本例的存储器及代码段的示意图如图 3-7 所示。

4）标志寄存器（FLAGS）

在 16 位标志寄存器中，实际使用了其中的 9 位，9 位标志位如图 3-8 所示。9 位标志位可分成两类，一类是 6 位状态标志，即 CF、PF、AF、ZF、SF 和 OF，主要用于反映算术运算指令和逻辑运算指令执行结果的状态。例如，运算结果是否是 0，是正数还是负数等，以 0 或 1 的状态存放在标志寄存器的确定位中，用作后续条件转移指令的查询或转移控制条件。80x86

微处理器设置了测试这些状态位的 2 分支指令，根据状态标志是 0 状态还是 1 状态，方便实现 2 分支程序的编程处理。另一类是 3 位控制标志，即 TF、IF 和 DF，用来控制 CPU 的操作。

图 3-7　存储器及代码段的示意图

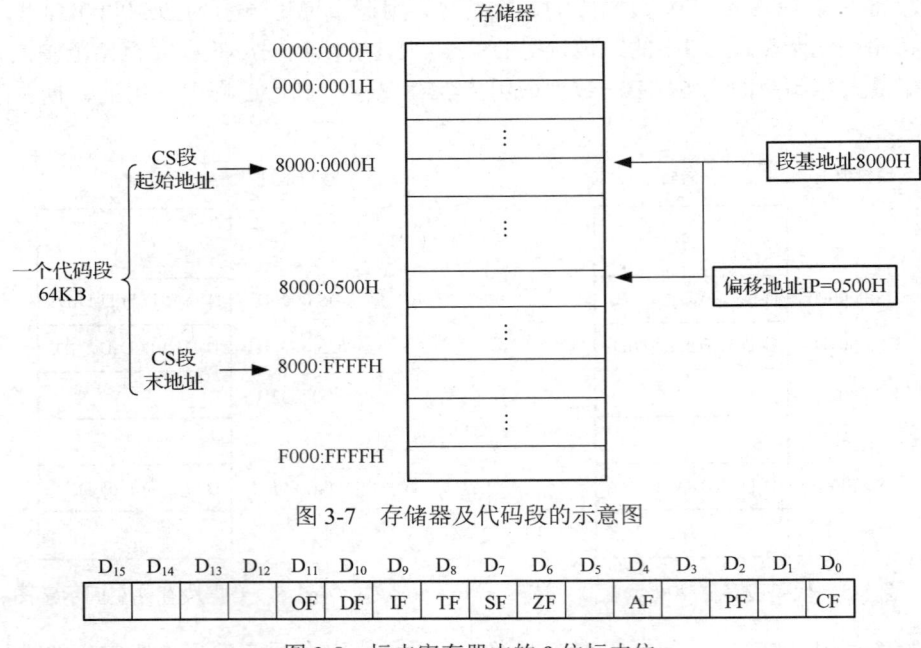

D$_{15}$	D$_{14}$	D$_{13}$	D$_{12}$	D$_{11}$	D$_{10}$	D$_9$	D$_8$	D$_7$	D$_6$	D$_5$	D$_4$	D$_3$	D$_2$	D$_1$	D$_0$
				OF	DF	IF	TF	SF	ZF		AF		PF		CF

图 3-8　标志寄存器中的 9 位标志位

（1）CF（Carry Flag）：进位标志。主要针对无符号数的加减法运算。当进行加法运算时，作为进位标志；当进行减法运算时，作为借位标志。若当前运算结果的最高位有进位或借位，则 CF = 1，否则 CF = 0。CF 的值反映了无符号数加减法运算的结果是否超出字长所能表示的范围，可供程序做出判断以便修正结果。

对于带符号数的运算，则根据溢出标志（OF）来判断结果是否正确。

（2）PF（Parity Flag）：奇偶校验标志。若当前运算结果的低 8 位中"1"的个数为奇数，则 PF = 0，否则 PF = 1。该标志主要被用来实现奇偶校验，奇偶校验法可以判断数据在传输过程中是否发生了错误。例如，"1"变成了"0"或"0"变成了"1"，所传输的应该有奇数个"1"，结果变成了偶数个"1"，说明在传输过程中发生了错误。最简单的校验方法是把待校验的 8 位二进制数加 0 操作后，查 PF 标志，如 10001111+00000000=10001111，结果有 5 个"1"，PF=0，如果约定发送端每次传输的字节都有奇数个"1"，那么接收端检测到 PF=0，说明传输过程正确。

注意，即使是 16 位数或 32 位数的操作，PF 也始终反映低 8 位二进制数中"1"的个数是奇数还是偶数。

（3）AF（Auxiliary Carry Flag）：辅助进位标志。若当前运算结果的低 4 位向高 4 位有进位或借位，则 AF = 1，否则 AF = 0。处理器内部对 8421 BCD 码加减法运算结果进行调整，用户在编程时可以通过加入十进制调整指令实现 8421 BCD 码的加减法运算。

（4）ZF（Zero Flag）：零标志。若当前运算结果为 0，则 ZF = 1，表示"0"命题成立（为真），否则 ZF = 0。

（5）SF（Sign Flag）：符号标志。反映带符号数的运算结果是正数还是负数。若结果的最高位为 1，则 SF = 1，表示结果是负数；否则 SF = 0，表示结果是正数。

(6) OF（Overflow Flag）：溢出标志。若当前运算结果有溢出，则 OF＝1，说明运算结果发生了错误，产生溢出中断处理，否则 OF＝0。

溢出指补码运算的结果超出了所选字长所能表示的数的范围。例如，8 位补码所能表示的数的范围是−128～+127，16 位补码所能表示的数的范围是−32768～+32767。

CPU 执行加、减、乘、除指令都会影响溢出标志。

补码加法和减法指令影响标志位的判断方法可以归纳为：

两个正数相加，若两个加数的最高位为 0，正确结果应该是正数，而和的最高位为 1，和变成负数，则产生上溢出；

两个负数相加，若两个加数的最高位为 1，正确结果应该是负数，而和的最高位为 0，结果变成正数，则产生下溢出；

两数相加，若两个加数的最高位相异，则不可能产生溢出；

两数相减，若被减数的最高位为 0，减数的最高位为 1，正确结果应该是正数，而差的最高位为 1，则产生上溢出；

两数相减，若被减数的最高位为 1，减数的最高位为 0，正确结果应该是负数，而差的最高位为 0，则产生下溢出；

两数相减，当被减数及减数的最高位相同时，不可能产生溢出。

结论：只有当两个相同符号数相加或两个不同符号数相减时，才可能产生溢出。

表 3-1 所示为加法运算结果对标志位的影响。溢出表示运算结果出错，无溢出表示运算结果正确。

表 3-1 加法运算结果对标志位的影响

加法运算及其结果	OF	AF	PF	ZF	SF	CF	注释
01110001+01000000=[0]10110001	1	0	1	0	1	0	两个正数相加，结果为负数，溢出
01110001+10010001=[1]00000010	0	0	0	0	0	1	正、负两数相加，无溢出
10001111+10000001=[1]00010000	1	1	0	0	0	1	两个负数相加，结果为正数，溢出
00000011+11111101=[1]00000000	0	1	1	1	0	1	正、负两数相加，无溢出

【例 3-2】 请指出执行下列加法操作后各状态标志位的状态。

$$\begin{array}{r} 1010\ 0100 \\ +\ 1100\ 0101 \\ \hline 10110\ 1001 \end{array}$$

解：执行上述加法操作后，各状态标志位的状态应为 CF＝1，AF＝0，PF＝1，ZF＝0，SF＝0，OF＝1。

(7) DF（Direction Flag）：方向标志。用于控制串操作指令中地址指针变化的方向。

DF＝0：每执行一次串操作后，存储器地址自动增加。

DF＝1：每执行一次串操作后，存储器地址自动减少。

(8) IF（Interrupt Flag）：中断允许标志。用于控制 8086 微处理器是否响应外部的可屏蔽中断（INTR）请求。

IF＝0：禁止 CPU 响应外部的可屏蔽中断请求。

IF＝1：允许 CPU 响应外部的可屏蔽中断请求。

(9) TF（Trap Flag）：陷阱标志，也称为单步标志。在调试程序时，可设置 CPU 工作在单步方式。当 TF＝1 时，8086 微处理器每执行完一条指令就自动产生一个内部中断，于是，CPU

在运行单步中断服务程序时，会把当前 CPU 中各寄存器的值在屏幕上显示出来，通过单步执行指令，使用户能够逐条跟踪程序的运行情况。当 TF = 0 时，8086 微处理器不能单步执行指令，但允许连续执行指令。

3.2.2 80386 微处理器内部的寄存器

1985 年，32 位微处理器——80386 微处理器被推出之后，Intel 公司便确定将 80386 微处理器的指令集结构即 IA-32 位结构作为以后开发 80x86 系列微处理器的标准，后来的 80486、Pentium 系列 32 位微处理器统称为 IA-32 微处理器。

程序是指令的有序集合，而指令建立在 CPU 内部寄存器的基础之上。所以，80386 的编程结构是指 80386 内部寄存器的结构及各寄存器的应用场合。

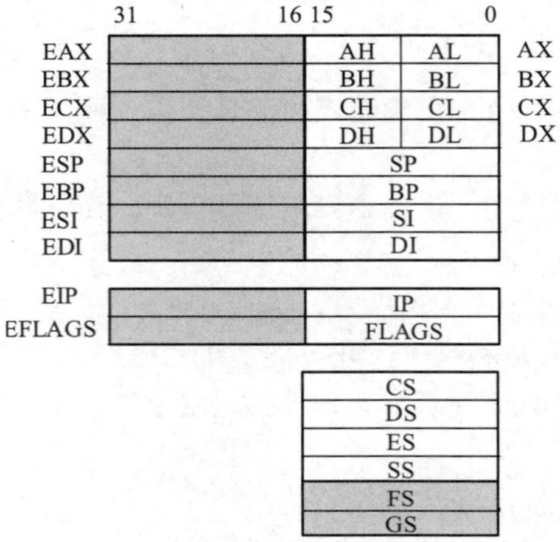

图 3-9 所示为 32 位微处理器内部的寄存器。它兼容 8086 微处理器原来的 8 个 16 位通用寄存器和 8 个 8 位寄存器 AH、AL、BH、BL、CH、CL、DH、DL；并且将原来的 8 个 16 位通用寄存器均扩展成 32 位的寄存器，即 EAX、EBX、ECX、EDX、ESI、EDI、EBP、ESP；80386 微处理器指令指针及标志寄存器的位数也都扩展为 32 位；保留了 8086 微处理器的 4 个 16 位的段寄存器，增加了 2 个 16 位的数据段寄存器 FS 和 GS。

80386 微处理器可以使用保留的 8 位和 16 位寄存器编程，也可以使用 32 位寄存器编程。

图 3-9 32 位微处理器内部的寄存器

1. 通用寄存器

8 个 32 位通用寄存器是对 CPU 中 8 个 16 位通用寄存器的扩展。按照它们的功能差别，与 16 位 CPU 相同，32 位通用寄存器也可以分为通用数据寄存器、指令指针及变址寄存器。

（1）通用数据寄存器。

4 个 32 位的通用数据寄存器为 EAX、EBX、ECX 和 EDX。通用数据寄存器可用来存放 8 位、16 位或 32 位的操作数。

EAX：累加器。EAX 可以作为通用寄存器使用，包括 8 位寄存器（AH 和 AL）、16 位寄存器（AX）及 32 位寄存器（EAX）。如果作为通用 8 位或 16 位寄存器使用，则其使用方法与 8086 微处理器中通用寄存器的使用方法相同。当 CPU 执行乘法指令、除法指令及调整指令时，EAX 有其固定的特殊用法，即作为存储器的偏移地址访问存储器等。

EBX：基址寄存器。EBX 可以作为通用寄存器和存储器的偏移地址使用。

ECX：计数寄存器。ECX 可以作为通用寄存器和存储器的偏移地址使用。移位和循环指令一般用 CL 寄存器计数；重复的串操作指令一般用 CX 计数；LOOP/LOOPD 等指令用 CX 或 ECX 计数。

EDX：数据寄存器。EDX 可以作为通用寄存器和存储器的偏移地址使用。当 CPU 执行乘法指令时，EDX 用来存放部分乘积；当 CPU 执行除法指令时，EDX 用来存放被除数及余数等。

（2）指令指针及变址寄存器。

4 个 32 位通用寄存器（ESP、EBP、ESI、EDI）的使用有两种情况：① 作为一般的 32 位数据寄存器使用。② 作为一般的 16 位数据寄存器（SP、BP、SI、DI）使用，与 8086 微处理器中的 SP、BP、SI、DI 兼容。

ESP、EBP、ESI、EDI 均有各自的专用场合：

ESP：32 位的堆栈指针，以 ESP 为偏移地址访问堆栈段。当其作为 16 位 SP 使用时，与 8086 微处理器的 SP 兼容。

EBP：32 位的基址指针，以 EBP 为偏移地址，默认访问的是堆栈段。当其作为 16 位 BP 使用时，与 8086 微处理器的 BP 兼容。

ESI：32 位的源变址寄存器，在串操作指令的执行过程中，ESI（或 SI）指示源数据串所在数据段（DS）中的偏移地址。

EDI：32 位的目的变址寄存器，在串操作指令的执行过程中，EDI（或 DI）指示目的数据串所在附加数据段（ES）中的偏移地址。

2．32 位的指令指针

EIP（Extended Instruction Pointer）：32 位指令指针，把 8086 微处理器的 16 位指令指针扩展到了 32 位。EIP 是一个专用寄存器，用于存放指令所在存储单元地址的偏移量，与 CS 配合使用，以便得到指令所在存储单元的地址。在程序的运行过程中，EIP 中的值被不断修改，不断指向下一条指令。当 80386 微处理器工作在实模式时，32 位的 EIP 中仅低 16 位 IP 有效，与 8086 微处理器的 IP 兼容。

程序员不可能对 EIP 进行存取操作，程序的正常顺序执行、转移指令、调用指令、返回指令，以及中断操作等均能够改变 EIP 的值。

3．16 位的段寄存器

32 位微处理器在 16 位微处理器的基础上，增加了 2 个 16 位的段寄存器 FS 和 GS。FS 和 GS 是 2 个附加的数据段寄存器，32 位微机增加了数据段的数量，扩充了可用数据存储器的容量。

4．32 位的标志寄存器

图 3-10 所示为 80x86 及 Pentium 系列微处理器内部的标志寄存器。8086/8088/80286 微处理器的标志寄存器都只有 16 位（15~0），随着微处理器的发展，80386DX 及以上微处理器的标志寄存器都扩展到了 32 位（31~0）。32 位微处理器工作在实模式，只需要用到寄存器低 16 位中的 6 个状态标志和 3 个控制标志。

31	21	20	19	18	17	16	15	14	13 12	11	10	9	8	7	6	5	4	3	2	1	0
	ID	VIP	VIF	AC	VM	RF		NT	IOPL	OF	DF	IF	TF	SF	ZF		AF		PF		CF

8086/8088

80286

80386DX

80486SX/80486DX

Pentium/Pentium Ⅱ

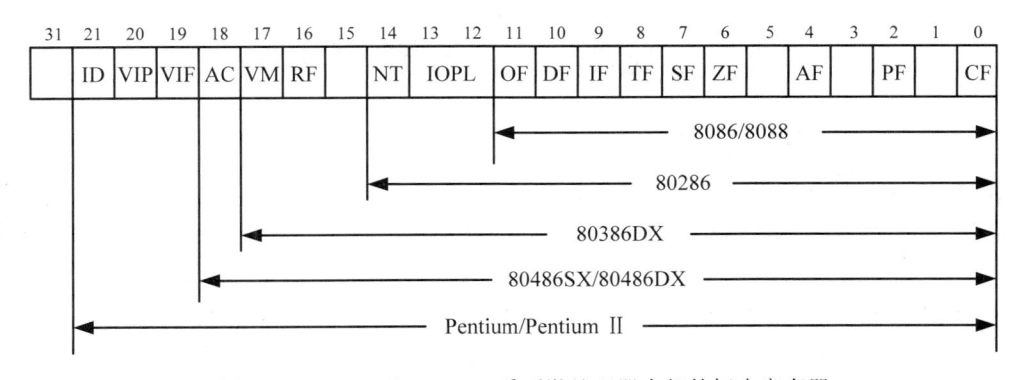

图 3-10　80x86 及 Pentium 系列微处理器内部的标志寄存器

由图 3-10 可以看出，32 位的标志寄存器在 8086 标志寄存器的基础上，新增了以下系统控制标志位：

IOPL（I/O Privilege Level）：I/O 特权级标志。80286 引入了保护方式，将程序的优先级别分成 4 个特权级，以便实现特权保护功能。IOPL 共两位，两位 IOPL 的数值表示允许执行 I/O 指令的特权级，即 I/O 操作处于 00～11 特权级中的哪一级才允许实现 I/O，00 级最高，11 级最低。

NT（Nested Task）：任务嵌套标志。控制中断或任务的嵌套，该位的置 1 与清零都是通过任务的控制转移来实现的。当该位置 1 时，表示当前所执行的任务正嵌套在另一任务中，执行完该任务后，应该返回到原来的任务中。若当前所执行的任务并没有嵌套在另一任务中，则 NT = 0。

RF（Resume Flag）：恢复标志。当该位置 1 时，即使遇到断点或调试故障，也不产生异常中断。成功执行完当前每一条指令后，该位将自动清零。

恢复标志是一个与单步、断点调试程序一起使用的标志。在进入断点处理程序前，先将 RF 置 1，在进入断点处理程序后，RF 随标志寄存器压入堆栈。当断点处理中断程序执行完，返回到主程序时，标志寄存器的内容因中断返回指令的执行而被弹出，且恢复 RF = 1，禁止后续指令不再按断点指令执行。

VM（Virtual 8086 Mode）：虚拟 8086 模式标志。在保护模式下，若 VM 置 1，则 CPU 转移到虚拟 8086 模式，以便在保护模式下执行原 8086 实地址方式的程序。在 VM 模式下，CPU 像一个高速的 8086 微处理器运行 8086 的指令。若 VM 清零，则 CPU 返回保护模式。

AC（Alignment Check）：对准检查标志。若 AC = 1，且系统控制寄存器 CR0 中 AM 位也为 1，则允许且必须对特权级为 3 的用户程序进行数据的对准检查。对准数据的标准是：当 CPU 访问存储器中 16 位的字数据时，其地址应该为偶数；当 CPU 访问存储器中 32 位的双字数据时，其地址应该为 4 的倍数；当 CPU 访问存储器中 64 位的四字数据时，其地址应该为 8 的倍数。当 CPU 检查到未对准地址访问内存时，将产生异常中断 17 处理。若 AC = 0，则不执行对准检查。

ID：识别标志。如果该标志位能被置位和清零，则表示该微处理器支持 CPUID 指令。CPUID 指令可以提供该微处理器的厂商、系列及模式等信息。

VIF：虚拟中断标志。在虚拟 8086 模式下，VIF 是中断允许标志（IF）的一个复制。

VIP：虚拟中断等待标志。虚拟中断等待标志位指示是否有挂起的中断。当 VIP = 1 时，表示有一个中断正等待响应与处理。

VIP 与 VIF 用于控制虚拟中断。

3.3 微处理器对存储器的管理

3.3.1 32 位微处理器的工作模式

8086 微处理器和 8088 微处理器内部的数据宽度相同，都具有 16 位数据传输通道，但是，其外部数据总线分别是 16 位和 8 位。因此，8086 和 8088 微处理器分别称为 16 位和准 16 位的微处理器。由于其外部地址总线均为 20 位，因此，可以寻址的最大存储空间是 $2^{20} \times 8$ 位 = 1MB。8086 微处理器和 8088 微处理器对存储器实行分段管理，它们所能支持的操作系统只是单用户、单任务的 MS-DOS 操作系统。在该操作系统下开发的应用软件可以在 8086/8088 系统中运行。但是，32 位系列微处理器内部的数据传输与定点运算为 32 位，外部数据总线为 64

位，寻址能力达到 4GB。CPU 芯片内部具有分段和分页管理部件，还具有多种保护机制，如果要保持向上兼容，执行单用户的程序，那就不可能充分利用 32 位微处理器的优势，于是，从 80286 微处理器开始，就出现了不同工作模式的概念，80286 在具有实模式的情况下，引入了保护模式，解决了 CPU 性能的提高与兼容性之间的矛盾问题。从 80386 微处理器开始，微处理器的工作模式分为实地址模式（Real-Address Mode）、保护模式（Protected Mode）、虚拟 8086 模式（Virtual 8086 Mode）和系统管理模式。这些工作模式既可以执行单用户的程序，保持兼容性能，又可以转换到其他多用户、多任务状态下运行程序。

32 位微处理器的 4 种工作模式的相互转换关系图如图 3-11 所示。

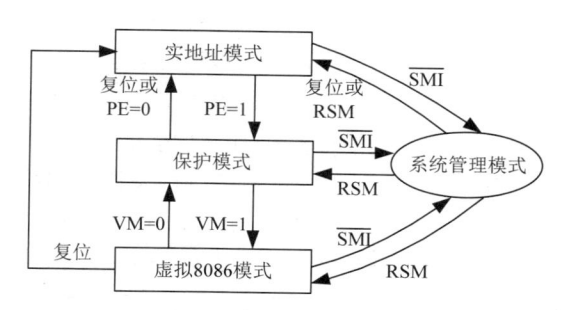

图 3-11　32 位微处理器的 4 种工作模式的相互转换关系图

1．实地址模式

实地址模式简称实模式，指 80286 以上的微处理器所运行的 8086 的工作模式。在实模式下，CPU 可寻址的内存空间是 1MB，其仍然采用分段管理存储器的方式，将存储器分成 4 种类型的段，每段存储空间最大为 64KB。将 1MB 的存储空间保留两个区域，一个是 1KB 的中断向量表区（00000～003FFH），用于存放 256 个中断服务程序的入口地址（中断向量），每个中断向量占 4 字节（2 字节的段地址和 2 字节的段内偏移地址）；另一个是初始化程序区（FFFF0H～FFFFFH），用于存放进入 ROM 引导区的一条跳转指令。

在图 3-11 中，微机复位（上电复位或热启动复位）后工作在实模式下，计算机对系统进行初始化、执行引导程序、为保护模式所需要的数据结构做好各种配置与准备工作等。

在 Windows 操作系统下，如果将控制寄存器 CR0 中的 PE 位清零，则微处理器从保护模式转为实模式；若将 PE 位置 1，则微处理器从实模式转为保护模式。VM 是标志寄存器中的虚拟 8086 模式标准位，若将 VM 置 1，则从保护模式转为虚拟 8086 模式；若将 VM 清零，则从虚拟 8086 模式转为保护模式。

2．保护模式

保护模式又称虚地址模式，能够支持多任务的运行，并提供一系列的保护机制。该模式涵盖了微处理器的所有特点和指令，能使其发挥出最好的性能。在保护模式下，CPU 可以访问 4GB 的物理存储空间，支持段、页两级保护机制。段有 4 个特权级，页有两个特权级，通过分页机制，可以实现的虚拟逻辑存储空间高达 64TB。

3．虚拟 8086 模式

虚拟 8086 模式简称 V86 模式，是运行在保护模式中的实模式，可以让 8086 下的 16 位应用程序能在保护模式下执行。它不是真正的 CPU 模式，而是既有保护功能又能执行 8086 代码的工作模式，属于保护模式。在 V86 模式下，微处理器能够迅速且反复地在 V86 模式和保护模式之间进行切换，若从保护模式切换到 V86 模式，则执行 8086 程序；若从 V86 模式切换到保护模式，则继续执行原来的保护模式程序。即保护模式下的多任务机制可以让多个虚拟 8086 任务和非虚拟 8086 任务一起在微处理器上运行。

4. 系统管理模式

Pentium 系列微处理器继承了 80486 的一种系统管理模式（SMM），为操作系统和核心程序提供节能管理和系统安全管理等机制。

当通过软件测试到微处理器满足某种硬件条件时，可由其他模式进入系统管理模式。进入系统管理模式后，微处理器首先保存当前运行程序或任务的基本信息，然后切换到另一个独立的地址空间，执行系统管理程序，即启动系统管理模式的专用程序，实现电源的各种管理、系统安全等专用功能。这种管理功能的实现与操作系统和应用程序无关。

Pentium 系列微处理器的外部有两个引脚信号用于进入系统管理模式。一个是 $\overline{\text{SMI}}$，即系统管理模式的中断请求信号，低电平有效，它是使 CPU 进入系统管理模式的中断请求输入信号；另一个是 $\overline{\text{SMIACT}}$，即系统管理模式输出信号，低电平有效。当其有效时，表示当前 CPU 处于系统管理模式，或者从高级可编程中断控制器（APIC）方面接收系统管理中断请求，使处理器进入系统管理模式。

3.3.2 实模式存储器管理

1. 实模式存储器地址空间的划分

图 3-12 所示为实模式 1MB 存储器地址空间的划分，大致可分为 3 个存储区：

① 00000H～003FFH 是中断向量表区，共计 1024 字节，1024 字节/4 字节 = 256，用于存放 256 个中断向量（中断服务程序的入口地址），即每个中断向量包含 4 字节（2 字节的代码段值，2 字节的偏移地址）。

② FFFF0H～FFFFFH 是初始化代码区。

③ 除上述区域外，其他存储区是通用区。

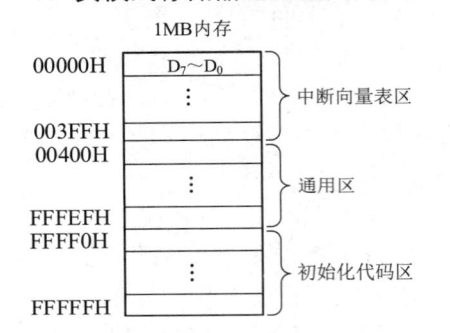

图 3-12 实模式 1MB 存储器地址空间的划分

2. 实模式存储器的分段管理

32 位微处理器在实模式下可寻址 4GB 内存中仅 1MB 的存储空间，地址范围是 00000H～FFFFFH。由于 2^{20} = 1MB，所以 CPU 要输出 20 位地址线才能访问 1MB 的内存空间。但是，微处理器在实模式下访问存储器所采用的指令，仍然是使用 16 位寄存器或 16 位的直接地址作为偏移地址，即 2^{16} = 64KB，每段 64KB，与 8086 系统相同。

CPU 对存储器实现分段管理，把存储器分成 4 种类型的段，即代码段、数据段、堆栈段和附加数据段。把 16 位段寄存器的值乘以 16，即可获得 20 位的段首地址，段寄存器的值就是段首地址的高 16 位，称为段基地址（Segment Base Value），将段首地址加上 16 位的偏移地址，即可产生最终的物理地址。

图 3-13 所示为存储器分段的逻辑结构。系统的整个存储空间可以按照顺序分成 16 个互不重叠的逻辑段，如图 3-13（a）所示。存储器每段的最大容量为 64KB，根据不同的程序，操作系统安排大小不同的存储段，一般小于 64KB，并不一定要安排最大的 64KB 存储段。允许各逻辑段在整个存储空间中浮动，段与段之间可以分开、接连排列、部分重叠，还可以完全重叠，如图 3-13（b）所示。其中，逻辑段 1 和逻辑段 2 是分开的，逻辑段 2 和逻辑段 3 是接连排列的，逻辑段 3 和逻辑段 4 有部分重叠，逻辑段 5 和逻辑段 6 是完全重叠的。

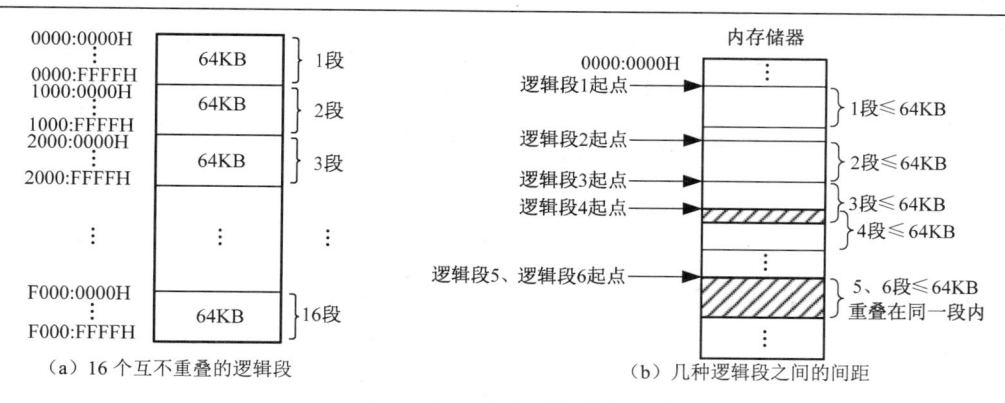

图 3-13 存储器分段的逻辑结构

(a) 16 个互不重叠的逻辑段

(b) 几种逻辑段之间的间距

3. 实模式存储器的寻址

1) 实模式物理地址的产生

(1) 逻辑地址。

8088/8086 微处理器内部寄存器设计成 16 位，而不是 20 位，但 8088/8086 微处理器有 20 位地址线，那 CPU 如何使用 16 位寄存器产生 20 位的地址呢？解决办法就是在 CPU 内部设置对存储器实行分段管理的机制，用分段管理的机制来产生 20 位的物理地址。显然，编程人员在编程时，使用的是逻辑地址而不是物理地址，并且不知道程序涉及的实际地址。

在实模式下，逻辑地址由段基地址与段内偏移地址组成，写为"段基地址：段内偏移地址"，段基地址与段内偏移地址均为 16 位。每个段在内存中的起始位置可以写为"段基地址：0000H"，可以看出，段基地址是段起始地址的高 16 位。

段内偏移地址又称偏移量，是所要访问的存储单元与起始地址之间的字节距离。实模式下的段基地址由 6 个段寄存器提供的 16 位二进制信息来确定，段寄存器与段内偏移地址的搭配，按照指令的规定，可以来自不同的寄存器，或者由它们的组合值提供，或者由程序直接提供 16 位的段内偏移地址。

(2) 物理地址及其产生。

物理地址是信息在内存中存放的实际地址，是 CPU 在访问存储器时实际发出的地址信息。CPU 访问存储器所发出的 20 位物理地址是由当前逻辑地址转换产生的，是在 CPU 内部转换完成的，如图 3-14 所示。先把逻辑地址的段基地址左移 4 位，低 4 位都补 0，变成 20 位，再加上逻辑地址中的 16 位段内偏移地址（或有效地址），最后产生 20 位物理地址。

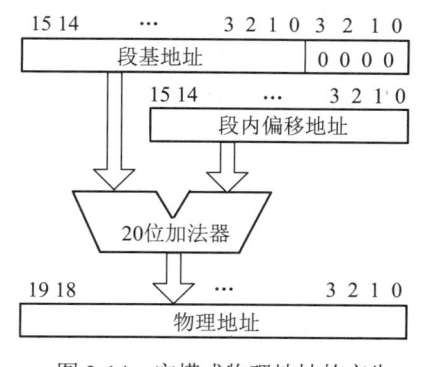

图 3-14 实模式物理地址的产生

物理地址的计算公式为

$$物理地址 = 段基地址 \times 16 + 段内偏移地址 \qquad (3-1)$$

【例 3-3】 设数据段寄存器 DS 中的数值是 3000H，源变址寄存器 SI 中的数值是 2000H，若以 SI 中的数值作为数据段内的偏移地址，则 CPU 访问数据段内的物理地址为

$$物理地址 = 3000H \times 16 + 2000H = 32000H$$

本例中存储器及数据段的示意图如图 3-15 所示。数据段的存储空间最大是 64KB，根据实际程序的安排，其存储空间在一般情况下小于 64KB。

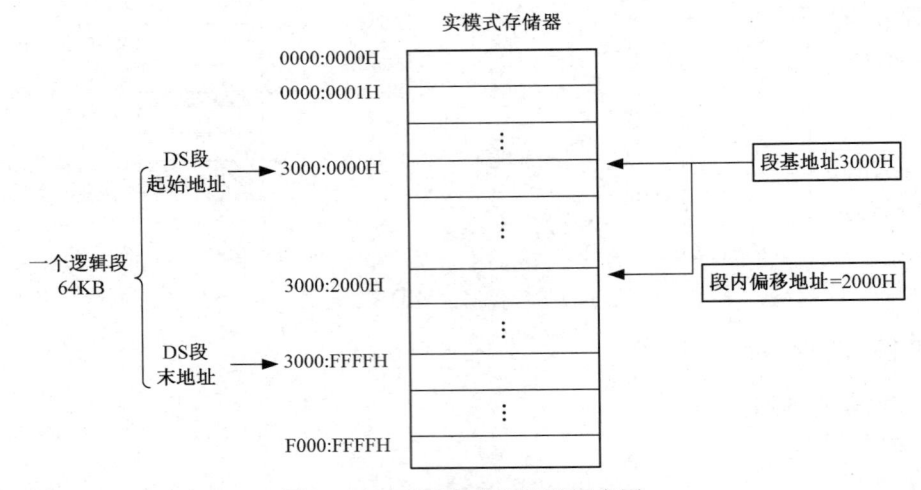

图 3-15 存储器及数据段的示意图

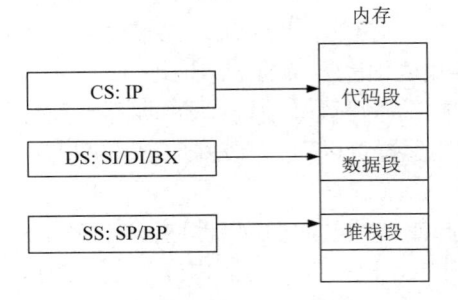

图 3-16 8086 微处理器段寄存器与段内偏移地址的固定搭配

2）段寄存器与段内偏移地址的固定搭配

8086 微处理器段寄存器与段内偏移地址的固定搭配如图 3-16 所示。

从图中可以看出 CS、DS 和 SS 段寄存器的固定搭配关系如下。

（1）当 CPU 执行程序，即从存储器中取指令时，CPU 以 CS 的值为段基地址，加上 IP 中的 16 位段内偏移地址，得到指令所在内存中的物理地址。

（2）CPU 访问存储器的数据段是以 DS 的值为数据段的基地址，偏移地址存放在 SI/DI/BX 中，按照式（3-1）计算得到操作数的物理地址。

（3）当 CPU 进行堆栈操作时，CPU 以 SS 的值为堆栈段的基地址，由 SP/BP 来提供段内偏移地址。

（4）附加数据段 ES 没有设计固定搭配的偏移地址寄存器，那如何访问附加数据段呢？由于没有固定搭配，所以访问附加数据段的方式是，在存储器寻址的操作数前加上段超越前缀，即指明是 ES 段。

【例 3-4】 利用访问数据段的寄存器访问附加数据段，怎样在指令中加上段超越前缀"ES："？

解：在存储器操作数前面加上段超越前缀。

```
        MOV AX, ES:[BX]    ;访问附加数据段 ES，而不是 DS 段
    或  MOV CX, ES:[SI]    ;访问附加数据段 ES，而不是 DS 段
```

3.4　8086 系统中的存储器组织

8086 系统把 1MB 的存储器分成两个存储体：偶地址存储体和奇地址存储体，存储容量均

为 512KB。每个存储体内的字节地址是不连续的，但两个存储体之间的字节地址是连续的，构成了两个存储体之间的地址交叉。8086 系统中的存储器组织如图 3-17 所示。

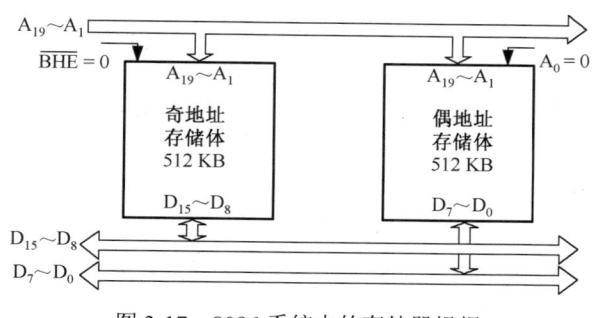

图 3-17　8086 系统中的存储器组织

从图中可以看出，8086 微处理器有两条输出信号，分别是地址线 A_0 和高字节允许信号线 $\overline{BHE}$。CPU 在执行访问存储器操作的指令时，能够自动产生相应的输出信号，在设计硬件时，用这两条输出信号的电平来区分两个存储体是否被选中。

当 $A_0 = 0$ 时，CPU 发出的地址一定是偶地址，用 $A_0 = 0$ 选择偶地址存储体。因为偶地址存储体的数据线与计算机系统数据总线的低 8 位（$D_7 \sim D_0$）相连，所以 CPU 从低 8 位数据总线读/写 1 字节。

当 CPU 执行访问奇地址存储单元时，CPU 的高字节允许信号线 $\overline{BHE}$ 为低电平，用其低电平选中奇地址存储体。因为奇地址存储体的数据线与计算机系统数据总线的高 8 位（$D_{15} \sim D_8$）相连，所以 CPU 从高 8 位数据总线读/写 1 字节。

当 CPU 执行访问偶地址存储单元时，$A_0 = 0$，$\overline{BHE} = 0$，CPU 可以同时访问两个存储体，各读/写 1 字节，组成一个字。

A_0 与 $\overline{BHE}$ 的组合操作如表 3-2 所示。

表 3-2　A_0 与 $\overline{BHE}$ 的组合操作

BHE	A_0	操作	指令示例
0	0	从两个存储体读/写一个字	MOV BX，[9900H]
0	1	从奇地址存储体读/写 1 字节	MOV AL，[8801H]
1	0	从偶地址存储体读/写 1 字节	MOV CH，[7700H]
1	1	无存储器操作	—

3.5　32 位微处理器

3.5.1　80386 微处理器的功能结构

32 位 80386 微处理器是与 80286 相兼容的一种高性能微处理器。它适用于高性能的应用领域和多用户、多任务操作系统。CPU 采用网格阵列封装，有 132 条引出线。

1. 80386 的主要特点

80386 的内部包括寄存器组、ALU 和内部总线，它能灵活处理 8 位、16 位或 32 位 3 种数据类型，具有 32 位寻址的指令。

80386 外部采用 32 位数据总线 $D_{31} \sim D_0$，具有 32 位外部总线接口功能。外部有 32 位地址总线的能力，能寻址 4GB 的物理空间，其组成是 $A_{31} \sim A_2$ 及 4 字节选择信号 $\overline{BE_3} \sim \overline{BE_0}$。$\overline{BE_3} \sim \overline{BE_0}$ 都是低电平有效，当其有效时，分别用来选择 4 个存储体，可以只访问一个字节、一个字或一个双字。

80386 微处理器可以工作在实地址模式和保护模式。在保护模式下，它能寻址 64TB 虚拟存储空间，还可以转换为虚拟 8086 模式。无论采用哪一种工作模式，80386 均能运行 8088/8086、80286 的软件。

80386 微处理器在硬件结构上由 6 个功能部件组成。它们都按照流水线方式工作，因此，CPU 的运行速度大大提高，可以达到 4MIPS。

CPU 支持存储器的段式管理与页式管理，易于实现虚拟存储器系统；支持多任务的执行，一条指令就可以完成任务的转换。

程序的特权级分为 4 级，即 0 级、1 级、2 级、3 级，其中，0 级优先级最高，其次是 1 级、2 级、3 级。用户程序使用最低的 3 级。

2．80386 的功能结构

80386 微处理器的内部结构如图 3-18 所示。从功能部件上看，它除了具有总线接口部件（BIU）的功能，还有如下 6 个主要的组成部件：指令预取部件、指令译码部件、分段部件、分页部件、控制 ROM、64 位移位器加法器。

图 3-18 中的虚线把 80386 分为中央处理部件（CPU）、存储器管理部件（MMU）及总线接口部件（BIU）三大部分。

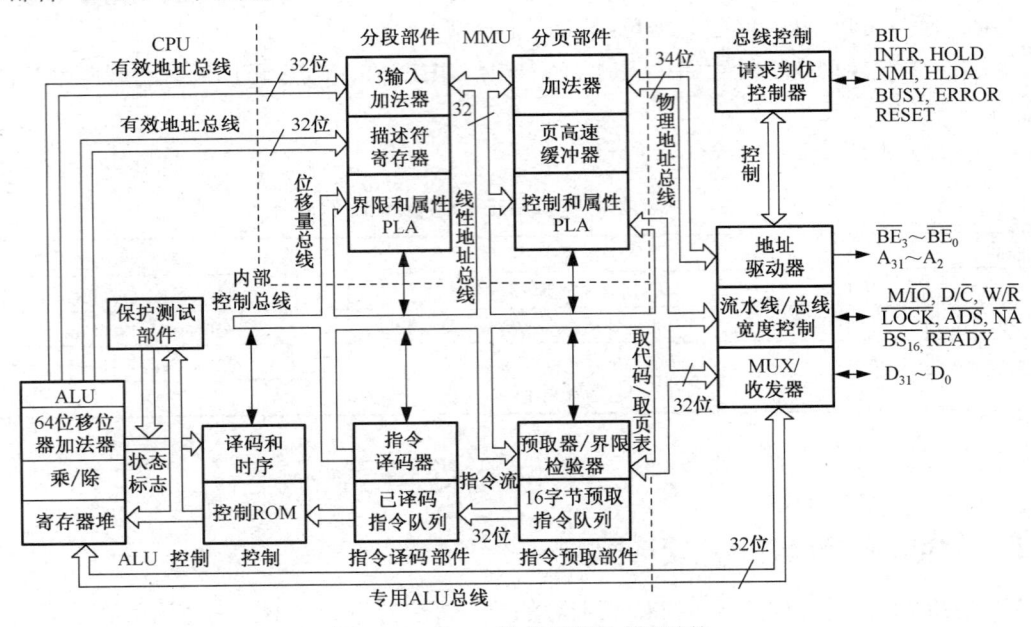

图 3-18　80386 微处理器的内部结构

（1）中央处理部件。

两个指令队列：16 字节预取指令队列，用于暂存从存储器中取来的指令代码；已译码指令队列，经指令译码器对指令代码进行译码后送入已译码指令队列，等待执行部件的执行。

如果在译码时测试到转移指令（过程调用、2 分支指令等），则能提前通知总线接口部件取出转移目标的指令代码，实现取指令队列中的指令代换。

在执行部件中，80386 首次采用了微程序控制器（控制 ROM），CPU 指令的微程序都存放在控制 ROM 中，包含相应的微指令译码器、时序控制信号的产生器、32 位算术逻辑部件及 8 个 32 位通用寄存器。还设置了一个 64 位的桶形移位器和硬件乘/除电路，便于加速移位、循环及乘/除法操作。

（2）存储器管理部件。

存储器管理部件由分段部件与分页部件组成。

分段部件：将 16 位段寄存器的值及 32 位的虚地址值称为逻辑地址，根据段寄存器的值及 32 位的虚地址值进行分段转换，产生 32 位的线性地址（中间地址）。如果还需要分页，分段管理的作用是将逻辑地址转换成 32 位的线性地址，而不是最后的物理地址。

分页部件：如果需要分页，每个段又可以分为多个页面。分页管理的作用是将线性地址转换成物理地址，便于实现虚拟存储器管理，通常在内存和外存之间以 4KB 大小的页为单位进行映射操作。

后来的 Pentium 微处理器既能按照 4KB 大小分页，又能按照 4MB 大小分页。

（3）总线接口部件。

总线接口部件控制 32 位地址总线的输出，控制 32 位数据总线的双向传输，将控制信息从 CPU 内部输出到 CPU 外部，以及接收来自 CPU 外部的控制信息等。

3．80486 的主要结构特点

80486 仍然是 IA-32 结构，与 80386 相比，其主要结构特点如下。

（1）80486 引入了 5 级指令流水线结构，提高了指令的执行速度。

（2）80486 与 80x86 在目标代码 1 级完全保持了向上的兼容性，继承了 V86 模式和 80386 的保护模式。

（3）80486 采用精简指令集计算机（RISC）技术，减少了不规则的控制部分，从而缩短了指令的执行周期。

（4）80486 将 80386 CPU 基本指令的微程序控制改为硬布线控制器控制，同时，保留了部分指令的微程序控制，缩短了基本指令的译码时间，提高了部分指令的执行速度。

（5）80486 微处理器内部首次包含了 8KB 的高速缓冲存储器（Cache），由于技术有限，因此 8KB 的 Cache 用于混合存放指令代码与数据。

（6）80386 系统配备 x87FPU 数值协处理器，而 80486 集成了数值协处理器的功能，处理数据的速度有很大提高。

（7）由于 80486 微处理器内部设置了高速缓冲存储器，高速缓冲存储器与内存之间数据的传输量较大，因此，80486 采用了突发总线（Burst Bus）技术，即系统取得某一存储器地址后，与该地址相关的某一块存储单元的内容都被连续地进行读/写访问，实现微处理器内部高速缓冲存储器和内存之间数据的快速传输。

3.5.2 Pentium 微处理器的功能结构

1．Pentium 的字节选择信号

Pentium 是 1993 年 Intel 公司推出的第五代微处理器，是 IA-32 结构，属于单芯片超标量流水线微处理器。Pentium 的外部地址线为 $A_{31} \sim A_3$，没有地址线 A_2、A_1、A_0，但有字节选择

信号 $\overline{BE_7} \sim \overline{BE_0}$，它是通过使用 $\overline{BE_7} \sim \overline{BE_0}$ 来代替 A_2、A_1、A_0 寻址的，即用 $\overline{BE_7} \sim \overline{BE_0}$ 8 字节选择信号的组合来寻址 8 位、16 位、32 位及 64 位存储器操作数。当 $\overline{BE_7} \sim \overline{BE_0}$ 8 字节选择信号分别为 0 时，对应 CPU 低 3 位地址线 A_2、A_1、A_0 的情况如表 3-3 所示。

表 3-3 $\overline{BE_7} \sim \overline{BE_0}$ 8 字节选择信号与 CPU 低 3 位地址线 A_2、A_1、A_0 的对应关系

$\overline{BE_7}$	$\overline{BE_6}$	$\overline{BE_5}$	$\overline{BE_4}$	$\overline{BE_3}$	$\overline{BE_2}$	$\overline{BE_1}$	$\overline{BE_0}$	A_2	A_1	A_0
1	1	1	1	1	1	1	0	0	0	0
1	1	1	1	1	1	0	1	0	0	1
1	1	1	1	1	0	1	1	0	1	0
1	1	1	1	0	1	1	1	0	1	1
1	1	1	0	1	1	1	1	1	0	0
1	1	0	1	1	1	1	1	1	0	1
1	0	1	1	1	1	1	1	1	1	0
0	1	1	1	1	1	1	1	1	1	1

如果仅当 $\overline{BE_1}$、$\overline{BE_0}$ 分别为 0 时，则相当于 $A_2A_1A_0 = 001$ 及 $A_2A_1A_0 = 000$。此时，选中两个存储器地址的 2 字节，CPU 访问连续 2 字节；如果仅当 $\overline{BE_3}$、$\overline{BE_2}$、$\overline{BE_1}$、$\overline{BE_0}$ 分别为 0 时，则相当于 $A_2A_1A_0 = 011$、$A_2A_1A_0 = 010$、$A_2A_1A_0 = 001$ 及 $A_2A_1A_0 = 000$ 四种情况。此时，CPU 访问连续 4 字节，即访问 32 位存储器操作数。

Pentium 通往外部存储器的数据总线为 64 位，CPU 内部的数据总线及主要寄存器的宽度等都为 32 位。外部 64 位数据总线（$D_{63} \sim D_0$）每次可以同时传输 8 字节的二进制信息，若选用主总线时钟频率为 66MHz 计算，即存储器总线的时钟频率也为 66MHz，则 Pentium 与内存储器交换数据的速率为 66MHz×8B = 528MB/s。

Pentium 的 64 位数据总线支持多种类型的总线周期，包括应用于 Pentium 微处理器内部高速缓冲存储器的突发模式。在突发模式下，在一个总线周期内，可以快速对内存读出或写入 32 字节的数据，也可以将内存中一个 32 字节的内存块读出并存入 Pentium 微处理器内部高速缓冲存储器的某一行。

2．Pentium 的体系结构

1）Pentium 微处理器内部的主要功能部件

Pentium 微处理器的功能结构图如图 3-19 所示。Pentium 微处理器包括 10 大主要部件：总线部件、指令预取部件、指令译码器、U 流水线和 V 流水线、指令 Cache、数据 Cache、浮点处理部件（FPU）、分支目标缓冲器（BTB）、微程序控制器中的控制 ROM 及寄存器组等。

2）Pentium 微处理器的体系结构特点

Pentium 微处理器的体系结构有以下主要特点：

（1）超标量流水线。

相对 80486 微处理器的一条指令流水线，Pentium 微处理器扩充了一条指令流水线，分为 U、V 两条指令流水线。一条指令流水线称为标量流水线，两条指令流水线称为超标量流水线。

（2）两个互相独立的 8KB 高速缓冲存储器。

80486 微处理器中仅有一个 8KB Cache，指令和数据混合存放在其中。而 Pentium 微处理器内部设置了 8KB 指令 Cache 和 8KB 数据 Cache，指令 Cache 与数据 Cache 分别与 CPU 内

部的 64 位数据线及 32 位地址线相连接。这是 Pentium 超标量指令流水线的需要，也是一个极其重要的改进，解决了流水线中可能同时需要从存储器中取指令和从存储器中读/写数据而发生的资源冲突。互相独立的指令 Cache 和数据 Cache 有利于 U、V 两条流水线的并行操作。

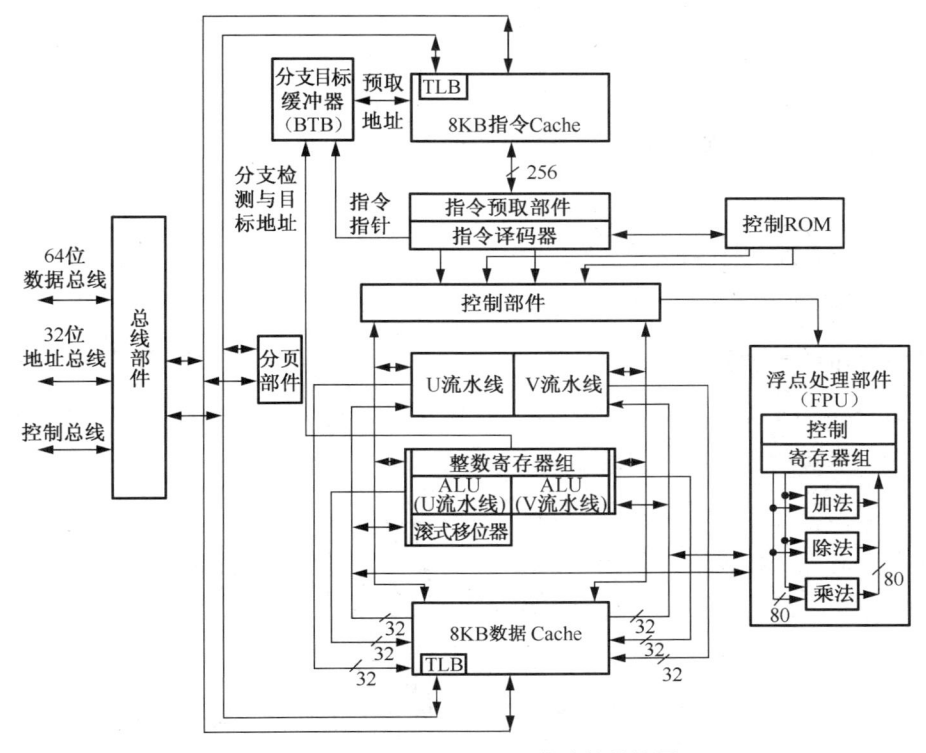

图 3-19 Pentium 微处理器的功能结构图

指令 Cache 中存放的代码是内存中一部分程序的副本，通过突发方式从内存中每读取一块指令代码就将其存入某一 Cache 行（32B），以便 CPU 在执行程序时直接从 CPU 内部的指令 Cache 中取出并执行指令代码。可读/写的数据 Cache 是双端口结构，每个端口分别与 U、V 两条指令流水线交换整数数据。数据 Cache 在与浮点处理部件交换浮点数据时，可以组合成 64 位数据端口。

（3）采用分支目标缓冲器（Branch Target Buffer，BTB）实现动态分支预测。

动态分支预测可以减少在指令流水作业中因分支转移等指令而引起的流水线断流现象。在 U、V 两条流水线执行指令时，一方面要对指令进行译码，另一方面要将分支指令送给分支目标缓冲器以实现动态分支预测，以便将后续待执行的指令正确取出来，避免指令流水线断流的发生。

超标量流水线技术及 BTB 技术详见第 12 章。

（4）相对 80486 重新设计的浮点处理部件。

重新设计的浮点处理部件支持 IEEE 754 标准的单、双精度格式的浮点数，浮点处理部件内有专门用于浮点运算的加法器、乘法器和除法器。80 位宽的 8 个寄存器构成了寄存器组，使用一种临时实数的 80 位浮点数格式。

Pentium 微处理器内部的浮点运算采用了指令流水线作业技术，浮点运算流水线分为 8 段完成，而整数指令流水线分为 5 段完成，浮点指令运算的前 4 段在整数指令流水线中完成，后

4 段则在浮点处理部件中完成。

浮点指令运算的前 4 段在整数指令执行的 U、V 流水线中完成以下工作：
- 预取指令（PF）。
- 指令译码 1（D_1）。
- 指令译码 2（地址生成）（D_2）。
- 取操作数（EX）。

浮点指令运算的后 4 段在浮点处理部件中完成以下工作：
- 执行 1（X_1）。
- 执行 2（X_2）。
- 结果写回寄存器组（WF）。
- 错误报告（ER）。

3.5.3 Pentium 微处理器的引脚信号

图 3-20 所示为 Pentium 微处理器的主要引脚信号。按引脚信号的功能主要划分为 10 类。图 3-20 给出了各类所包含的引脚信号及其 I/O 方向。

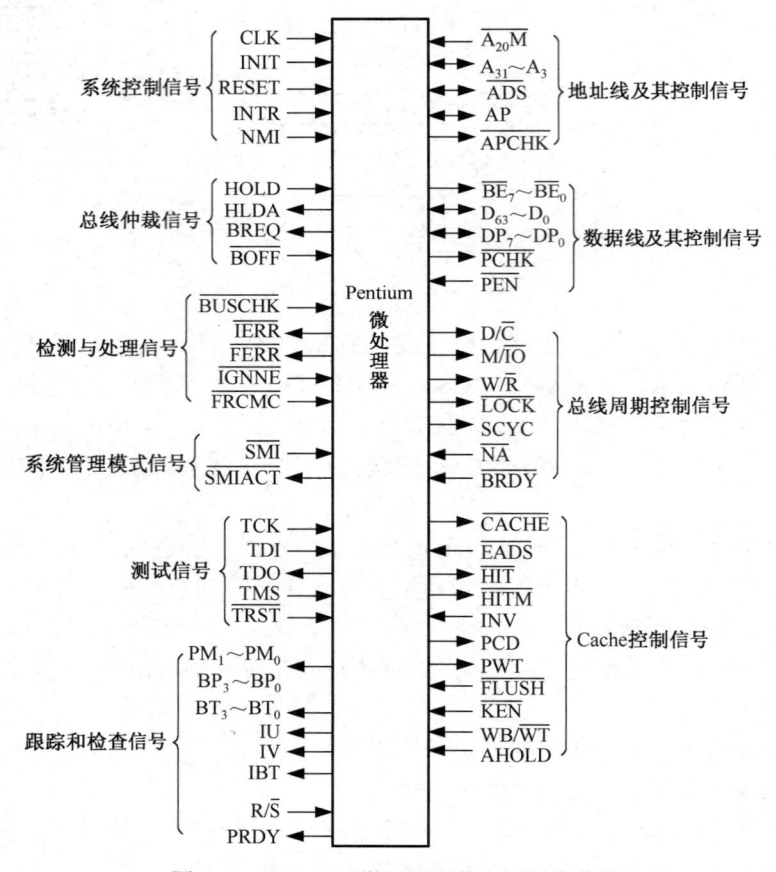

图 3-20 Pentium 微处理器的主要引脚信号

1. 数据线及其控制信号

（1）$D_{63} \sim D_0$：64 位数据线。

（2）$\overline{BE_7}\sim\overline{BE_0}$：8 位字节允许信号，低电平允许。

（3）$DP_7\sim DP_0$：8 个数据校验位信号，双向。

（4）$\overline{PCHK}$：数据奇偶校验出错信号，输出，低电平有效。

（5）$\overline{PEN}$：数据奇偶校验允许信号，输入。

Pentium 微处理器外部数据总线 64 位，共 8 字节，按存放地址的高、低顺序分别对应字节允许信号 $\overline{BE_7}\sim\overline{BE_0}$。在所有的写总线周期内，CPU 内部的总线接口单元为每个字节数据产生一个偶校验位输出，分别对应从 $DP_7\sim DP_0$ 8 位引脚上的输出。在所有的读总线周期内，$DP_7\sim DP_0$ 作为偶校验输入，CPU 通过 $DP_7\sim DP_0$ 对 8 个数据字节进行偶校验。

如果校验出错，则使 $\overline{PCHK}$ 为逻辑 0，并送至外部电路，从而使数据字节校验出错中断。

2．地址线及其控制信号

（1）$A_{31}\sim A_3$：29 位地址线。当总线突发式操作时，$A_{31}\sim A_5$ 不改变，A_4、A_3 依次提供 00、01、10、11 四个地址，并可以分别寻址 8 字节的数据，共可以寻址 4×8=32（字节），以实现存储器与 CPU 内部 Cache 的映射操作。

（2）$\overline{A_{20}M}$：输入信号。当此信号为 0 时，将屏蔽 A_{20} 及以上的地址线。

（3）$\overline{ADS}$：地址数据选通信号。当处理器发出有效的存储器地址或 I/O 地址时，该信号变为低电平，表示 CPU 已启动一个总线周期，相当于 8086 的地址锁存允许信号 ALE。

（4）AP：地址的整体偶校验位，双向。

（5）$\overline{APCHK}$：地址的偶校验出错指示信号，输出，低电平有效。

在 32 位地址线中，只有 $A_{31}\sim A_3$ 引脚，没有 $A_2\sim A_0$ 引脚。但是，$A_2\sim A_0$ 组合成字节允许信号 $\overline{BE_7}\sim\overline{BE_0}$。Pentium 的 $\overline{BE_7}\sim\overline{BE_0}$ 8 条输出引脚构成 32 位地址，仍然可以寻址 4GB 内存。Pentium 微处理器与 8086 微处理器一样，也可以寻址 64KB 的 8 位 I/O 端口。

只要在地址引脚 $A_{31}\sim A_3$ 上输出地址，Pentium 微处理器就在 AP 引脚上输出地址的偶校验位，存储器子系统会对地址信息进行校验。当 CPU 读取内部 Cache 时，CPU 要对请求的地址进行同样的偶校验操作，如果校验地址有误，则地址校验信号 $\overline{APCHK}$ 端输出为低电平。

3．总线周期控制信号

（1）$D/\overline{C}$：数据/控制信号。输出线，当此信号为高电平时，表示当前总线周期传输的是数据；当此信号为低电平时，表示当前总线周期传输的是指令。

（2）$M/\overline{IO}$：表示是访问存储器还是访问 I/O 设备的信号。它与 8086 微处理器同名引脚的功能相同，为输出线。当此信号为高电平时，表示当前总线周期访问存储器；当此信号为低电平时，表示当前总线周期访问 I/O 端口。

（3）$W/\overline{R}$：写/读控制信号。输出线，当此信号为高电平时，表示当前总线周期为 CPU 写存储器或写输出端口；当此信号为低电平时，表示当前总线周期为 CPU 读存储器或读输入端口。

处理器利用总线周期完成对存储器和 I/O 端口数据的读/写操作，总线周期经过 $W/\overline{R}$、$M/\overline{IO}$、$D/\overline{C}$ 的组合来确定。这形成了 Pentium 微处理器的基本总线周期，如表 3-4 所示。

表 3-4　Pentium 微处理器的基本总线周期

M/$\overline{\text{IO}}$	D/$\overline{\text{C}}$	W/$\overline{\text{R}}$	总线周期的操作
0	0	0	两个可屏蔽中断响应总线周期
0	0	1	特殊总线周期
0	1	0	I/O 读周期
0	1	1	I/O 写周期
1	0	0	代码读周期（取指周期）
1	0	1	保留
1	1	0	存储器读周期
1	1	1	存储器写周期

（4）$\overline{\text{LOCK}}$：总线封锁信号。输出，低电平有效。当其有效时，当前总线被锁定，其他主模块不可能获得总线控制权，从而确保 Pentium 微处理器对当前总线的控制权。

（5）SCYC：分割周期信号。输出，高电平有效。当其有效时，表示当前所访问的字、双字及四字均为未对准字。因此，需要增加一个总线周期才能完成这次传输，并对该总线周期进行分割。

（6）$\overline{\text{NA}}$：下一个地址有效信号。输入，低电平有效。当有低电平输入时，CPU 在当前总线周期完成之前就将下一个地址送到地址总线上，开始下一个总线周期，在总线上构成流水线操作方式。Pentium 微处理器允许两个总线周期构成总线流水线。

（7）$\overline{\text{BRDY}}$：突发就绪信号。输入，低电平有效。当其有效时，表示外设已处于准备好状态，可以进行数据传输。如果此信号在连续多个周期内有效，则为突发传输状态。

4．Cache 控制信号

（1）$\overline{\text{CACHE}}$：Cache 控制信号。输出，低电平有效。表示处理器内部的 Cache 在进行读/写操作。

（2）$\overline{\text{EADS}}$：外部地址有效信号。输入，低电平有效。表示外部送来了有效地址。用于访问内部 Cache。

（3）$\overline{\text{HIT}}$：Cache 命中信号。输出，低电平有效。当其有效时，表示 Cache 被命中。

（4）$\overline{\text{HITM}}$：Cache 修改信号。输出，低电平有效。表示当前命中的 Cache 已被修改过。

（5）INV：无效请求信号。若此输入信号为高电平，则 Cache 区域不可再使用。

（6）PCD：Cache 禁止信号。输出，高电平有效。当其有效时，禁止访问片外的 Cache。

（7）PWT：CPU 外部 Cache 的控制信号。

（8）$\overline{\text{FLUSH}}$：Cache 擦除信号。

（9）$\overline{\text{KEN}}$：Cache 允许信号。输入，低电平有效。表示当前总线周期传输的数据可以传输到 Cache 中。

（10）WB/$\overline{\text{WT}}$：写 CPU 内 Cache 方式的选择信号。

（11）AHOLD：地址保持/请求信号。

W/$\overline{\text{R}}$、M/$\overline{\text{IO}}$、D/$\overline{\text{C}}$、$\overline{\text{CACHE}}$、$\overline{\text{KEN}}$ 的组合及相应总线周期的操作如表 3-5 所示。

表 3-5　Pentium 微处理器控制信号的组合及相应总线周期的操作

M/$\overline{\text{IO}}$	D/$\overline{\text{C}}$	W/$\overline{\text{R}}$	$\overline{\text{CACHE}}$	$\overline{\text{KEN}}$	总线周期的操作	传输次数
0	0	0	1	×	两个中断响应总线周期	每个总线周期传输 1 次
0	0	1	1	×	特殊总线周期	1
0	1	0	1	×	读外设接口，≤32 位，非缓存式	1
0	1	1	1	×	写外设接口，≤32 位，非缓存式	1
1	0	0	1	×	代码读,64 位,非缓存式	1
1	0	0	×	1	代码读,64 位,非缓存式	1
1	0	0	0	0	代码读,256 位突发式数据填充	4
1	1	0	1	×	读存储器数据，≤64 位，非缓存式	1
1	1	0	×	1	读存储器数据，≤64 位，非缓存式	1
1	1	0	0	0	读存储器数据,256 位突发式数据填充	4
1	1	1	1	×	写数据到存储器，≤64 位，非缓存式	1
1	1	1	0	×	256 位突发式回写	4

从表 3-5 可以看出：如果从存储器中读出的数据被存入 CPU 的 Cache，则称为缓存式（数据填充），其他称为非缓存式。

在缓存式下，$\overline{\text{CACHE}}$ 和 $\overline{\text{KEN}}$ 必须同时有效，将内存储器中的代码或数据以 256 位突发方式读出，并存入处理器的 Cache。

5. 检测与处理信号

（1）$\overline{\text{BUSCHK}}$：总线检查信号。

（2）$\overline{\text{IERR}}$：内部奇偶出错或功能性冗余校验出错信号。输出。

（3）$\overline{\text{FERR}}$：浮点运算出错信号。输出，低电平有效。

（4）$\overline{\text{IGNNE}}$：忽略浮点运算错误的信号。输入，低电平有效。CPU 会忽略浮点运算产生的错误。

（5）$\overline{\text{FRCMC}}$：冗余校验控制信号。输入，低电平有效。CPU 进行冗余校验。

6. 总线仲裁信号

（1）HOLD：总线请求信号。输入，高电平有效。由其他主模块向 CPU 发出的申请总线控制权的输入信号。

（2）HLDA：总线请求响应信号。输出，高电平有效，表示 CPU 已让出总线控制权。

（3）BREQ：总线周期请求信号。

（4）$\overline{\text{BOFF}}$：强制让出总线信号。输入，低电平有效。当其为低电平时，CPU 立即放弃总线控制权，直到当其变为无效电平时，CPU 才启动被暂停的总线周期。

7. 系统管理模式信号

（1）$\overline{\text{SMI}}$：使 CPU 进入系统管理模式的中断请求输入信号。

（2）$\overline{\text{SMIACT}}$：系统管理模式信号。输出，低电平有效。当其为低电平时，表示当前 CPU 处于系统管理模式。

8. 跟踪和检查信号

（1）$PM_1 \sim PM_0$ 及 $BP_3 \sim BP_0$：$PM_1 \sim PM_0$ 是性能监测信号，$BP_3 \sim BP_0$ 是与调试寄存器

DR$_3$~DR$_0$ 中的断点相匹配且输出到外部的信号。

（2）BT$_3$~BT$_0$：分支地址输出信号。

（3）IU：U 指令流水线信号，高电平有效。

（4）IV：V 指令流水线信号，高电平有效。

（5）IBT：指令分支指示信号。输出，高电平有效。表示指令发生分支。

（6）R/$\overline{S}$：探针信号。输出，当此信号由高电平跳变到低电平时，CPU 停止执行指令从而进入空闲状态。

（7）PRDY：R/$\overline{S}$ 的响应信号。输出，高电平有效。表示 CPU 当前已停止指令的执行，可以进入测试状态。

9. 测试信号

（1）TCK：测试时钟信号输入端。

（2）TDI：串行测试数据输入端。

（3）TDO：测试数据结果输出端。

（4）TMS：测试方式选择输入端。

（5）$\overline{TRST}$：测试复位输入端。从 $\overline{TRST}$ 端输入低电平后，系统退出测试状态。

10. 系统控制信号

（1）CLK：系统时钟输入信号，由主板提供时钟脉冲。

（2）INIT：初始化信号。输入，高电平有效。

（3）RESET：系统复位信号。输入，高电平有效。

（4）INTR：可屏蔽中断请求输入信号。

（5）NMI：非屏蔽中断请求输入信号。

3.5.4 Pentium 微处理器的总线周期

1. 总线周期

在微处理器与存储器及 I/O 接口之间传输数据的过程中，微处理器的地址信号、控制信号及数据信号三者之间有严格的时间先后关系，通常这种时间先后关系称为处理器的时序或总线周期。通过总线周期可以深入了解微机系统的工作原理。

通常周期可以分为以下 3 类：

① 时钟周期。微处理器主频脉冲工作的周期称为时钟周期。

② 指令周期。执行一条指令所需要的时间称为指令周期。指令周期包括取指令、指令译码和执行指令等操作。不同指令的指令周期是不同的。

③ 总线周期。微处理器通过总线实现一次访问存储器或 I/O 接口的操作所经历的时间称为总线周期。总线周期可以分为存储器读、存储器写、I/O 端口读、I/O 端口写及取指令等 5 种基本的总线周期。一个指令周期由一个或几个总线周期组成，每条指令都有一个取指令的总线周期，但并不是每条指令都需要另外的 4 种总线周期。

2. 8086 微处理器的读总线周期

8086 微处理器的主要引脚及其连接如图 3-21 所示。

AD$_{15}$~AD$_0$：16 位地址/数据复用信号。在总线周期内，CPU 先通过这 16 条信号线发出

16 位地址 $A_{15} \sim A_0$，然后将其用作 16 条数据线 $D_{15} \sim D_0$。

$A_{19}/S_6 \sim A_{16}/S_3$：4 位地址/开关复用信号。在总线周期内，CPU 先通过这 4 条信号线发出地址 $A_{19} \sim A_{16}$，然后将其用作 4 条开关信号 $S_6 \sim S_3$。

$\overline{BHE}/S_7$：高字节允许/开关复用信号。在总线周期内，CPU 先发出高字节允许信号，再将其作为开关信号 S_7。当 $\overline{BHE}$ 有效（为 0）时，微处理器要访问存储器的高字节（奇地址字节）。

ALE：地址锁存信号。它是一个很关键的输出信号，结合 8086 读总线周期时序图（见图 3-22）可知，在一个总线周期的 T_1 状态内，ALE 输出高电平，$AD_{15} \sim AD_0$ 和 $A_{19}/S_6 \sim A_{16}S_3$ 均输出地址信息，$\overline{BHE}/S_7$ 输出高字节允许信号 $\overline{BHE}$，在 ALE 的下降沿将上述的地址信息及 $\overline{BHE}$ 信号全部锁存到 CPU 外部的锁存器中，将这些引脚作为复用的另一功能使用。

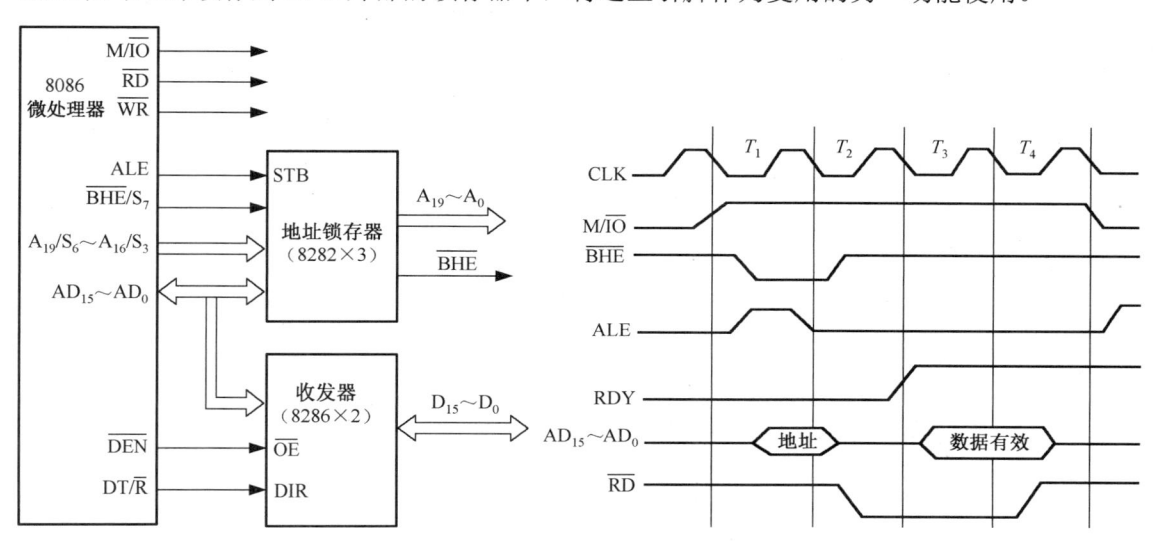

图 3-21　8086 微处理器的主要引脚及其连接　　　图 3-22　8086 读总线周期时序图

$M/\overline{IO}$：它与 Pentium 微处理器中同名信号的功能相同。CPU 发出 $M/\overline{IO}$ 信号，若 $M/\overline{IO}=1$，则表示 CPU 访问存储器；若 $M/\overline{IO}=0$，则表示 CPU 访问 I/O 端口。

$\overline{WR}$：写信号。当微处理器输出数据到存储器或 I/O 端口时，$\overline{WR}$ 有效，为低电平。

$\overline{RD}$：读信号。当微处理器读存储器或 I/O 端口的数据时，$\overline{RD}$ 有效，为低电平。

$\overline{DEN}$：数据允许信号。当 8286 作为数据总线收发器时，8286 芯片是 8 位双向传输的三态缓冲器，8086 微处理器的 $\overline{DEN}$ 作为收发器工作的控制信号，将 $\overline{DEN}$ 与收发器的允许 $\overline{OE}$ 端相连接。若 $\overline{OE}=0$，则允许数据通过数据总线收发器，否则禁止通过。

$DT/\overline{R}$：数据发送和接收信号。用于控制 8286 传输数据的方向。

当 8086 微处理器读/写存储器（或 I/O 端口）时，$\overline{DEN}$ 有效（为 0），表示数据总线上有数据传输。此时，如果是写总线周期，则 $DT/\overline{R}=1$；如果是读总线周期，则 $DT/\overline{R}=0$。

由图 3-22 可知，8086 的读总线周期由 4 个时钟周期（CLK）组成，$M/\overline{IO}$ 是 8086 输出的控制信号。当 $M/\overline{IO}=0$ 时，表示当前 CPU 访问 I/O 接口；当 $M/\overline{IO}=1$ 时，表示当前 CPU 访问存储器。

如果当前的数据段寄存器 DS = 2000H，CPU 执行 MOV AX,[1000H]指令，那么在取指令、译码后的读存储器周期，CPU 将物理地址 21000H（2000H×16+1000H）先发到地址总线上。由于要访问奇地址字节，所以 $\overline{BHE}=0$，地址与 $\overline{BHE}$ 信息在 ALE 的下降沿到来时，都被锁存到锁存器中。与此同时，M/$\overline{\text{IO}}$=1，$\overline{\text{RD}}$=0，即读存储器操作有效，$\overline{\text{WR}}$=1，写存储器操作无效。在时钟周期的 T_3、T_4 状态数据有效，数据被 CPU 读入 AX 寄存器。实现一次读存储器需要 4 个时钟周期。若读输入设备中某端口的数据，则其区别仅在于 CPU 发出的 M/$\overline{\text{IO}}$ 信号是 0，而不是 1。

注意，8086 微处理器在 T_3 的下降沿采集数据总线上的数据，实现了一次读存储器或读输入端口的操作。

3．8086 微处理器的写总线周期

8086 写总线周期时序图如图 3-23 所示。8086 的写总线周期由 4 个时钟周期组成，当 M/$\overline{\text{IO}}$=0 时，表示当前 CPU 写 I/O 端口；当 M/$\overline{\text{IO}}$=1 时，表示当前 CPU 写存储器。与读总线周期相比，写总线周期是写有效，而不是读有效，因此，$\overline{\text{WR}}$=0，$\overline{\text{RD}}$=1。

【例 3-5】 结合图 3-23，试分析当 CPU 执行 MOV [5000H]，BX 指令时，各引脚信号之间的逻辑关系。

解：在写存储器周期的 T_1 时钟周期内，CPU 通过地址/数据信号线 $AD_{15} \sim AD_0$ 输出地址信息 $A_{15} \sim A_0$ 及 $\overline{\text{BHE}}$（为 0），CPU 的外围电路通过 ALE 的下降沿把地址信号寄存下来。在 T_2 时钟周期内，CPU 接着把 BX 中的 16 位数据通过 $AD_{15} \sim AD_0$ 输出，输出的是数据 $D_{15} \sim D_0$，在 $\overline{\text{WR}}$=0 期间完成写操作。当 $\overline{\text{WR}}$ 由 0 变为 1 时，即在 $\overline{\text{WR}}$ 的上升沿到来后，结束写操作。8086 微处理器的整个写总线周期在 T_4 时钟周期的下降沿结束。

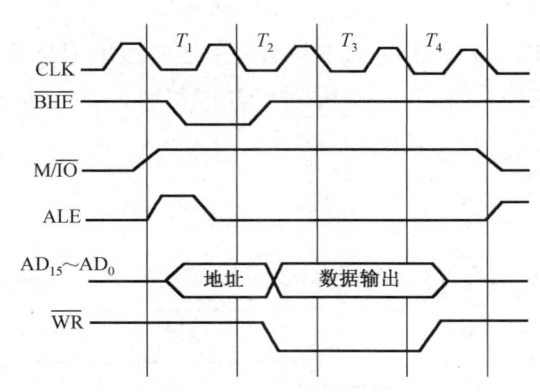

图 3-23 8086 写总线周期时序图

4．Pentium 微处理器的总线周期

从实现的功能上看，微处理器的总线周期有存储器读、存储器写、输入端口读、输出端口写和中断响应周期等。

从总线周期之间的关联上看，总线周期有非流水线式和流水线式之分。

从总线周期内传输数据的数量上看，总线周期有单数据传输（非缓存式）与突发方式（缓存式）之分。

1）Pentium 非流水线式读/写总线周期

CPU 在采用非流水线式总线周期操作时，当前一个总线周期操作尚未完成时绝不会启动下一个总线操作，即前后相邻的两个总线周期不会发生重叠操作现象。

图 3-24 所示为非流水线式单数据的读/写总线周期，每个总线周期至少需要两个时钟周期（T_1 和 T_2），左边是读总线周期，右边是写总线周期。读/写总线周期都是在地址选通信号 $\overline{\text{ADS}}$ 有效时启动的，并在 $\overline{\text{BRDY}}$ 信号有效时控制结束。

在读总线周期内，当地址出现在地址总线 ADDR 上时，$\overline{\text{ADS}}$ 和 W/$\overline{\text{R}}$ 变为逻辑 0，表示读总线周期开始。由于在此总线周期内，$\overline{\text{CACHE}}$ 和 $\overline{\text{NA}}$ 都不为逻辑 0，因此该读总线周期为非缓存式及非流水线式。当图 3-24 中的第一个 T_2 结束时，Pentium 微处理器采样 $\overline{\text{BRDY}}$ 信号，发现其为无效的逻辑 1，所以插入一个 T_2 脉冲。而当第二个 T_2 结束时，因为 $\overline{\text{BRDY}}$ 为逻辑 0，所以 CPU 执行读数据传输，于是结束读总线周期。

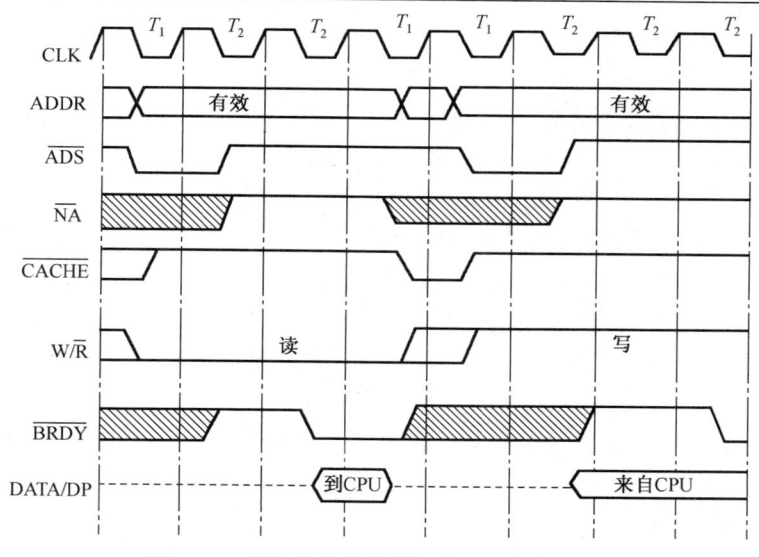

图 3-24 非流水线式单数据的读/写总线周期

在写总线周期内，当 CPU 发出有效的地址信息及有效的地址选通信号 $\overline{\text{ADS}}$ 时，表示写总线周期开始。$\overline{\text{CACHE}}$ 和 $\overline{\text{NA}}$ 不为逻辑 0，表示该写总线周期既不是缓存式，也不是流水线式。来自 CPU 的数据在第一个 T_2 状态就出现在数据总线上，W/$\overline{\text{R}}$ 是高电平，写有效。$\overline{\text{BRDY}}$ 信号在前两个 T_2 状态都没有准备好，延迟到第三个 T_2 状态时才有效，于是结束这次的写总线周期。

2）Pentium 流水线式读/写总线周期

流水线式总线周期指当前总线周期完成数据输入/输出的同时，还完成了下一个总线周期的地址、总线周期指示码及有关控制信息的输出，实现地址传输与数据传输的并行操作，提高总线的利用率。相对先传输地址后才能传输该地址所寻址数据的非流水线式总线周期，流水线式总线周期加快了数据的传输。这需要 Pentium 微处理器的下一个地址的有效信号有效，即引脚 $\overline{\text{NA}}$ = 0，允许 CPU 以流水线式总线周期工作。

3）Pentium 突发方式下的读总线周期

突发方式下的读总线周期时序图如图 3-25 所示。

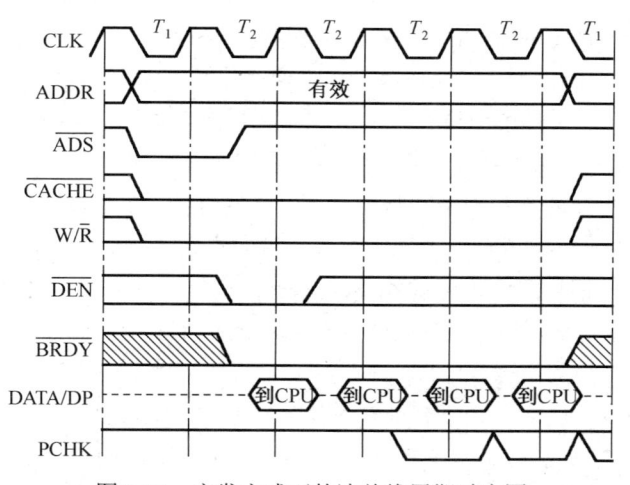

图 3-25 突发方式下的读总线周期时序图

突发方式下读总线周期的特点如下。

(1) W/$\overline{R}$ 为逻辑 0。

(2) 从内存读取的数据存入微处理器内部的 Cache, 对 Cache 进行填充 (写) 操作。所以, 在突发方式下的读总线周期, $\overline{CACHE}$ 信号一直处于逻辑 0 有效状态。

(3) 为了实现写高速缓存的操作, 必须在传输第一个数据之前的一个 T_2 状态向 CPU 输入一个有效的允许写高速缓存的信号 ($\overline{KEN}$ = 0)。

$\overline{KEN}$ 对突发方式下的写总线周期无效。

(4) 突发方式下的读/写总线周期都占 5 个时钟周期, 每个突发方式下的总线周期传输 256 位数据。前 2 个时钟周期传输一个 64 位数据, 后 3 个时钟周期分别传输一个 64 位数据, 共传输 256 位数据。

(5) 在进行 4 次数据传输的过程中, 突发就绪信号 $\overline{BRDY}$ 一直处于有效状态。而突发方式下的写总线周期是将微处理器中高速缓存的数据回写到内存中, 操作过程类似于突发方式下的读总线周期, 不过, W/$\overline{R}$ 是高电平。

小结

CPU 内部最基本的组成是控制器和运算器, 控制器和运算器中包含许多寄存器。运算器要对二进制数进行算术运算、逻辑运算及信息传输等; 控制器由指令指针 (IP)、指令寄存器 (IR)、指令译码器 (ID) 及操作控制器 (OC) 等组成; 寄存器分为通用寄存器和专用寄存器。

8086 微处理器的内部分为总线接口部件和执行部件两大部分。

8086 微处理器内部具有 4 个通用的 16 位寄存器、4 个 16 位段寄存器、两个 16 位变址寄存器、1 个 16 位标志寄存器、1 个 16 位指令指针寄存器、1 个 16 位的堆栈指针 (SP) 和基址指针 (BP), 以及 8 个 8 位的通用寄存器。

80386 微处理器内部的寄存器集兼容 8086 微处理器原来的寄存器, 扩展了 8 个 32 位的寄存器, 增加了 2 个 16 位的数据段寄存器。

从 80386 微处理器开始, 微处理器的工作模式分为实地址模式、保护模式、虚拟 8086 模式和系统管理模式。对于 8086 执行单用户的程序, 80386 保持了兼容性能。

在 8086 系统中, 把 1MB 的存储器分成两个存储体: 偶地址存储体和奇地址存储体。两个存储体之间的字节地址是连续的, 构成了两个存储体之间的地址交叉。

80386 外部采用 32 位数据总线 $D_{31} \sim D_0$, 具有 32 位外部总线接口功能, 由 $A_{31} \sim A_2$ 及 4 字节选择信号 $\overline{BE_3} \sim \overline{BE_0}$ 组成, 构成对 4 个存储体的选择。

80486 仍然是 IA-32 结构, 与 80386 相比, 其主要结构特点如下。

① 80486 引入了 5 级指令流水线结构, 提高了指令的执行速度。

② 80486 微处理器保持了与 8088/8086 的兼容性, 继承了 V86 模式及 80386 的保护模式。

③ 80486 采用精简指令集计算机 (RISC) 技术, 减少了不规则的控制部分, 从而缩短了指令的执行周期。

④ 80486 将 80386 CPU 基本指令的微程序控制改为硬布线控制器控制, 同时, 保留了部分指令的微程序控制, 缩短了基本指令的译码时间, 提高了部分指令的执行速度。

⑤ 80486 微处理器内部首次包含了 8KB 的 Cache, 用于混合存放指令代码与数据。

第 3 章 微处理器

⑥ 80386 系统配备 x87FPU 数值协处理器，而 80486 集成了数值协处理器的功能，处理数据的速度有很大提高。

⑦ 由于 80486 微处理器内部设置了高速缓冲存储器，高速缓冲存储器与内存之间数据的传输量较大，因此，80486 采用了突发总线技术，实现微处理器内部高速缓冲存储器和内存之间数据的快速传输。

Pentium 是通过字节选择信号 $\overline{BE_7} \sim \overline{BE_0}$ 来代替 A_2、A_1、A_0 寻址的，即用这 8 字节选择信号的组合来寻址 8 位、16 位、32 位及 64 位存储器操作数。

8086 微处理器的一个总线周期包括 4 个时钟周期。在一个总线周期内，就可以对存储器实现读/写操作或对 I/O 端口实现读/写操作。

Pentium 微处理器的总线周期从实现的功能上看，有存储器读、存储器写、输入端口读、输出端口写和中断响应周期等。从总线周期之间的关联上看，总线周期有非流水线式和流水线式之分。从总线周期内传输数据的数量上看，总线周期有单数据传输（非缓存式）与突发方式（缓存式）之分。

习题与思考题

3.1 名词解释

（1）段基地址。
（2）偏移地址。
（3）逻辑地址。
（4）时钟周期。
（5）指令周期。
（6）总线周期。

3.2 问答题

（1）16 位 8086 微处理器有哪 4 个段寄存器？每个段寄存器的作用是什么？
（2）微处理器的工作模式有哪 4 种？实模式有哪些特征？
（3）如何理解 32 位微处理器的通用寄存器与 16 位的通用寄存器兼容？
（4）8086 微处理器由哪两大部分组成？每个部分的主要功能是什么？
（5）段寄存器与 32 位偏移地址寄存器的固定搭配有哪些？
（6）在 8086 微处理器构成的微机中，其存储器组织分为哪两个存储体？两个存储体之间为什么要应用地址交叉技术？
（7）在 8086 系统中，当 CPU 执行访问存储器指令时，$\overline{BHE} = 1$，$A_0 = 0$，说明当前 CPU 要访问哪一个存储体？
（8）Pentium 微处理器的主要结构特点有哪 4 点？
（9）Pentium 微处理器中两个 8KB 高速缓存的容量是怎样计算出来的？
（10）如果使用突发方式下的读总线周期，把内存的 256 位代码读入 CPU 的代码高速缓冲存储器，控制信号 M/$\overline{IO}$、D/$\overline{C}$、W/$\overline{R}$、$\overline{CACHE}$ 及 $\overline{KEN}$ 各处于什么状态？

3.3 计算题

请分别将下面实模式下的逻辑地址转变成物理地址。
① 0FFFH:0011H   ② 0145H:1018H
③ 4000H:8800H   ④ B821H:A456H

3.4 填表

在 Debug 调试程序中，设字长为 8 位，CPU 执行 99H+66H 之后，标志寄存器中 6 个状态标志是逻辑 1 还是逻辑 0？各位的状态标志用符号表示是什么？请将答案填入表 3-6。

表 3-6 FLAGS 中标志位的符号表示

标志位名	逻辑值	符号
溢出标志 OF		
符号标志 SF		
零标志 ZF		
辅助标志 AF		
奇偶标志 PF		
进位标志 CF		

3.5 思考题

分析 Pentium 4 微处理器的主要技术特征。

第 4 章　指令系统与汇编语言源程序设计

微处理器的指令（Instruction）系统是指微处理器能够执行的全部指令的集合，它与微处理器密切相关。本章主要介绍 16 位微处理器的寻址方式及指令系统、32 位微处理器的寻址方式及指令系统、常用的伪指令、完整段汇编语言编程及简化段汇编语言编程等。

4.1　8086 微处理器的寻址方式

4.1.1　指令的一般格式

1．8086 微处理器的指令格式

指令是用来指挥和控制计算机执行某种操作的命令。通常，指令由操作码和操作数两部分组成。操作码说明计算机要执行哪种操作，如数据传送、加减运算、数据的输入/输出及程序的跳转等；操作数是指令操作的对象，有些指令需要操作数，有些则不需要。机器指令（机器码）的一般组成格式为：

| 操作码　操作数 |

例如：

　　MOV　AL，29H

以上指令翻译成可以执行的机器指令是 B029H，其中，B0H 是操作码，29H 是操作数。操作码确定该指令要进行的操作，操作数指出该指令需要的操作数或操作数的地址。

8086 微处理器的指令格式可以细分为以下几种。

（1）零地址指令。

格式：操作码

零地址指令中不提供操作数，也不提供操作数的地址，只有操作码。如空操作指令 NOP。

（2）单地址指令。

格式：操作码　操作数

单地址指令也称为一地址指令，指令中只提供一个操作数（或一个操作数的地址）。例如：

　　INC　AH
　　INC　BYTE PTR[1100H]

说明：

① 操作对象是目的地址中的操作数，操作结束后，其运算结果存入目的地址。

② 如果操作数是存储器操作数，那么其数据类型有字节（8 位）、字（16 位）、双字（32 位）等，因此必须明确数据类型。

在 INC　BYTE PTR[1100H]指令中，使用了数据类型说明符 PTR 将内存数据定义为字节（BYTE）属性。

（3）两地址指令。

格式：操作码　目的操作数，源操作数

两地址指令中包含两个操作数，由操作码确定这两个操作数所进行的操作，结果存入目的操作数。例如：

```
MOV  AH，BL         ；AH←BL
MOV  BH，[1100H]    ；BH←DS：[1100H]
```

说明：

① 目的操作数和源操作数应具有相同的数据类型，即必须同时为 8 位或 16 位。

② 目的操作数不能是立即数，如 MOV 20H，AL 是错误指令。

③ 操作结束后，操作结果被送入目的操作数，而源操作数并不会改变。

④ 源操作数和目的操作数不能同时为存储器操作数，如 ADD [BX]，[2000H] 是错误指令。

⑤ 在 MOV BH，[1100H] 指令中，若有一个操作数（BH）明确是 8 位，则[1100H]所表示的存储器操作数就不需要增加类型说明符了。

2．操作数的类型

8086 微处理器的操作数分为数据操作数和转移地址操作数两大类。

1）数据操作数

（1）立即操作数，指令要操作的数就存放在本条指令中。为方便起见，用 imm 表示。

imm：代表 8 位、16 位立即操作数。

imm$n$：n（n 为 8 或 16）位立即操作数。

（2）寄存器操作数，指令要操作的数存放在指定的寄存器中。为方便起见，用 reg 表示。

reg：寄存器操作数，代表 8 位和 16 位。

reg$n$：n（n 为 8 或 16）位寄存器操作数。

（3）存储器操作数，指令要操作的数存放在指定的存储器中。为方便起见，用 mem 表示。

mem：存储器操作数，代表 8 位、16 位。

mem$n$：n（n 为 8 或 16）位存储器操作数。

（4）输入/输出（I/O）操作数，指令要操作的数来自输入/输出端口。

2）转移地址操作数

转移地址操作数来自具体的指令，且指令中的转移地址只有一个。转移地址操作数就是指令的目的操作数。

4.1.2 8086 微处理器的寻址方式

指令中提供操作数或操作数地址的方法称为寻址方式。根据 8086 微处理器的常用指令，寻址方式可以归纳为 3 类：立即寻址、寄存器寻址及存储器寻址。其中，存储器寻址又可以分为 7 种寻址方式。

1．立即寻址

操作数位置：内存代码段中。

立即寻址所提供的操作数直接放在指令中，它是紧跟在指令操作码后面的一个用可用的 8 位或 16 位二进制补码表示的带符号数。也就是说，操作数的存放地址就是指令操作码的下一单元地址。

【例 4-1】 将立即数传送到寄存器中的示例。

```
MOV  BH，10H        ；将立即数 10H 传送到 BH 中
```

```
        MOV   BX, 2345H              ;将立即数 2345H 传送到 BX 中
```

说明：立即数在所有指令中都不可能用作目的操作数。

2．寄存器寻址

操作数位置：CPU 的某个寄存器中。

寄存器中寄存的内容就是要寻找的操作数。

【例 4-2】 增 1 指令示例。

```
        INC   CX               ;CX←CX+1
```

INC 为增 1 指令操作符，其操作数地址为寄存器 CX 在机器指令中的编码，不同寄存器使用不同的编码加以编排。本条指令的操作数就在 CX 中，假定执行前 CX= 6789H，则执行后 CX= 678AH。

16 位增 1 指令：INC reg16。reg16 代表 8 个 16 位寄存器，在 8 位的操作码中，低 3 位是 8 个寄存器的编码。INC reg16 指令的编码如表 4-1 所示。

表 4-1　INC reg16 指令的编码

汇编指令（INC reg16）	OP（$D_7D_6D_5D_4D_3$）	reg（编码）（$D_2D_1D_0$）	十六进制机器指令
INC AX	01000	000	40H
INC CX	01000	001	41H
INC DX	01000	010	42H
INC BX	01000	011	43H
INC SP	01000	100	44H
INC BP	01000	101	45H
INC SI	01000	110	46H
INC DI	01000	111	47H

【例 4-3】 寄存器之间的传送指令示例。

```
        MOV   CX, AX   ;CX ←AX
```

3．存储器寻址

微处理器访问存储器的方式很多，可以细分为 7 种寻址方式。

在 8086/80286 微处理器中，默认的段寄存器与 16 位偏移地址寄存器的固定搭配如表 4-2 所示。其中，位移量可以是正数，也可以是负数。从下面的 7 种存储器寻址方式及以后的串操作指令中，可以逐步理解表 4-2 中的组合关系。

表 4-2　默认的段寄存器与 16 位偏移地址寄存器的固定搭配

段寄存器	基址寄存器	变址寄存器	位移量	物理地址的用途
DS	BX	SI DI	8 位、16 位 （带符号数）	数据段内地址
SS	BP	SI DI	8 位、16 位 （带符号数）	堆栈段内地址
CS	IP	—	—	指令地址
ES	—	只有在串操作时默认 DI	—	附加数据段内地址（目的地址）

（1）直接寻址。

直接寻址指令中直接给出了 16 位的偏移地址。

物理地址 = 段寄存器 DS 值×16+偏移地址。

【例 4-4】 内存中的数据传送到 CPU 的寄存器中的示例。

```
    MOV  BL，[3330H]              ；访问 DS 段
```

物理地址 = DS×16+3330H

```
    MOV  AX，[2222H]              ；访问 DS 段
```

物理地址 = DS×16+2222H

说明：直接寻址默认访问 DS 数据段。

（2）基址寻址。

基址寻址指令中以基址寄存器 BX 或 BP 中值为 16 位的偏移地址访问内存。

物理地址 = 段寄存器值×16+偏移地址。

【例 4-5】 以基址作为间接寻址方式，将内存中的数据传送到 CPU 的寄存器中。

```
    MOV  AL，[BX]                 ；访问 DS 段
    MOV  DX，[BP]                 ；访问 SS 段
```

（3）相对基址寻址。

相对基址寻址是在基址寄存器的基础上，加上一个带符号的 8 位或 16 位的位移量。

【例 4-6】 以相对基址作为寻址方式，将内存中的数据传送到 CPU 的寄存器中。

```
    MOV  AL，[BX+30H]             ；访问 DS 段
    MOV  DX，[BP−1110H]           ；访问 SS 段
```

（4）变址寻址。

变址寻址以源变址寄存器 SI 或目的变址寄存器 DI 中值为 16 位的偏移地址访问内存。

物理地址 = 段寄存器 DS 值×16+SI 或 DI 中的值。

说明：所访问的数据段一定是 DS 数据段。

【例 4-7】 以变址作为间接寻址方式，将内存中的数据传送到 CPU 的寄存器中。

```
    MOV  BL，[SI]                 ；访问 DS 段
    MOV  AX，[DI]                 ；访问 DS 段
```

说明：访问附加数据段可以采用段超越前缀方法，方法如下。

```
    MOV  DX，ES:[DI]
```

（5）相对变址寻址。

相对变址寻址是在变址寄存器的基础上，加上一个带符号的 8 位或 16 位的位移量。

【例 4-8】 以相对变址作为寻址方式，将内存中的数据传送到 CPU 的寄存器中。

```
    MOV  AL，[SI−56H]             ；访问 DS 段
    MOV  DX，[DI+4000H]           ；访问 DS 段
```

（6）基址加变址寻址。

指令中将基址寄存器中的值加上变址寄存器中的值的结果作为偏移地址访问内存，基址寄存器与变址寄存器的组合即默认访问的段，如表 4-2 所示。

【例 4-9】 以基址加变址作为寻址方式，将内存中的数据传送到 CPU 的寄存器中。

```
    MOV  AL，[BX+SI]    ；访问 DS 段，也可以写成 MOV  AL，[BX][SI]
    MOV  CL，[BX+DI]    ；访问 DS 段，也可以写成 MOV  CL，[BX][DI]
    MOV  DX，[BP+DI]    ；访问 SS 段，也可以写成 MOV  DX，[BP][DI]
```

（7）相对基址加变址寻址。

相对基址加变址寻址是在基址加变址寻址的基础上，加上一个带符号的 8 位或 16 位的位移量，最后形成一个 16 位的偏移地址。

【例 4-10】 以相对基址加变址作为寻址方式，将内存中的数据传送到 CPU 的寄存器中。

```
MOV   AL, [BX+DI+90H]    ；访问 DS 段，也可以写成 MOV   AL, [BX][DI+90H]
MOV   DX, [BP+SI−20H]    ；访问 SS 段，也可以写成 MOV   DX, [BP][SI−20H]
```

说明：相对基址加变址寻址所访问的段如表 4-2 所示。

综上所述，一条指令包含操作码和操作数两部分，操作码确定该指令要进行的操作，操作数指出该指令需要的操作数或操作数的地址。操作数在计算机中的位置大概可分为 3 类，但其存取方式比较复杂。表 4-3 所示为操作数在计算机中的位置及存取方式。

表 4-3 操作数在计算机中的位置及存取方式

数据存放的位置	存取方式
寄存器	CPU 可直接存取
外设（端口）	用 IN、OUT 指令读/写（输入/输出）
内存	在内存的数据段、附加数据段或堆栈段，可利用存储器寻址的各种寻址方式存取
	在内存的代码段立即寻址

4.2 16 位微处理器的指令系统

16 位微处理器共有 133 种基本指令，这些指令使用不同的寻址方式，并结合数据类型（字节、字），可以构成近 1000 种操作指令。指令系统可以分为以下 9 类：

① 数据传送指令。
② 算术运算指令。
③ 位操作指令（包括逻辑运算指令和移位指令）。
④ 串操作指令。
⑤ 控制转移指令。
⑥ 子程序调用与返回指令。
⑦ 中断调用指令。
⑧ 符号扩展指令。
⑨ 处理机控制指令。

为了方便介绍指令，对几个符号的规定说明如下。

OPS：源操作数，表示 8 位和 16 位二进制数据。
OPSn：n（n 为 8 或 16）位源操作数。
OPD：目的操作数，表示 8 位和 16 位二进制数据。
OPDn：n（n 为 8 或 16）位目的操作数。
seg：段寄存器。
reg：寄存器中寄存的数值。

4.2.1 数据传送指令

数据传送指令将数据、地址或立即数传送到寄存器或存储器中。它可以分为一般数据传送指令、堆栈操作指令、地址传送指令和输入/输出指令。

1. 一般数据传送指令

1）传送指令

指令格式：MOV OPD，OPS

传送指令将源操作数传送到目的地址中，即 OPD←OPS。

MOV 有以下 5 种具体格式。

```
MOV  reg, reg    ; 两个寄存器之间的数据传送，如 MOV  AL, BH
MOV  reg, mem    ; 将内存单元的数据传送给寄存器，读内存，如 MOV  BX, [SI]
MOV  mem, reg    ; 将寄存器的数据传送给内存单元，写内存，如 MOV  [DI], AX
MOV  reg, imm    ; 将立即数传送给寄存器，如 MOV  BX, 9678H
MOV  mem, imm    ; 将立即数传送给内存单元，如 MOV  WORD PTR [SI], 1122H
```

用于段寄存器的传送指令有以下 3 种格式。

```
MOV  seg, reg    ; 将寄存器数据传送给数据段寄存器，如 MOV  DS, AX
MOV  reg, seg    ; 将段寄存器数据传送给寄存器，如 MOV  AX, DS
MOV  mem, seg    ; 将段寄存器数据传送给内存单元，如 MOV  [DI], DS
```

说明：当段寄存器作为目的操作数时，不允许是 CS 和 SS 段寄存器，但所有段寄存器都可以作为源操作数。

【例 4-11】 使用 CX 作为暂存寄存器，简单编程实现 AX 和 BX 的值的交换示例。

```
MOV  CX, AX    ; CX←AX
MOV  AX, BX    ; AX←BX
MOV  BX, CX    ; BX←CX
```

2）数据交换指令

指令格式：XCHG OPD，OPS

数据交换指令将 8 位源操作数与 8 位目的操作数互换，或者将 16 位源操作数与 16 位目的操作数互换，即 OPS←→OPD。

XCHG 一般有以下 3 种格式。

```
XCHG  reg, reg
XCHG  reg, mem
XCHG  mem, reg
```

【例 4-12】 数据交换指令示例。

```
XCHG  AH, AL          ; AH 和 AL 两个 8 位寄存器的值相互交换
XCHG  DX, BX          ; DX 和 BX 两个 16 位寄存器的值相互交换
XCHG  [1000H], BX     ; DS:[1000H]存储字和 BX 寄存器的值相互交换
```

3）查表转换指令

指令格式：XLAT

DS:[BX+AL]→AL，在 DS 段内，查表转换指令将 BX 为首地址、AL 为偏移地址的字节存储单元中的内容读出，并存入 AL。

说明：由于 AL 的值不能超过 256，所以表的大小也不能超过 256 字节。

4）标志寄存器装入指令和标志寄存器保存指令

标志寄存器装入指令格式：LAHF

标志寄存器装入指令将标志寄存器的低 8 位内容送入 AH。

标志寄存器保存指令格式：SAHF

标志寄存器保存指令将 AH 的内容送入标志寄存器的低 8 位，而标志寄存器的高 8 位保持不变。该指令执行后，SF、ZF、AF、PF、CF 的值会发生变化，因为这 5 个标志位于标志寄存器的低 8 位中。

2．堆栈操作指令

堆栈是在内存 RAM 中开辟的一段特殊的存储空间。它的主要功能包括：
① 用来临时存放程序的（断点）地址（CS 和 IP 的值）。
② 用来临时存放 CPU 寄存器和存储器中暂时不用的数据。
③ 可以作为两个程序之间传递数据的临时存放处。

堆栈是一种只允许在其一端进行数据插入或删除操作的线性表，该数据结构有其操作特点。堆栈操作分为入栈和出栈两种，入栈将数据推入堆栈（或压入堆栈），出栈将数据从堆栈中弹出。

CPU 按照"先进后出"或"后进先出"的原则存取堆栈段内的数据。如果把数据压入堆栈，则堆栈指针的值是减少的，即所谓的向下生成堆栈。由 SS:SP（16 位）指向栈底（栈空）或栈顶（栈不空）地址。

堆栈操作指令有以下几条。

1）数据入栈指令

指令格式：PUSH　OPS16

数据入栈指令将 OPS 中的 16 位数据压入堆栈，且堆栈指针 SP 中的值减 2。

PUSH 一般有以下两种格式。

| PUSH　reg16 | ；寄存器 reg 必须为 16 位 |
| PUSH　mem16 | ；内存中的数据必须为 16 位 |

【例 4-13】　数据入栈指令示例。

PUSH　AX

假定执行前 AX = 6699H，堆栈指针 SP = 2000H。

在执行时，把 AX 的高 8 位（66H）压入堆栈段中 SP-1 的存储单元，把 AX 的低 8 位（99H）压入堆栈段中 SP-2 的存储单元。对于堆栈中数据的操作，按照"高字节存放高地址、低字节存放低地址"的规则存取。AX 的值被压入堆栈后，SP-2→SP，堆栈指针 SP 中的值变成 1FFEH，AX 的内容不变。入栈操作如图 4-1 所示。

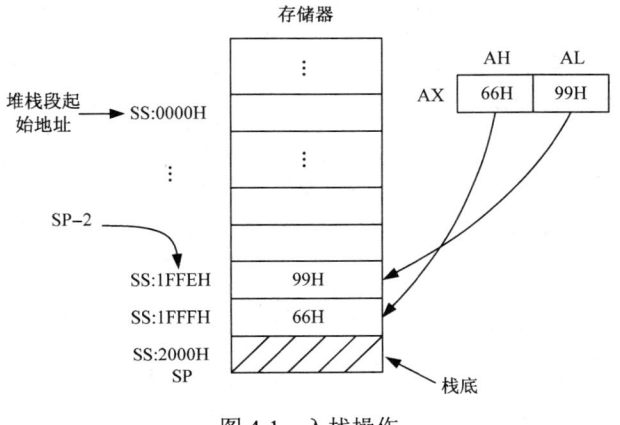

图 4-1　入栈操作

2）数据出栈指令

指令格式：POP OPD16

数据出栈指令将 SS:SP 指定的一个字弹出到某个 16 位通用寄存器、数据段寄存器或某个字存储单元中。OPS 一定为 16 位，弹出栈的数据也为 16 位，在执行 POP OPD16 指令后，SP 加 2。

POP 一般有以下 3 种格式。

```
POP    reg16
POP    seg         ;seg 不能为 CS、SS
POP    mem16       ;存储器长度必须为 16
```

【例 4-14】 假定在例 4-13 的基础上执行 POP BX 指令，分析执行过程。

解：假定执行前 BX = 1188H，SP = 1FFEH。执行后，BX = 6699H，SP+2 = 2000H。出栈操作如图 4-2 所示。

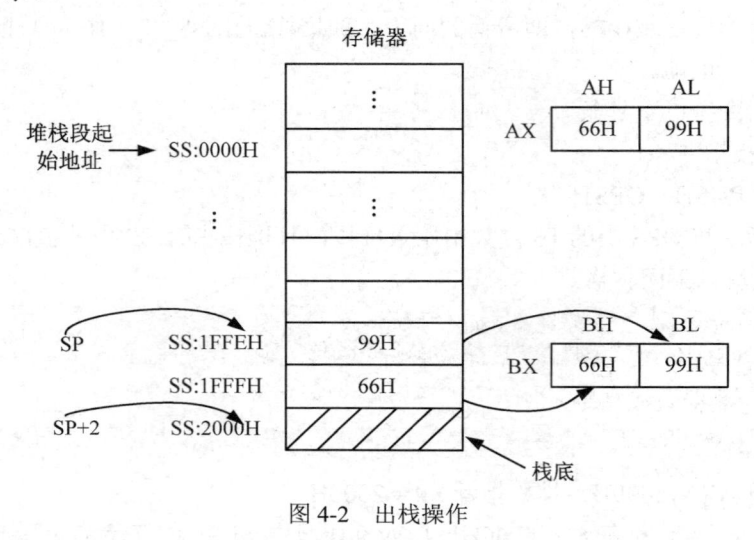

图 4-2 出栈操作

【例 4-15】 利用 PUSH 和 POP 指令把寄存器 DX 和 BX 的值交换，用编程实现。

解：程序如下。

```
PUSH    DX
PUSH    BX
POP     DX
POP     BX
```

3）16 位标志寄存器入栈和出栈指令

```
PUSHF              ;将 16 位标志寄存器 F 的值入栈
POPF               ;将 SS:SP 指定的一个字从堆栈中弹出并送入 16 位标志寄存器 F
```

【例 4-16】 编程实现 0FF0H→FLAGS（标志寄存器）。

解：程序如下。

```
MOV     AX, 0FF0H   ;常量 0FF0H→AX
PUSH    AX          ;AX 入栈
POPF                ;将 SS:[SP] 指定的堆栈中的 0FF0H 弹出并送入标志寄存器 F
```

从例 4-16 可以看出，当需要改变标志寄存器中的某些位时，除了用有关的标志操作指令，还有一种有效的方法是将标志的各位值设好后压入堆栈，再用 POPF 指令将其送入标志寄存器，这种方式可用于修改标志寄存器中的 TF 等控制标志位。

3．地址传送指令

1）传送偏移地址指令

指令格式：LEA　reg16，OPS

LEA 指令按 OPS 提供的寻址方式计算偏移地址，并将其送入 reg16。说明如下。

① 目的操作数一定是一个 16 位的通用寄存器。

② OPS 提供的必须是内存的一个偏移地址，可以是存储器的各种寻址方式。例如：

```
    LEA  BX，[SI+2]      ;把 SI+2 后的值传送给 BX
```

③ OPS 通常是变量名，取其偏移地址到 reg16 中。例如：

```
    LEA  SI，VAR         ;把变量名 VAR 的偏移地址传送给 SI
```

把变量名 VAR 的偏移地址传送给某一个基址寄存器或变址寄存器，是汇编语言源程序中常用的指令。

【例 4-17】某数据段中数据的存储格式如图 4-3 所示，其中，变量名 VAR 指到 DS:0002H 处，顺序执行下列指令，理解各条指令的目的操作数。

```
    LEA  DI，VAR         ;DI = 0002H
    LEA  SI，[DI+2]      ;SI = 0004H
    MOV  AX，[DI]        ;AX = 0048H
    MOV  BX，[DI+4]      ;BX = 0800H
    MOV  DX，[SI]        ;DX = 00FEH
```

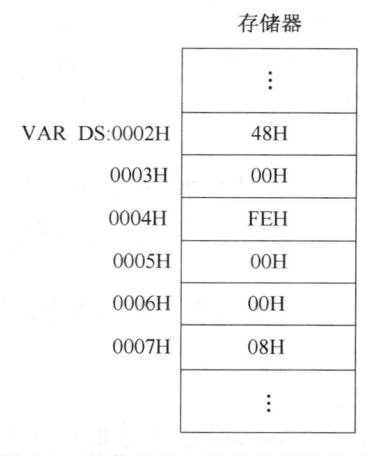

存储器

	⋮
VAR DS:0002H	48H
0003H	00H
0004H	FEH
0005H	00H
0006H	00H
0007H	08H
	⋮

图 4-3　某数据段中数据的存储格式

2）将偏移地址传送给寄存器并将段值传送给数据段 DS 的指令

指令格式：LDS　OPD，OPS　；OPD←OPS，DS←OPS+2

说明如下。

① OPD 一定是一个 16 位的通用寄存器。

② OPS 提供的一定是一个内存地址，包含 16 位的段值和 16 位的偏移地址。

【例 4-18】LDS 指令示例。

设 XYZ 变量名定义的数据如下。

.DATA		；用简化段格式定义数据段
XYZ	DD 22228888H	；XYZ 是变量名，DD 是定义双字的伪指令

执行指令 LDS　DI，XYZ 后，DI = 8888H，DS = 2222H。

3）将偏移地址传送给寄存器并将段值传送给附加数据段 ES 的指令

指令格式：LES　OPD，OPS

本条指令的功能、操作码的含义及使用与指令 LDS　OPD，OPS 类似，不同之处是本条指令将段值传送给 ES，而不是 DS。

4．输入/输出指令

I/O 设备接口电路中有三种类型的寄存器：数据寄存器、状态寄存器和控制寄存器。每个设备寄存器都在 I/O 空间中被指定一个固定地址。主机对外设的识别、控制和数据交换都是通过对设备寄存器的读/写操作来实现的。

设备数据寄存器是输入/输出寄存器，状态寄存器是输入寄存器，控制寄存器是输出寄存器。计算机用输入（IN）/输出（OUT）指令对输入/输出寄存器进行输入/输出操作。

1）输入指令

输入指令实现外部设备向主机输入信息，实质上将外设接口电路中具有编号的某个寄存器（数据或状态寄存器）中存放的值读入计算机（CPU）中。16 位微机的输入指令有 4 种格式。

① IN　AL，port

port 是 8 位直接地址，以 port 为外设中某寄存器的编号，读取该外设寄存器中存放的 8 位二进制值，并存入 AL。

② IN　AX，port

port 是 8 位直接地址，以 port 为外设中某寄存器的编号，读取该外设寄存器中存放的 16 位二进制值，并存入 AX。

③ IN　AL，DX

以 DX 寄存器中存放的 16 位二进制值为外设中某寄存器的编号，读取该外设寄存器中存放的 8 位二进制值，并存入 AL。

④ IN　AX，DX

以 DX 寄存器中存放的 16 位二进制值为外设中某寄存器的编号，读取该外设寄存器中存放的 16 位二进制值，并存入 AX。

2）输出指令

输出指令与输入指令的操作正好相反。输出指令实质上将计算机（CPU）中某个 8 位或 16 位的二进制信息输出到外设接口电路中具有编号的某个寄存器中存放。16 位微机的输出指令有 4 种格式。

① OUT　port，AL

port 是 8 位直接地址，以 port 为外设中某寄存器的编号，将 AL 中的 8 位二进制信息输出到该外设寄存器中。

② OUT　port，AX

port 是 8 位直接地址，以 port 为外设中某寄存器的编号，将 AX 中的 16 位二进制信息输出到该外设寄存器中。

③ OUT　DX，AL

以 DX 寄存器中存放的 16 位二进制值为外设中某寄存器的编号，将 AL 中的 8 位二进制信息输出到该外设寄存器中。

④ OUT　DX，AX

以 DX 寄存器中存放的 16 位二进制值为外设中某寄存器的编号，将 AX 中的 16 位二进制信息输出到该外设寄存器中。

综上所述，数据传送指令可以划分为 4 类、14 种指令，如表 4-4 所示。

表 4-4　数据传送指令

种类	指令	描述
一般数据传送指令	MOV	数据传送
	XCHG	数据交换
	XLAT	查表转换
	LAHF	将标志寄存器的低 8 位内容送入 AH
	SAHF	将 AH 的内容送入标志寄存器的低 8 位
堆栈操作指令	PUSH	数据入栈
	POP	数据出栈
	PUSHF	标志寄存器入栈
	POPF	标志寄存器出栈
地址传送指令	LEA	传送偏移地址
	LDS	将偏移地址传送给寄存器并将段值传送给 DS
	LES	将偏移地址传送给寄存器并将段值传送给 ES
输入/输出指令	IN	输入
	OUT	输出

4.2.2　算术运算指令

在 8086 指令系统中，算术运算指令包括加、减、乘、除 4 种，可以处理无符号和带符号的 8 位或 16 位二进制数，还可以进行压缩和非压缩 BCD 码的算术运算。

本节将对二进制数的算术运算指令做详细介绍，而 BCD 码的算术运算调整指令不常用，这里不做介绍。

1．加法指令

1）不带进位的加法指令

指令格式：ADD　OPD，OPS　　　；OPD←OPD+OPS

该指令影响的标志位：AF、OF、PF、SF、ZF、CF。

ADD 指令有以下 5 种格式。

```
ADD    reg, reg      ；如 ADD    AH, BL 或 ADD    AX, BX
ADD    reg, mem      ；如 ADD    AX, [SI]或 ADD    AL, [SI]
ADD    mem, reg      ；如 ADD    [DI], BH 或 ADD    [2000H], DX
ADD    reg, imm      ；如 ADD    AX, 2 或 ADD    AH, 88H
ADD    mem, imm      ；如 ADD    BYTE PTR [BX], 08H 或 ADD    WORD PTR [1000H], 2233H
```

【例 4-19】利用加法指令将表示 0～9 的二进制数 0000～1001 转换成对应的字符（ASCII 码），即 30H～39H。

分析：查 ASCII 码表可知 0～9 与其对应的 ASCII 码之间相差 30H。
解：假定 AH 中存放了数据（0～9）的某一个二进制数，采用如下指令可实现转换。

```
ADD  AH，30H
```

2）带进位的加法指令

指令格式：ADC OPD，OPS   ; OPD ←OPD+OPS+ CF

该指令影响的标志位：AF、OF、PF、SF、ZF、CF。

ADC 指令也有 5 种格式，把 ADD 指令 5 种格式中的助记符 ADD 换成 ADC 就可以了。

计算机单个字长能表示的数的范围小、精度低，为了解决这个问题，一种有效的方法就是采用两个字或多个字存放一个数，这就是多倍精度数。而多倍精度数的求和，除了使用不带进位的加法指令，还要使用带进位的加法指令。

【例 4-20】 多倍精度数相加示例。

使用 16 位加法运算编程，实现两个 32 位二进制数相加，即 33338888H 加 22228111H，运算式如下。

```
        高16位    低16位
        3333H    8888H
        2222H    8111H
+       CF = 0   CF = 1
        5556H    0999H
```

主要程序段如下。

```
MOV  AX，8888H
ADD  AX，8111H    ；结果在 CF、AX 中，即 CF = 1，AX = 0999H
MOV  BX，3333H
ADC  BX，2222H    ；结果在 CF、BX 中
```

结果的高 16 位在 BX 中，低 16 位在 AX 中，即 BX= 5556H，AX= 0999H，CF = 0。

3）加 1 指令

指令格式：INC OPD   ; OPD ←OPD+ 1

该指令影响的标志位：AF、OF、PF、SF、ZF。

INC 指令有以下两种格式。

```
INC  reg           ；如 INC  AL 或 INC  AX
INC  mem           ；如 INC  BYTE PTR [SI]或 INC  WORD PTR [SI]
```

2．减法指令

1）不带借位的减法指令

指令格式：SUB OPD，OPS ; OPD ←OPD–OPS

该指令影响的标志位：AF、OF、PF、SF、ZF、CF。

SUB 指令有以下 5 种格式。

```
SUB  reg, reg         ；如 SUB  AX, BX
SUB  reg, mem         ；如 SUB  AH, [SI]
SUB  mem, reg         ；如 SUB  [DI], AL
SUB  reg，imm         ；如 SUB  CX，20H
SUB  mem，imm         ；如 SUB  BYTE PTR [BX+SI], 30H
```

第 4 章 指令系统与汇编语言源程序设计

【例 4-21】 利用减法指令实现 1 个小写字母（a~z）和其对应的大写字母（A~Z）之间的转换。

分析：将小写字母的 ASCII 码减 20H，就变成其对应大写字母的 ASCII 码。

解：程序如下。

```
MOV   AL, 'y'
SUB   AL, 20H      ; AL←AL- 20H，即 AL = 'Y'
```

2）带借位的减法指令

指令格式：SBB OPD, OPS   ；OPD←OPD–OPS– CF

该指令影响的标志位：AF、OF、PF、SF、ZF、CF。

SBB 指令也有 5 种格式，把 SUB 指令 5 种格式中的 SUB 换成 SBB 即可。

与带进位的加法指令类似，该指令主要用于多倍精度数的减法运算。在做减法时，若高位字节（或字）相减，则一定要减去低位字节（或字）不够减而产生的借位标志 CF。

【例 4-22】 多倍精度数相减示例。

使用 16 位减法运算编程，实现两个 32 位二进制数相减，即 77772222H–11116666H，运算式如下。

```
        高16位      低16位
        7777H      2222H
        1111H      6666H
  -     CF = 0     CF = 1
        6665H      BBBCH
```

主要程序段如下。

```
MOV   AX, 2222H
SUB   AX, 6666H    ; AX←AX – 6666H，低 16 位之差在 AX 中，借位表示在 CF 中
MOV   BX, 7777H
SBB   BX, 1111H    ; BX←BX –1111H – CF
```

3）减 1 指令

指令格式：DEC OPD   ; OPD ←OPD–1

该指令影响的标志位：AF、OF、PF、SF、ZF。

DEC 指令有以下两种格式。

```
DEC   reg          ; 如 DEC   AX
DEC   mem          ; 如 DEC   BYTE PTR [DI]
```

4）比较指令

指令格式：CMP OPD, OPS；OPD–OPS

该指令影响的标志位：AF、OF、PF、SF、ZF、CF。

CMP 指令有以下 5 种格式。

```
CMP   reg, reg     ; 如 CMP   AX, BX
CMP   mem, reg     ; 如 CMP   [SI], AX
CMP   reg, mem     ; 如 CMP   AX, [SI]
CMP   reg, imm     ; 如 CMP   AX, 28H
CMP   mem, imm     ; 如 CMP   BYTE PTR [SI], 56H
```

比较指令和减法指令一样，是做减法运算，而且二者都按照相同的规则影响 6 个标志位，不同之处是减法指令要将减法的结果保存到 OPD 中，而比较指令不保存减法的结果。这两条

指令都根据两数相减的差来设置标志位，若两数相减有借位，则将 CF 设置为 1。比较指令的功能是提供比较后的标志位，以便后续的条件转移指令根据当前某些标志位的值来做出程序的跳转或顺序执行。

3. 乘法指令

如前所述，在计算机中，二进制数的减法运算是将减数变成补码后，与被减数相加来实现的。参与算术运算的二进制数可分为无符号数和带符号数（补码），无符号数运算要考虑进位值，计算机中的无符号数还包括操作数地址、循环次数、ASCII 码等。

带符号数在计算机中均采用补码表示，其最高位为符号位，计算机在进行运算时，并不单独处理符号，而是将符号作为数值一起参加运算。带符号数的运算要考虑溢出问题。无符号数与带符号数的主要区别是：

① 数的表示范围不一样，如 8 位所能表示的带符号数的范围是 $-128 \sim +127$，所能表示的无符号数的范围则是 $0 \sim 255$。

② 带符号数的最高位（符号位）向左延伸，得到的补码所代表的真值不改变。无符号数的最高位不再代表符号而是真正的数值，因此不能做符号扩展，否则会发生数的改变。

为了区别带符号数与无符号数的运算，80x86 微处理器提供了无符号数乘、除法指令和带符号数乘、除法指令。

1) 无符号数的乘法指令

指令格式：MUL OPS   ；OPS 可以是 reg 和 mem 操作数

字节乘法：AX ← AL*OPS8

字乘法：DX:AX ← AX*OPS16

该指令影响的标志位是 CF、OF，不影响 AF、PF、SF、ZF。

如果指令中的 OPS 是 8 位数，默认的被乘数是 AL，而存放 16 位乘积的寄存器默认为 AX。

如果指令中的 OPS 是 16 位数，默认的被乘数是 AX，而存放 32 位乘积的寄存器默认为 DX:AX。

AL 或 AX 中存放默认的被乘数，乘数 OPS 只能是存储器操作数或寄存器操作数，不能是立即数。参与运算的操作数及相乘后的结果均是无符号数。如果所得乘积的高位不为 0，即在 AH 或 DX 中包含乘积的有效位，则 CF = 1、OF = 1；否则 CF = 0、OF = 0。

【例 4-23】 MUL 指令示例。

设 AL=02H，CH=82H，AL*CH→AX，执行 MUL CH 指令后，AX= 02H*82H = 0104H。

2) 带符号数的乘法指令

指令格式：IMUL OPS   ；OPS 可以是 reg 和 mem 操作数

字节乘法：AX ← AL*OPS8

字乘法：DX:AX ← AX*OPS16

该指令影响的标志位是 CF、OF，不影响 AF、PF、SF、ZF。

两个补码相乘，结果也是补码，其结果代表的真值是两个补码所代表的真值的乘积。

如果乘积的高位（字节乘法指 AH、字乘法指 DX）不是低位的符号扩展，即在 AH 或 DX 中包含乘积的有效位，则 CF = 1、OF = 1；否则 CF = 0、OF = 0。

IMUL 指令中的被乘数隐含在 AL（8 位）或 AX（16 位）中，乘积隐含在 AX（8 位）中或 DX:AX（16 位）中，这与 MUL 指令相同。IMUL 指令有以下两种格式。

| IMUL reg | ；reg 是 8 位、16 位乘数 |
| IMUL mem | ；mem 是 8 位、16 位乘数 |

【例 4-24】 IMUL 指令示例。

设 AL=02H，DL=81H（-127 的补码），AL*DL→AX。执行 IMUL DL 指令，即可实现 02H*（-127）补码，并将结果传送给 AX，AX= FF02H = -254 补码。

4．除法指令

1）无符号数的除法指令

指令格式：DIV OPS

字节除法：AX/OPS8　　　　　　；商→AL，余数→AH

字除法：DX:AX/OPS16　　　　；商→AX，余数→DX

该指令对标志位 CF、OF、AF、PF、SF、ZF 的影响均未定义。

如果除数为 0 或运算结果溢出，则会产生除法溢出中断，中止当前程序的运行。

OPS 只能是寄存器操作数或存储器操作数，不能是立即数。例如：

| DIV reg8 |
| DIV mem8 |

2）带符号数的除法指令

指令格式：IDIV OPS

字节除法：AX/OPS8　　　　　　；商→AL，余数→AH

字除法：DX:AX/OPS16　　　　；商→AX，余数→DX

该指令对标志位 CF、OF、AF、PF、SF、ZF 的影响均未定义。

IDIV 指令与 DIV 指令类似，但不同点是：IDIV 指令在相除后所得商的符号与数学上的规定相同，余数与被除数的符号位同号。

综上所述，二进制数的算术运算指令如表 4-5 所示。

表 4-5　二进制数的算术运算指令

指令		助记符
加法指令	不带进位加法	ADD
	带进位加法	ADC
	加 1	INC
减法指令	不带借位减法	SUB
	带借位减法	SBB
	减 1	DEC
	比较	CMP
乘法指令	无符号数乘法	MUL
	带符号数乘法	IMUL
除法指令	无符号数除法	DIV
	带符号数除法	IDIV

4.2.3　逻辑运算指令

1．求补指令

指令格式：NEG OPD

求补指令将 OPD 中的内容逐位取反，并在末位加 1 后送入 OPD，即 0 减操作数。该指令有以下两种格式。

```
NEG  reg
NEG  mem
```

【例 4-25】 NEG 指令示例。

设 BL= 02H，执行 NEG BL 指令后，BL= FEH。

如果 OPD 是 0，那么在执行该指令后，CF = 0；对其他任何数取补，都会置 CF 标志位；如果对 -128（字节操作）、-32768（字操作）取补，则操作数不变，但 OF 标志位被置位。NEG 指令对 AF、SF、PF 及 ZF 标志的影响同 SUB 指令。

2. 逻辑非（求反）指令

指令格式：NOT OPD   ；将 OPD 中的内容逐位取反后，送入 OPD

该指令有以下两种格式。

```
NOT  reg
NOT  mem
```

【例 4-26】 NOT 指令示例。

设 BL= 02H，执行 NOT BL 指令后，BL= FDH。

【例 4-27】 用 NOT 和 INC 指令实现 NEG 指令功能的示例。

分析：用下面两条指令求 BL 中二进制数的补码，这与 NEG BL 指令的效果是等同的。

```
NOT  BL
INC  BL
```

3. 逻辑与指令

两个 N 位二进制数实现逻辑与的运算规则是，两个 N 位二进制数中位权值相等的位相与，产生 N 位二进制数的逻辑积。

指令格式：AND OPD, OPS   ；OPD←OPD∧OPS

该指令影响的标志位是 CF、OF、PF、SF、ZF，AF 未被定义。

逻辑与的规则：$1 \wedge 1 = 1$，$1 \wedge 0 = 0$，$0 \wedge 1 = 0$，$0 \wedge 0 = 0$。

逻辑与指令在目的操作数中使某些位置 0，而另一些位可以保持不变。逻辑与指令有以下 5 种格式。

```
AND  reg, reg          ；如 AND  AX, CX
AND  reg, mem          ；如 AND  AX, [BX]
AND  mem, reg          ；如 AND  [SI], DX
AND  reg, imm          ；如 AND  AX, 0002H
AND  mem, imm          ；如 AND  BYTE PTR [DI], 0FH
```

【例 4-28】 分析下面程序段中的 3 条指令被执行后，AL 中的内容。

```
NUM  EQU 1FH            ；EQU 是等值伪指令，对符号 NUM 定义一个具体的数
MOV  AL, 88H
AND  AL, NUM AND 0FH    ；CF = 0，SF = 0，OF = 0，ZF = 0，PF = 0
```

在第 3 条指令中，AND 出现了 2 次，这 2 个 AND 所代表的含义是不同的。第 1 个 AND 是逻辑与指令的操作码，它表示将 AL 中的内容（88H）和表达式 "NUM AND 0FH" 的值（0FH）进行逻辑与运算，结果为 08H，并存入 AL。第 2 个 AND 是常量运算符，"NUM AND

0FH"是一个逻辑与运算的表达式，经汇编后得出一个具体的数。本逻辑运算表达式经汇编后得出的值是 0FH。

4．逻辑测试指令

指令格式：TEST   OPD，OPS   ；OPD∧OPS

该指令影响的标志位是 CF、OF、PF、SF、ZF，AF 未被定义。

逻辑测试指令和逻辑与指令的共同点是都将 OPD 和 OPS 中的二进制信息逐位进行逻辑与运算。不同点在于，逻辑与指令的结果要保存到 OPD 中，但逻辑测试指令的结果不保存到 OPD 中，OPD 中的内容不变。逻辑测试指令的意义是，根据逻辑与运算设置一些标志位，如 ZF，以便后续指令进行判断，确定程序的分支方向。

5．逻辑或指令

两个 N 位二进制数实现逻辑或的运算规则是，两个 N 位二进制数中位权值相等的位相或，产生 N 位二进制数的逻辑或。

指令格式：OR   OPD，OPS   ；OPD ←OPD∨OPS

该指令影响的标志位是 CF、OF、PF、SF、ZF，AF 未被定义。

逻辑或的规则：$1\vee 1=1$，$1\vee 0=1$，$0\vee 1=1$，$0\vee 0=0$。

逻辑或指令也有 5 种格式，将逻辑与指令中的助记符 AND 换成 OR 就可以了。

【例 4-29】 利用逻辑或指令，试用编程实现将一个大写字母的 ASCII 码（'A'～'Z'）转换为与其对应的小写字母的 ASCII 码（'a'～'z'），如将字母 B 的 ASCII 码变成 b 的 ASCII 码。

解：程序如下。

```
MOV   AH，'B'          ；把 B 传送给 AH
OR    AH，20H          ；AH ←AH∨20H
```

逻辑或指令的功能是将目的操作数中与源操作数中为 1 的位的相应位置 1，其余位保持不变。例 4-29 中利用逻辑或指令将 AH 的 D_5 位置成 1 后，AH 中的值变为小写 b 的 ASCII 码。标志位 CF＝0，SF＝0，OF＝0，ZF＝0，PF＝0。

6．逻辑异或指令

逻辑异或指令将两个 N 位二进制数中位权值相等的位相异或，产生 N 位二进制数的逻辑异或。

指令格式：XOR   OPD，OPS   ；OPD ←OPD∀OPS

该指令影响的标志位是 CF、OF、PF、SF、ZF，AF 未被定义。

逻辑异或指令有和逻辑或指令相类似的 5 种格式。

逻辑异或的规则：$1\forall 1=0$，$1\forall 0=1$，$0\forall 1=1$，$0\forall 0=0$。逻辑异或指令是将两个 N 位操作数进行逐位异或。

【例 4-30】 XOR 指令说明示例。

执行 XOR   AX，AX 后，AX＝0000H。

上述结果与 MOV   AX，0 指令及 SUB   AX，AX 指令执行后的结果相同。

【例 4-31】 利用逻辑异或指令实现逻辑非运算示例。

分析：由于 $1\forall 1=0$，$0\forall 1=1$，所以指令 XOR   CX，0FFFFH 能将 CX 的每一位求反，即实现逻辑非运算，它的操作与 NOT   CX 指令的操作等效。

4.2.4 移位指令

由于 80x86 微处理器提供的逻辑运算指令和移位指令的操作是对寄存器或存储器中二进制数据位的操作，因此，这两类指令也称为位操作指令。8086/8088 指令系统中的移位指令包括算术移位指令（SAL、SAR）、逻辑移位指令（SHL、SHR）及循环移位指令（ROL、ROR、RCL、RCR）3 类。

1．算术移位指令

1）算术左移指令

算术左移指令有以下两种指令格式。

```
SAL  OPD, 1
SAL  OPD, CL
```

当移位次数为 1 时，可以直接使用 SAL OPD, 1 指令；当移位次数大于 1 时，必须先将移位次数送入 CL，然后使用 SAL OPD, CL 指令。

算术左移指令示意图如图 4-4 所示。将目的操作数中所有位按操作码规定的方式移动 1 位或按寄存器 CL 规定的次数（0～255）移动，CL 中的值不变。如果 CL = 0，则不产生移动操作。其目的操作数可以是由各种寻址方式提供的 8 位（或 16 位）寄存器操作数或存储器操作数。将 OPD 向左移动指定的位数，在低位补入相应个数的 0。CF 的内容为最后移入位的值。

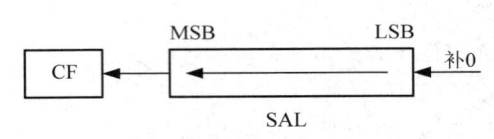

图 4-4 算术左移指令示意图

指令示例：

```
SAL  AH, 1   ; AH 中的值算术左移 1 位
SAL  BX, 1   ; BX 中的值算术左移 1 位
SAL  AX, 1   ; AX 中的值算术左移 1 位
SAL  AL, CL  ; AL 中的值算术左移位数由 CL 中的值（小于或等于目的操作数的位数）决定
SAL  AX, CL  ; AX 中的值算术左移，左移位数由 CL 中的值决定
```

【例 4-32】将 AL 中的二进制值乘以 4 的示例。

```
MOV  CL, 2
MOV  AL, 4
SAL  AL, CL         ; AL 中的值算术左移 2 位，AL = 10H
```

由算术左移规则可知，一个数左移 1 位相当于无符号数乘以 2，所以指令 SAL AL, 1 的操作和指令 ADD AL, AL 的操作等效。

2）算术右移指令

算术右移指令有以下两种指令格式。

```
SAR  OPD, 1
SAR  OPD, CL
```

算术右移指令示意图如图 4-5 所示，它将 OPD 向右移动指定的位数，最高位（符号位）保持不变。所以，算术右移指令向右移位后，左边补入的是符号位，正数补 0、负数补 1。CF 的内容为最后移入位的值。

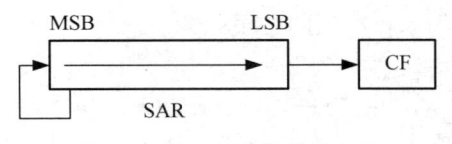

图 4-5 算术右移指令示意图

算术右移指令的目的操作数可以是 8 位、16 位的，

指令的具体实现与 SAL 指令类似。

算术右移指令的符号位不改变,每右移一次,相当于带符号数的除 2 运算。例如,字长为 8 位,$[-8]_{补}$ = F8H,将 8 位的 F8H 算术右移 1 位后,其结果是 FCH,而带符号数 FCH 表示的真值是–4。

2. 逻辑移位指令

1) 逻辑左移指令

逻辑左移指令有以下两种指令格式。

```
SHL   OPD, 1
SHL   OPD, CL
```

逻辑左移指令与算术左移指令(SAL)的功能完全相同,也有两种指令格式。

2) 逻辑右移指令

逻辑右移指令有以下两种指令格式。

```
SHR   OPD, 1
SHR   OPD, CL
```

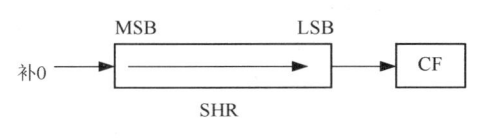

图 4-6 所示为逻辑右移指令示意图,逻辑右移指令将 OPD 向右移动指定的位数,最高位补 0。CF 的内容为最后移入位的值。逻辑右移指令的源操作数也可以是 8 位、16 位的。执行一次逻辑右移指令,相当于无符号数除以 2 运算,余数存入 CF 标志位。

图 4-6 逻辑右移指令示意图

【例 4-33】 利用逻辑左移指令和逻辑右移指令,将 0~9 的 ASCII 码转换成对应的 BCD 码。

解:主要程序段如下。

```
MOV   BH, '9'      ;BH 中初值为 9 的 ASCII 码,即 00111001B
MOV   CL, 4        ;将移位次数 4 送给 CL
SHL   BH, CL       ;将 BH 中的二进制数逻辑左移 4 位后,BH= 10010000B
SHR   BH, CL       ;将 BH 中的二进制数逻辑右移 4 位,即 BH= 00001001B
```

3. 循环移位指令

1) 不带进位的循环左移指令

不带进位的循环左移指令有以下两种指令格式。

```
ROL   OPD, 1
ROL   OPD, CL
```

将 OPD 的最高位与最低位连接起来,组成一个环,将环中的所有位一起向左移动指定的位数,CF 的内容为最后移入位的值。图 4-7 所示为不带进位的循环左移指令示意图。

图 4-7 不带进位的循环左移指令示意图

循环左移指令的目的操作数也可以是 8 位、16 位的。指令的具体实现与 SAL 指令类似。

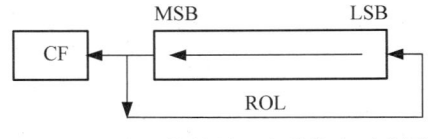

指令示例:

```
ROL   AH, 1              ;AH 中的值循环左移 1 位
ROL   WORD PTR[BX], 1    ;内存中邻近的两字节组成的一个字循环左移 1 位
ROL   BX, CL             ;BX 中的值循环左移,循环左移位数由 CL 中的值决定
```

2）不带进位的循环右移指令

不带进位的循环右移指令有以下两种指令格式。

```
ROR  OPD, 1
ROR  OPD, CL
```

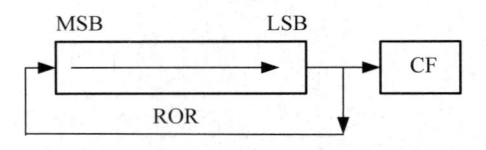

图 4-8 所示为不带进位的循环右移指令示意图。按照图中组成的环，将环中的所有位一起向右移动指定的位数，CF 的内容为最后移入位的值。该指令与不带进位的循环左移指令类似，但移动方向彼此相反。

图 4-8 不带进位的循环右移指令示意图

循环右移指令的目的操作数也可以是 8 位、16 位的。指令的具体实现与 SAL 指令类似。

【例 4-34】 利用 ROL 或 ROR 指令交换一个字的高字节和低字节的示例。

```
MOV  BX, 1122H
MOV  CL, 8
ROL  BX, CL
```

执行 ROR BX, CL 指令或 ROL BX, CL 指令后，BX 中的内容都会变成 2211H，实现了一个字的高字节和低字节位置的相互交换。

3）带进位的循环左移指令

带进位的循环左移指令有以下两种指令格式。

```
RCL  OPD, 1
RCL  OPD, CL
```

图 4-9 所示为带进位的循环左移指令示意图。可以看出，其实质是将 OPD 连同 CF 一起向左循环移动指定的位数。

图 4-9 带进位的循环左移指令示意图

带进位的循环左移指令的目的操作数也可以是 8 位、16 位的。指令的具体实现与 SAL 指令类似。

【例 4-35】 利用 SAL 或 RCL 指令，将 32 位二进制数 11223344H 算术左移 1 位的示例。

分析：设低 16 位数在 AX 中，高 16 位数在 BX 中，实现 32 位二进制数算术左移的示意图如图 4-10 所示。首先将 AX 中的数不带进位循环左移 1 位，最高位被移入 CF，然后执行带进位的循环左移指令，左移 1 位后，原先 CF 中的数先被移入高 16 位中的最低位，接着，高 16 位数的最高位移入 CF，程序段如下。

```
MOV  AX, 3344H
MOV  BX, 1122H
SAL  AX, 1
RCL  BX, 1
```

图 4-10 实现 32 位二进制数算术左移的示意图

最后，BX = 2244H，AX = 6688H，CF = 0。

第 4 章 指令系统与汇编语言源程序设计

4）带进位的循环右移指令

带进位的循环右移指令有以下两种指令格式。

```
RCR   OPD, 1
RCR   OPD, CL
```

带进位的循环右移指令示意图如图 4-11 所示。由图可知，目的操作数 OPD 连同 CF 一起向右循环移动指定的位数。

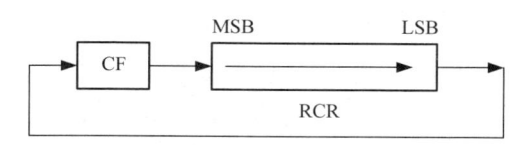

图 4-11 带进位的循环右移指令示意图

带进位的循环右移指令的目的操作数也可以是 8 位、16 位的。指令的具体实现与 SAL 指令类似。

逻辑运算指令和移位指令可以统称为位操作指令。位操作指令及其助记符如表 4-6 所示。

表 4-6 位操作指令及其助记符

指令		助记符
逻辑运算指令	求补	NEG
	求反	NOT
	逻辑与	AND
	逻辑测试	TEST
	逻辑或	OR
	逻辑异或	XOR
移位指令	算术左移	SAL
	算术右移	SAR
	逻辑左移	SHL
	逻辑右移	SHR
	不带进位的循环左移	ROL
	不带进位的循环右移	ROR
	带进位的循环左移	RCL
	带进位的循环右移	RCR

4.2.5 串操作指令

80x86 提供了几种串操作指令，只要按规定设置好初始条件，选用正确的串操作指令，就可以完成相应的操作。而且在这些指令的前面可加重复前缀，能在条件满足的情况下反复执行，且不用考虑指针如何移动、循环次数如何控制等问题，从而简化程序的设计、节省存储空间、加快程序的运行速度。

表 4-7 所示为串操作指令使用中的约定。串操作指令使用了许多隐含操作，16 位微处理器用 SI、DI 指示源串和目的串偏移地址。源串的数据在数据段（DS）中，目的串的数据在附加数据段（ES）中，CX 作为重复次数计数器。

表 4-7　串操作指令使用中的约定

串操作指令的操作数及控制	隐含的寄存器及操作
源串指示器	DS:SI
目的串指示器	ES:DI
重复次数计数器	CX
SCAS 指令的搜索值	在 AL/AX 中
LODS 指令的目的操作数	AL/AX
STOS 指令的源操作数	AL/AX
传送方向	DF = 0（用 CLD 指令实现），SI、DI 自动增量
	DF = 1（用 STD 指令实现），SI、DI 自动减量
…SB	字节（串）操作
…SW	字（串）操作

修改地址指针的规定：所有串操作指令均以寄存器间接寻址方式访问源串或目的串中的各元素，并自动修改 SI 和 DI 的内容。若 DF = 0，则每次操作后，SI、DI 自动增量（字节操作加 1、字操作加 2）；若 DF = 1，则每次操作后，SI、DI 自动减量（字节操作减 1、字操作减 2），使地址指针指向下一个元素。

当指令带有重复前缀时，指令重复执行。每执行一次，就检查一次重复条件是否成立，如果重复条件成立，则继续重复；否则终止重复，执行后续指令。几种重复前缀如下。

① REP：重复，每执行一次，CX 减 1，直到当 CX = 0 时结束重复执行。REP 通常用在 MOVS、STOS 和 LODS 指令前。

② REPE/REPZ：每执行一次，CX 减 1，并判断 ZF 标志位是否为 1。若 CX = 0 或 ZF = 0，则结束重复执行操作。REPE/REPZ 通常用在 CMPS 和 SCAS 指令前。

③ REPNE/REPNZ：每执行一次，CX 减 1，并判断 ZF 标志位是否为 1。若 CX = 0 或 ZF = 1，则结束重复执行操作。REPNE/REPNZ 通常用在 CMPS 和 SCAS 指令前。

在进行串操作之前用下面两条指令设置串传送的方向。CLD 指令设置传送为增量（址）方向，STD 指令设置传送为减量（址）方向。

```
CLD    ; DF = 0
STD    ; DF = 1
```

1. 串传送指令

串传送指令的格式有以下两种。

```
MOVSB
MOVSW
```

串传送指令的功能是将以 DS:SI 为源地址的一个字节（或字）存储单元中的数据传送到以 ES:DI 为目的地址的内存中，并自动修改指针，使之指向下一个字节（或字）存储单元。其中，MOVS 根据该字符串首地址定义的数据类型确定串操作的类型（字节、字），两种格式分别用字符"B""W"指出了串操作的类型，并且默认目的串和源串的地址，指令不需要再说明操作数。

"MOVS 目的串名，源串名"的格式可以增加指令的可读性，它要求两个串名数据的类型一致，同为字节或同为字类型。

下面要介绍的串操作指令也有这种可读性较强的格式。串传送指令不影响标志位。

【例4-36】 将数据段从 DS:0000H 开始的 100 字节传送到附加数据段从 ES:0200H 开始的存储区，数据段传送的示意图如图 4-12 所示。分别用不带重复前缀和带重复前缀的串传送指令 MOVSB 编程实现。

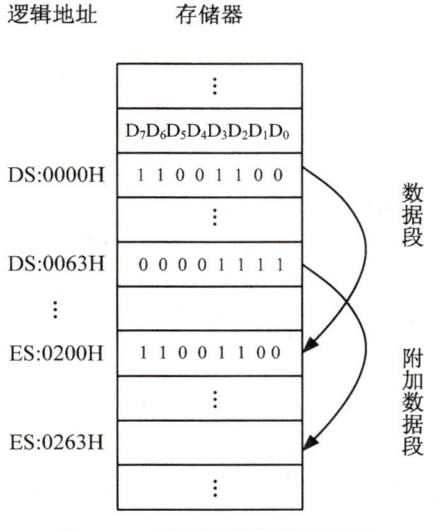

图 4-12 数据段传送的示意图

解1：使用不带重复前缀的串传送指令编程。

```
        MOV   SI, 0000H
        MOV   DI, 0200H
        MOV   CX, 0064H
        CLD                 ;增地址传送
ASD:    MOVSB
        DEC   CX
        JNZ   ASD
        ...
```

解2：使用带重复前缀的串传送指令编程。

```
        MOV   SI, 0000H
        MOV   DI, 0200H
        MOV   CX, 0064H
        CLD                 ;增地址传送
        REP   MOVSB         ;每执行一次，CX 减 1，直到当 CX = 0 时结束
        ...
```

2. 串比较指令

串比较指令的格式有以下两种。

```
CMPSB                ;字节串比较
CMPSW                ;字串比较
```

DS:[SI]−ES:[DI]是指，将 DS:SI 所指的源串中的一个字节（字）存储单元中的数据与 ES:DI 所指的目的串中的一个字节（字）存储单元中的数据相减，并根据相减的结果设置标志位，但相减的结果不传送给目的串。

串比较指令修改地址指针的方式与串传送指令修改地址指针的方式相同。

串比较指令通常可带重复前缀 REPZ/REPE 和 REPNZ/REPNE。

若带重复前缀 REPZ/REPE，则必须将 CX 作为计数器。比较操作被规定为：当源串与目的串未比较完，即 CX≠0（重复次数不为 0），并且当前两串元素相等，即 ZF=1 时，继续比较；反之，当源串与目的串已经比较完，即 CX = 0（重复次数为 0）时，或者当当前两串元素不相等，即 ZF=0 时，退出比较。

若带重复前缀 REPNZ/REPNE，则比较操作被规定为：当源串与目的串未比较完，即 CX≠0，并且当前两串元素不相等，即 ZF=0 时，继续比较；反之，当源串与目的串已经比较完，即 CX = 0 时，或者当当前两串元素相等，即 ZF=1 时，退出比较。

【例 4-37】 设数据段从 DS:0000H 和 ES:0000H 处开始，均有 100 个字符。用串比较指令编程进行比较：如果两串数据相同，那么 AL 寄存器赋 00H；如果两串数据不同，那么 AL 寄存器赋 FFH（-1 的补码）。

解：程序如下。

```
        MOV   SI, 0000H
        MOV   DI, 0000H
        MOV   CX, 100
        CLD                  ;增地址比较
AGAIN:  CMPSB                ;比较两个字符
        JNZ   UNEND          ;出现不同的字符，转移到 UNEND
        DEC   CX
        JNZ   AGAIN
        MOV   AL, 0
        JMP   POI
UNEND:  MOV   AL, 0FFH
POI:    …
```

3. 串搜索指令

串搜索指令的格式有以下两种。

```
SCASB           ;字节串搜索
SCASW           ;字串搜索
```

字节操作：AL-ES:[DI]

字操作：AX-ES:[DI]

串搜索指令根据相减的结果设置标志位，但并不保存结果。其修改地址指针的方式与串传送指令修改地址指针的方式相同。

由于并不保存搜索的结果，因此操作结束后，AL 或 AX 及目的串中的内容都不改变。该指令主要用于在一串数据中搜索某一个值，这个值要事先置入 AL 或 AX。该指令后面往往跟条件转移指令，用来根据搜索的结果确定转移方向。

SCAS 指令可带重复前缀 REPE/REPZ 或 REPNE/REPNZ。

若带重复前缀 REPE/REPZ，则搜索操作被规定为：当目的串未搜索完，即 CX≠0，且当前串元素等于搜索值，即 ZF=1 时，继续搜索。

若带重复前缀 REPNE/REPNZ，则搜索操作被规定为：当目的串未搜索完，即 CX≠0，且当前串元素不等于搜索值，即 ZF=0 时，继续搜索。

【例 4-38】 设附加数据段从 ES:0000H 处开始有 100 个字符，用字节串搜索指令进行搜索，查找是否有大写字母 A 的 ASCII 码 41H。若有 41H，则 AL 赋 00H；若没有 41H，则 AL 赋 FFH。

解 1：使用不带重复前缀的字符串搜索指令编程。

```
            MOV    DI, 0000H
            MOV    AL, 41H
            MOV    CX, 0064H
            CLD                     ; 增地址搜索
AGAIN:      SCASB                   ; 比较两个字符
            JZ     FOUND            ; 如果 ZF = 1，找到了 41H 关键字，则转移到 FOUND
            DEC    CX
            JNZ    AGAIN            ; 没有搜索完，转移到 AGAIN
            MOV    AH, 0FFH         ; 搜索完成，没有找到
            JMP    ASD
FOUND:      MOV    AH, 00H
ASD:        MOV    AL, AH
```

解 2：使用带重复前缀的字符串搜索指令编程。

```
            MOV    DI, 0000H
            MOV    AL, 41H
            MOV    CX, 0064H
            CLD                     ; 增地址搜索
            REPNE SCASB             ; 若找到了或找遍了（CX = 0），则执行下一条指令
            JZ     FOUND            ; 如果找到了，则转移到 FOUND
            MOV    AH, 0FFH         ; 没有找到
            JMP    ASD
FOUND:      MOV    AH, 00H
ASD:        MOV    AL, AH
```

4．串存储指令

串存储指令的格式有以下两种。

```
    STOSB          ; 向目的地址中存字节串
    STOSW          ; 向目的地址中存字串
```

字节操作：ES:[DI]←AL

字操作：ES:[DI]←AX

字节操作/字操作将 AL 或 AX 中的数据送入 DI 所指的目的串中的一个字节或字存储单元。

串存储指令修改地址指针的方式与串传送指令修改地址指针的方式相同。该指令的执行不影响标志位。

【例 4-39】 将附加数据段 64KB 范围的内存单元全部清零。

解 1：使用不带重复前缀的串存储指令编程。

```
            MOV    DI, 0000H
            MOV    AX, 0000H
            MOV    CX, 8000H
            CLD                     ; 增地址传送
AGAIN:      STOSW                   ; 传送一个字
            DEC    CX
            JNZ    AGAIN            ; 没有传送完，转移到 AGAIN
            ...                     ; 传送完成
```

解 2：使用带重复前缀的串存储指令编程。

```
        MOV DI，0000H
        MOV AX，0000H
        MOV CX，8000H
        CLD                 ;增地址传送
        REP STOSW
        …                   ;传送完成
```

5. 串装入指令

串装入指令的格式有以下两种。

```
        LODSB         ;从源地址中取字节串
        LODSW         ;从源地址中取字串
```

字节操作：AL←DS:[SI]

字操作：AX←DS:[SI]

字节操作/字操作将 DS:[SI]所指的源串中的一个字节（字）存储单元中的数据取出并送入 AL（AX）。

串装入指令修改地址指针的方式与串传送指令修改地址指针的方式相同。

由于该指令的目的地址为一固定的寄存器 AL（AX），如果带上重复前缀，则源串的内容将连续不断地送入 AL（AX），因此在操作结束后，寄存器 AL（AX）中只保存了串中最后一个元素的值。

综上所述，串操作指令如表 4-8 所示。

表 4-8 串操作指令

指令		助记符
串传送指令	串传送指令	MOVS
	字节串传送指令	MOVSB
	字串传送指令	MOVSW
串比较指令	串比较指令	CMPS
	字节串比较指令	CMPSB
	字串比较指令	CMPSW
串搜索指令	串搜索指令	SCAS
	字节串搜索指令	SCASB
	字串搜索指令	SCASW
串装入指令	串装入指令	LODS
	字节串装入指令	LODSB
	字串装入指令	LODSW
串存储指令	串存储指令	STOS
	字节串存储指令	STOSB
	字串存储指令	STOSW

4.2.6 控制转移指令

控制转移指令分为条件转移指令和无条件转移指令两大类，控制转移指令共有 19 条，如表 4-9 所示。

第 4 章 指令系统与汇编语言源程序设计

表 4-9 控制转移指令

指令分类		指令名称	助记符	转移条件	功能说明
条件转移指令	简单条件转移指令	相等/等于 0 转	JE/JZ	ZF = 1	当前指令操作后，测试操作结果等于 0 转移
		不相等/不等于 0 转	JNE/JNZ	ZF = 0	当前指令操作后，测试操作结果不等于 0 转移
		为负转	JS	SF = 1	当前指令操作后，测试操作结果为负数转移
		为正转	JNS	SF = 0	当前指令操作后，测试操作结果为正数转移
		溢出转	JO	OF = 1	当前指令操作后，测试操作结果有溢出转移
		未溢出转	JNO	OF = 0	当前指令操作后，测试操作结果无溢出转移
		进位位为 1 转	JC	CF = 1	当前指令操作后，测试操作结果有进位或借位转移
		进位位为 0 转	JNC	CF = 0	当前指令操作后，测试操作结果无进位或借位转移
		偶转移	JP/JPE	PF = 1	当前指令操作后，测试操作结果中 1 的个数为偶数转移
		奇转移	JNP/JPO	PF = 0	当前指令操作后，测试操作结果中 1 的个数为奇数转移
	无符号数条件转移指令	高于转移	JA/JNBE	CF = 0 且 ZF = 0	当前指令操作后，测试操作结果无进位（借位），并且测试操作结果不等于 0 转移
		高于或等于转移	JAE/JNB	CF = 0 或 ZF = 1	当前指令操作后，测试操作结果无进位（借位），或者测试操作结果等于 0 转移
		低于转移	JB/JNAE	CF = 1 且 ZF = 0	当前指令操作后，测试操作结果有进位（借位），并且测试操作结果不等于 0 转移
		低于或等于转移	JBE/JNA	CF = 1 或 ZF = 1	当前指令操作后，测试操作结果有进位（借位），或者测试操作结果等于 0 转移
	带符号数条件转移指令	大于转移	JG/JNLE	SF = OF 且 ZF = 0	当前指令操作后，测试 SF 和 OF 具有相同的状态，并且测试操作结果不等于 0 转移
		大于或等于转移	JGE/JNL	SF = OF 且 ZF = 1	当前指令操作后，测试 SF 和 OF 具有相同的状态，测试结果等于 0 转移
		小于转移	JL/JNGE	SF ≠ OF 且 ZF = 0	当前指令操作后，测试 SF 和 OF 具有不同的状态，并且测试结果不等于 0 转移
		小于或等于转移	JLE/JNG	SF ≠ OF 且 ZF = 1	当前指令操作后，测试 SF 和 OF 具有不同的状态，并且测试操作结果等于 0 转移
无条件转移指令		无条件转移	JMP	—	无条件转移到指令中指定的目的地址处

注：表 4-9 中部分指令有两种助记符，如 JAE/JNB，在编程时，使用 JAE 和 JNB 等效，即一条指令有两种写法。

条件转移指令根据标志寄存器中的一位状态标志（0 或 1）、或两位状态标志的状态，决定程序是否转移，如表 4-9 所示，条件转移指令共有 18 条，可分为以下 3 类：

① 简单条件转移指令：这类指令根据一位状态标志的状态决定是否转移，共 10 条。

② 无符号数条件转移指令：这类指令根据两位状态标志的状态决定程序是否转移，共 4 条，用于判断两个无符号数的大小。

③ 带符号数条件转移指令：这类指令也根据两位状态标志的状态决定程序是否转移，共 4 条，用于判断两个带符号数（补码）的大小。

指令格式：[标号:]操作符 短标号

功能：如果条件满足，则 IP+位移量→IP。

在条件转移指令中，位移量为当前 IP 到转移目的地址处的字节距离。在 8086/8088 状态下，位移量只能是 8 位，取值为 –128～127。当位移量为正时，表示向前转；当位移量为负时，表示向后转。

无条件转移指令不进行任何判断，无条件地转移到指令中指定的目的地址处执行程序。

1. 简单条件转移指令

8086/8088 CPU 中标志寄存器设置了进位标志 CF、零标志 ZF、符号标志 SF、溢出标志 OF、奇偶标志 PF，80386/80486/Pentium CPU 保留了这 5 个标志。从表 4-9 中可以看出，根据这 5 个状态标志位，设置了以下 10 条简单条件转移指令。

```
JC       标号地址        ;如果有进位（借位），即 CF=1，则转移到标号地址
JNC      标号地址        ;CF=0，转移到标号地址
JE/JZ    标号地址        ;ZF=1，转移到标号地址
JNE/JNZ  标号地址        ;ZF=0，转移到标号地址
JS       标号地址        ;SF=1，转移到标号地址
JNS      标号地址        ;SF=0，转移到标号地址
JO       标号地址        ;OF=1，转移到标号地址
JNO      标号地址        ;OF=0，转移到标号地址
JP/JPE   标号地址        ;PF=1，转移到标号地址
JNP/JPO  标号地址        ;PF=0，转移到标号地址
```

【例 4-40】 简单条件转移指令使用说明示例。

设 AH=0FH，BH=90H，执行 ADD AH，BH 后，AH=9FH，标志位 CF=0、ZF=0、SF=1、OF=0、PF=1。

如果执行 ADD AH，BH 后，分别执行下面 5 条简单条件转移指令，那么都会实现转移。

```
JNC      标号地址
JNE/JNZ  标号地址
JS       标号地址
JNO      标号地址
JP/JPE   标号地址
```

2. 无符号数条件转移指令

无符号数条件转移指令比较的对象为两个无符号数，它通常跟在比较指令之后，根据运算结果设置的条件标志状态决定转移方向。根据比较 A、B 两数大小的结果，设置了 A 高于 B（JA 的含义是 Jump if Above）、A 高于或等于 B（JAE）、A 低于 B（JB 的含义是 Jump if Below）、A 低于或等于 B（JBE）对应结果的 4 条指令。

要比较两个无符号数的大小及相等情况，需要先对这两个数进行比较或减法操作，然后根据指令执行后对进位标志 CF 及零标志 ZF 的影响，就可以判断这两个数的大小及相等情况。设 AX 和 BX 中存放的都是无符号数，执行比较指令 CMP AX，BX 后，有两种情况：如果 ZF=1，那么两数相等；如果 ZF=0，那么两数不相等。在不相等的情况下，如果进位标志 CF=1，那么 AX<BX；如果进位标志 CF=0，那么 AX>BX。

【例 4-41】 编程比较 AX 和 BX 中的两个数，如果 AX 高于 BX，则转移，否则顺序执行程序。

解： 主要程序段如下。

```
        CMP   AX，BX
        JA    NEXT          ;CF=0 且 ZF=0 条件下转移
        ...
NEXT:   ...
```

3. 带符号数条件转移指令

用二进制补码表示的正数和负数称为带符号数，两个补码比较，正数一定大于负数；负数

与负数比较，负值较多的一定是较小的值。

与无符号数条件转移指令类似，带符号数条件转移指令一般也跟在比较或减法指令之后，根据运算结果设置的标志状态决定转移方向。同样地，根据比较 A、B 两数大小的结果，设置了 A 大于 B（JG 的含义是 Jump if Greater）、A 大于或等于 B（JGE）、A 小于 B（JL 的含义是 Jump if Less）、A 小于或等于 B（JLE）4 条指令。

两个补码在进行比较或减法操作后，找出了判断两数大小的规则，如表 4-10 所示。根据对溢出标志 OF、符号标志 SF 及零标志 ZF 的影响来判断两数大小。比较 A 和 B 两个带符号数后，如果 ZF = 1，那么两数相等；如果 ZF = 0，那么两数不相等。在不相等的情况下，如果 OF 和 SF 的值相同，则 A>B；如果 OF 和 SF 的值相异，则 A<B。

表 4-10　判断两个带符号数大小的规则

比较 A 和 B 后			结果
ZF	OF	SF	
1	0	0	A=B
0	0	0	A>B
0	0	1	A<B
0	1	0	A<B
0	1	1	A>B

【例 4-42】　带符号数条件转移指令使用示例。

设 AL = +15 = 00001111B，BL = 11110000B（-16 的补码）。

执行 CMP　AL，BL 后，ZF = 0，SF = 0，OF = 0，AL>BL。

执行 CMP　BL，AL 后，ZF = 0，SF = 1，OF = 0，BL<AL。

因此，带符号数大小的比较，由 ZF、SF 和 OF 共同来确定。

4．与 CX 有关的转移指令

与 CX 有关的转移指令有以下 4 种格式。

1）LOOP　标号

将 CX 用作循环计数器，CX←CX-1，如果 CX≠0，那么循环，IP←IP+位移量；否则，顺序执行。它的功能相当于"DEC CX"和"JNZ 标号地址"两条指令的功能。

【例 4-43】　编程实现用 AL 寄存器累加从 1 开始的 10 个奇数的示例。

```
          MOV   AH，01H          ；从 1 开始累加
          MOV   AL，0            ；初始寄存器为 0
          MOV   CX，000AH        ；加 10 次
   XYZ:   ADD   AL，AH
          ADD   AH，2
          LOOP  XYZ
          ...
```

2）LOOPE　标号　或 LOOPZ　标号

将 CX 用作循环计数器，CX←CX-1，如果 CX≠0 且 ZF = 1，那么循环，IP←IP+位移量；否则，顺序执行。它的功能相当于"DEC　CX"指令的功能。当 ZF = 1（比较结果相等）时，转移到标号处；否则执行下一条指令。

3）LOOPNE　标号　或 LOOPNZ　标号

将 CX 用作循环计数器，CX←CX-1，如果 CX≠0 且 ZF = 0，那么转移到标号处，即 IP←IP+位移量；否则，顺序执行。它的功能相当于"DEC　CX"指令的功能。当 ZF = 0（比较结果不相等）时，转移到标号处，否则执行下一条指令。

4）JCXZ　标号

只测试 CX 的值，当 CX = 0 时，转移到标号处，否则执行下一条指令。

注意：所有与 CX 有关的转移指令都不影响标志位，转移的位移量是 1 字节，用 8 位二进

制补码表示转移的范围。

5. 无条件转移指令

无条件转移指令不受 CPU 状态标志的影响。当 CPU 执行无条件转移指令时，一定会转移到指令中指定的目的地址处执行程序，而且比条件转移指令转移的范围大得多。如果是段内转移，那么既可以在 64KB 范围内转移，也可以转移到另一个代码段，转移的范围更大。

无条件转移指令和转移的目的地址可以在同一段，也可以在不同段。前者称为段内转移或 NEAR 转移，后者称为段间转移或 FAR 转移。段内转移指令只改变指令指针 IP 的值，而段间转移指令则同时改变指令指针 IP 和代码段寄存器的值。

无条件转移指令可通过多种寻址方式得到要转移的目的地址。常用的有直接寻址和间接寻址。根据转移是否在段内，无条件转移指令又可分为以下 4 种。

1）段内直接转移指令

```
JMP 标号      ; IP←IP+位移量
```

在编程时只需给出转移的目标指令标号，由汇编软件在汇编时自动计算当前指令和转移目标指令之间的位移量。当向地址增大的方向转移时，位移量为正；反之，位移量为负（用补码表示），并且根据位移量大小自动形成短转移或近转移指令，转移的范围分别是 –128～+127 和 –32768～+32767。

汇编程序同时提供短转移和近转移的类型说明符。

【例 4-44】 短转移类型说明符的使用示例。

```
JMP SHORT QWER
    ⋮
QWER: …
```

【例 4-45】 近转移类型说明符的使用示例。

```
JMP NEAR PTR QWER
    ⋮
QWER: …
```

注意：近转移类型说明符中一定要加 PTR 类型说明。

2）段内间接转移指令

```
JMP OPD               ; IP←OPD
```

段内间接转移指令和段内间接调用指令的有效地址存放在寄存器或存储器中，分别用寄存器和存储器寻址的方式得到，由于是段内转移，所以不改变 CS 的值，只改变 IP 的值。

【例 4-46】 段内间接转移指令示例。

```
MOV  CX, 1000H
JMP  CX                    ; IP←1000H
```

【例 4-47】 设 BX=1000H，SI=2000H，计算转移地址值的示例。

```
JMP WORD PTR[BX+SI]        ; IP←1000H+2000H
```

3）段间直接转移指令

```
JMP  FAR  PTR 标号
```

FAR 是类型说明符，表示另一个段，标号是另一个程序段内的地址标号，由于其前面增加了一个远的属性符号"PTR",因此又称远标号。

程序从一个段转移到另一个段,远标号会被汇编成一个 4 字节的转移地址,即远标号的偏移地址送给 IP,段值被送给 CS。

4)段间间接转移指令

```
JMP    FAR    PTR    MEM
```

段间间接转移指令用一个双字存储单元存放要跳转的目的地址,即存放在连续的两个字单元中。该指令执行后,低位字送给 IP,高位字送给 CS。

【例 4-48】 段间间接转移指令示例。

```
MOV    WORD PTR[SI], 0080H
MOV    WORD PTR[SI+2], 1000H
JMP    FAR PTR[SI]
```

指令执行后,程序转移到另一个段内,从 1000H:0080H 处开始执行。

4.2.7 子程序调用与返回指令

1. 子程序的基本结构

子程序设计是使程序模块化的一种重要手段,将程序划分为若干相对独立的子程序,确定各子程序的入口和出口参数,为各子程序分配不同的名字(入口地址),然后对每一个子程序编制独立的程序段,将这些子程序根据调用的需要,与主程序连成一个整体,这样既便于节省存储空间,又可以提高程序设计的效率和质量。

调用子程序(过程)的程序称为主程序,被调用的程序称为子程序。主程序和子程序是相对的,一个程序在一种场合是主程序,在另一种场合可能是子程序。子程序可以被主程序多次调用,这就是程序段的共享。当主程序调用子程序时,CPU 就转去执行子程序,执行完毕后返回到主程序的断点处继续向下执行。断点是指,在主程序中,子程序指令的下一条指令在内存中存放的地址,包括 CS 和 IP 的值。

子程序和调用它的主程序可以在同一个代码段内,也可以分别在两个代码段内。主程序调用同一代码段内的子程序称为段内调用,调用另一个代码段内的子程序称为段间调用,相应的,子程序被定义为近(NEAR)属性和远(FAR)属性这两种基本结构。

1)近属性结构

```
SUBN   PROC   NEAR       ;SUBN 是子程序名,PROC 是定义近或远的伪指令
START: PUSH   AX          ;在子程序入口处,通常要保护有关寄存器的值(保护现场)
       ...
       POP    AX          ;最后要恢复现场,从堆栈中弹出内容,赋给原寄存器
       RET                ;从子程序返回到调用它的主程序,主程序继续执行
SUBN   ENDP               ;定义子程序结束
```

2)远属性结构

```
SUBF   PROC   FAR        ;SUBF 是子程序名,FAR 表示 SUBF 是远属性子程序
START: PUSH   AX
       ...
       POP    AX
       RET
SUBF   ENDP
```

以上两个子程序结构的区别仅在于子程序属性的定义。通常主程序与子程序处于同一个代码段内，子程序的属性一定是近的，因此，可以省略代码中的"NEAR"。

为了方便地实现子程序的调用和返回，设置了子程序调用指令 CALL 和返回指令 RET。无论是段内调用子程序还是段间调用子程序，均要引起 IP 的改变，在段间调用子程序时还会引起 CS 的改变。

2．子程序调用指令 CALL

子程序调用指令 CALL 共有 4 种格式：段内直接调用指令、段内间接调用指令、段间直接调用指令、段间间接调用指令。

1）段内直接调用指令

  CALL 子程序名

SP←SP−2，SS:[SP]←IP，IP←IP+位移量，直接寻址，主程序和子程序共用一个代码段。段内直接调用指令是最常用的调用指令。

2）段内间接调用指令

  CALL r16/mem16

SP←SP−2，SS:[SP]←IP，IP←r16/mem16，间接寻址，由 r16/mem16 产生 IP 的方式与段内间接转移指令相同。

3）段间直接调用指令

  CALL FAR PTR 子程序名

SP←SP−2，SS:[SP]←CS，SP←SP−2，SS:[SP]←IP，IP←子程序首地址的偏移地址，CS←子程序首地址的段值。段间直接调用指令涉及的主程序和子程序不在同一代码段内。

4）段间间接调用指令

  CALL FAR PTR mem

SP←SP−2，SS:[SP]←CS，SP←SP−2，SS:[SP]←IP，IP←[mem]，CS←[mem+2]。子程序可以被定义为近属性和远属性，因此，汇编程序可以确定是段内调用还是段间调用，也可以在调用指令中指定是近调用（NEAR PTR）还是远调用（FAR PTR）。

3．子程序返回指令 RET

RET 指令通常作为子程序的最后一条指令，用来控制 CPU 返回到主程序的断点处继续向下执行。

返回指令有以下 6 种格式。

RET	；NEAR 或 FAR 类型返回
RETN	；NEAR 类型返回
RETF	；FAR 类型返回
RET imm	；NEAR 或 FAR 类型返回，并且从堆栈中释放 imm 个字节
RETN imm	；NEAR 类型返回，并且从堆栈中释放 imm 个字节
RETF imm	；FAR 类型返回，并且从堆栈中释放 imm 个字节

NEAR（段内）类型返回把 16 位断点地址弹出并送入 IP，SP+2→SP。

FAR（段间）类型返回把 16 位断点地址弹出并送入 IP，再把 16 位段首的值弹出并送入 CS。SP+4→SP。

汇编程序允许编程者在使用 RETN 和 RETF 时可以省略"N"或"F",由汇编程序自动识别是 NEAR 或 FAR 类型返回。

4．子程序调用与返回指令对堆栈的操作

设主程序与子程序结构如下,其中,调用指令 CALL SUBN 的下一条指令在内存的逻辑地址是 1000H:00A0H,此处称为断点,子程序属性是近属性。

```
                    ；主程序
                    …
                    MOV   AX，8822H
                    CALL  SUBN
1000H:00A0H         ADD   AX，BX
                    …
                    ；子程序
            SUBN    PROC  NEAR
            START:  PUSH  AX
                    …
                    POP   AX
                    RET
            SUBN    ENDP
```

段内调用子程序的操作主要包括断点及现场的保护、如何找到子程序的入口地址,以及如何正确返回主程序并继续执行主程序。

设堆栈栈底是 SS:2000H,段内调用与返回指令对堆栈的操作分别如图 4-13 和图 4-14 所示。过程如下。

① 执行 CALL SUBN 后,把 CALL 指令的下一条指令在内存中的偏移地址 00A0H(IP)压入堆栈。如果是段间调用,还要将断点处的 CS 值首先压入堆栈,其次将偏移地址压入堆栈。

② 将子程序入口的 EA 送入 IP,执行子程序,注意,首先要把子程序中所涉及的寄存器的内容压入堆栈,此过程称为保护现场。

③ 在执行子程序后,恢复现场,再执行返回指令 RET,其作用是把堆栈中保存的 IP 值弹出并送入 IP,以便能从断点处继续执行主程序。

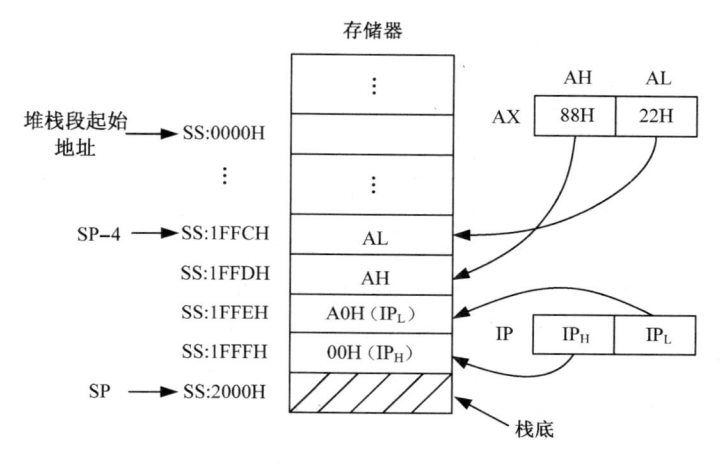

图 4-13 段内调用指令对堆栈的操作

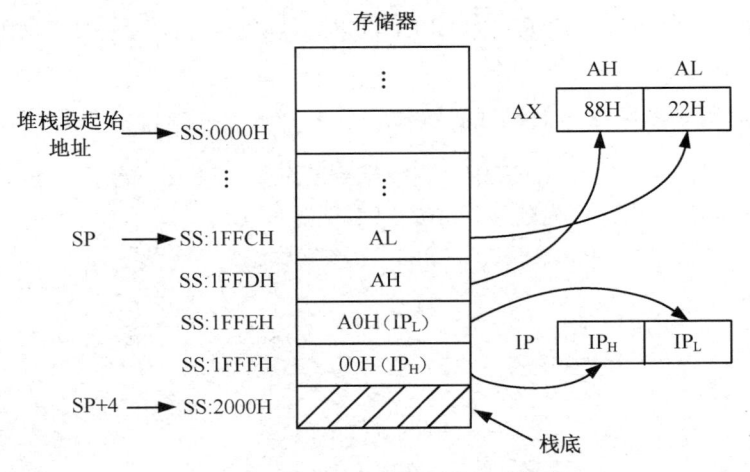

图 4-14 段内返回指令对堆栈的操作

4.2.8 中断调用指令

一台计算机常常需要从键盘接收字符、在显示器上输出显示字符、在打印机上输出打印内容，以及利用 RS-232-C 串行通信口与外部系统进行通信等。把计算机对外部设备进行操作的基本程序编写成子程序，作为 DOS 或 ROM-BIOS 的一部分，向程序员提供系统的基本输入和输出程序，这是程序设计的一个重要方面。用户采用中断的方式直接调用这些中断服务子程序。

DOS 提供了 75 个系统功能调用，编号为 0～57H，即中断类型号，主要分为设备管理、文件管理、目录管理及其他功能调用四大类。但在 0～57H 中，很多编号没被使用，常用的中断类型号是 21H，本节主要介绍"INT 21H"系统功能调用指令中的常用功能调用。

所有系统功能的调用格式都是一样的，包括 ROM-BIOS 的调用。系统功能调用的一般过程是：

① 将调用的功能号放入寄存器 AH；
② 设置好入口参数；
③ 执行常用的软中断指令"INT 21H"；
④ 调用结束后分析出口参数，检查调用是否成功。

下面介绍几种较常用的系统功能调用。

1. 键盘输入

1）1 号功能调用

```
MOV   AH, 1    ；1 号功能
INT   21H
```

系统在执行该功能调用时将扫描键盘，等待有键按下。一旦有键按下，系统就将其字符的 ASCII 码读入，并检查其是否为 Ctrl+Break，若是，则从本次调用的执行中退出；否则将从键盘输入字符的 ASCII 码送入 AL，同时将字符送显示器显示。

2）8 号功能调用

```
MOV   AH, 8    ；8 号功能
INT   21H
```

与 1 号功能调用相似，8 号功能调用只是不将从键盘输入的字符送显示器显示。例如，当

输入密码时，可使用 8 号功能调用。

【例 4-49】 利用系统的 8 号功能调用编程实现当输入 Y 字符时，程序继续，否则退出。

解：主要程序如下。

```
        MOV   AH, 8       ;8 号功能
        INT   21H
        CMP   AL, 'Y'     ;键值的 ASCII 码在 AL 中，与 Y 的 ASCII 码进行比较
        JNZ   NEND        ;如果按下的不是 Y 键，则将其转移到 NEND 后退出
        …                 ;继续执行
NEND:   MOV   AH, 4CH
        INT   21H
```

2．单个字符的输出

1) 显示器显示单个字符

```
        MOV   AH, 2       ;2 号功能
        MOV   DL, 'a'     ;显示字符 a 的 ASCII 码
        INT   21H
```

上述指令将 DL 中的字符 a 送显示器显示，若 DL 中为 Ctrl+Break 的 ASCII 码，则从本次调用的执行过程中退出。

【例 4-50】 利用系统的 2 号功能调用显示数字 9 的示例。

```
        MOV   AH, 2       ;2 号功能
        MOV   DL, 39H     ;将 9 的 ASCII 码送入 DL，作为调用的入口参数
        INT   21H
```

2) 打印机输出

```
        MOV   AH, 5       ;5 号功能
        MOV   DL, 'a'     ;打印字符 a 的 ASCII 码
        INT   21H
```

上述指令将 DL 中的字符送打印机打印。

3．字符串的输入和输出

1) 字符串输入

```
        MOV   AH, 0AH     ;10 号功能
        MOV   DX, 输入缓冲区首地址
        INT   21H
```

字符串输入软中断类型号：21H。

功能号：0AH。

入口参数：DS:DX 指向输入缓冲区。输入缓冲区的分配如下。第 1 字节存放预定的输入字符数；第 2 字节空出，待中断服务程序填入键盘连续输入到回车前实际输入的字符数；第 3 及以后的字节，待中断服务程序按照输入字符的先后顺序填入字符串的 ASCII 码。

从键盘上向 DS:DX 所指的输入缓冲区输入字符串并送显示器显示。

在执行该功能调用之前，要在数据段中定义一个输入缓冲区：

```
BUF   DB 81
      DB  ?
      DB 81 DUP（0）
```

BUF 是变量名，它指到输入缓冲区的首地址，输入缓冲区的第 1 字节规定了 81 字节的缓冲区（不能是 0）；"DB ？"定义一个字节，初始值是随机数；第 2 字节存放实际输入字符的个数，由中断调用程序自动统计并存入。"DUP（0）"是重复定义伪指令，从键盘输入的字符从第 3 字节开始存放，最后以回车（0DH）作为结束，回车符的 ASCII 码也被送入输入缓冲区，但不计入输入的字符个数。如果输入的字符个数超过了输入缓冲区的长度，则多余字符被删除，且扬声器发出蜂鸣声。

【例 4-51】 利用系统的 10 号功能调用从键盘输入一串字符的示例。

```
BUF  DB 81
     DB ?
     DB  81 DUP（0）          ；输入缓冲区初始为 81 个 00H
     …
     MOV  DX，SEG BUF         ；取 BUF 的段值给 DX
     MOV  DS，DX              ；段值最终给 DS，入口参数
     MOV  DX，OFFSET BUF      ；取 BUF 的偏移地址给 DX，入口参数
     MOV  AH，0AH
     INT  21H                ；等待用户输入字符，回车键结束输入字符操作
```

2）字符串输出

```
MOV  AH，9
MOV  DX，待显示字符串首地址的偏移地址
INT  21H
```

上述指令将当前数据段中由 DS:DX 所指向的，并以'$'结尾的字符串输出到显示器显示。

【例 4-52】 利用系统的 9 号功能调用从显示器显示一串字符的示例。

```
BUF  DB  'Hello, Everybody !'，0DH，0AH，'$'   ；定义待显示的字符串
     …
MOV  AH，09H                ；9 号功能
MOV  DX，OFFSET BUF         ；取 BUF 的偏移地址给 DX，入口参数
INT  21H                   ；显示"Hello, Everybody !"字符，且光标移至下一行
```

4．结束程序执行的功能调用

```
MOV  AH，4CH
INT  21H
```

结束程序执行，返回操作系统。

4.2.9　符号扩展指令

设有两个 8 位数的补码，分别如下。

$[X]_{补}$ = 01001111B，符号位是 0，是一个正数。

$[Y]_{补}$ = 11001111B，符号位是 1，是一个负数。

分别将它们扩展成 16 位的补码，其代表的真值不变，只需要将高 8 位用该数的符号位填充。这就是符号扩展的意思，两个补码对符号位扩展后分别为

$$[X]_{补} = 00000000\ 01001111B$$

$$[Y]_{补} = 11111111\ 11001111B$$

在进行乘法和除法运算时，字乘法的运算结果是双精度数，字除法的被除数也要求是双精

度数。将单精度数转化为双精度数,需要对被除数进行符号扩展。为了方便地进行乘、除运算,8086 CPU 设置了两种符号扩展指令。

1)字节扩展成字指令

CBW:将 AL 的符号位(D_7 位)扩展到 AH 寄存器中,使 AL 中的值变成 16 位的符号数。例如,AL = 88H,执行 CBW 后,AH = FFH,AL 中的值不变。

2)字扩展成双字指令

CWD:将 AX 的符号位(D_{15} 位)扩展到 DX 寄存器中,即将 AX 的 D_{15} 位(符号位)复制到 DX 的 $D_{15} \sim D_0$ 位,使 AX 中的值变成 32 位的符号数。

例如,AX = 7788H,执行 CWD 后,DX = 0000H,AX 中的值不变。

4.2.10 处理机控制指令

处理机控制指令用来控制各种 CPU 的操作。该指令共分为两类,一类是针对标志位的指令,对标志位进行设置;另一类是对 CPU 状态进行控制的指令。

1. 标志位控制指令

(1)置进位标志指令。

```
STC      ;1→CF
```

(2)清除进位标志指令。

```
CLC      ;0→CF
```

(3)进位标志取反指令。

```
CMC      ;CF 取反→CF
```

(4)置方向标志指令。

```
STD      ;1→DF
```

(5)清除方向标志指令。

```
CLD      ;0→DF
```

(6)置中断标志指令。

```
STI      ;1→IF
```

(7)清除中断标志指令。

```
CLI      ;0→IF
```

2. CPU 状态控制指令

1)处理机暂停指令

```
HLT      ;CPU 进入暂停状态
```

HLT 指令使 CPU 进入暂停状态,这时 CPU 不继续往下执行程序。通常用 HLT 指令使 CPU 处于等待中断状态,而不用死循环程序的执行来等待。当中断发生时,CPU 脱离暂停状态,中断服务程序执行结束后,中断返回到 HLT 指令的下一条指令去执行。当 CPU 发生复位时,CPU 也会脱离暂停状态。

2)交权指令

```
ESC   6 位立即数,reg/mem
```

交权指令从内存地址取一个操作数送到总线上,将浮点指令交给浮点处理器执行,用在具有 8087、80287、80387 浮点运算协处理器的系统中。

3) 等待指令

```
WAIT            ;CPU 进入等待状态
```

WAIT 指令在 CPU 的测试输入引脚为高电平(无效)时,使 CPU 进入等待状态,这时 CPU 不做任何操作。当 CPU 的测试输入引脚为低电平(有效)时,CPU 脱离等待状态,继续执行 WAIT 指令的下一条指令。

4) 总线封锁前缀指令

```
LOCK
```

LOCK 指令使 CPU 在执行该指令期间封锁总线,禁止其他的主设备占用总线。

5) 空操作指令

```
NOP
```

NOP 指令不执行任何操作,但占用 1 字节的存储单元,空耗一个指令执行周期。它常用于程序调试。例如,当删除指令时可用 NOP 指令填充。

4.3　32 位微处理器的寻址方式和指令系统

32 位微处理器一方面兼容了 16 位微处理器的寻址方式和指令系统,另一方面对 16 位微处理器的指令进行了扩充,新增了部分指令,同时对存储器的寻址方式进行了扩充。本节重点介绍 32 位微处理器的寻址方式,以及 32 位微处理器的常用指令。

4.3.1　32 位微处理器的寻址方式

1. 立即寻址

立即寻址方式的操作数在内存代码段中。操作数是紧跟在指令操作码下一地址存储单元中的一个可用的,用 8 位、16 位或 32 位二进制补码表示的带符号数。

【例 4-53】　32 位立即寻址指令示例。

```
MOV   EBX, 88776655H          ;将立即数 88776655H 传送给 EBX
ADD   EAX, 11223344H          ;EAX←EAX+11223344H
SUB   EBX, 99887766H          ;EBX←EBX－99887766H
MOV   DWORD PTR[BX], 12340000H ;DS:[BX]←12340000H
SAL   BH, 8                   ;BH 寄存器的值算术左移 8 位
```

2. 寄存器寻址

在寄存器寻址方式中,要寻找的操作数在 CPU 的某个寄存器中。

【例 4-54】　从源操作数来看,下列指令都是寄存器寻址的指令,而且都是双操作数指令。

```
ADD   ECX, EAX               ;ECX←ECX+EAX
MOV   EAX, EBX               ;EAX←EBX
SUB   ECX, EBX               ;ECX←ECX－EBX
AND   ESI, EDI               ;ESI←ESI∧EDI
MOV   [ECX], EAX             ;DS:[ECX]←EAX
MOV   [EBX+ESI*4], EAX       ;DS:[EBX+ESI*4]←EAX
```

3. 存储器寻址

存储器寻址方式的操作数通常在内存的数据段和堆栈段中。32 位存储器寻址方式较 16 位存储器寻址方式有所扩充，如表 4-11 所示。

表 4-11 32 位存储器寻址方式

段寄存器	基址寄存器	变址寄存器	比例因子	位移量
DS	EAX EBX ECX EDX ESI EDI	EAX EBX ECX EDX ESI EDI EBP	1 2 4 8	8 位 32 位 （带符号数）
SS	ESP EBP			

从表 4-11 中可以看出，32 位存储器寻址方式涉及段寄存器、基址寄存器、变址寄存器、比例因子和位移量。

段内偏移地址也称为有效地址 EA（Effective Address），32 位有效地址的计算公式为

$$EA = 基址 + 变址 \times 比例因子 + 位移量 \tag{4-1}$$

① 段寄存器包括 CS、SS、DS、ES、FS 和 GS，但 32 位存储器寻址默认访问的是 DS 段或 SS 段。

② 基址寄存器相较于 16 位存储器寻址方式中的基址寄存器，一是将 16 位扩展到了 32 位，二是将两个基址寄存器（BX 和 BP）扩充到了 8 个（EAX、EBX、ECX、EDX、ESI、EDI、ESP 和 EBP）。

③ 以 EBP 和 ESP 为基址寄存器，默认访问的是堆栈段，段寄存器是 SS；以其他 6 个寄存器为基址寄存器，默认访问的是数据段 DS；当数据存放在内存的其他附加数据段时，需使用段超越前缀 "ES:""FS:" 或 "GS:"，才能访问到相应附加数据段中的数据。

④ 除 ESP 寄存器外，其他 7 个寄存器均可以作为变址寄存器，访问数据段。

⑤ 比例因子只能是 1、2、4、8。

⑥ 位移量是 8 位或 32 位的带符号数，带符号数是指用补码表示的二进制数。

⑦ 在立即寻址时，段寄存器为 CS，以 IP（16 位）或 EIP（32 位）为段内偏移地址，找到指令的同时就找到了数据。

⑧ 在串操作时，源串默认的段寄存器是 DS，目的串默认的段寄存器是 ES。

1）直接寻址

在 MASM 6.x 开发环境下，程序是在实模式下运行的，操作数的物理地址由其所在段的段寄存器值左移 4 位后与指令中直接给出的 16 位偏移地址相加而成，只能访问 8 位、16 位的存储器操作数；在 32 位寻址时，指令直接给出的 32 位偏移地址的高 16 位不起作用，由低 16 位作为偏移地址，操作数物理地址的形成与 16 位寻址基本相同，除了可以访问 8 位、16 位的存储器操作数，还可以访问 32 位的存储器操作数。

在保护模式下，指令中给出的 32 位偏移地址称为虚地址的一部分，要经过地址转换才能产生最后的物理地址。

【例 4-55】 直接寻址说明示例 1。

在 MASM 6.x 开发环境下，32 位指令 MOV EAX, DS:[778812AAH]经汇编后，其机器码是 66A1AA12H。虽然偏移地址超过了 16 位，但在汇编时将忽略高 16 位（7788H），只把低 16 位当成偏移地址。经汇编与连接后，产生可执行文件，可以从内存访问 32 位数据。注意：此时要加段说明"DS:"。

【例 4-56】 直接寻址说明示例 2。
假定数据段定义的双字变量为

```
    NUM   DD    12349999H
```

其中，NUM 是变量名，经过汇编与连接，生成可执行的程序。当程序在执行时，NUM 有实际的物理地址，有一个与之相对应的段寄存器 DS 和有效地址 EA。

在执行指令 MOV ESI, NUM 时，相当于执行直接寻址的指令，指令中直接给出了数据段内的有效地址，根据变量名 NUM 的 DS 和 EA，从数据段内连续读取 4 字节数送给 ESI，即 ESI= 12349999H。例如：

```
    MOV   EBX, [2000H]        ;直接寻址的传送指令
    ADD   EBX, [2000H]        ;直接寻址的加法指令
```

2）基址寻址

基址寻址以任意一个基址寄存器中的值为偏移地址访问存储器。其中，当以 EAX、EBX、ECX、EDX、ESI、EDI 作为基址寄存器时，访问的段是数据段 DS；当以 EBP 和 ESP 作为基址寄存器时，访问的段是堆栈段 SS。

【例 4-57】 基址寄存器寻址指令示例。

```
    MOV   DX, [EAX]           ;访问 DS 段
    MOV   BX, [EBP]           ;访问 SS 段
    ADD   DX, [EBX]           ;访问 DS 段
    SUB   BX, [ESP]           ;访问 SS 段
```

3）基址加位移寻址

该寻址方式以 8 个 32 位通用寄存器中任意一个寄存器作为基址寄存器，再加上 8 位或 32 位的位移量，位移量可以是正整数，也可以是负整数，修改基址寄存器的值使之成为寻找操作数的偏移地址。默认的段与基址寻址相同。

【例 4-58】 基址加位移寻址指令示例。

```
    MOV   CX, [EBX-16H]       ;访问 DS 段
    MOV   DX, [EBP+68H]       ;访问 SS 段
```

4. 比例变址寻址

该寻址方式选取除 ESP 外的 7 个 32 位通用寄存器中任意一个寄存器作为变址寄存器，将变址寄存器的值乘以一个比例常数（1、2、4、8），最后形成操作数的偏移地址。

【例 4-59】 比例变址寻址指令示例。

```
    MOV   AX, [EBX*2]         ;访问 DS 段
    MOV   ECX, [EBP*8]        ;访问 DS 段
```

5. 比例变址加位移寻址

在比例变址寻址的基础上，加上带符号的 8 位或 32 位的位移量，形成操作数的偏移地址，称为比例变址加位移寻址。

第 4 章　指令系统与汇编语言源程序设计

【例 4-60】 比例变址加位移寻址指令示例。

```
MOV   CL, [EBX*8–55H]         ；访问 DS 段
MOV   EBX, [EBP*4+1122H]      ；访问 DS 段
```

6. 基址加比例变址寻址

以 8 个 32 位通用寄存器中任意一个寄存器作为基址寄存器，加上比例变址值，即除 ESP 外的 7 个 32 位通用寄存器中任意一个寄存器的值乘以一个比例常数（1、2、8），所求得的代数和为操作数的偏移地址，该过程称为基址加比例变址寻址。

由基址寄存器确定使用 DS 段或使用 SS 段，其规定与基址寻址相同。

【例 4-61】 基址加比例变址寻址指令示例。

```
MOV   AX, [ECX+EBP*8]         ；访问 DS 段，ECX 是基址寄存器
MOV   AH, [EBP+EDX*2]         ；访问 SS 段，EBP 是基址寄存器
MOV   EAX, [EBX+ESI]          ；访问 DS 段，EBX 是基址寄存器
MOV   EDI, [ESP][EBP]         ；访问 SS 段，ESP 是基址寄存器
```

7. 基址加比例变址加位移寻址

这种寻址方式是在基址加比例变址寻址的基础上，加上带符号的 8 位或 32 位的位移量，构成 32 位的偏移地址。

基址加比例变址加位移寻址是式（4-1）的完整体现。

【例 4-62】 基址加比例变址加位移寻址指令示例 1。

```
MOV   EAX, 4[EBP][EAX]             ；EBP 是基址寄存器，访问 SS 段
MOV   AX, [ECX+EBP*2+44H]          ；访问 DS 段
MOV   EBX, [EBP+ESI*4+1122H]       ；访问 SS 段
```

【例 4-63】 基址加比例变址加位移寻址指令示例 2。

```
MOV   EAX, 3[EDX*2][EBP]      ；以 EBP 为基址寄存器，SS 为段寄存器
MOV   EAX, [EDX][EBP*2]       ；以 EDX 为基址寄存器，DS 为段寄存器
```

32 位寻址方式的有关规定如下。

① 当直接寻址的指令访问存储器数据时，访问的一定是数据段 DS。

② 当指令中没有基址寻址时，默认访问的是数据段 DS（包括将 EBP 作为变址寄存器）。

③ 如果指令中有基址寄存器存在，那么当基址寄存器为 ESP 或 EBP 时，访问的是堆栈段 SS；当以其他 6 个基址寄存器为基地址时，默认访问的是数据段 DS。如果要访问 ES、FS、GS 数据段，则需要外加段超越前缀才可以访问到期望的数据。

④ 如果指令中既有基址寄存器，又有变址寄存器，那么通常写在前面的是基址寄存器，写在后面的是变址寄存器，根据基址寄存器来确定访问的段。

⑤ 如果偏移地址中出现了 ESP，那么一定以 ESP 作为基址寄存器来访问堆栈段。

⑥ 当表达式中出现比例因子时，把乘比例因子的寄存器当作变址寄存器，无论其顺序是怎样的。

4.3.2　32 位微处理器的扩充与新增指令

1. 16 位和 32 位指令的区别

16 位微处理器在编程时所使用的立即数、寄存器操作数和存储器操作数只能是 8 位或 16

位的。32 位微处理器在编程时所使用的立即数、寄存器操作数和存储器操作数可以是 8 位、16 位、32 位的。

16 位微处理器使用的偏移地址 EA 是 16 位的,32 位微处理器可使用的 EA 是 16 位或 32 位的。

16 位微处理器使用的段寄存器只能是 CS、SS、DS 和 ES,32 位微处理器使用的段寄存器可以是 CS、SS、DS、ES、FS 和 GS。

在 MASM 6.x 开发环境下,有完整段编程格式与简化段编程格式,前者只能识别 16 位的操作数,后者可以识别 16 位和 32 位的操作数。

32 位微处理器将 16 位数据宽度扩充到了 32 位,而且 32 位微处理器新增了一些指令。例如,在指令格式上,新增了 3 操作数指令:

```
[标号:] 操作符  OPD, OPS, 立即数  [; 注释]
```

例如:

```
SHRD  AX, BX, imm/CL   ; 将 BX 寄存器中的数右移入 AX, 移动次数由 imm 或 CL 中的值决定
```

2. 常用数据传送指令的扩充

1)数据传送指令

指令格式:MOV OPD32, OPS32   ; OPD32 ← OPS32

例如:

```
MOV  reg32, reg32        ; 如 MOV  EAX, ECX
MOV  reg32, mem32        ; 如 MOV  EBX, [ESI]
MOV  mem32, reg32        ; 如 MOV  [ESI], EBX
MOV  reg32, imm32        ; 如 MOV  ECX, 12345678H
MOV  mem32, imm32        ; 如 MOV  DWORD PTR [SI], 12345678H
```

2)数据交换指令

指令格式:XCHG OPD32, OPS32   ; OPD32 ←→ OPS32

```
XCHG  reg32, reg32
XCHG  reg32, mem32
XCHG  mem32, reg32
```

3)查表转换指令

指令格式:XLATB

功能:DS:[EBX+AL]→AL,将以 EBX 为首地址、以 AL 为偏移量的字节存储单元中的内容传送给 AL。

3. 常用堆栈操作指令的扩充

1)数据入栈指令

```
PUSH  reg32          ; 32 位寄存器的内容入栈
PUSH  mem32          ; 32 位存储器的数据入栈
PUSH  imm16/32       ; 将 16 位或 32 位立即数压入堆栈
```

2)数据出栈指令

```
POP  reg32           ; 将堆栈内容弹出并送入 32 位寄存器
```

3）8个16位通用寄存器中的值入栈和出栈指令

8个16位通用寄存器入栈/出栈配对使用指令 PUSHA/POPA。

PUSHA：将 AX、CX、DX、BX、SP、BP、SI、DI 8个16位通用寄存器的值依次压入堆栈，设 SP 的值是在此条指令执行之前的值，则该指令执行后，SP−16→SP。

POPA：依次弹出堆栈中的16位字到 DI、SI、BP、SP、BX、DX、CX、AX 中，该指令执行后，SP+16→SP。

4）8个32位通用寄存器中的值入栈和出栈指令

PUSHAD：将 EAX、ECX、EDX、EBX、ESP、EBP、ESI、EDI 8个32位通用寄存器的值依次压入堆栈，设 ESP 的值是在此条指令执行之前的值，则该指令执行后，ESP−32→ESP。

POPAD：依次弹出堆栈中的8个32位数（4字节）到 EDI、ESI、EBP、ESP、EBX、EDX、ECX、EAX 中，该指令执行后，ESP+32→ESP。

5）32位标志寄存器 EFLAGS 入栈和出栈指令

```
PUSHFD              ;将32位标志寄存器 EFLAGS 的值入栈
POPFD               ;从堆栈栈顶处连续弹出4字节送给32位标志寄存器 EFLAGS
```

4．常用算术运算指令的扩充

1）ADD 指令

指令格式：ADD OPD32，OPS32   ；OPD32←OPD32+OPS32

ADD 指令的5种格式如下。

```
ADD  reg32, reg32       ;例：ADD  EAX, EBX
ADD  reg32, mem32       ;例：ADD  EAX, [SI]
ADD  mem32, reg32       ;例：ADD  [ESI], EDX
ADD  reg32, imm32       ;例：ADD  EAX, 2
ADD  mem32, imm32       ;例：ADD  DWORD PTR [EDI], 9904H
```

2）ADC 指令（带进位加法指令）

指令格式：ADC OPD32，OPS32   ；OPD32←OPD32+OPS32+ CF

ADC 指令也有与 ADD 指令相同的5种格式，把 ADD 指令5种格式中的 ADD 换成 ADC 即可。

3）INC 指令

指令格式：INC OPD32   ；OPD32←OPD32+ 1

INC 指令的两种格式如下。

```
INC  reg32              ;例：INC  EAX
INC  mem32              ;例：INC  DWORD PTR [SI]
```

4）SUB 指令

指令格式：SUB OPD32，OPS32 ；OPD32←OPD32−OPS32

SUB 指令也有 ADD 指令的5种格式。例：SUB EAX，ECX。

5）SBB 指令（带借位减法指令）

指令格式：SBB OPD32，OPS32 ；OPD32←OPD32−OPS32− CF

该指令影响的标志位：AF、OF、PF、SF、ZF、CF。

SBB 指令也有与 ADD 指令相同的5种格式。例：SBB EAX，EDX。

6）DEC 指令（减1指令）

指令格式：DEC OPD32   ；OPD32←OPD32− 1

该指令影响的标志位：AF、OF、PF、SF、ZF。
DEC 指令有以下两种格式。

```
DEC    reg32           ；例：DEC    EAX
DEC    mem32           ；例：DEC    DWORD PTR [SI]
```

7）CMP 指令（比较指令）

指令格式：CMP   OPD32，OPS32   ；OPD32−OPS32

该指令影响的标志位：AF、OF、PF、SF、ZF、CF。

CMP 指令也有与 ADD 指令相同的 5 种格式。例：CMP   EDX，ECX。

8）MUL 指令（无符号数的乘法指令）

指令格式：MUL   OPS32   ；OPS32 可以是 reg32 和 mem32 操作数

双字乘法：EAX×OPS32→EDX:EAX

该指令影响的标志位是 CF、OF，不影响 AF、PF、SF、ZF。

9）IMUL 指令（带符号数的整数乘法指令）

指令格式：IMUL   OPS32

双字乘法：EAX×OPS32→EDX:EAX

该指令对标志位的影响与 MUL 指令对标志位的影响相同。

10）DIV 指令（无符号数的除法指令）

指令格式：DIV   OPS32

双字除法：EDX:EAX/OPS32→EAX（商）、EDX（余数）

该指令对标志位的影响：CF、OF、AF、PF、SF、ZF 均未被定义。

11）IDIV 指令（带符号数的除法指令）

指令格式：IDIV   OPS32

双字除法：EDX:EAX/OPS32→EAX（商）、EDX（余数）

该指令对标志位的影响：CF、OF、AF、PF、SF、ZF 均未被定义。

5. 逻辑运算指令的扩充

1）求补指令

指令格式：NEG   OPD32

指令功能：将 OPD32 中的内容逐位取反，且末位加 1 后送入 OPD32。

该指令有以下两种格式。

```
NEG    reg32
NEG    mem32
```

2）求反指令

指令格式：NOT   OPD32

指令功能：将 OPD32 中的内容逐位取反后送入 OPD32。

该指令有以下两种格式。

```
NOT    reg32
NOT    mem32
```

3）逻辑与指令

指令格式：AND   OPD32，OPS32   ；OPD32←OPD32∧OPS32

该指令影响的标志位是 CF、OF、PF、SF、ZF，AF 未被定义。

逻辑与指令也有与 ADD 指令相同的 5 种格式。例如：

```
AND  EAX, EBX
AND  EAX, [ESI]
```

4）逻辑测试指令

指令格式：TEST OPD32, OPS32   ; OPD32∧OPS32

该指令影响的标志位是 CF、OF、PF、SF、ZF，AF 未被定义。

逻辑测试指令也有与 ADD 指令相同的 5 种格式。

5）逻辑或指令

指令格式：OR OPD32, OPS32   ; OPD32←OPD32∨OPS32

该指令影响的标志位是 CF、OF、PF、SF、ZF，AF 未被定义。

逻辑或指令也有与 ADD 指令相同的 5 种格式。

6）逻辑异或指令

指令格式：XOR OPD32, OPS32   ; OPD32←OPD32∀OPS32

该指令影响的标志位是 CF、OF、PF、SF、ZF，AF 未被定义。

逻辑异或指令也有与 ADD 指令相同的 5 种格式。

6. 移位指令的扩充

32 位指令集兼容 16 位 CPU 的所有移位指令，同时将目的操作数由各种寻址方式所提供的 8 位和 16 位的寄存器操作数或存储器操作数的位数扩充到了 32 位。例如：

```
SAL  EAX, CL
RCR  EBX, 1
```

7. 32 位微处理器的新增指令

32 位指令集中新增了以下两种指令。

1）对立即数进行扩充的指令

```
移位指令操作码  OPD, imm
```

imm 是一个立即数，可以为 1，也可以大于 1。

例如：

```
ROR  CX, 8
RCL  EBX, 16
```

2）支持两种 3 操作数移位指令

新增两种 3 操作数移位指令，操作码是 SHLD 和 SHRD。指令格式如下。

```
SHLD/SHRD  OPD, OPS, imm
SHLD/SHRD  OPD, OPS, CL
```

其中，OPD 可以是寄存器操作数或存储器操作数；OPS 必须是 16 位或 32 位寄存器操作数；立即数 imm 和 CL 指定移位次数。

SHLD 称为双精度数左移指令，SHRD 称为双精度数右移指令，分别如图 4-15 和图 4-16 所示。SHLD 指令和 SHRD 指令只能操作 16 位或 32 位数，由 OPS 移入 OPD，移位的次数由 imm 或 CL 确定。移位后，OPS 的值不变。这里要求 OPD 和 OPS 的数据长度相等，OPD 最后移出的位进入 CF。例如：

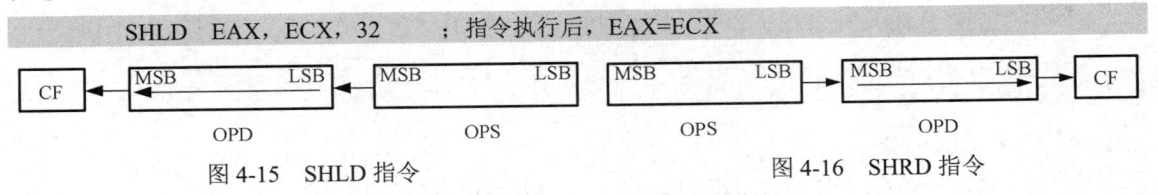

　　　　SHLD　EAX，ECX，32　　　　；指令执行后，EAX=ECX

图 4-15　SHLD 指令　　　　　　　　图 4-16　SHRD 指令

4.4　汇编语言源程序设计

4.4.1　汇编语言源程序的开发

目前所使用的计算机语言分为三类：机器语言（Machine Language）、汇编语言（Assembly Language）和高级语言。其中，机器语言和汇编语言都属于低级语言。

1．机器语言

机器指令（Machine Instruction）是用二进制数按照一定的规则所编排的指令。机器指令也称为硬指令，它是面向计算机的，一条机器指令的执行使计算机完成一个特定的操作。每种微处理器都规定了自己所特有的、一定数量的机器指令集，这些指令集称为该计算机的指令系统。机器指令集及使用它们编写程序的规则称为机器语言。用机器语言构成的程序是计算机唯一能够直接执行的程序。因此，机器语言程序又称目标程序或目的程序。

2．汇编语言

用机器语言编写的程序可以直接被计算机识别并执行，无须翻译、程序执行效率高。机器语言的缺点是编写程序相当麻烦，写出的程序也难以阅读和调试。为了解决这些问题，人们用助记符表示机器指令的操作码，用变量代替操作数的存放地址，还可以在机器指令前加上标号，用来代表该机器指令的存放地址等。这种用符号书写、其主要操作与机器指令基本上一一对应，并遵循一定语法规则的计算机语言，称为汇编语言。用汇编语言书写的程序称为汇编语言源程序。汇编语言是为了方便程序员编程而设计的一种符号语言，用它编写的程序和用高级语言编写的程序一样，必须事先将程序汇编（可理解为翻译）成目标码（可执行的程序），才能被计算机识别并执行。将汇编语言源程序汇编为目标程序的软件称为汇编程序。

Microsoft 公司的宏汇编程序 MASM 6.x 是一个 IDE 环境（集成开发环境），它将汇编语言源程序的编辑、汇编、连接、执行、调试合为一体，呈现在程序员面前的是一个窗口，使程序的开发和调试结合紧密。MASM 6.x 不仅可以汇编完整段模式的汇编语言源程序，而且可以汇编简化段模式的汇编语言源程序，可用于简化段源程序的设计及汇编 32 位的指令，它还提供了类似于高级语言的 If…Else 分支结构、While 和 Repeat/Until 循环结构等，使编写汇编语言源程序和编写高级语言程序一样方便。例如，汇编程序 MASM 32 支持 32 位段操作，可以构造出窗口程序，功能已接近于高级语言程序。

汇编程序的开发过程如图 4-17 所示。在编辑状态下，建立汇编语言源程序，经过（宏）汇编程序对汇编语言源程序进行汇编，生成后缀是.OBJ 的目标文件，再经过连接程序将目标文件连接，最后生成可执行的程序，对其进行调试并使其执行。

第 4 章 指令系统与汇编语言源程序设计

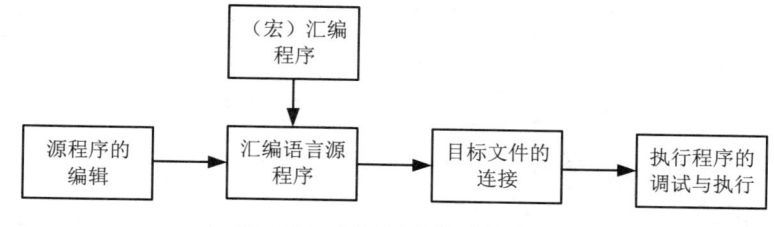

```
源程序的编辑 → 汇编语言源程序 → 目标文件的连接 → 执行程序的调试与执行
                    ↑
              （宏）汇编程序
```

图 4-17 汇编程序的开发过程

4.4.2 常量、变量、标号及标识符

1. 常量

常量（常数）是指在将源程序汇编成目标程序期间已经有固定数值的量。它可分成多种类型，在 80x86 汇编语言中使用的常量如表 4-12 所示。

表 4-12 在 80x86 汇编语言中使用的常量

常量分类	格式	X 的取值	举例	说明
二进制常量	XX…XB	0 或 1	01000001B	二进制常量的数据类型后缀为字母 B
八进制常量	XX…XO XX…XQ	0～7	1234Q	八进制常量的数据类型后缀为字母 O 或字母 Q
十进制常量	XX…X XX…XD	0～9	123 123D	十进制常量的数据类型后缀为字母 D，字母 D 可省略
十六进制常量	XX…XH	0～9、A～F	1234H、0A12FH	十六进制常量的数据类型后缀为字母 H，如果它的第 1 位数是 A～F，则开头必须加一个 0，以便和标识符相区别
字符串常量	'XX…X' "XX…X"	ASCII 码	'0123' "readme"	常称为字符串
符号常量	—	—	—	使用等值伪指令"EQU"和"="定义

符号常量是利用一个标识符来表达的一个数，MASM 提供等价机制，用来为常量定义一个符号名，使用"EQU"和"="两个等值伪指令来定义符号名的值。符号常量有以下 3 种格式。

```
符号名  EQU  表达式
符号名  EQU  <字符串>
符号名  =  表达式
```

1）等价伪指令

指令格式：符号名 EQU 表达式

指令功能：用来为常量、表达式及其他符号定义一个等价的符号名，但它并不申请分配存储单元。例如：

```
N  EQU  120
M  EQU  N+20
```

2）等号伪指令

指令格式：符号名 = 表达式

指令功能：该伪指令的功能和 EQU 相似，不同的是，等号伪指令所定义的符号名可以被重新定义。例如，下面是几条伪指令的正误示例。

```
    X = 120              ；是正确的
    …
    X = 8                ；重复定义，是正确的
    X = X+5              ；是错误的
```

【例 4-64】 两种等值伪指令示例。

```
    NUMA EQU 24H
    NUMB = 12H
    …
    MOV   AH，NUMA
    MOV   AL, NUMB
    ADD   AH, AL         ；AH = 36H
```

2．变量

变量定义的格式如下。

[变量名]　数据类型定义伪指令　初始值[,…]

功能：定义一个数据存储区，其数据类型由所使用的数据类型定义伪指令指定。定义数据类型的常用伪指令如表 4-13 所示。

表 4-13　定义数据类型的常用伪指令

伪指令	类型	所申请的字节数	数据范围
DB/BYTE	字节	1	0～255
DW/WORD	字	2	0～65535
DD/DWORD	双字	4	0～4294967295
DF/FWORD	三字	6	6 字节的二进制数
DQ/QWORD	四字	8	8 字节的二进制数
DT/TBYTE	10 字节	10	10 字节的二进制数
SBYTE	带符号字节	1	−128～+127 带符号数
SWORD	带符号字	2	−32768～+32767 带符号数

在汇编语言中，变量名为用户自定义标识符，是所定义初值表中首元素的逻辑地址，也称为符号地址，它有变量名的段属性、变量的偏移地址及变量的数据类型 3 个属性。

（1）变量名的段属性。

变量名的段属性指变量名所在段的段值。根据用户的定义，当访问该变量时，其所在段的首地址一定要在某一段寄存器中。

（2）变量的偏移地址。

变量的偏移地址指变量所在段的首地址到变量所在存储单元之间的距离，用字节数表示。它表示一个变量在某段的相对位置。

（3）变量的数据类型。

变量的数据类型决定了内存中各变量元素的长度。

如果变量 VAL 的数据类型是字节类型，那么执行 MOV　AL ,VAL 指令是正确的，执行 MOV　AX，VAL 指令是错误的。

反之，如果变量 VAL 的数据类型是字类型，那么执行 MOV　AL,VAL 指令是错误的，执行 MOV　AX，VAL 指令是正确的。

3．标号

（1）标号作为机器指令所在内存地址的符号地址。

用户在编写程序时，将标号用在代码段某一指令的前面，表示这一条指令存放在内存的标号地址。标号用来提供一个转移地址，以便其他指令转移到此指令，为编写程序提供方便。例如：

```
START: MOV  AX , DATA       ；START 是标号地址
```

（2）标号用来表示过程的入口地址。

标号是子程序名（过程名），子程序名实际上是子程序入口地址的符号表示，即子程序的第一条机器指令存放在内存的地址。例如：

```
SUB1  PROC  FAR     ；定义子程序 SUB1 是远标号，子程序和主程序不在同一代码段
SUB2  PROC  NEAR    ；定义子程序 SUB2 是近标号，子程序和主程序在同一代码段
```

4．标识符

汇编语言中的符号常量名、变量名、段名、子程序名、标号地址等都被称为标识符。标识符是由字母、数字（0~9）、特殊字符等组成的字符串，字符串不能以数字作为开始字符，且标识符的最大长度不能超过 31 个字符。

汇编语言对标识符中字母的大写和小写不做区分，如 MBCD、MBcD、mbcd 和 mBCd 都被认为是同一个标识符。

不能使用汇编语言的保留字作为变量名，如指令的助记符 ADD、SUB、MOV、LOOP、MUL 等都不能作为标识符。

4.4.3　数值的定义

1．定义字节单元的伪指令

用 DB 伪指令来定义字节数据，该伪指令可以为数据分配一个字节或多个字节内存单元，并给它们赋初值。初值表中每个数据的类型都是字节，可以是 0~255 的无符号数、−128~+127 的带符号数，以及字符串常数。

【例 4-65】　根据下面的数据段，画出数据在内存中的分布，如图 4-18 所示。

```
DATA    SEGMENT
XYZ     DB   08，-2, 'a', 0DH
QWE     DB   2 DUP(100)
WEN     DB   'AB'
DATA    ENDS
```

2．定义字单元的伪指令

用 DW 伪指令来定义字数据，该伪指令可以为数据分配一个字或多个字内存单元，并给它们赋初值。初值表中每个数据的类型都是字，一个字单元可以存放一个 16 位的数据。可以是 0~65535 之间的无符号数、−32768~+32767 之间的带符号数，还可以是一个段地址、一个偏移地址、两个字符等。

【例 4-66】　根据下面的数据段，画出数据在内存中的分布，如图 4-19 所示。

```
DATA    SEGMENT
NUM     DW 1122H，6276H
ZXC     DW 2 DUP (64H)
CHAR    DW 'ab'
DATA    ENDS
```

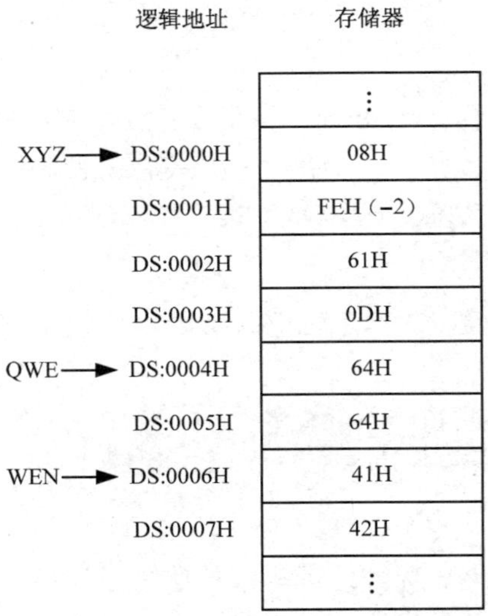

逻辑地址	存储器
	⋮
XYZ → DS:0000H	08H
DS:0001H	FEH（−2）
DS:0002H	61H
DS:0003H	0DH
QWE → DS:0004H	64H
DS:0005H	64H
WEN → DS:0006H	41H
DS:0007H	42H
	⋮

图 4-18　例 4-65 数据在内存中的分布

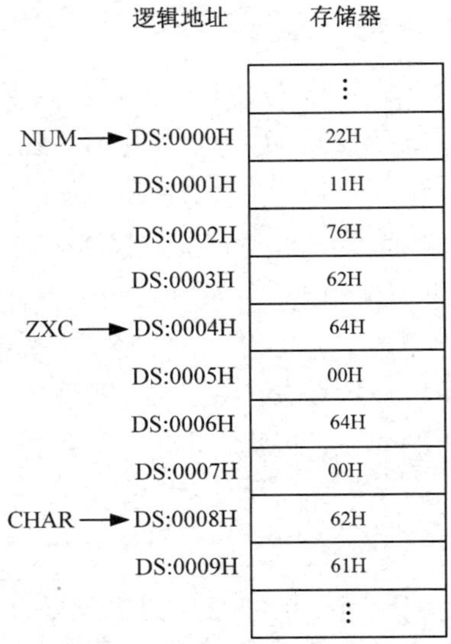

逻辑地址	存储器
	⋮
NUM → DS:0000H	22H
DS:0001H	11H
DS:0002H	76H
DS:0003H	62H
ZXC → DS:0004H	64H
DS:0005H	00H
DS:0006H	64H
DS:0007H	00H
CHAR → DS:0008H	62H
DS:0009H	61H
	⋮

图 4-19　例 4-66 数据在内存中的分布

3．定义双字单元的伪指令

用 DD 伪指令来定义双字数据，该伪指令可以为数据分配一个双字或多个双字内存单元，并给它们赋初值。初值表中每个数据的类型都是一个 32 位的双字，可以是带符号或无符号的 32 位整数，也可以用来表示一个远指针，即高位字是 16 位的段地址，低位字是 16 位的偏移地址。例如：

```
        VARDD    DD 11223344H，13572468H
        POINTDD  DD 10002200H           ；1000H 是段地址，2200H 是偏移地址
```

4．其他数据定义伪指令

（1）DF——定义 3 个字的伪指令，用来为一个或多个 6 字节变量分配空间，并可以赋初值。6 字节可在 32 位 CPU 中表示一个 48 位远指针，即 16 位段选择器:32 位偏移地址。

（2）DQ——定义 4 个字的伪指令，用来为一个或多个 8 字节变量分配空间，并可以赋初值。

（3）DT——定义 5 个字的伪指令，用来为一个或多个 10 字节变量分配空间，并可以赋初值。

5．定位伪指令

如前所述，数据定义伪指令分配的数据是按顺序一个接一个存放在数据段中的，同时，MASM 还提供了以下两种由用户指定偏移地址的伪指令。

1）ORG

ORG 是定义起始地址的伪指令，将 ORG 右边的 16 位二进制数作为当前的偏移地址，使下一行的变量名或标号的偏移地址与当前的偏移地址相等，因此，下一行的数据或指令从当前的偏移地址开始存放。

【例 4-67】 ORG 的应用示例。

```
        DATA   SEGMENT
               ORG   0100H
        ASD    DB 11H，22H，33H，44H
        DATA   ENDS
```

所定义的数据存放在数据段内偏移地址为 0100H 开始的字节单元，跳过偏移地址为 0000H～00FFH 的 100H 个内存单元。

2）EVEN

EVEN 使它后面的数据或指令从偶地址开始存放，它通常也称为对准伪指令。EVEN 伪指令使当前偏移地址指针指向偶地址。若原地址指针已指向偶地址，则不做调整；否则地址指针加 1，使地址指针变为偶数，即最多跳过一个奇地址的字节地址。

【例 4-68】 EVEN 的应用示例。

```
DATA    SEGMENT
NUM     DB 10H，20H，30H        ; NUM 的偏移地址为 0000H
        EVEN
LKJ     DB 80H                  ; 跳过一个奇地址 0003H，LKJ 的偏移地址为 0004H
DATA    ENDS
```

4.4.4 完整段定义

1. 完整段定义的格式

完整段汇编语言源程序定义的格式如下。

```
        STACK   SEGMENT STACK           ; 定义堆栈段
        ...                             ; 分配堆栈段的大小
        STACK   ENDS                    ; 堆栈段结束
        DATA    SEGMENT                 ; 定义数据段
        ...                             ; 定义数据
        DATA    ENDS                    ; 数据段结束
CODE    SEGMENT ´CODE´                  ; 定义代码段
        ASSUME CS:CODE，DS:DATA，SS:STACK ; 确定 CS、DS、SS 指向的逻辑段
START:  MOV  AX，DATA                   ; 设置数据段的段首址
        MOV  DS，AX                     ; 为 DS 赋值
        ...                             ; 程序代码
        MOV  AH，4CH                    ; 功能号为 4CH
        INT  21H                        ; DOS 软中断调用，返回操作系统
        CODE ENDS                       ; 代码段结束
        END  START                      ; 汇编结束，程序启动地址为 START
```

每个段由 SEGMENT 和 ENDS 这对伪指令来定义，其一般格式如下。

```
段名   SEGMENT [定位] [组合] [段字] [´类别´]
...                                     ; 不同的段，其内容也不同
段名   ENDS
```

SEGMENT 后面的 4 个关键字用于指定段的各种属性，在完整段汇编语言源程序定义的格式中，堆栈段要采用 STACK 组合类型，代码段应该具有´CODE´类别。其他的参数作为可选属性参数。

2. 完整段定义伪指令

（1）定位属性：指定逻辑段在内存储器中的边界属性，该定位的关键字有下列 5 个可以选择的属性。

① BYTE：定义该段开始的地址属性，其地址最低字节是一个可用的字节地址（××××××××B），属性值是 1。

② WORD：定义该段开始的地址属性，其地址最低字节是一个可用的偶数地址（××××××××0B），属性值是 2。

③ DWORD：定义该段开始的地址属性，其地址最低字节是一个可用的 4 倍数地址（××××××00B），属性值是 4。

④ PARA：定义该段开始的地址属性，其地址最低字节是一个可用的 16 倍数地址（××××0000B），属性值是 16。

⑤ PAGE：定义该段开始的地址属性，其地址最低字节是一个可用的页地址（00000000B），属性值是 256。

在完整段中，默认段定位项的默认定位属性是 PARA。

在简化段中，定义伪指令的代码段和数据段默认采用 WORD 定位，堆栈段默认的定位属性是 PARA。

（2）段组合属性：定义多个逻辑段之间的关系。比较大的程序可以分成若干较小的程序（模块），在分开汇编后，可以通过连接程序将多个模块进行连接，按照段组合属性进行合理的合并。段组合的方式有 4 种，4 个关键字如下。

① PRIVATE：该段是独立的，不和其他段合并。这是完整段定义伪指令默认的组合方式。

② PUBLIC：连接程序将该段与所有同名同类型的其他段按相邻顺序连接在一起，并为其指定一个公共的段地址，最终组成一个物理地址。这是简化段定义伪指令默认的组合方式。

③ STACK：连接程序将多个具有 STACK 段属性的目标文件进行连接的同时，将该段与所有同名同类型的其他段按相邻顺序连接在一起，并为其指定一个公共的段地址，最终组成一个物理地址。这是堆栈段具有的段组合属性。

④ COMMON：用于共享数据。连接程序为同名同类型的逻辑段指定同一个段地址，最终组成一个物理地址，不过，后面同名同类型的段将覆盖前面的段。

（3）段字属性：USE16 属性和 USE32 属性。对于 16 位的 80x86 微处理器，默认采用 USE16 属性；对于汇编 32 位的 80x86 指令，默认采用 USE32 属性，也可以使用 USE16 属性将其指定为标准的 16 位段。

（4）段类别属性：连接程序在进行连接时，将所有同类型的段相邻分配。大多数 MASM 宏汇编程序使用´CODE´、´DATA´、´STACK´来指明代码段、数据段及堆栈段。

4.4.5 简化段定义

1．简化段定义的格式

简化段定义的格式如下。

```
        .MODEL SMALL    ;定义程序的存储模式，一般采用 SMALL
        .386            ;程序中可使用 386 指令集
        .STACK          ;定义堆栈段，默认为 1024B
        .CONST          ;定义常量
        .DATA           ;定义数据段，一般放具有初值的变量
        …               ;数据定义
        .DATA?          ;定义数据段，一般放不具有初值的变量
        …               ;数据定义
        .CODE           ;定义代码段
        .STARTUP        ;程序启动点
        …               ;代码定义
        .EXIT           ;程序结束，相当于完整格式的 MOV  AH，4CH 和 INT  21H 两条指令
        END             ;汇编结束
```

2．简化段定义伪指令

1）存储模式定义伪指令

格式：.MODEL 存储模式

存储模式定义伪指令有 7 种存储模式可以选择，如表 4-14 所示，一般使用 SMALL。

表 4-14　存储模式定义伪指令的 7 种存储模式

存储模式	说明
TINY	用来建立.com 文件，所有的代码、数据和堆栈都在同一个 64KB 段内
SMALL	建立代码和数据分别用一个 64KB 段的.exe 文件，总共 128KB
MEDIUM	代码段可以有多个 64KB 段，数据段只有一个 64KB 段
COMPACT	代码段只有一个 64KB 段，数据段可以有多个 64KB 段
LARGE	代码段和数据段都可以有多个 64KB 段
HUGE	同 LARGE，并且数据段中的一个数组也可以超过 64KB
FLAT	Win32 程序使用的模式，代码段和数据段使用同一个 4GB 段

2）指令集定义伪指令

格式：.指令集

例如，.386、.486、.586 等，通常编程只涉及基本指令集，所以选用.386 伪指令就可以了。

3）堆栈定义伪指令

格式：.STACK[大小]

.STACK 创建一个堆栈段，段名是 STACK。它的大小是指定堆栈所占存储区的字节数，默认是 1024B（1KB），如果程序不是十分复杂，通常选用默认值就够了。

4）常量定义伪指令

格式：.CONST

5）数据段定义伪指令

格式：.DATA、.DATA？

.DATA 创建一个数据段，它用于定义具有初值的变量，也可以定义无初值的变量。无初值的变量一般放在.DATA？中。

6）代码段定义伪指令

格式：.CODE

.CODE 用于建立一个代码段。

7）程序开始伪指令

格式：.STARTUP

.STARTUP 按照给定的 CPU 类型，根据.MODEL 语句选择的存储模式、操作系统和堆栈类型，产生程序开始执行的代码，同时指定程序的启动地址。

8）程序终止伪指令

格式：.EXIT[返回码]

.EXIT 产生终止程序执行并返回操作系统的指令代码。它的可选参数是一个返回的数，通常 0 表示没有错误。.EXIT 0 对应的代码是：

```
    MOV   AX，4C00H
    INT   21H
```

9）汇编结束伪指令

格式：END[标号]

END 指示汇编程序汇编到此结束。源程序的最后必须有一条 END 语句,可选的标号用于指定程序的启动地址。

4.4.6 基本汇编语言源程序设计

基本汇编语言源程序设计是相对高级汇编语言源程序设计而言的,在基本汇编语言源程序设计过程中,编写汇编语言源程序很麻烦,容易出错,而且检查困难,为了避免这些问题,MASM 6.0 引入了高级语言具有的程序设计特性。例如,.IF、.ELSEIF、.ELSE 和.ENDIF 等伪指令,在汇编时,它们的功能分别类似于高级语言中的 IF、THEN、ELSE、ENDIF 等的功能。由于篇幅限制,不在此赘述,详情请参考"汇编语言程序设计"课程。

1. 完整段定义的顺序程序设计

顺序程序的结构特征在整个程序的指令序列中无转移与调用等指令。计算机在执行指令序列的第一条指令后,利用指令计数器进行自动加计数,以获得下一条指令在内存中的地址,然后一直顺序执行指令,直到程序结束。

【例 4-69】 在一个表格中存放着 0~9 十个数字的立方值,如图 4-20 所示。编程实现从键盘输入 0~9 之间的任意一个数字,查表找出这个数字的立方值。

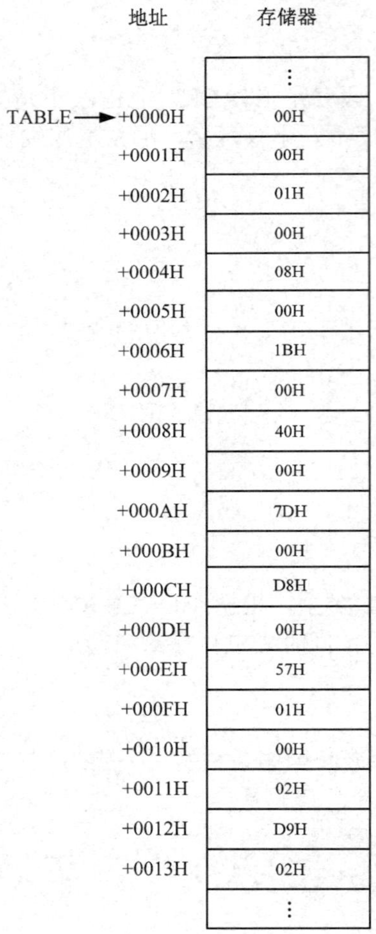

地址	存储器
	⋮
TABLE→ +0000H	00H
+0001H	00H
+0002H	01H
+0003H	00H
+0004H	08H
+0005H	00H
+0006H	1BH
+0007H	00H
+0008H	40H
+0009H	00H
+000AH	7DH
+000BH	00H
+000CH	D8H
+000DH	00H
+000EH	57H
+000FH	01H
+0010H	00H
+0011H	02H
+0012H	D9H
+0013H	02H
	⋮

图 4-20 0~9 的立方值

解：程序如下。

```
        DATA    SEGMENT                                 ;数据段
        X       DB ?                                    ;先空出，准备存放键的数值
        XXX     DW ?                                    ;先空出，准备存放个位数的立方值
        PROMPT  DB 'PLEASE INPUT DATA：（0-9）$'         ;定义一串字符，字节类型
        TABLE   DW 0，1，8，27，64，125，216，343，512，729   ;立方表，字类型
        DATA    ENDS                                    ;数据段结束
        CODE    SEGMENT 'CODE'                          ;定义代码段
                ASSUME CS:CODE，DS:DATA                 ;假定伪指令
        START:  MOV   AX，DATA
                MOV   DS，AX
                LEA   DX，PROMPT                        ;取 PROMPT 的偏移地址给 DX
                MOV   AH，9                             ;将功能号 9 给 AH
                INT   21H                               ;显示"PLEASE INPUT DATA：（0-9）"
                MOV   AH，1                             ;键盘接收软中断的功能号 1 并将其传给 AH
                INT   21H                               ;DOS 软中断，等待按键
                AND   AL，0FH                           ;键的 ASCII 码在 AL 中，屏蔽高 4 位
                MOV   X，AL                             ;将键号存入 X 存储单元
                ADD   AL，AL
                MOV   BX，0
                MOV   BL，AL
                MOV   AX，TABLE[BX]                     ;取平方值给 AX
                MOV   XXX，AX                           ;将平方值 AX 存入 XXX 存储单元
                MOV   AH，4CH
                INT   21H
        CODE    ENDS
                END START
```

2. 完整段定义的循环程序设计

【**例 4-70**】 在内存中，有一个字符串存放在数据段内，编写程序使之移动到附加数据段中，并将移动到附加数据段的字符串显示出来。

解：程序如下。

```
        DATA    SEGMENT                                 ;数据段，提供源串
                SRC DB 'ABCDEFGHIJKLMNOPQRSTUVWXYZ$'    ;定义一串字符，字节类型
        DATA    ENDS                                    ;数据段结束
        EDATA   SEGMENT                                 ;附加数据段，提供目的地址
                DEST DB 27 DUP（?）                     ;重复定义 27 个字节单元，初始值任意
        EDATA   ENDS                                    ;附加数据段结束
        CODE    SEGMENT 'CODE'                          ;代码段
                ASSUME CS:CODE，DS:DATA，ES:EDATA       ;假定伪指令
        START:  MOV   AX，DATA
                MOV   DS，AX                            ;DS 指到数据段
                MOV   AX，EDATA
                MOV   ES，AX                            ;ES 指到附加数据段
                CLD                                     ;设置增址传送方向
                MOV   CX，27                            ;设置重复次数
                LEA   SI，SRC                           ;取变量名 SRC 的偏移地址给 SI
                LEA   DI，DEST                          ;取变量名 DEST 的偏移地址给 DI
                REP   MOVSB                             ;重复传送
                MOV   AH，9                             ;利用功能号 9 中断显示目的串内容
```

```
                LEA   DX, DEST              ;取变量名 DEST 的偏移地址给 DX
                INT   21H
                MOV   AH, 2                 ;利用功能号 2 中断显示回车换行
                MOV   DL, 0DH
                INT   21H
                MOV   DL, 0AH
                INT   21H
                MOV   AH, 4CH
                INT   21H
        CODE    ENDS
                END START
```

3. 完整段定义的软中断调用程序设计

【例 4-71】 利用字符串输入软中断调用的功能，从键盘输入一串字符，并将输入的字符串与程序中设定的字符串相比较，如果相同则显示"CONTINUE"，否则显示"ERROR"。

解： 程序如下。

```
        DATA    SEGMENT
        PASS    DB 'CHANGJIAN'              ;定义一串字符，字节类型
        N       EQU $-PASS
        PASWR   DB 'PASSWORD? ', 0DH, 0AH, '$'
        HUANC   DB 30
                DB ?
                DB 30 DUP (?)
        OK      DB 0DH, 0AH, ' CONTINUE $'
        ERROR   DB 0DH, 0AH, ' ERROR $'
        DATA    ENDS                        ;数据段结束
        CODE    SEGMENT 'CODE'              ;代码段
                ASSUME CS:CODE, DS:DATA     ;假定伪指令
        START:  MOV   AX, DATA
                MOV   DS, AX                ;DS 指到数据段
                LEA   DX, PASWR
                MOV   AH, 9
                INT   21H
                LEA   DX, HUANC
                MOV   AH, 0AH
                INT   21H                   ;等待接收键盘输入的字符串
                LEA   DI, HUANC
                CMP BYTE PTR[DI+1], N       ;比较个数是否相等
                JNE   XSERROR                ;如果不相等，则转出错处理
                MOV   CL, N
                LEA   SI, PASS
                LEA   DI, HUANC
        JXBJ:   MOV   AL, [DI+2]
                CMP   AL, [SI]
                JNZ   XSERROR                ;逐个比较，若不相等，则转出错处理
                INC   SI
                INC   DI
                DEC   CL
                JNZ   JXBJ
                JMP   DISOK                  ;比较结束，若没有错误，则显示"CONTINUE"
        XSERROR:LEA DX, ERROR
```

```
                    MOV   AH,9
                    INT   21H
                    JMP BEND
        DISOK:      LEA   DX,OK
                    MOV   AH,9
                    INT   21H
        BEND:       MOV AH,4CH
                    INT 21H
        CODE        ENDS
                    END   START
```

4. 简化段定义的顺序程序设计

【例 4-72】 使用 32 位微机指令将 BX 中的值移入 CX。

解：程序如下。

```
        .MODEL SMALL    ;定义为小模式,数据段、堆栈段及附加数据段在同一个段内,最大为64KB,
                        ;代码段是64KB,共计最大长度为128KB
        .386
        .STACK
        .CODE
        .STARTUP        ;建立段寄存器的值
        MOV CX,2233H
        MOV BX,4455H
        SHLD CX,BX,16   ;32 位 CPU 的指令
        .EXIT           ;退回到调用该程序执行之前的状态
        END
```

因为 SHLD 指令属于 386 指令集，所以其只能用于简化段模式。程序执行后将 BX 的内容移入 CX，结果是 CX 的内容为 4455H，BX 的内容不变。

【例 4-73】 利用移位及堆栈指令使 AX 和 BX 的值交换。

解：程序如下。

```
        .MODEL SMALL
        .386
        .STACK
        .CODE
        .STARTUP
        MOV   AX,1234H
        MOV   BX,5678H
        PUSH  AX
        SHRD  AX,BX,16   ;BX 中的值移入 AX
        POP   BX         ;堆栈中存放的 AX 中的值被弹出给 BX
        .EXIT
        END
```

5. 简化段定义的分支程序设计

【例 4-74】 根据键盘输入的 1～3，分别执行 3 个分支程序，每个分支程序简单显示一行信息。如果输入的是退出键（Esc 键），则程序退回到 DOS 状态；如果输入的是其他键，则执行共同的程序，即显示器提示输入出错。实际上，根据键盘输入可以执行 5 个分支程序。

解：程序如下。

```
                .MODEL SMALL
                .STACK
                .DATA
MS0     DB 0DH, 0AH, 'PLEASE INPUT 1~3!', '$'    ;在显示软中断调用时，只有遇到'$'才结束
MS1     DB 0DH, 0AH, 'PRESS ESC KEY,EXIT!', 0DH, 0AH, '$'
SM2     DB 0DH, 0AH, '8255A INITIALIZATION,OK!', 0DH, 0AH, '$'
SM3     DB 0DH, 0AH, '8259A INITIALIZATION,OK!', 0DH, 0AH, '$'
SM4     DB 0DH, 0AH, '8254 INITIALIZATION,OK!', 0DH, 0AH, '$'
SM5     DB 0DH, 0AH, 'INPUT ERROR!', 0DH, 0AH, '$'
                .CODE
                .STARTUP
                MOV  DX, OFFSET MS1
                MOV  AH, 9
                INT  21H                 ;提示"PRESS ESC KEY,EXIT!"
REPEAT1:        MOV  DX, OFFSET MS0
                MOV  AH, 9
                INT  21H                 ;提示"PLEASE INPUT 1~3!"
                MOV  AH, 1
                INT  21H                 ;键盘接收软中断
                CMP  AL, 27              ;判断输入的是否是 Esc 键
                JZ   EXITE               ;如果是，则退回到 DOS 状态
                CMP  AL, '1'
                JB   REP1                ;如果输入的键值（ASCII 码）小于1，则转 REP1
                CMP  AL, '3'
                JA   REP1                ;如果输入的键值（ASCII 码）大于3，则转 REP1
                CMP  AL, '1'
                JZ   ABC1                ;若是1键，则转 ABC1
                CMP  AL, '2'
                JZ   ABC2
                MOV  DX, OFFSET SM4      ;一定是3键，显示"8254 INITIALIZATION,OK!"
                MOV  AH, 9
                INT  21H
                JMP  REPEAT1             ;转 REPEAT1
REP1:   MOV  DX, OFFSET SM5              ;显示"INPUT ERROR!"
                MOV  AH, 9
                INT  21H
                JMP  REPEAT1
ABC1:   MOV  DX, OFFSET SM2
                MOV  AH, 9
                INT  21H
                JMP  REPEAT1
ABC2:   MOV  DX, OFFSET SM3
                MOV  AH, 9
                INT  21H
                JMP REPEAT1
EXITE:  .EXIT 0
                END
```

6．简化段定义的循环程序设计

【例 4-75】 已知一个具有大写字母和小写字母混合的字符串，并且以"$"结尾。把该字

符串中所有的小写字母转换成大写字母，原大写字母不变，将转换后的字符串在屏幕上显示出来。要求用简化段格式编写程序。

解：程序如下。

```
              .MODEL SMALL
              .STACK
              .DATA
XSTRING  DB   ' Wish you happIness$'         ;数据定义
              .CODE
              .STARTUP
              MOV  BX, OFFSET XSTRING        ;将 XSTRING 的偏移地址给 BX
AGAIN:        MOV  AL, [BX]                  ;从数据段取出一个字符给 AL
              CMP  AL, '$'                   ;和$的 ASCII 码比较
              JZ   DONE                      ;如果相等，则转 DONE
              CMP  AL, 'a'
              JB   NEXT                      ;如果低于 a，则不在需要转换的范围内
              CMP  AL, 'z'
              JA   NEXT                      ;如果高于 z，则不在需要转换的范围内
              SUB  AL, 20H                   ;转换成大写
              MOV  [BX], AL                  ;存入原内存单元
NEXT:         INC  BX                        ;增加地址指针
              JMP  AGAIN                     ;无条件转移
 DONE:        MOV  DX, OFFSET XSTRING        ;显示软中断调用
              MOV  AH, 9
              INT  21H
              .EXIT 0
              END
```

7. 简化段定义的主程序调用子程序（过程）设计

【例 4-76】 子程序只执行回车换行的功能，主程序每调用一次子程序，屏幕光标移至下一行的最左边。编写连续两次调用子程序的主程序及回车换行的子程序。

解：程序如下。

```
              .MODEL SMALL
              .STACK
              .CODE
              .STARTUP
AGAIN:        CALL  ABC                      ;调用子程序 ABC
              CALL  ABC                      ;调用子程序 ABC
              JMP   DONE                     ;无条件转至 DONE
              ;子程序，与主程序处于同一个代码段内
ABC           PROC                           ;过程定义
              PUSH  AX                       ;保护 AX 值（进入堆栈）
              PUSH  DX                       ;保护 DX 值（进入堆栈）
              MOV   DL, 0DH
              MOV   AH, 2
              INT   21H                      ;回车软中断调用
              MOV   DL, 0AH
              MOV   AH, 2
              INT   21H                      ;换行软中断调用
```

```
                POP   DX
                POP   AX
                RET                              ;从子程序返回
      ABC       ENDP                             ;子程序结束
      DONE:     .EXIT  0
                END
```

小结

指令包含操作码和操作数两部分，操作码确定该指令要进行的操作，操作数指出该指令需要的操作数或操作数的地址。

指令中提供操作数或操作数地址的方法称为寻址方式。根据 8086 微处理器的常用指令，寻址方式可以归纳为 3 类：立即寻址、寄存器寻址及存储器寻址。其中，存储器寻址又可以分为 7 种寻址方式。

16 位微处理器共有 133 种基本指令，这些指令使用不同的寻址方式，并结合数据类型（字节、字），可以构成近 1000 种操作指令。指令系统可以分为 9 类：数据传送指令、算术运算指令、位操作指令、串操作指令、控制转移指令、子程序调用与返回指令、中断调用指令、符号扩展指令和处理机控制指令。

控制转移指令包括条件转移指令和无条件转移指令两种，条件转移指令又分为简单条件转移指令、无符号数条件转移指令和带符号数条件转移指令。条件转移指令根据 5 个状态标志位（CF、SF、ZF、OF、PF）的状态做两分支转移。

32 位微处理器兼容了 16 位微处理器的寻址方式和指令系统。32 位微处理器将 16 位微处理器指令的立即数、寄存器操作数和存储器操作数都扩充到了 32 位；新增了两个附加的数据段寄存器 FS 和 GS；并且新增了两条指令。

存储器寻址方式的操作数通常在内存的数据段和堆栈段中。32 位存储器寻址方式较 16 位存储器寻址方式有所扩充，寻址方式涉及段寄存器、基址寄存器、变址寄存器、比例因子和位移量。

32 位段内偏移地址也称为有效地址 EA，EA 的计算公式如下：

$$EA = 基址 + 变址 \times 比例因子 + 位移量$$

比例因子只能是 1、2、4、8，EA 是 16 位或 32 位的。

在 MASM 6.x 开发环境下，有完整段编程格式与简化段编程格式，前者只能识别 16 位的操作数，后者可以识别 16 位和 32 位的操作数。

Microsoft 公司的宏汇编程序 MASM 6.x 是一个 IDE 环境（集成开发环境），它将汇编语言源程序的编辑、汇编、连接、执行、调试合为一体，呈现在程序员面前的是一个窗口，使程序的开发和调试结合紧密。MASM 6.x 不仅可以汇编完整段源程序，而且可以汇编简化段源程序，可用于简化段源程序的设计及汇编 32 位的指令，它还提供了类似于高级语言的 If…Else 分支结构、While 和 Repeat/Until 循环结构等，使编写汇编语言源程序和编写高级语言程序一样方便。现在最新的汇编程序 MASM 32 支持 32 位段操作，可以构造出窗口程序，功能已接近于高级语言程序。

常量（常数）是指在将源程序汇编成目标程序期间已经有固定数值的量，它可分成多种类型。变量的定义格式是：[变量名] 数据类型定义伪指令 初始值[,…]，它有变量名的段属性、变量的偏移地址及变量的数据类型 3 个属性。标号作为机器指令所在内存地址的符号地址。汇编语言中的符号常量名、变量名、段名、子程序名、标号地址等都被称为标识符。

习题与思考题

4.1 指令及寻址方式题

（1）按照 16 位微处理器的寻址方式，分别指出下列指令中源操作数和目的操作数的寻址方式。

① MOV　AX，11H

② MOV　[SI]，CX

③ MOV　2[DI]，BX

④ MOV　2[BX+SI]，DX

⑤ MOV　CX，[8000H]

⑥ MOV　DX，[BX][DI]

⑦ MOV　AX，[BX]

⑧ MOV　DX，[BP+8]

（2）按照 32 位微处理器的寻址方式，分别指出下列指令中源操作数和目的操作数的寻址方式。

① MOV　EBX，01H

② MOV　[ESI]，CX

③ MOV　[ESI*2]，AX

④ MOV　[EBX+EDI]，BX

⑤ MOV　EBX，[1000H]

⑥ MOV　DX，[EBX+EDI*8]

⑦ MOV　EBX，EAX

⑧ MOV　BX，[BP*2+8]

⑨ MOV　BX，[EBX+8]

⑩ MOV　CX，[EBX+ESI*2+78H]

（3）指出下列指令中的错误。

① INC　[SI]

② MOV　EAX，AX

③ MOV　2，BX

④ MOV　[EBX]，[ESI]

⑤ MOV　AX，[BX+BP]

⑥ MOV　AX，[DI+DI]

⑦ MOV　AH，270

⑧ MOV　CS，4000H

⑨ PUSH　AL

⑩ SHL　AX，8

（4）比较下面两条指令，指出它们的区别。

MOV　EBX，[SI]

MOV　[SI]，EBX

（5）假设 EAX= 12345678H，写出下面每条指令单独执行后 EAX 的值。

① AND　EAX，0000FFFFH

② TEST　EAX，1

③ XOR EAX, EAX
④ SUB EAX, EAX
⑤ ADD EAX, 1
⑥ OR EAX, 1
⑦ CMP EAX, 0000FFFFH
⑧ INC EAX
⑨ DEC EAX
⑩ SUB EAX, 8

（6）假定 AX=1234H，BX=00FFH，下面每条指令单独执行后，AX 和 BX 的值分别是多少？

① AND AX, BX
② TEST AX, BX
③ XOR AX, BX
④ XCHG AX, BX
⑤ ADD AX, BX
⑥ SUB BX, AX
⑦ OR BX, AX
⑧ CMP AX, BX

（7）假设 EAX=11223344H，EBX=11225566H，下面的程序段顺序执行，每条指令执行后，EAX 和 EBX 的值分别是多少？

```
ADD  EAX, EBX
ADD  EAX, 00000088H
SUB  EAX, EBX
INC  EBX
AND  EBX, 0000FFFFH
```

（8）已知 DS=1000H，BX=0100H，SI=0004H，存储单元[10100H]～[10107H]依次存放 11H、22H、33H、44H、55H、66H、77H、88H，[10004H]～[10007H] 依次存放 2AH、2BH、2CH、2DH。说明下列每条指令单独执行后 AX 的值。

① MOV AX, [0100H]
② MOV AX, [BX]
③ MOV AX, [0004H]
④ MOV AX, [0102H]
⑤ MOV AX, [SI]
⑥ MOV AX, [SI+2]
⑦ MOV AX, [BX+SI]
⑧ MOV AX, [BX+SI+2]

（9）已知 DS=1000H，EBX=0100H，ESI=0004H，存储单元[10100H]～[10107H]依次存放 55H、66H、77H、88H、44H、33H、22H、11H，[10004H]～[10007H] 依次存放 8AH、8BH、8CH、8DH。说明下列每条指令单独执行后 EAX 的值。

① MOV EAX, [0100H]
② MOV EAX, [EBX]
③ MOV EAX, [EBX+4]

④ MOV   EAX，[0004H]

⑤ MOV   EAX，[ESI]

⑥ MOV   EAX，[EBX+ESI]

（10）设 SS = 2000H，SP = 0200H，下列每条指令单独执行后，AX、BX 及 SP 的值分别是多少？堆栈中的内容是什么？

① MOV   AX，1122H

② PUSH   AX

③ MOV   BX，3355H

④ PUSH   BX

⑤ POP   AX

⑥ POP   BX

4.2　问答题

（1）什么是堆栈？它的工作原理是什么？它的基本操作有哪两个？

（2）32 位存储器的寻址方式分为哪几种？

（3）如何实现用移位指令将 EDI 中的内容移入 ESI？

（4）将 EDX 中存放的值清零的方法有哪些？

4.3　编程题

（1）设数据段有两个 32 位的二进制数，用简化段格式编程，实现这两个二进制数的加法运算。要求分别用 16 位和 32 位运算指令编程。

（2）用简化段格式编程，将数据段中的 200 个字节数据传输到附加数据段。

（3）参考例 4-75，将数据段内字符串中所有大写字母变为小写字母，并将转换后的字符在屏幕上显示出来。要求用完整段与简化段两种方式编程。

（4）对于 8 位、16 位及 32 位的立即寻址的指令，请各列举两条（一条是传送指令，另一条是加法指令）。

4.4　思考题

（1）总结宏汇编语言中的伪指令及其意义。

（2）理解 32 位标志寄存器中控制位的意义。

第 5 章　存储器技术

微型计算机系统中实现信息记忆的部件称为存储器。存储器分为内部存储器与外部存储器，本章讨论的存储器技术均指内部存储器技术。存储器是微机系统的重要组成部分，当用户将程序和数据输入到计算机时，输入的信息全部存放在存储器中。程序在执行的过程中，产生的中间结果和最后结果都将存入存储器，因此，存储器是微机系统中不可缺少的记忆部件。存储器的容量大小和存取速度直接影响计算机的性能，存储器技术是微型计算机中的一项重要技术。本章主要介绍存储器的分类、原理、结构，以及存储器保护，并重点阐述了 32 位微机中存储器的结构和高速缓冲存储器技术。

5.1　微型计算机存储器概述

5.1.1　微型计算机中存储器的类型

1. 存储器的分类

从存储器所处的位置来划分，微机系统中的存储器分为内部存储器和外部存储器，内部存储器简称内存或主存，外部存储器简称外存或辅存。

内部存储器由半导体材料组成，所以也称为半导体存储器。内存用于存放当前计算机正在执行或经常使用的程序或数据，CPU 可以直接从内存中读取指令并执行，也可以直接在内存中存取数据。

外存一般是由磁性材料、半导体集成技术、激光技术等实现的存储器，分为硬盘、U 盘和光盘等。

2. 半导体存储器从存取方式上分类

半导体存储器的制作工艺、运行特征、应用目的及存取方式等方面都有所不同。从存取方式上来分，半导体存储器大致可分为随机存取存储器（Random Access Memory，RAM）、只读存储器（Read Only Memory，ROM）及在线读/写非易失性存储器，如图 5-1 所示。

1) 随机存取存储器（RAM）

CPU 在执行程序的过程中，根据程序的安排，对每个存储单元的内容既可随时读（取）出，也可以随时写（存）入，所以随机存取存储器也称为读/写存储器。

RAM 按其工艺结构分为双极（Bipolar）型 RAM 与金属氧化物（MOS）型 RAM 两类。

双极型 RAM 的特点是存取速度快、集成度低、功耗大、成本高，其常作为容量较小的高速缓冲存储器（Cache）。

MOS 型 RAM 主要是由金属氧化物半导体材料做成的集成电路。其特点是集成度高、功耗低、成本低。

常见的 MOS 型 RAM 分为静态随机存取存储器（Static RAM，SRAM）和动态随机存取存储器（Dynamic RAM，DRAM）。

静态的互补金属氧化物半导体（Complementary Metal Oxide Semiconductor，CMOS）是一

种低耗电、可读写的 RAM 芯片，可以作为 MOS 型 SRAM。微机主板上的一片 CMOS SRAM 芯片用来保存当前系统的硬件配置和用户对某些参数的设定。

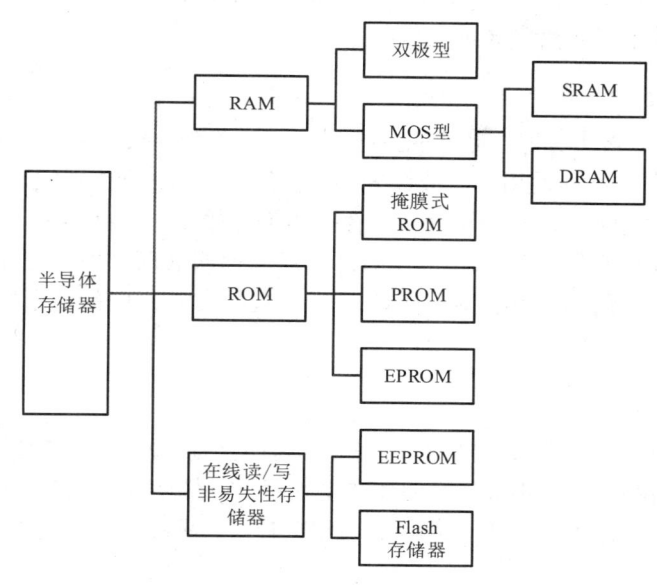

图 5-1　半导体存储器从存取方式上分类

CMOS 可由主板上的备用纽扣电池供电，这样即使系统断电，信息也不会丢失。由于纽扣电池本身电量少，为了尽可能避免在传输时的损耗，因此 COMS 芯片往往与电池距离很近。

MOS 型 DRAM 的基本存储单元电路是依靠 MOS 管引出极的分布电容能够暂时存储电荷的原理来记忆二进制信息的，所以，MOS 型 DRAM 与 MOS 型 SRAM 相比较，其电路结构简单、集成度高、功耗低、存取速度快、成本低，用作微机系统中的主体存储器。其特点是需要对所存储的信息进行定时刷新。

2）只读存储器（ROM）

随着半导体工艺的发展，ROM 的性能在不断地提高。ROM 主要分为 3 种：掩膜式 ROM、可编程只读存储器（Programmable ROM，PROM）、紫外线擦除的可编程只读存储器（Erasable PROM，EPROM）。

3）在线读/写非易失性存储器

闪存（Flash）存储器和电擦除可编程只读存储器（Electrically-Erasable Programmable ROM，EEPROM）都具有在线写入和掉电保存数据的特点。

5.1.2　半导体存储器芯片的主要性能指标

半导体存储器芯片的种类较多，其性能指标也可能有差异，主要的性能指标有 5 个。

1. 易失性

易失性是区分存储器种类的重要特性之一，它反映存储器的供电电源断开后，存储器中的内容是否丢失。如果断电后存储器中存储的内容保持不变，则称之为非易失性存储器。例如，EPROM 27128（16KB）、EEPROM 2864（8KB）及 Flash 存储器 28F016SA（2MB）等。若断电后存储器中存储的内容丢失，则称之为易失性存储器。例如，SRAM 和 DRAM。

2．存储容量

每一种半导体存储器芯片中存储单元的总数构成了该存储器的存储容量。存储容量通常以字节为单元，即每个单元包含 8 位二进制数。

3．存取周期

读存储器周期（取周期）指存储器从接收到地址到实现一次完整的读出所经历的时间，单位为 ns。通常写周期与读周期相等，故称为存取周期，也可以理解为存储器进行连续读/写操作所允许的最短时间间隔。时间间隔越短，存取周期值越小，存储器的工作速度越快。

一个存储器系统的存取周期不等于存储器芯片的存取周期，但存储器系统的存取周期取决于存储器芯片的存取周期，也取决于在 CPU 与存储器芯片之间的地址/数据传输过程中，驱动缓冲及译码电路等产生的延时时间等。

4．功耗

功耗一般指每个存储单元的功耗，单位为 μW，有的也指每个芯片的总功耗，单位也为 μW。在电池供电的计算机系统中，半导体存储器的功耗越低越好，减少工作电压可以降低功耗。例如，现在笔记本电脑内存条发展到了第 4 代（DDR 4），其标准电压降为 1.3V，功耗很低。

5．电源

电源指存储器芯片在工作时需要外加的电压及其种类。有的芯片只需要单一的+5V 或低于 5V 的电源，有的芯片则需用多种电源。

5.2 半导体存储器芯片的结构与原理

5.2.1 几种逻辑符号和译码器

1．混合逻辑符号

在实际应用中，为了便于描述与识图，常采用混合逻辑符号。混合逻辑符号的输入端带一个小圆圈，表示先对输入取非，然后将其作为逻辑门的输入。混合逻辑符号及其对应的逻辑表达式如图 5-2 所示。

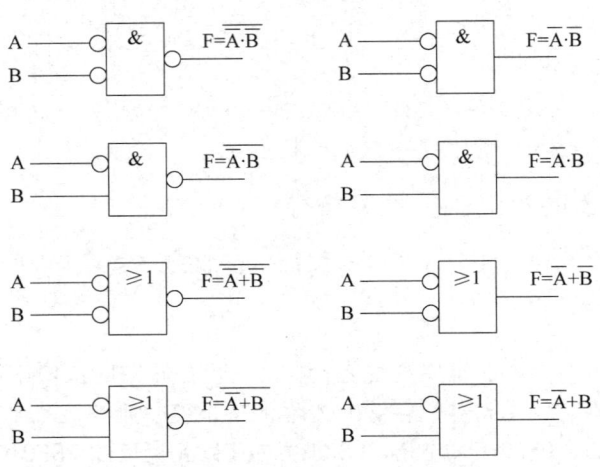

图 5-2 混合逻辑符号及其对应的逻辑表达式

2. 三态输出门与缓冲器

三态输出门（简称三态门）电路可以输出 3 种状态：逻辑 1、逻辑 0 及高阻状态。按照正逻辑讨论，逻辑 1 指高电平，一般为 3.6V；逻辑 0 指低电平，一般为 0V。高阻状态指输出端既不与电源的正端相连通，也不与地端相连通，输出端对地电阻相当于无穷大。三态门的关键是有一个控制端 C，常用的 4 种三态门如图 5-3 所示。如果图中最左边的三态门的控制端 C = 0，那么输出端处于高阻状态；如果其控制端 C = 1，那么允许三态门工作，输出 F = A。

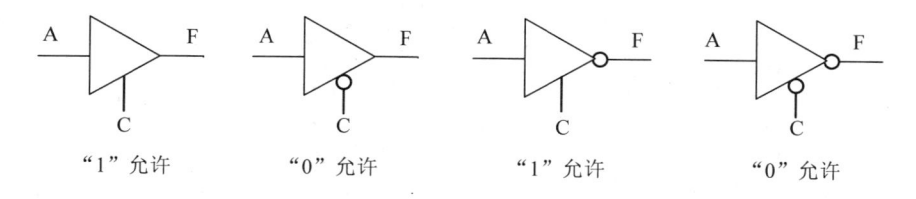

"1"允许　　　　"0"允许　　　　"1"允许　　　　"0"允许

图 5-3　常用的 4 种三态门

如果在并行输出寄存器的每一个输出端 Q 上连接一个三态门，那么这种并行输出寄存器称为三态缓冲寄存器，也称为缓冲器。例如，在微型计算机的数据总线上一般挂接许多输入设备，计算机在某一时间片段内，只能与一个输入设备连通，其他设备的输出寄存器均处于高阻状态，起到缓冲的作用。

在微处理器的数据总线上，由于数据总线上的数据既要从微处理器流出到存储器或输出设备中，又要从外部流入微处理器内部，所以，在计算机数据总线上具有双向三态门的结构。双向三态门的逻辑图如图 5-4 所示，当方向控制信号 DIR = 1 时，上面的三态门工作，下面的三态门处于高阻状态，数据由 D_j 传向 D_i；当方向控制信号 DIR = 0 时，下面的三态门工作，上面的三态门处于高阻状态，数据由 D_i 传向 D_j。

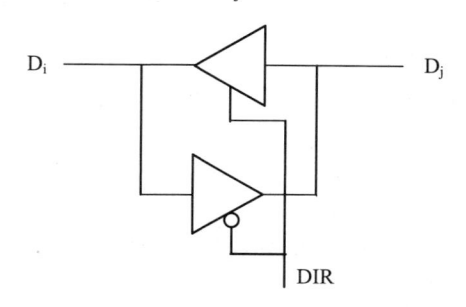

图 5-4　双向三态门的逻辑图

3. 二进制译码器

译码是编码的反过程，译码将编码时赋予代码的含义进行"翻译"。译码器的输出与输入有唯一的对应关系，当输入某一组代码时，对应的输出端有一个特定的有效信号输出，有效信号可以为高电平，也可以为低电平。实现译码的逻辑电路称为译码器，译码器分为二进制译码器和二-十进制译码器。

74LS138 集成芯片是一个 3 线-8 线的二进制译码器，输出的有效电平是低电平。74LS138 在计算机中常用于译码产生输入/输出的端口地址。74LS138 的引脚图如图 5-5 所示，C、B、A 是 3 位二进制数的输入端。G_1、$\overline{G}_{2A}$、$\overline{G}_{2B}$ 是 3 个选通端，只有当 $G_1 = 1$、$\overline{G}_{2A} = 0$、$\overline{G}_{2B} =$

0时，74LS138才能译码产生输出信号。在$\overline{Y}_7 \sim \overline{Y}_0$ 8个输出端中，哪一个输出端为有效的低电平，取决于C、B、A所输入的3位二进制数。74LS138的功能表如表5-1所示。

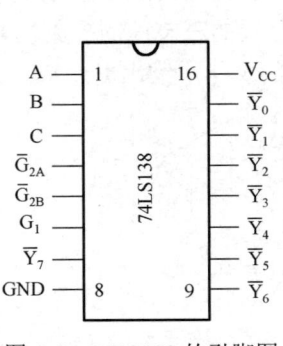

表5-1 74LS138的功能表

输入					输出							
G_1	$\overline{G}_{2A}+\overline{G}_{2B}$	C	B	A	$\overline{Y}_0$	$\overline{Y}_1$	$\overline{Y}_2$	$\overline{Y}_3$	$\overline{Y}_4$	$\overline{Y}_5$	$\overline{Y}_6$	$\overline{Y}_7$
0	×	×	×	×	1	1	1	1	1	1	1	1
×	1	×	×	×	1	1	1	1	1	1	1	1
1	0	0	0	0	0	1	1	1	1	1	1	1
1	0	0	0	1	1	0	1	1	1	1	1	1
1	0	0	1	0	1	1	0	1	1	1	1	1
1	0	0	1	1	1	1	1	0	1	1	1	1
1	0	1	0	0	1	1	1	1	0	1	1	1
1	0	1	0	1	1	1	1	1	1	0	1	1
1	0	1	1	0	1	1	1	1	1	1	0	1
1	0	1	1	1	1	1	1	1	1	1	1	0

图 5-5 74LS138的引脚图

5.2.2 存储器芯片

存储器芯片内部通常由三部分组成：地址译码电路、存储阵列和读/写控制逻辑电路。地址译码有单译码方式和双译码方式两种。

1. 存储器芯片容量的计算

存储器芯片中的每个存储单元具有唯一的地址，可存储一位或多位二进制数。存储器芯片的容量与存储器芯片的地址线和数据线有关，设存储器芯片的地址线条数为 M，数据线条数为 N，则存储器芯片的容量 R 为存储单元数乘以存储单元的位数，即

$$R = 2^M \times N \tag{5-1}$$

【例5-1】 存储器芯片的地址线有13条，数据线有8条，求存储器芯片的存储容量。

解：存储容量 $R = 2^M \times N = 2^{13} \times 8\text{bit} = 8\text{KB}$。

2. 存储器芯片逻辑图

图 5-6 所示为一般 SRAM 芯片的外部逻辑图，图中说明了该芯片主要引脚信号的功能，但没有指明各信号线的具体引脚序号。

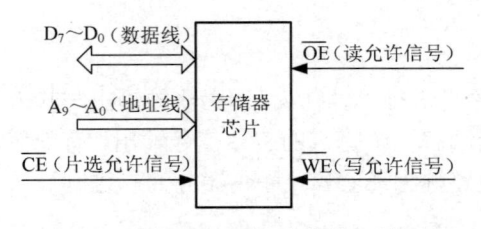

图 5-6 一般 SRAM 芯片的外部逻辑图

从图 5-6 可以看出，该存储器芯片有地址线 10 条（$A_9 \sim A_0$），由 CPU 发向存储器；数据线 8 条（$D_7 \sim D_0$），双向传输，可由 CPU 写数据到存储器，也可由 CPU 从存储器芯片中读出数据。根据式（5-1），可求出该存储器芯片的存储容量为 $2^{10} \times 8 = 1$（KB）。

以此类推，如果地址线分别有 11 条和 12 条，那么存储容量分别为 2KB 和 4KB。由于一台微型计算机存储器的总容量一般远大于 1KB，如果选用这种芯片构成存储器系统，则需要多个芯片，因此，存储器芯片必须设有片选允许信号 $\overline{CE}$，一般用低电平选中存储器芯片。

第 5 章 存储器技术

由于当 CPU 选中 SRAM 芯片时有两种基本的访问操作,一种是写存储器操作,另一种是读存储器操作,没有刷新操作。所以 SRAM 芯片引脚上还具有写允许信号 $\overline{WE}$ 和读允许信号 $\overline{OE}$。组合字符取非是表达低电平有效的意思。所谓有效,是指当其为有效的低电平时,CPU 才能对该芯片进行读出操作($\overline{OE}=0$)或写入操作($\overline{WE}=0$),二者不可以同时有效,但可以同时无效。SRAM 芯片的工作方式如表 5-2 所示。

表 5-2 SRAM 芯片的工作方式

$\overline{CE}$	$\overline{OE}$	$\overline{WE}$	操作	备注
1	×	×	无操作	—
0	0	1	RAM→CPU 操作	CPU 读存储器操作
0	1	0	CPU→RAM 操作	CPU 写存储器操作
0	1	1	无操作	—
0	0	0	非法	CPU 不可能并行读、写存储器

3. 存储器芯片的地址译码方式与存储阵列

存储器芯片内部有两种地址译码方式:单译码方式和双译码方式。存储部分采用阵列结构,由于具有单译码方式和双译码方式,并且每次提供读/写的数据位数不尽相同,所以不同存储器芯片的存取阵列稍有差异。

1) 存储器芯片的单译码方式

存储器芯片的单译码结构图如图 5-7 所示,图中只有一条地址译码电路,存储阵列是 $2^8=256$(列)、8 行,即可以存储 256×8 位二进制信息,每条基本存储电路由具有记忆功能的触发器实现,存储器芯片内部的数据线在经过读/写控制逻辑电路及输出缓冲器之后才能与外部数据线 $D_7 \sim D_0$ 连通。

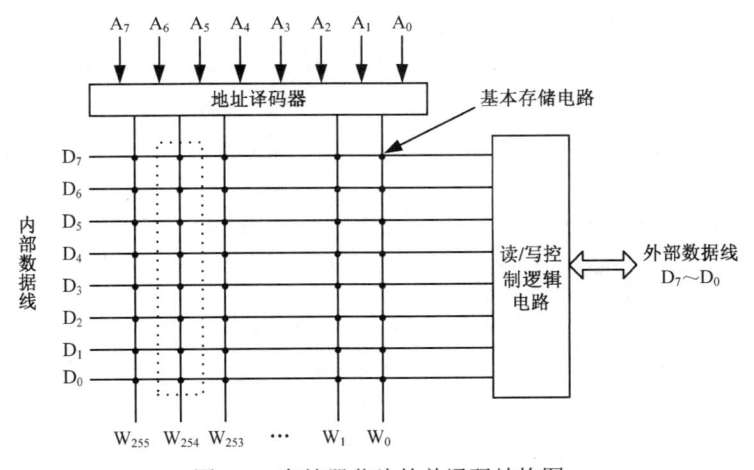

图 5-7 存储器芯片的单译码结构图

从图 5-7 中可以看出,8 位地址线 $A_7 \sim A_0$ 全部输入到一个地址译码器,经过译码后,可以译码产生 $2^8=256$ 个输出选择信号,也称为字选线($W_{255} \sim W_0$)。每条字选线可以选中一个 8 位二进制数(一个字),字长为 8 位。

从图 5-7 中还可以看出,存储器芯片中只有一个地址译码器,所以为单译码方式。单译码方式将 n 位地址输入到存储器内部译码器的输入端,经译码后可以产生 2^n 个输出选择信号,每个输出选择信号选中存储阵列中的一个字,所以单译码方式也称为字译码方式。

例如,当输入的地址 $A_7 \sim A_0$ = 11111110B(FEH)时,经译码后,仅 W_{254} 有效,选中图 5-7 中存储阵列虚框中的一个字,进行读或写操作。

2)存储器芯片的双译码方式

存储器芯片的双译码结构图如图 5-8 所示。在 X 方向,译码器有 5 位地址线输入,译码输出线为 32(2^5)位,即 $X_{31} \sim X_0$;在 Y 方向,译码器有 3 位地址线输入,译码输出 8(2^3)位选择线,即 $Y_7 \sim Y_0$。该存储器芯片共用了两条译码电路,故为双译码结构。

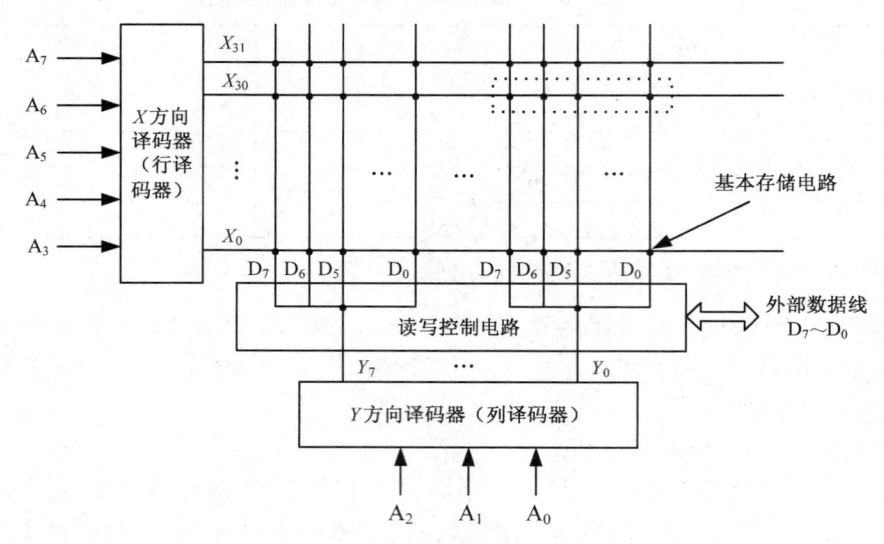

图 5-8 存储器芯片的双译码结构图

存储阵列为 32 行×64 列,存储器总容量是 32×8×8 = 256(B)。与单译码结构的存储器总容量相等,而且仍然保证每次可以读/写 8 位二进制信息。

CPU 访问存储器芯片的工作过程:当 CPU 发出 8 位地址线,X 方向的 $X_{31} \sim X_0$ 中某一输出线有效时,可选中 32 行中唯一的一行,而 Y 方向的译码输出线 $Y_7 \sim Y_0$ 中也只有一列有效,这一有效信息可以同时选中 8 列,在存储阵列中选中某一行中的一个 8 位二进制信息进行读或写操作。

图 5-8 中虚框所示的 8 位信息,其地址编码是 11110000B,用十六进制地址表示是 F0H。两种译码结构的比较如表 5-3 所示。

表 5-3 两种译码结构的比较

比较项	单译码结构	双译码结构
外部数据线	8 位	8 位
外部地址线	8 位	8 位
每次读/写二进制位数	8	8
存储容量	256B	256B
译码器个数	1	2
内部译码输出线	256 条	32+8 = 40(条)

从表 5-3 可以看出,单译码结构只需要一个译码器,但是内部译码输出线为 256 条,而双译码结构的内部译码输出线仅需要 40 条。地址线位数越多,差别越大,双译码结构的优势就更加明显,所以,在存储器芯片内部,地址译码通常采用双译码方式。

4. 存储器芯片的读/写控制逻辑电路

存储器芯片的读/写控制逻辑电路如图 5-9 所示。其组成包括：两个负逻辑的与非门 $\&_1$ 和 $\&_2$（实际为两个正逻辑的或非门），两个分别用于控制内部输入缓冲器和输出缓冲器，而且都是高电平控制有效的输出信号。存储阵列通过 I/O 缓冲电路与数据线相连接。

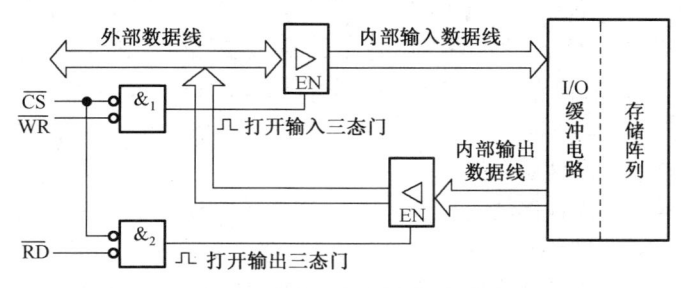

图 5-9 读/写控制逻辑电路

CPU 通过存储器芯片中的读/写控制逻辑电路从 RAM 中取出存储的内容并将其送往 CPU 的过程称为读操作，对 RAM 而言是输出；CPU 把待存储的内容存入 RAM 的过程称为写操作，对 RAM 而言是输入。RAM 中读/写控制逻辑电路的操作表如表 5-4 所示。

表 5-4 RAM 中读/写控制逻辑电路的操作表

$\overline{CS}$	$\overline{RD}$	$\overline{WR}$	操作	$\&_1$ 输出	$\&_2$ 输出	备注
1	×	×	无操作	0	0	—
0	0	1	RAM→CPU 操作	0	1	8 个输出三态门打开，读 RAM
0	1	0	CPU→RAM 操作	1	0	8 个输入三态门打开，写 RAM
0	1	1	无操作	0	0	—
0	0	0	非法	1	1	CPU 不可能并行读、写存储器

说明：

（1）片选信号可以用 $\overline{CS}$ 或 $\overline{CE}$ 表示，写允许信号可以用 $\overline{WR}$ 或 $\overline{WE}$ 表示，读允许信号可以用 $\overline{RD}$ 或 $\overline{OE}$ 表示。

（2）当片选信号 $\overline{CS}$ 有效时，CPU 才能对存储器执行读/写操作。

（3）与非门 $\&_1$ 和 $\&_2$ 不可能同时有效，当其中一个有效时允许相应的缓冲器工作，另一个缓冲器处于高阻状态。RAM 芯片的数据线每次只能和内部输入数据线连通，或者和内部输出数据线连通，不可能和二者同时连通。

如果 $\overline{CS}$ 和 $\overline{WR}$ 同时为逻辑 0，与非门 $\&_1$ 输出为逻辑 1，则外部数据线与内部输入数据线连通，实现写存储器操作。由于在计算机系统中，当 $\overline{WR}$ 信号有效时，读允许信号 $\overline{RD}$ 一定无效，所以存储阵列中内部输出数据线与外部数据线处于断开状态。

5.2.3 静态随机存取存储器

1. 概述

静态随机存取存储器（Static RAM，SRAM）按产生时间和工作方式来分，分为异步静态随机存取存储器（Async SRAM）和同步突发静态随机存取存储器（Sync Burst SRAM）两类。

由于 SRAM 需要用较多的晶体管来存储一位二进制数，因此，在一定的纳米制造技术下，SRAM 比 DRAM 的集成度低。但是，SRAM 比 DRAM 的存取时间短很多，所以，SRAM 技术可用于主板上的高速缓存，DRAM 技术可用于内存储器。

1）异步静态随机存取存储器

异步静态随机存取存储器是一种老型号的产品，属于高速缓存型随机存取存储器（Cache RAM），首次应用在带有二级高速缓存的 80386 计算机系统中。异步静态随机存取存储器的读/写速度比 DRAM 快，并依赖于 CPU 的时钟，其存取速度有 12ns、15ns 和 18ns 三种。但在存取数据时，还不能做到与 CPU 同步，CPU 通过增加等待时钟才能匹配其速度。

2）同步突发静态随机存取存储器

同步突发静态随机存取存储器有 3 个特点：同步于系统时钟、突发能力强、管道能力强。这些特点使得微处理器在用同步突发静态随机存取存储器存取连续内存位置时比异步静态随机存取存储器更快，同步突发静态随机存取存储器更适合进行主板上的高速缓存。

2．Intel 6264 静态随机存取存储器

Intel 62 系列的 SRAM 芯片有 Intel 6264、Intel 62128、Intel 62256 等，它们的存储容量分别是 8KB、16KB 及 32KB。

常用的 Intel 6264 SRAM 引脚图如图 5-10 所示。Intel 6264 共有 28 个引脚，外形采用双列直插式结构。其中，$A_{12} \sim A_0$ 是 13 条地址线，均为输入线；$D_7 \sim D_0$ 是数据线，双向传输；$\overline{CE}$ 是片选信号，$\overline{WE}$ 是写允许信号，$\overline{OE}$ 是读允许信号，都是输入线，低电平有效；V_{CC} 是电源输入端，工作电压是+5V；GND 是接地端；NC 表示此引脚未使用。

Intel 6264 SRAM 的内部结构特点：采用图 5-9 所示的 I/O 控制电路；选用双译码结构；存储阵列是 512 行×128 列 = $2^9 \times 2^4 \times 8$ = 8KB，每次读/写 8 位二进制数。

Intel 6264 SRAM 的工作方式如表 5-5 所示。

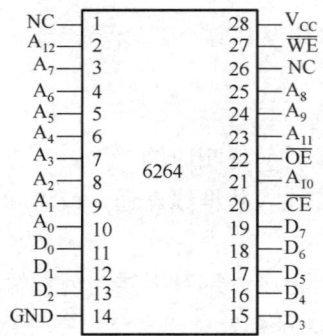

图 5-10 Intel 6264 SRAM 引脚图

表 5-5 Intel 6264 SRAM 的工作方式

$\overline{CE}$	$\overline{OE}$	$\overline{WE}$	操作
1	×	×	无操作
0	0	1	RAM→CPU 操作
0	1	0	CPU→RAM 操作
0	1	1	无操作
0	0	0	非法

5.2.4 动态随机存取存储器

计算机的内存储器主要由内存条组成，而内存条主要由动态随机存取存储器芯片连接而成，动态随机存取存储器芯片由许多基本存储单元组成。因此，要了解内存条的组成原理，首先要理解动态随机存取存储器的基本存储单元电路及工作原理，然后要掌握动态随机存取存储器的基本组成。

1. 单管动态存储单元电路

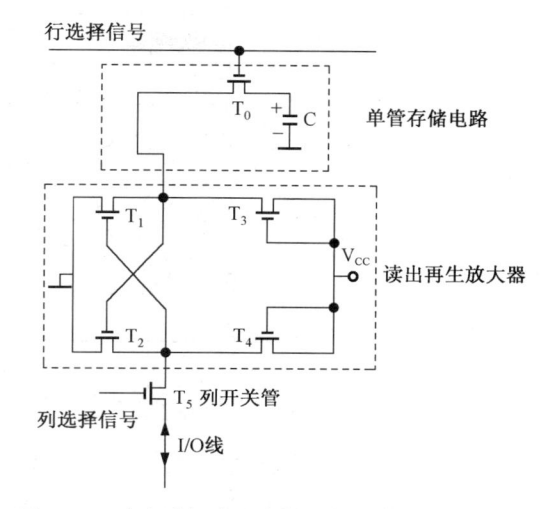

动态随机存取存储器的单管动态存储单元电路如图 5-11 所示。

读出再生放大器由 T_1、T_2、T_3、T_4 构成的基本 RS 触发器组成，T_1、T_2 为倒相管，T_3、T_4 为负载管。在读出或专门刷新时，仅行地址有效，列地址无效，此时可以实现再生放大的作用。

行、列选择信号均由 CPU 发出的地址码译码产生，而且都高电平有效。显然，这种 DRAM 采用的是双译码结构。CPU 在对单管动态存储单元电路进行读或写操作时，行、列选择信号都必须为高电平。

1）写入操作

写入操作要求当行、列选择信号均为高电平时，T_5、T_0 开关管导通。如果 I/O 线上输入逻辑 0 电平，则 T_1 管截止，由 T_1、T_3 构成的反相器输出高电平，并通过导通的 T_0 管对电容 C 充电，视为存入逻辑 0。

如果 I/O 线上输入逻辑 1 电平，则 T_1 管饱和导通，接地后提供对地通路，给电容 C 提供放电回路，泄放电容 C 上的电荷。电容 C 无存储电荷，视为存入逻辑 1。

2）读出操作

当行、列选择信号均为有效的高电平时，T_5、T_0 开关管导通。如果电容 C 中有电荷，即为高电平，电容 C 中的电荷经 T_0 管后传输到 T_2 的栅极，在 T_2 漏极输出一个低电平，该低电平经过 T_5 管被读出。同时，T_1、T_3 管构成的反相器输出一个标准的高电平，该高电平经 T_0 对电容 C 充电，实现了对电容 C 的补充充电。因此，读出操作既实现了正确读出，又实现了再生。

3）刷新操作

刷新操作每次刷新 DRAM 中的一行，由行地址有效选中 DRAM 中某一行，将此行中的所有二进制信息全部实现一次读操作，因为读操作可以实现存储信息的再生，所以若电容上有电荷，则再充电一次；如果电容 C 上没有电荷，那么读出再生放大器正好提供放电回路。

2. DRAM 的电路结构

图 5-12 所示为 DRAM 的电路结构图，图中列举了 64 行×64 列的存储阵列，存储阵列中的基本存储单元由单管动态存储单元电路组成，采用双译码结构。在 64 位列译码线上对应 64 个开关，分别控制 64 条单管动态存储单元电路，而且每列有一条该列公用的读出再生放大电路，这 64 条读出再生放大电路各承担一列的输入/输出及再生放大。

3. DRAM 的刷新方式

从以上分析可知，虽然每次读操作都有刷新 DRAM 某一行的功效，但是，CPU 访问存储阵列是没有规律的，不可能保证在规定刷新间隔（如 8ms）内将所有 DRAM 刷新一遍。因此，在 DRAM 控制器中，要设立专门的刷新地址产生器和刷新电路，由刷新地址产生器按刷新间隔的要求，顺序发出地址，对 DRAM 所有的存储单元循环进行逐行刷新。

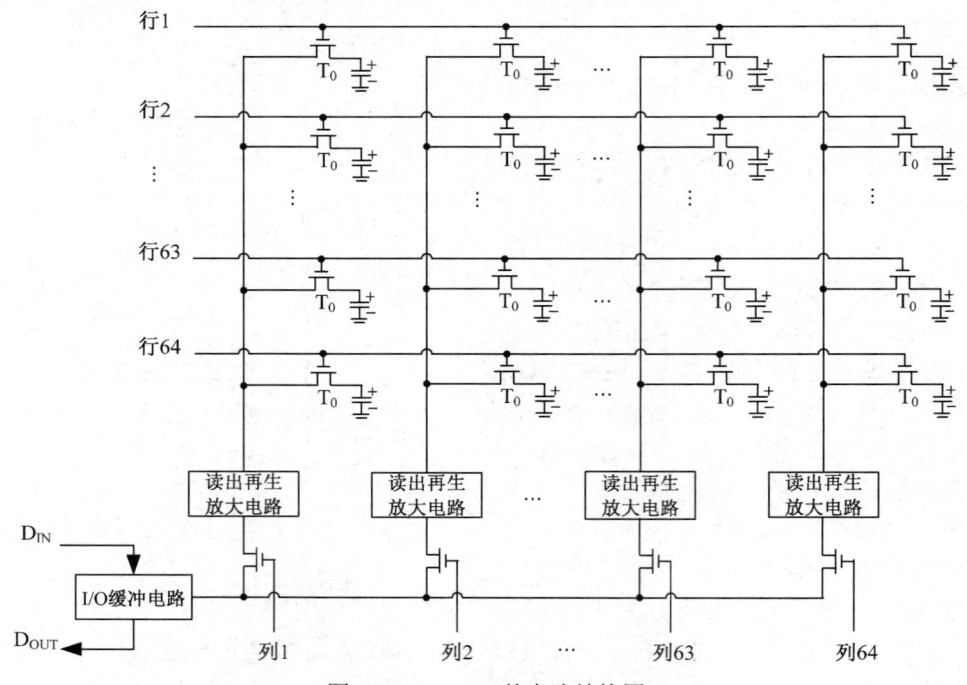

图 5-12　DRAM 的电路结构图

DRAM 的刷新方式一般有三种：

第一种，分散刷新方式。早期微处理器在每个取指周期的后半周期内，由刷新地址产生器按顺序循环发出一个行地址，每次对 DRAM 刷新一行。由于 CPU 总是在不断地取指令并执行程序，所以能保证 DRAM 的准时刷新。

第二种，集中刷新方式。在 DRAM 刷新间隔内的一小段时间内，CPU 禁止读/写访问 DRAM，而是专门刷新 DRAM。

第三种，异步刷新方式。在规定时间内每次对 DRAM 刷新一行。例如，MCM414256 芯片必须在 8ms 之内将所有存储单元刷新一遍，若 DRAM 共有 512 行，则 MCM414256 的行刷新间隔为 8ms/512 行 =17.6μs，即每 17.6μs 刷新一行。在刷新周期内，CPU 禁止读/写访问 DRAM。

4．内存条的技术规格

主板上内存条的插座分为单面接入内存模块（SIMM）、双面接入内存模块（DIMM）和小型双面接入内存模块（SO-DIMM）。台式微机采用 Unb-DIMM 内存插座，笔记本电脑采用微机的 SO-DIMM 内存插座，PC 服务器采用 REG-DIMM 内存插座。

微机内存条的主要技术规格如表 5-6 所示。

表 5-6　微机内存条的技术规格

内存类型	插座类型	信号引脚数	带宽速度/（GB/s）	适应微机	工作电压/V	应用情况
SDRAM	DIMM	168	1.6	Pentium～Pentium Ⅲ	3.3	已淘汰
DDR SDRAM	DIMM	184	3.2	Pentium 4	2.5	已淘汰
DDR 2	DIMM	240	8.5	Core/Pentium D	1.8	趋于淘汰
DDR 3	DIMM	240	17	Core 2	1.5	主流产品
DDR 4	DIMM	380	25.6	主流微机	1.2	主流产品
DDR 5	DIMM	380	32	主流微机	1.1	推广产品

表 5-6 中有关内存类型的解释如下。

SDRAM（Synchronous Dynamic RAM）：同步动态随机存取存储器。

DDR SDRAM（Double Data Rate SDRAM）：双倍速率 SDRAM。DDR SDRAM 是 SDRAM 的升级版本，因此也称为 SDRAM 2。随后推出了 DDR 2（第二代）和 DDR 3（第三代）内存条。现在面向市场的内存条有 DDR 4（第四代）和 DDR 5（第五代），其最高存储容量均达到了 32GB。不过，二者的区别有以下 3 个方面。

① 带宽速度方面。

DDR 5 与 DDR 4 相比，改进的 DDR 5 将实际带宽速度提高 36%，目前 DDR 5 的带宽速度达到 32GB/s，而 DDR 4 的带宽速度是 25.6GB/s。DDR 4 台式电脑内存条如图 5-13 所示。

图 5-13 DDR 4 台式电脑内存条

② 工作频率方面。

DDR 4 的最低工作频率为 1600MHz，最高工作频率为 3200MHz，而 DDR 5 的工作频率可达 4800MHz 及以上，最高达到 6400MHz。

③ 单片芯片存储容量方面。

DDR 4 单片芯片存储容量目前主要为 4GB，单条内存的最大容量达到 128GB，而 DDR 5 单片芯片存储容量超过 16GB，单条内存可以达到更高的容量。

5.2.5 只读存储器

1. 掩膜式只读存储器

制造商在制作掩膜式 ROM 时，根据对存储内容的要求设计出相应的掩膜板，用掩膜板进行编程，制作完成的 ROM，用户只能读出，不能修改，因此不适合开发者使用。

2. 可编程只读存储器

可编程只读存储器（PROM）只能写入一次。例如，存储元由一只三极管组成，有熔点较低的熔丝串接在每只存储三极管的某一电极上，如串接在发射极上，如图 5-14 所示。在编程之前，存储信息全为 0 或全为 1，当编程写入时，外加比工作电压高的编程脉冲电压 V_{CC}，根据需要使某些存储三极管通电，由于此时发射极电流比正常工作电流大许多，于是熔丝熔断开路，一旦开路，就无法恢复连通状态，所以只能编程一次。

图 5-14 可编程只读存储器的存储元

3. 紫外线擦除可编程只读存储器

Intel 27 系列 EPROM 芯片很多，有 Intel 2716、2732、2764、27128、27256 等型号，它们的存储容量分别是 2KB、4KB、8KB、16KB、32KB。

EPROM 的基本存储单元大多采用浮置栅场效应管，简称 FAMOS。FAMOS 有 P 沟道和 N

沟道两种，其中，P 沟道 FAMOS（见图 5-15）与绝缘栅增强型 P 沟道金属氧化物半导体（MOS）三极管有些相似。不过，P 沟道 FAMOS 没有引出栅极，其结构示意图如图 5-15（a）所示。P 沟道 FAMOS 的栅极由多晶硅构成，多晶硅被绝缘的 SiO_2 包围，并置于浮动状态。在初始状态下，浮置栅上没有电荷，D（漏极）与 S（源极）是断开的，在图 5-15（b）中的行线输出高电平的情况下，位线上仍然输出逻辑 1 电平。如果 S 和 N 型衬底接地，在 D 和 S 之间加上比正常工作电压高得多的脉冲式编程电压，那么在 D 与基片之间的 PN 结因施加高压而瞬间产生雪崩击穿，获得足够能量的电子会穿过 SiO_2 绝缘层，注入多晶硅。当施加的脉冲电压撤除后，多晶硅上的电子在室温和无光照的情况下会长期保留，因此，D、S 之间的正电荷形成的导通沟道会长期存在。当正常工作时，在位线上会读出逻辑 0，没有被击穿的 FAMOS 读出的仍然是逻辑 1。

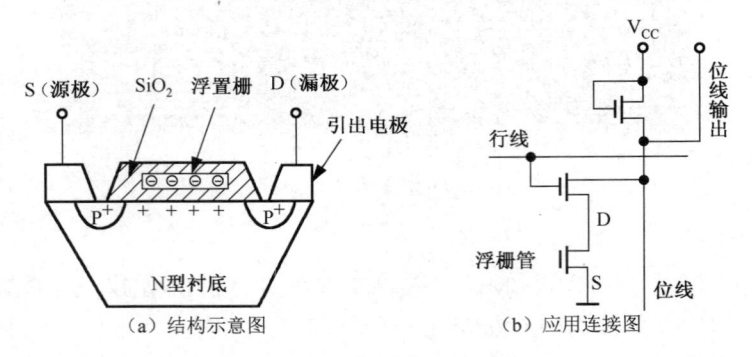

图 5-15 P 沟道 FAMOS

EPROM 芯片上有个一圆形透明的石英窗口，以便紫外线穿过透明的圆形石英窗照射到半导体芯片上。通常将它照射 10 分钟左右，浮置栅上的电子便可获得足够能量返回 N 型衬底，擦除已经存储的二进制信息（机器码程序或数据）。此时，用户可以对它进行重新编程输入，一旦编程完成，就必须用深色的物品覆盖石英窗口。

下面以 Intel 2764 芯片为例介绍其工作原理，2764 的引脚图如图 5-16 所示。

Intel 2764 是 28 脚双列直插式（DIP）封装，具有 13 位地址线 $A_{12} \sim A_0$，8 位数据线 $O_7 \sim O_0$。$\overline{CE}$ 是片选允许信号，$\overline{OE}$ 是输出允许信号，二者均为低电平有效。V_{CC} 是外加的工作电压（+5V）。V_{PP} 是编程脉冲电压，在编程时接 12~25V 电压。在对 Intel 2764 编程时，编程控制端 $\overline{PGM}$ 有效，即大约为 45ms 宽的低电平。在编程过程中，一旦 $\overline{CE}$ 变为高电平，编程就立即停止。

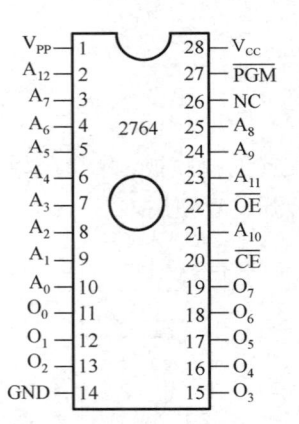

图 5-16 2764 的引脚图

Intel 2764 芯片的工作方式如表 5-7 所示。

表 5-7 Intel 2764 芯片的工作方式

工作方式	引脚					数据端操作
	$\overline{CE}$	$\overline{OE}$	$\overline{PGM}$	V_{PP}	V_{CC}	
读出	低	低	高	5V	5V	数据输出
输出禁止	低	高	高	5V	5V	高阻状态
备用	高	×	×	5V	5V	高阻状态

续表

工作方式	引脚					数据端操作
	$\overline{CE}$	$\overline{OE}$	$\overline{PGM}$	V_{PP}	V_{CC}	
编程输入	低	高	低电平（大约45ms宽）	12.5V	5V	数据输入
校验	低	低	高	12.5V	5V	数据输出
编程禁止	高	×	×	12.5V	5V	高阻状态

一般用户在编写完应用程序后，只需要通过编程器将二进制代码程序写（烧）入 EPROM 芯片，然后将 EPROM 芯片插入所开发的硬件板。在正常运行程序时，只是读取其中的程序代码或禁止读出。而开发编程器的工程师还要考虑编程输入情况，包括低电平 $\overline{PGM}$ 的宽度及编程脉冲电压 V_{PP}（+12.5V）等问题。

5.2.6 在线读/写非易失性存储器

1. 闪存存储器

闪存存储器是一种具备大容量、高速度、高存储密度、非易失性的存储器，在断电情况下能保持所存储的数据信息达 100 年之久，反复擦写可达 1 万次。

闪存单元电路的结构示意图与逻辑符号如图 5-17 所示，与上述 EPROM 浮置栅的工艺不同，它采用了双层栅结构。

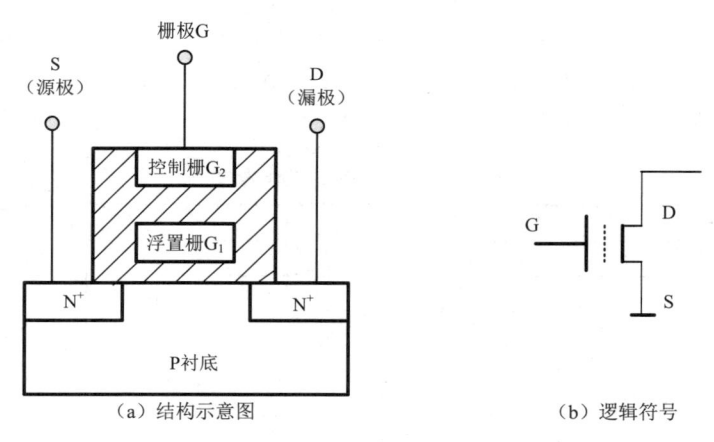

图 5-17 闪存单元电路的结构示意图与逻辑符号

1) 闪存存储器的主要特性

① 芯片内设有命令寄存器和状态寄存器，内部的控制逻辑电路控制擦除与编程等操作。

② 通过设置不同的命令，闪存存储器可以工作在不同的方式：整片擦除、按页擦除、整片编程、按页编程、字节编程等。

③ 闪存存储器可在线进行擦除和编程。

2) 闪存单元电路的结构

闪存单元电路的结构除了有一个与上述 EPROM 的浮置栅类似的浮置栅 G_1，还有一个带有引出电极的栅极 G_2，使用 P 衬底，漏极、源极是 N 掺杂，在 G_1 栅和 S 之间有一个小面积的氧化层，其厚度极薄，可产生隧道效应。

初始状态下 G_1 栅上没有聚集电荷，假设它为逻辑 1 状态。如果要将逻辑 1 状态转变为逻辑 0 状态，则需要编程来实现写 0 的操作，即在 G 栅和源极电压 V_{GS} 与 V_{DS} 上都加正电压，且 $V_{GS}>V_{DS}$。在 G 栅与源极之间，有来自源极的负电荷穿过 G_1 栅与硅基层之间的绝缘层，经过隧道向 G_1 栅扩散，使 SiO_2 所包围的多晶硅（G_1 栅）聚集负电荷，为逻辑 0 状态。

在进行读出操作时，将 V_{DS} 和 V_{GS} 都加上正常的工作电压，在正常的工作电压 V_{GS} 下，由于 G_1 栅上聚集了负电荷，因此，施加在 G_2 栅电极的电压被浮置栅电子吸收后，很难对沟道产生影响。对于 G_1 栅上没有注入电子的存储元，则会产生漏源导通电流，以此区别存储二进制信息。

如果要擦除 G_1 栅上的负电荷，只需要在 G 栅和源极之间加负电压，G_1 栅上的负电荷将向源极扩散，双层栅 MOS 管恢复到原始的逻辑 1 状态。

3）闪存芯片举例

闪存芯片的发展速度很快，型号也很多，有以 28、29、39 及 49 等开头的各种芯片，现以 28F256 为例来介绍。

DIP 封装的 28F256 芯片的引脚如图 5-18 所示，它有 32 条引脚。其中，$\overline{CE}$ 为片选信号，低电平有效；$\overline{OE}$ 为输出允许信号，低电平有效；$\overline{WE}$ 为写信号，低电平有效；$A_{14} \sim A_0$ 为 15 位地址线；$D_7 \sim D_0$ 为数据线，存储容量是 32KB。

28F256 的读出时间为 90ns，典型的字节编程时间为 10μs，整片编程写入时间是 0.5s。工作方式分为读/写存储器方式（V_{PP} = +12V）和只读存储器方式（V_{PP} = 0V），如表 5-8 所示。表 5-8 中的 V_{PPH} 为+12V，V_{PPL} 为 0V，工作电压 V_{CC} = +5V，编程脉冲电压 V_{PP} = +12V。

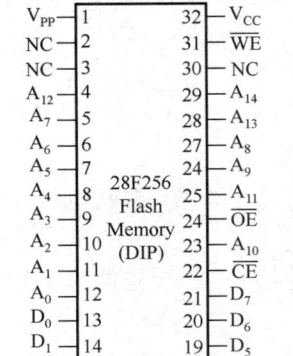

图 5-18 DIP 封装的 28F256 芯片的引脚

表 5-8 28F256 的工作方式

工作方式		$\overline{CE}$	$\overline{OE}$	$\overline{WE}$	V_{PP}	A_9	A_0	$D_7 \sim D_0$
读/写存储器方式	读出	低	低	高	V_{PPH}	A_9	A_0	数据输出（读出）
	备用	高	×	×	V_{PPH}	×	×	高阻状态
	输出禁止	低	高	高	V_{PPH}	×	×	高阻状态
	编程	低	高	低	V_{PPH}	A_9	A_0	数据输入（写入）
只读存储器方式	读出	低	低	高	V_{PPL}	A_9	A_0	数据输出（读出）
	备用	高	×	×	V_{PPL}	×	×	高阻状态
	输出禁止	低	高	高	V_{PPL}	×	×	高阻状态
	厂码标识	低	低	高	V_{PPL}	+12V	低	厂码输出（读出）
	器件标识	低	低	高	V_{PPL}	+12V	高	标识输出（读出）

图 5-19 所示为 28F256 的内部结构框图。在微处理器的控制下，向该芯片的命令寄存器写入擦除命令和编程命令，擦除和编程操作是由多步命令构成的命令序列来实现的。编程可以按字节写入、按顺序写入，也可以按指定地址写入。擦除操作是对整个芯片进行一次性擦除。

2. 电擦除可编程只读存储器

EEPROM（E^2PROM）与闪存存储器类似，它也采用双层栅结构，只不过 EEPROM 的 G_1 栅和漏极之间有一个小面积的氧化层，而闪存存储器的小面积氧化层在 G_1 栅和源极之间。该厚度极薄的氧化层可以降低势垒，在 G_1 栅和漏极之间产生隧道效应。

EEPROM 芯片种类多，应用广泛。可分为并行接口芯片与串行接口芯片，常用的有 Intel 公司生产的以 28 开头的并行 EEPROM 系列芯片，如 2816（2KB）、2864（8KB）、28256（32KB）、28512（64KB）、28010（128KB）、28020（256KB）等。

串行接口 EEPROM 芯片引脚大大减少，布线安装方便，使用价值高，但是数据串行输入/输出需要时钟脉冲配合，且编程过程有些烦琐，传输速率慢。该类芯片产品系列与品种多，以 24、25 及 93 开头的系列产品比较常见，在嵌入式系统中广泛使用串行接口 EEPROM 芯片。

下面以 Intel 公司生产的以 28 开头的并行 EEPROM 2816A 芯片为例，介绍其 DIP 封装的引脚和工作方式。

1）引脚

EEPROM 2816A 的引脚（见图 5-20）与 Intel 6264 的引脚是相似的，第一类是地址线，$A_{10} \sim A_0$，共 11 条，单向输入。第二类是数据线，$D_7 \sim D_0$，共 8 条，双向传输。第三类是控制信号，包括片选信号 $\overline{CE}$、输出允许信号 $\overline{OE}$ 及写允许信号 $\overline{WE}$，这 3 种信号都是输入信号，而且低电平有效。此外，V_{CC} 为工作电压（+5V）。

图 5-19　28F256 的内部结构框图

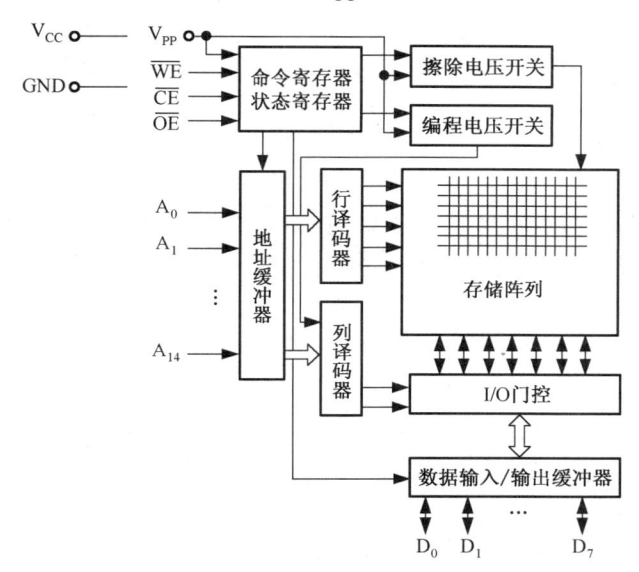

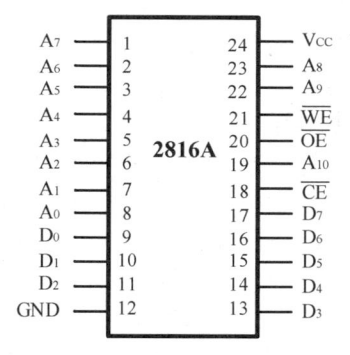

图 5-20　EEPROM 2816A 的引脚

2）工作方式

EEPROM 2816A 的工作方式（见表 5-9）可以分为 7 种情况。

第一种是读。片选信号 $\overline{CE}$ 低电平有效，选中该芯片；输出允许信号 $\overline{OE}$ 也是低电平，输出允许；写允许信号 $\overline{WE}$ 是高电平，写禁止，所以本操作是数据读出操作。

第二种是字节写入。片选信号 $\overline{CE}$ 低电平有效，选中该芯片；输出允许信号 $\overline{OE}$ 是高电平，读出无效；写允许信号 $\overline{WE}$ 是低电平，写入有效，所以本操作是数据写入操作。

当片选信号 $\overline{CE}$ 为低电平、输出允许信

表 5-9　EEPROM 2816A 的工作方式

工作方式	$\overline{CE}$	$\overline{OE}$	$\overline{WE}$	写入/读出
读	0	0	1	数据读出
字节写入	0	1	0	数据写入
写入/读出禁止	1	×	×	高阻状态
无操作	0	1	1	高阻状态
字节擦除	0	1	0	$D_{in} = V_{ih}$
全片擦除	0	+10～+15V	0	$D_{in} = V_{ih}$
禁止	1	1	0	高阻状态

号$\overline{OE}$为高电平时，写允许的一个低脉冲启动字节写入开始，芯片在写入工作之前自动擦除该字节信息，无须外部其他部件和编程高电压。一旦字节写入操作开始，芯片将自动定时直到写入完成。

在写周期内，可以通过读取所写入字节的D_7位来查询是否完成写操作。当读出的最高位与实际待写入的最高位相反时，表示尚未写完，否则已经写成功。在实际编程时，还可以用延时法来确定写操作是否完成，根据所选芯片写入的时间参数，在软件上判断写操作完成与否。

第三种是写入/读出禁止。片选信号$\overline{CE}$是无效的高电平，芯片内部的数据线与外部以无穷大的电阻脱离联系，这种状态称为高阻状态。

第四种是无操作。写入/读出均为高阻状态，虽然片选信号$\overline{CE}$有效，但$\overline{OE}$、$\overline{WE}$均无效。这种情况发生在读写周期内，可能会瞬间出现。

第五种是字节擦除。它和字节写入是一样的，只不过写入的一个字节全部是1，即FFH。如果一个字节全部被写入1，则称为擦除。

第六种是全片擦除。所有字节都变成FFH。$\overline{CE}$为有效的低电平，$\overline{OE}$接+10~+15V，$\overline{WE}$为低电平，8位数据线全部加逻辑1电平，且持续时间为10ms，芯片内部全部擦除为逻辑1状态。

第七种是禁止。当$\overline{CE}$和$\overline{OE}$为高电平，$\overline{WE}$为低电平时，芯片处于禁止状态，数据线处于高阻状态，芯片内部与外界脱离。

3．非易失性存储器芯片的应用

在微机主板上有一片基本输入/输出系统（Basic Input Output System，BIOS）芯片，BIOS芯片是固化在一片ROM芯片里面的一组程序，包括计算机最重要的基本输入/输出程序、开机后自检程序和系统自启动程序等。

通过运行BIOS芯片上的程序，可从CMOS芯片中读出原先设置的信息或写入（设置）用于对微机系统进行控制的新信息。

如果主板上的一片芯片上面印有"BIOS"字样，那么其选用的芯片类型可能是EPROM、EEPROM或闪存存储器，它们用来存放BIOS。

5.3　微型计算机中内部存储器的组织

微处理器地址总线的宽度不同，能访问存储器的容量就不完全相同。Intel系列微处理器数据总线、地址总线及可以寻址的存储器容量表如表5-10所示。

表5-10　Intel系列微处理器数据总线、地址总线及可以寻址的存储器容量表

微处理器（CPU）	数据总线宽度/位	地址总线宽度/位	存储器容量
80386EX	16	26	64MB
80386DX	32	32	4GB
80486	32	32	4GB
Pentium	64	32	4GB
Pentium Pro-Core2	64	32	4GB
Pentium Pro-Core2 （若允许扩展寻址）	64	36	64GB
64位扩展的Pentium系列	64	40	1TB

5.3.1 8位和16位微机的内存组织

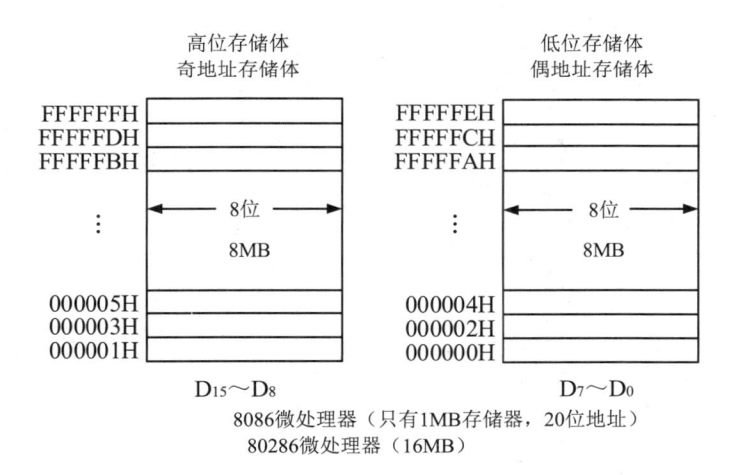

1．8位和16位数据总线的内存组织

不同微处理器组成的存储器结构是不同的，这与微处理器的内部结构（主要是外部数据总线）有关。外部数据总线有8位、16位、32位及64位，微处理器通过外部数据总线与存储器传输数据，可以按照8位（字节）、16位（字）、32位（双字）及64位（四字）方式进行。

8位数据总线的内存组织如图5-21所示。由于8088微处理器的外部数据总线只有8位，微处理器与存储器每次只能传输8位数据，存储器是按照字节编地址的，所以，8位数据总线的内存组织是一种顺序存储器。

16位数据总线的内存组织如图5-22所示，其外部数据总线共有16位（$D_{15} \sim D_0$），分为高8位（$D_{15} \sim D_8$）和低8位（$D_7 \sim D_0$），微处理器与存储器之间每次可以传输8位数据或16位数据。整个存储器被分成偶地址存储体和奇地址存储体，存储容量各占一半。当地址线$A_0 = 0$时，可以访问偶地址存储体；当高字节信号允许时，可以访问奇地址存储体。

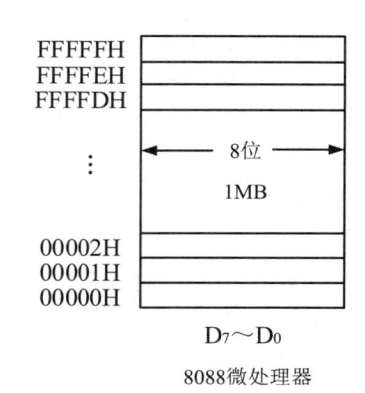

图5-21 8位数据总线的内存组织

图5-22 16位数据总线的内存组织

16位数据总线的内存组织分为两个存储体，两个存储体之间的地址是交叉的，有利于微处理器既可以访问8位数据又可以访问16位数据。

2．字、位扩展

1）片选信号及行、列地址

由于存储器芯片的容量是有限的，微机中存储器的总容量一般远大于存储器芯片的容量，因此，一个存储器系统往往由多片存储器芯片组成。在CPU与存储器芯片之间必须设有存储器芯片选择译码电路，通常由CPU的高位地址译码产生片选信号，以选择若干存储器芯片；低位地址送给存储器芯片的地址输入端，以提供存储器芯片内部的行、列地址。

2）存储器的字扩展

图 5-23 所示为存储器字扩展连接的示意图。从图中可以看出，存储器由两片 6264 SRAM 芯片组成，每片的存储容量是 8KB，两片的总存储容量就是 16KB，对存储器的字节数进行了扩展，所以称为字扩展。

图 5-23 的主要特征是：①两片 6264 SRAM 芯片各有一个片选信号，CPU 在某一时刻只能访问其中一片。②两片 6264 SRAM 芯片的数据线 $D_7 \sim D_0$ 分别对应接至 CPU 的数据线 $D_7 \sim D_0$。虽然两片 6264 SRAM 芯片的数据线对应并行连接，但是并不会产生数据混乱的问题，这是因为没有被访问的 6264 SRAM 芯片的数据输出端处于高阻状态。由于 CPU 和存储器芯片都是 8 位数据线，所以，当 CPU 与存储器芯片相连接时，如果要连接两片或两片以上 8 位数据线的存储器芯片，则必须采用这种字扩展技术。

3）存储器的位扩展

图 5-24 所示是存储器位扩展连接的示意图，与图 5-23 相比，区别有两处：①两片 6264 SRAM 芯片的片选信号连接在一起，实现两片 6264 SRAM 芯片同时被选中或同时不被选中。②两片 6264 SRAM 芯片的数据线分别连接至 CPU 数据线的高 8 位和低 8 位，这是因为 CPU 的数据线是 16 位的。

由于存储器芯片的数据线比 CPU 的数据线少，因此需要选用几片存储器芯片才能满足 CPU 数据线的宽度。图 5-24 选用两片 6264 SRAM 芯片，将 8 位数据线扩展为 16 位，这种存储器连接的方式称为位扩展。

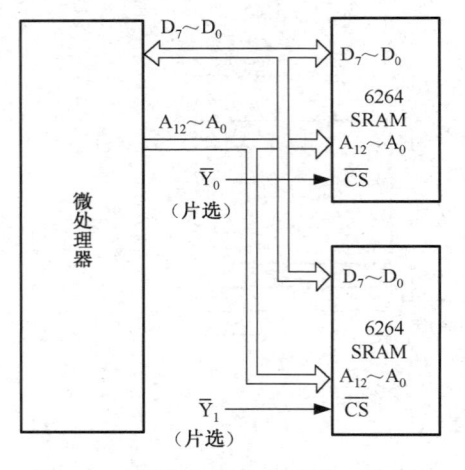

图 5-23　存储器字扩展连接的示意图 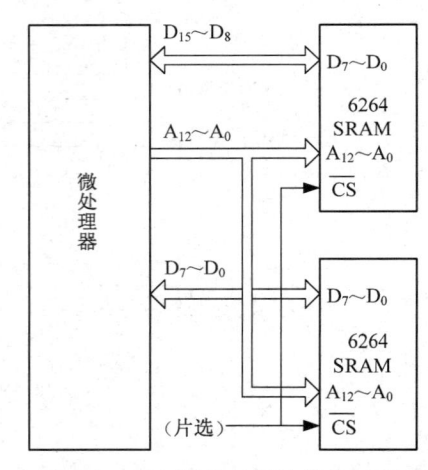　　　图 5-24　存储器位扩展连接的示意图

3. 16 位微机采用字、位扩展方式与存储器连接

下面以 8086 系统总线与 16 片 6264 SRAM 芯片的连接为例来介绍，如图 5-25 所示。在图 5-25 中，既采用了位扩展技术，又采用了字扩展技术。

8086 CPU 的引脚经过变换与驱动后，用于连接存储器芯片和接口电路，有以下几点说明：

第一，8086 CPU 总线控制器产生了新的控制信号，产生的控制信号有存储器读信号 $\overline{\text{MEMR}}$，低电平有效；存储器写信号 $\overline{\text{MEMW}}$，也是低电平有效。其实现的原理如图 5-26 所示，图中有两个混合的逻辑与门，与门指两个输入端都必须满足：带"o"的输入端必须满足低电平，不带"o"的输入端必须满足高电平，这样才能产生有效的输出。输出端带"o"，表示有效输出电平是低电平，否则，有效输出电平是高电平。

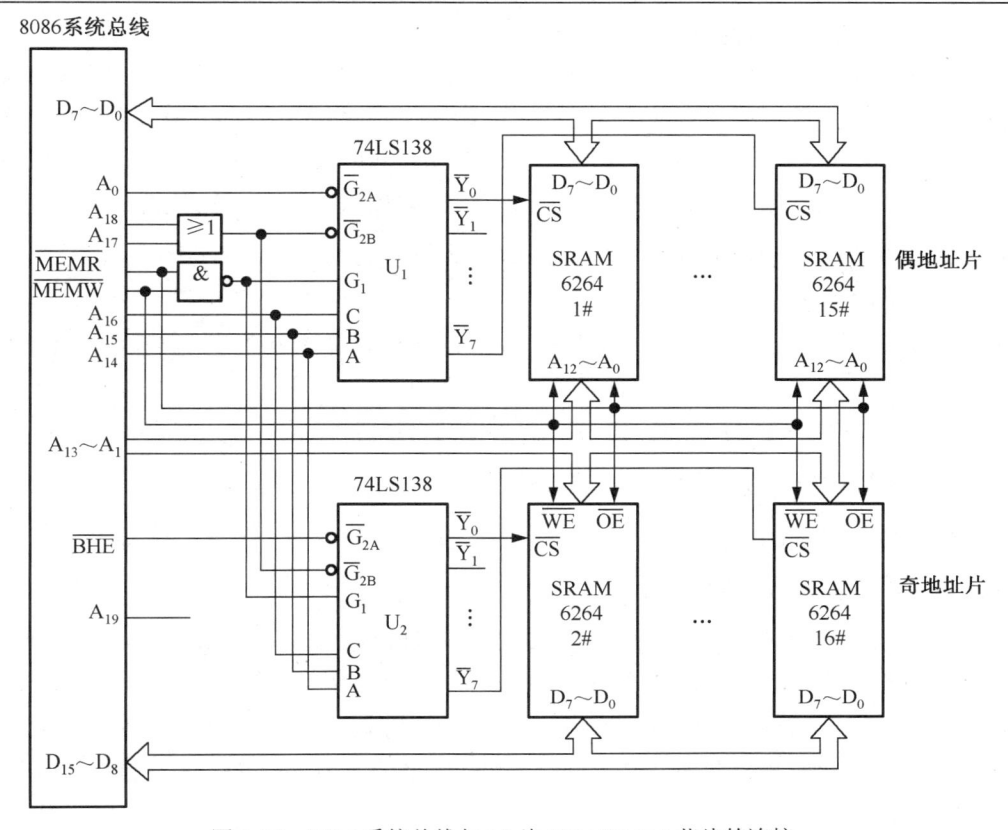

图 5-25　8086 系统总线与 16 片 6264 SRAM 芯片的连接

第二，8086 CPU 的引脚 $AD_{15} \sim AD_0$ 是地址与数据复用线，16 条引脚 $AD_{15} \sim AD_0$ 既作为地址线又作为数据线使用。在一个总线周期内，8086 系统通过地址锁存器，首先将地址信息送出 CPU，外部地址锁存器（寄存器）将地址信息寄存下来，然后将这 16 条引脚作为数据线使用，实现地址信息与数据信息的分离。

第三，系统还需要对地址线、数据线及控制线进行相应的驱动等。经变换与驱动后生成的地址线、数据线及控制线便组成了 8086 系统总线。

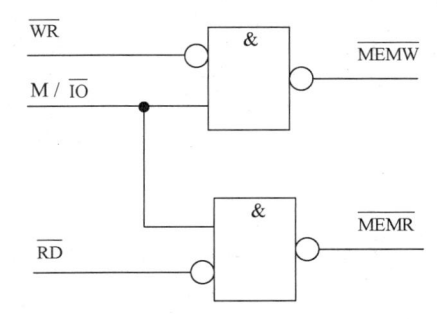

图 5-26　存储器读信号与存储器写信号实现的原理

在图 5-25 中，16 片存储容量为 8KB 的 6264 SRAM 芯片与 8086 系统总线相连接，构成了 8KB×16 = 128KB 的总存储容量，其地址范围是 00000H～1FFFFH。其中，上面 8 片 6264 SRAM 芯片的存储总容量是 64KB，64KB 存储单元的地址是 00000H～1FFFFH 内的所有偶地址，称为低位存储体；下面 8 片 6264 SRAM 芯片的存储总容量也是 64KB，其地址范围是 00000H～1FFFFH 内的所有奇地址，称为高位存储体。

（1）读/写控制线的连接。

在图 5-25 中，当存储器读信号 $\overline{MEMR}$ 或存储器写信号 $\overline{MEMW}$ 有一个为低电平时，两个 74LS138 的选通端 $G_1 = 1$，以满足译码的条件。

（2）地址线连接的原理。

根据 8086 CPU 的存储器组织，在图 5-25 中，由 U_1 与 U_2 两片 3 线-8 线译码器 74LS138 分别产生奇、偶地址存储体的片选信号。例如，U_1 译码器输出 $\overline{Y_0}$，$A_0=0$，偶地址；U_2 译码器也输出 $\overline{Y_0}$，$\overline{BHE}=1$，奇地址。$A_{19}A_{18}A_{17}A_{16}A_{15}A_{14}$ 的取值分别是 ×00000，而 $A_{13} \sim A_1$ 应该是从全 0 到全 1 的所有取值，计算出其地址范围是 00000H～03FFFH。U_1 译码器输出 $\overline{Y_0}$ 的地址范围是其中所有的偶地址，U_2 译码器输出 $\overline{Y_0}$ 的地址范围是其中所有的奇地址。

（3）数据线连接的分析。

根据 8086 CPU 的存储器组织，将偶地址存储器芯片的数据线接至系统数据总线上的低字节（$D_7 \sim D_0$），奇地址存储器芯片的数据线接至高字节（$D_{15} \sim D_8$），就可以实现 8086 CPU 只访问低字节或只访问高字节或同时访问高字节和低字节 3 种操作。

5.3.2 32 位和 64 位微机的内存组织

1. 32 位数据总线的内存组织

32 位数据总线的内存组织如图 5-27 所示。32 位地址总线（$A_{31} \sim A_2$、$\overline{BE_3}$、$\overline{BE_2}$、$\overline{BE_1}$、$\overline{BE_0}$）可寻址内存的地址范围为 00000000H～FFFFFFFFH。存储器共分为 4 个存储体，每个存储体的存储容量为 1GB。由于没有地址引脚信号 A_1A_0，因此通过增加 4 位字节选择信号 $\overline{BE_3} \sim \overline{BE_0}$ 来取代 A_1A_0 的寻址。30 位地址线要与每个存储体连接，$\overline{BE_3} \sim \overline{BE_0}$ 分别接至对应的一个存储体，依次选择最高字节 $D_{31} \sim D_{24}$、次高字节 $D_{23} \sim D_{16}$、次低字节 $D_{15} \sim D_8$，以及最低字节 $D_7 \sim D_0$。

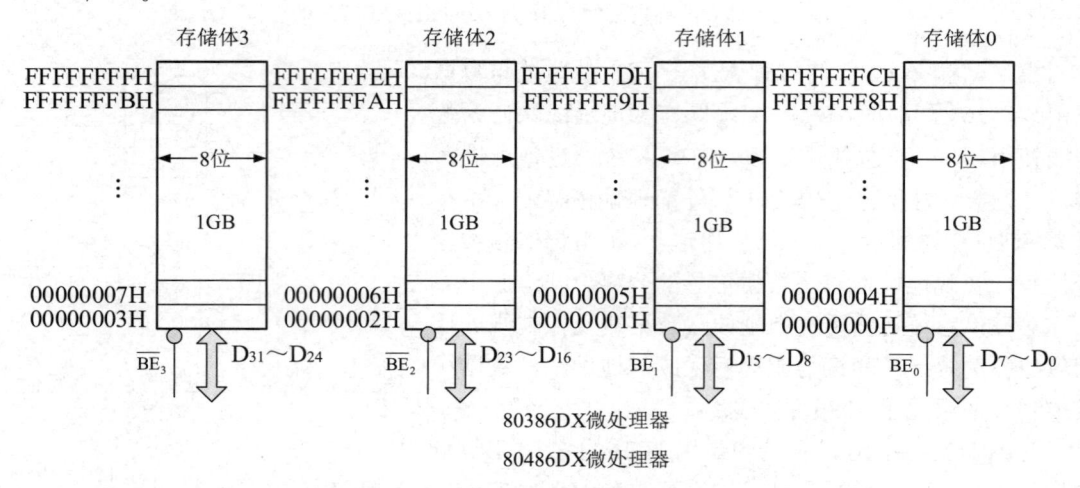

图 5-27 32 位数据总线的内存组织

从图 5-27 中可以看出，32 位数据线分为 4 字节，分别连接每个存储体。每个存储体内的地址分布都是不连续的，均间隔 3 字节地址，但相邻存储体的地址分布是连续的，构成了 4 个存储体之间的地址交叉。这不仅有利于 CPU 访问 8 位、16 位及 32 位 3 种规格的数据，而且有利于提高 CPU 访问存储器的速度。

$\overline{BE_3} \sim \overline{BE_0}$ 和字节数据传输的对应关系如表 5-11 所示。从表中可以看出，32 位数据总线的内存组织能够实现 CPU 对 8 位、16 位、32 位等不同字长数据的访问。

表 5-11 $\overline{BE}_3 \sim \overline{BE}_0$ 和字节数据传输的对应关系

| 字节允许 |||| 要访问的数据位 |||| 自动重复 |
$\overline{BE}_3$	$\overline{BE}_2$	$\overline{BE}_1$	$\overline{BE}_0$	$D_{31} \sim D_{24}$	$D_{23} \sim D_{16}$	$D_{15} \sim D_8$	$D_7 \sim D_0$	
1	1	1	0	—	—	—	√	N
1	1	0	1	—	—	√	—	N
1	0	1	1	—	√	—	$D_{23} \sim D_{16}$	Y
0	1	1	1	√	—	$D_{31} \sim D_{24}$	—	Y
1	1	0	0	—	—	√	√	N
1	0	0	1	—	√	√	—	N
0	0	1	1	√	√	$D_{31} \sim D_{24}$	$D_{23} \sim D_{16}$	Y
1	0	0	0	—	√	√	√	N
0	0	0	1	√	√	√	—	N
0	0	0	0	√	√	√	√	N

为了加快数据的传输，有三种情况会产生自动重复传输。例如，在表 5-11 的第 7 行中，当 $\overline{BE}_3$、$\overline{BE}_2$ 同时有效时，CPU 访问最高字节的存储体 3 与次高字节的存储体 2，在 $D_{31} \sim D_{16}$ 上传输 16 位数据，但是，在 $D_{15} \sim D_0$ 上形成了重复传输。再如，当仅 $\overline{BE}_3$ 有效时，CPU 在 $D_{31} \sim D_{24}$ 上传输数据的同时，在 $D_{15} \sim D_8$ 上重复传输 $D_{31} \sim D_{24}$ 上的数据。

2．64 位数据总线的内存组织

64 位数据总线的内存组织如图 5-28 所示。

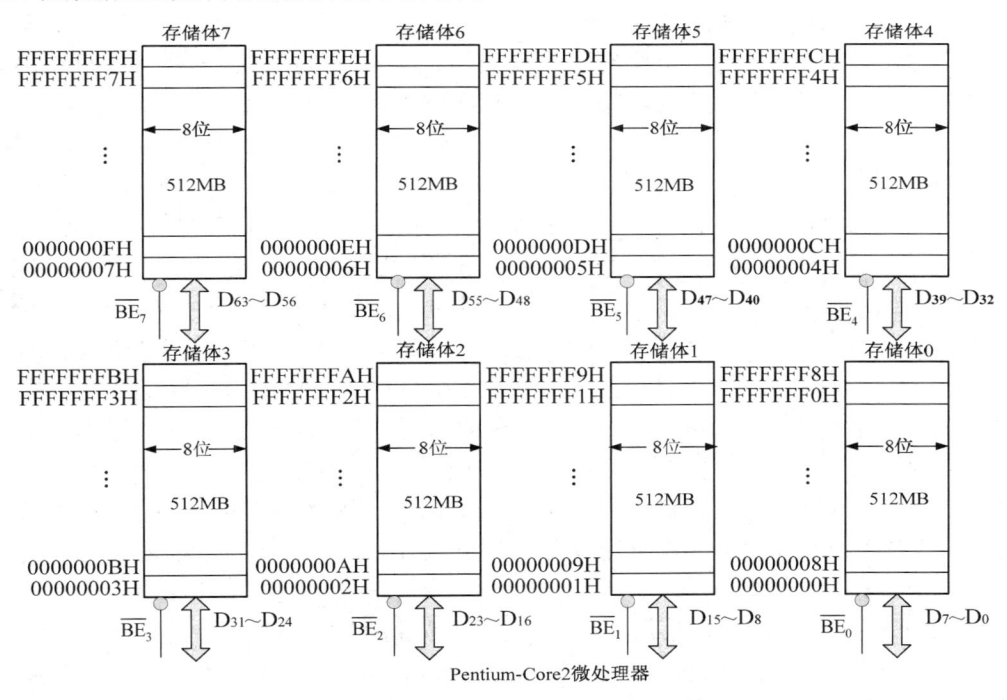

图 5-28 64 位数据总线的内存组织

Pentium 系列微处理器的外部数据总线为 64 位，64 位外部数据总线的内存组织分为 8 个存储体，每个存储体的数据宽度仍然为 8 位（1 字节），因此，有 8 个字节选择信号 $\overline{BE}_7 \sim \overline{BE}_0$，分别用于控制每个存储体。Pentium 系列微处理器的地址总线没有设置 A_2、A_1 和 A_0，而是使用 $\overline{BE_7} \sim \overline{BE_0}$ 来代替 A_2、A_1 和 A_0。如果 Pentium 系列微处理器用 32 位地址对内存寻址，那么可寻址的最大存储空间是 4GB，每个存储体的存储容量只有 512MB。

64 位外部数据总线能保持与 32 位微处理器兼容，因此 Pentium 系列微处理器满足单字节、双字节、4 字节及 8 字节数据位的传输。当使用单字节传送指令时，单字节数据的地址可以是任意地址；当使用双字节传送指令时，双字节数据常以偶地址作为低 8 位数据的地址；当使用 4 字节传送指令时，4 字节数据常以低 2 位地址为 0 作为低 8 位数据的地址；当使用 8 字节传送指令时，8 字节数据以低 3 位地址为 0 作为低 8 位数据的地址。

综上所述，由于 CPU 的数据线有 8 位、16 位、32 位、64 位等几类，所以相应存储器的结构分为单存储体、2 存储体、4 存储体、8 存储体等。

5.4 高速缓冲存储器

5.4.1 Cache 的基本原理

微机系统的高速缓冲存储器（Cache）一般分为 2 级或 3 级，其中，一级缓存（L1 Cache）的存储容量基本在 4KB 到 64KB 之间，二级缓存（L2 Cache）的存储容量分为 128KB、256KB、512KB、1MB、2MB 等，三级缓存（L3 Cache）的存储容量一般为 2～12MB。

1．Cache 的结构

设置 Cache 的目的是使内存的平均访问时间尽可能接近 Cache 的访问时间，保证在大多数情况下，CPU 访问 Cache 而不访问内存。Cache 解决了 CPU 与内存之间速度不匹配的问题，提高了系统访问存储器的总体速度。Cache 系统的结构如图 5-29 所示。

从高速缓存所处的位置来看，在 CPU 与内存之间的主板上设置了基于 SRAM 的高速缓存，习惯上称为 L2 Cache，在 CPU 内部也设置了高速缓存，习惯上称为 L1 Cache。设置 Cache 可以达到如下目的：CPU 大多数的内存申请都发生在 CPU 内部，只有少数的内存申请与 L2 Cache 及内存打交道，在与 L2 Cache 及内存打交道的过程中，大多数的申请与 L2 Cache 打交道，所以，只有极少数的申请必须与内存打交道。

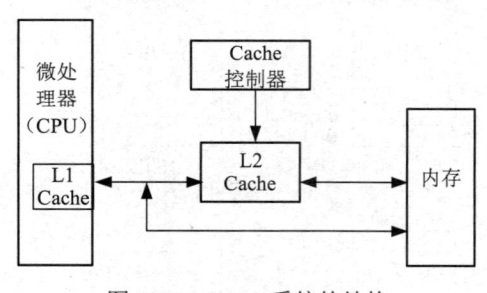

图 5-29 Cache 系统的结构

从图 5-29 中可以看出，一个 Cache 系统由 4 部分组成：内存，它由存取速度较慢的 DRAM 组成；主板上的 L2 Cache，它由存取速度很快的 SRAM 芯片来实现；CPU 内部的 L1 Cache；Cache 控制器。

使用 Cache 技术构成的存储器系统既有大容量慢速的 DRAM 芯片，又有小容量快速的 SRAM 芯片。在 CPU 与内存之间，设置了小容量快速的 SRAM 面向 CPU，用于存放 CPU 当前要执行的程序和要处理的数据。通常，CPU 要执行的程序（指令码）和程序中要用到的数据多数时间可以在 Cache 中找到，节省了访问内存所需要的许多总线周期。Cache 的命中率取决于 Cache 的容量、Cache 控制的算法，以及 Cache 的组织方式，还与所运行的程序有关。

从读/写存储器的速度上看，Cache 可以使微机访问存储器的速度接近由 SRAM 组成的存储器系统；从存储器总容量上看，Cache 是由集成度很高的 DRAM 组成的存储器，所以，使用 Cache 构成的存储器系统兼有二者的优点。

2. Cache 命中率的分析

命中率的表达式为

$$h = \frac{N_c}{N_c + N_m} \tag{5-2}$$

式中，h 为命中率，N_c 为在某一程序执行期间 CPU 访问 Cache 的总次数，N_m 为在同一段时间内 CPU 访问内存的总次数。

设 t_m 为访问内存一次所经历的时间，t_c 为访问 Cache 一次所经历的时间，在一段时间内，h 为命中率，$1-h$ 为未命中率，引入平均访问时间 t_a：

$$t_a = ht_c + (1-h)t_m \tag{5-3}$$

经变换，命中率 h 可以表示为

$$h = \frac{t_a - t_m}{t_c - t_m} \tag{5-4}$$

由于 $t_m > t_c$，所以平均访问时间 t_a 越接近 t_c，表示 CPU 访问存储器总体所花的时间越少，访问存储器的效率越高，用 e 表示访问效率，有

$$e = \frac{t_c}{t_a} = \frac{t_c}{ht_c + (1-h)t_m} = \frac{1}{h + (1-h)r} = \frac{1}{r + (1-r)h} \tag{5-5}$$

式中，$r = t_m/t_c$，表示在一段时间内，CPU 访问内存慢于访问 Cache 的倍数，通常 r 的取值为 5～10。

5.4.2 Cache 的组织方式与置换策略

Cache 的容量比内存的容量小很多，它保存的内容只是内存中的一个子集。Cache 与内存每次交换数据均以 Cache 中的一行为单位，或者说以内存中的一个数据块为单位。Cache 与内存之间交换数据全部由硬件自动实现，在 Cache 中，被保存的内存块应选择最佳的存放方式存放到 Cache 中，以便硬件快速地自动检索，迅速判断命中与否，从而达到提高 CPU 访问 Cache 速度的目的。当 CPU 访问 Cache 未命中，并且 Cache 已满时，内存中新的数据块要置换出 Cache 中的某一行，这会涉及 Cache 的组织方式与置换策略。

Cache 的组织方式分为直接映射方式（Direct Mapping）、全相联映射方式（Fully-associative Mapping）和组相联映射方式（Set-associative Mapping）3 种。

1．直接映射方式

什么是直接映射方式呢？直接映射方式指一个内存块只能映射（复制）到规定的 Cache 的一行内，而不可能映射到其他任意一行内。

1）直接映射 Cache 的组织特征

假设内存地址有 20 位，直接映射 Cache 的组织如图 5-30 所示。从图中可以看出，内存地址的高 12 位（$A_{19} \sim A_8$）为标记，共有 $2^{12} = 4096$ 个标记，从 0 标记到 4095 标记。$A_7A_6A_5$ 为块地址，根据 000B～111B 的编码可以编 8 个块地址，即块 0～块 7，在 1MB 内存空间的每个

标记地址范围内，都有块 0~块 7。由于块地址为 3 位，因此 Cache 应设计成 2^3 行（L_0~L_7），每行中有 12 位作为标记位。$A_4A_3A_2A_1A_0$ 这 5 位地址为块内地址，每位块内地址都可以寻址 32 字节。

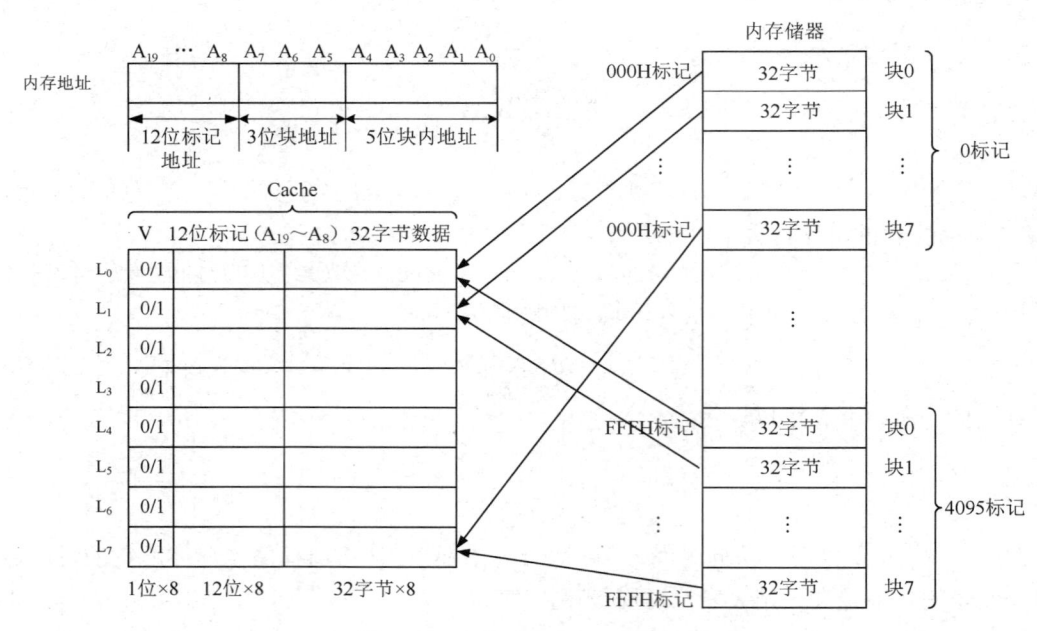

图 5-30　直接映射 Cache 的组织

2）直接映射 Cache 组织的工作原理

内存中有 4096 个标记，每个标记内有块 0~块 7，每个块 0 只能映射到 L_0 行，每个块 1 只能映射到 L_1 行，以此类推，每个块 7 只能映射到 L_7 行，这就是直接映射的原理。

当 CPU 发出物理地址访问内存时，同时将地址发给 Cache，首先由物理地址的 $A_7A_6A_5$ 直接指到 Cache 中的某一行，再由高位地址与该行中的标记进行比较。若二者符合，则 CPU 命中 Cache 中的该行。若是读操作，则根据物理地址中的 $A_4A_3A_2A_1A_0$ 5 位块内地址，找到要在该行中寻找的操作数，并进行读操作；若是写操作，则根据写 Cache 的不同策略来完成写操作。

若比较标记不相等或指定行的有效标志 V=0（无效），则由物理地址直接寻址内存，找到要寻找的字。若是读操作，则直接由此读出，并将该字所在内存块的整块按照直接映射关系复制到固定的无效行中，将标记填入标记段，同时置有效标志 V=1。若此时 Cache 的这一固定行不是无效行，则首先使有效标志 V=0，才能进行复制数据与填入标记的操作，然后置 V=1。若是写操作，则按某种写策略修改。

3）直接映射 Cache 组织的优缺点

CPU 在访问 Cache 时，根据当前 CPU 发出地址的块地址，在指定 Cache 行中仅对该标记字段进行比较，且只比较一次。比较电路简单，因此访问时间较短。

每个内存块只能复制到一个规定的行中，如果 CPU 在短时间内要访问内存中的几个块，正好这几个块的内容都只能映射到规定的 Cache 中的某一行中，那么，在这一短时间内会频繁地将该行中的数据与标记换入换出，从而降低计算机系统访问存储器的工作效率。但是，增加 Cache 的行数，扩大 Cache 的容量，可以缓解冲突的发生，提高 Cache 的工作效率。

2. 全相联映射方式

什么是全相联映射方式呢？它把内存储器划分成若干字节数量相等的数据块，内存中某一块的内容可以映射到 Cache 中的任意一行中，而不是规定的 Cache 行中。这需要每块存储的字节数与 Cache 中任意一行内能存储的字节数相等。

1）全相联映射 Cache 的组织特征

假设内存地址有 20 位，全相联映射 Cache 的组织如图 5-31 所示。

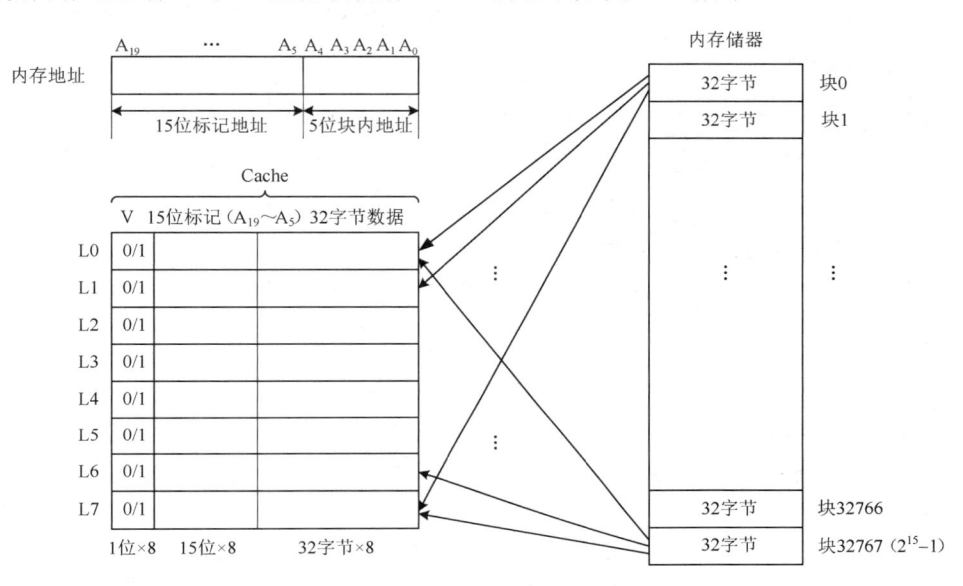

图 5-31 全相联映射 Cache 的组织

从图 5-31 中可以看出，内存地址中高 15 位地址为标记，共有 2^{15} = 32×1024 个标记，即把内存分成 32768 块（块 0～块 32767），每块有 2^5 = 32 字节。低 5 位地址为块内地址，每块有唯一的标记，即内存中高 15 位地址。

2）全相联映射 Cache 组织的工作原理

假设 Cache 有 8 行，每行的容量与内存中每块的容量是相等的，每个 Cache 行可以存放 32 字节数据。如果某个块被映射到一个 Cache 行中，则该块的高 15 位地址作为标记，同时被存放到该 Cache 行的标记位置。

当 CPU 访问内存时，其将地址发向内存，也发向 Cache，并首先与 Cache 中所有的标记同时关联比较，而不是逐行顺序比较，从而确定 CPU 访问 Cache 是否命中。

在 Cache 中每行有一个有效标志 V，当 V=1 时，该行的标记参与同时的关联比较；当 V=0 时，该行无效。例如，当初始工作时，Cache 中每行的数据都是无效的，所有 V 都为 0，无效行只有在被置换后，即填入新的一行后才能置 V = 1。

当关联比较命中 Cache 中的某一行时，由 CPU 发给 Cache 的低 5 位地址，即命中行内的 5 位块内地址找到在该行中要访问的字。若是读操作，则直接从此 Cache 行中读出数据；若是写操作，则根据写 Cache 的不同策略修改该字。

在关联比较未命中 Cache 中的某一行时，由 CPU 发出的物理地址直接寻址内存。若是读操作，则从内存直接读出该字，同时将该字所属的内存块（32 字节）整体映射到 Cache 中的某一无效行中。若此时没有无效行，则首先要根据某种算法找到一行，使其无效，置 V = 0，然后将内存中待映射到 Cache 中的某一块内容填入该行,并将标记填入标记段,置 V = 1。

3)全相联映射 Cache 组织的优缺点

全相联映射 Cache 组织与直接映射 Cache 组织的优缺点基本上可以互补。直接映射 Cache 组织有频繁换入换出的缺点,但在全相联映射 Cache 组织中,由于内存中的某一块可以映射到任意 Cache 中,而不是一个 Cache 中,因此有效解决了频繁换入换出的问题。

全相联映射 Cache 组织比较标记的电路比较复杂,在最坏的情况下,要将所有 Cache 行的标记都进行一次比较,比较电路复杂、比较时间长。解决的办法是采用小容量的 Cache。

3. 组相联映射方式

什么是组相联映射方式呢?为了克服前面两种映射方式的缺点,采用了一种折中方案,组相联映射方式将 Cache 分成 u 组,每组有 p 行,内存块存放到哪一组是固定的,至于存放到组内哪一行则是任意的。

1)组相联映射 Cache 的组织特征

设 Cache 行的总数量为 m,组号为 q,内存块号为 j,则有如下函数关系:

$$m = u \cdot p \tag{5-6}$$

$$q = j \bmod u \tag{5-7}$$

每组的行数(p)相等,行数取值一般较小,典型值是 2、4、8 等。

组相联映射 Cache 的组织如图 5-32 所示。其中,Cache 分为 4 组($u = 4$):0 组~3 组;每组两行($p = 2$):L_0 和 L_1。

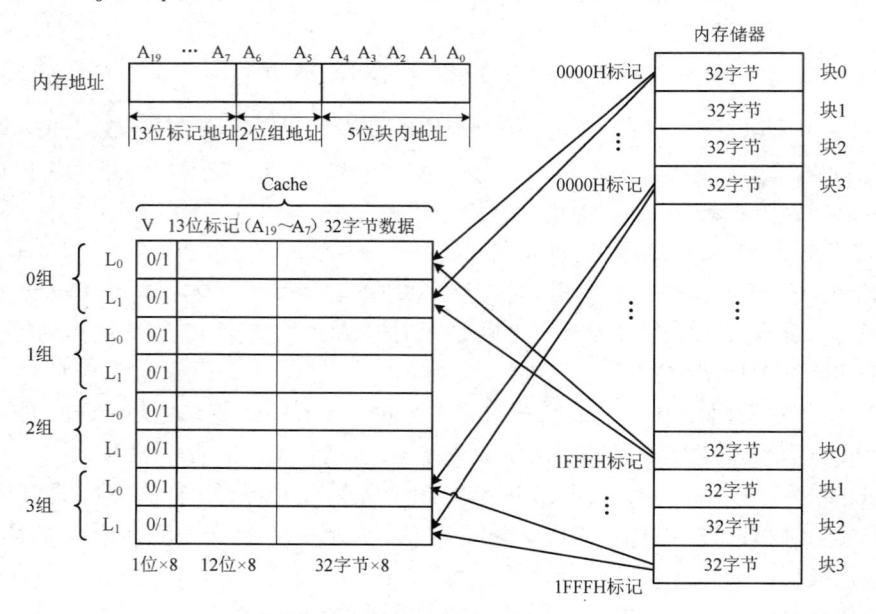

图 5-32 组相联映射 Cache 的组织

在图 5-32 中,以 20 位地址总线为例,共有 1024KB 内存容量,按每块划分 32 字节,一共可以分为 32×1024 块 = 1024×8×4 块,每 4 块取块号为块 0~块 3,这 4 块有相同的高 13 位地址(标记)和不同的 2 位组地址 A_6A_5,由组地址 A_6A_5 确定该块在哪一组,块内地址是低 5 位地址 $A_4A_3A_2A_1A_0$。

2）组相联映射 Cache 的工作原理

内存中的每块只能映射到 Cache 中的固定组，这属于直接映射方式。但是，内存中的每个块 0 只能映射到 0 组，块 3 只能映射到 3 组，这属于全相联映射方式。这是因为内存地址中 A_6A_5 直接指到 Cache 中的某一组，至于落实到组内哪一行则是任意的。内存地址的高 13 位用作标记。

当 CPU 发出物理地址访问内存时，同时将地址发送给 Cache，首先由物理地址中 A_6A_5 直接指到 Cache 中的某一组，再由高位地址与该组中的两个标记进行关联比较，若有一行的标记与高 13 位地址符合，则 CPU 命中 Cache 的该行，否则，作为未命中处理。

3）组相联映射方式的优点

由于每组行数 p 的数量不大，因此当 CPU 访问 Cache 时所需要的标记比较器和全相联映射方式相比，相对简单得多。而内存块在 Cache 组中的排放有一定的任意性，减少了直接映射 Cache 组织中发生的冲突，因此，组相联映射方式适度兼有上述两种映射方式的优点，被广泛应用于微机的 Cache 系统中。

4．两种主要的置换策略

置换策略又称置换算法，置换策略与 Cache 的组织方式有关。Cache 有两种主要的置换策略，包括最不经常使用（Least Frequently Used，LFU）算法和近期最少使用（Least Recently Used，LRU）算法。

当新的内存块需要复制到 Cache 中时，通常 Cache 中能存放该内存块的 Cache 行可能已经存放了其他内存块的内容，于是就要置换出该 Cache 行中的内容。此时需要考虑两种情况。

第一种情况：对于直接映射 Cache，因为一个内存块映射到 Cache 中的位置是规定的，所以只需要把特定位置上那一行的内容置换出来。

第二种情况：对于全相联与组相联映射 Cache，要根据某种置换算法，从允许存放新内存块的若干特定行中选取某一行，并将这一行中的内容置换出来。

1）最不经常使用算法

什么是 LFU 算法呢？它将近一段时间内被 CPU 访问次数最少的 Cache 行换出。

每个 Cache 行设有一个加计数器，新换入的 Cache 行从 0 开始计数，CPU 访问一次 Cache，被访问 Cache 行的计数器加 1，当要置换出 Cache 行时，将那些约定可以置换出的行的计数值进行比较。例如，在组相联映射 Cache 中，将约定可以置换的某一组中各行的计数值进行比较，将计数值最少的行换出，与此同时，将该行的计数器清零。

很显然，LFU 算法将计数值的比较限定在对这些特定行两次置换之间的时间间隔内。这有可能会使最新复制内存数据的 Cache 行被置换出，因此，LFU 算法不可能严格反映近期 Cache 被 CPU 访问的情况。

2）近期最少使用算法

什么是 LRU 算法呢？在 Cache 中，对每个 Cache 行设置一个加计数器，Cache 每命中一次，被命中行的计数器清零，而其他没有被命中的行的计数器加 1，显然，计数值最大的 Cache 行是近期使用最少的行。当需要置换时，比较几个特定行的计数值，将计数值最大的行置换出，这可以严格将近期被访问次数最少的行换出。LRU 算法能够保护最新复制内存数据的 Cache 行，符合设置 Cache 的目的，可以提高 Cache 的工作效率。

例如，Pentium CPU 内部两个 Cache 都采用组相联映射方式，其中，数据 Cache 采用了类似图 5-32 所示的组相联映射方式，Cache 有 128 组、每组两行，每行可以存放 32 字节的数据，这里的两行也称为两路，包含路 0 和路 1，即 0 行和 1 行。Cache 总容量为 128 组×2 路×32 字节 = 8KB。

每组有两行（2 路）高速缓存，对于 2 路组相联结构的 Cache，一个内存块只能映射到一个特定组的两行中的某一行中，用 LRU 算法来区分两行中哪一行最少使用，使用一位二进制数就可以实现，不需要通过计数器计数来确定。

具体用一位触发器的置 1 和清零两种状态来区别，设 2 路组相联映射 Cache 中每组的两行分别为 A 行与 B 行，触发器设置如下：

如果 A 行中最后复制新数据，则将此触发器置 1。

如果 B 行中最后复制新数据，则将此触发器清零。

当需要换出时，检查该触发器的状态：

如果触发器为 1 状态，则应置换出 B 行，同时触发器清零。

如果触发器为 0 状态，则应置换出 A 行，同时触发器置 1。

结论 1：LRU 算法可以保护刚复制到 Cache 中的数据行。

结论 2：LRU 算法使用到 1 组两行的 Cache 中，其硬件电路相对简单。

5.4.3　Cache 控制器 82385

1．2 路组相联的结构

82385 芯片是为 80386 系统设计的一种性能良好的 Cache 控制器，它有 132 条引脚。其中，当引脚 W/$\overline{\text{D}}$ 接地线时，82385 芯片控制 Cache 工作在直接映射方式；当其接高电平时，82385 芯片控制 Cache 工作在 2 路组相联映射方式。本节只介绍 82385 芯片控制 Cache 工作在 2 路组相联映射方式的结构与原理。

82385 芯片在 Cache 中能够通过其内部目录实现 4GB 内存和 32KB Cache 之间的映射，处理 Cache 被命中或没有被命中的情况，以及 Cache 的数据更新等。

82385 芯片控制的 2 路组相联子系统如图 5-33 所示。由图可见，Cache 容量为 32KB，分为 2 路（A 路和 B 路），每路 16KB，每路 512 组，分为 0 组～511 组，每组 32 字节，分为 8 块，每块 4 字节。

将 4GB 内存分成 16KB 大小的存储页（与 Cache 中每路的大小相等），共可以分为 256 页，即 4GB/16KB = 256 页（2^8 页）。

82385 芯片内部有两个目录表，共有 512×2 个目录项，每个目录项由 27 位组成，其中，18 位标记位是内存的页号（A_{31}～A_{14}），记录 Cache 中存放的内容是内存中的哪一页；1 位页（标记）有效位；8 位块有效位，每位标记 1 块（4 字节）。82385 芯片内部目录项的格式如图 5-34 所示。

每个存储页处于相同位置的块，只能映射到 Cache 中确定组号的对应块。但是，按照 2 路组相联 Cache 结构的思想，可以映射到两路中同一组号的相同位置（块位置），至于到底映射到哪一路，82385 芯片为 A 路和 B 路的每一对目录项配置了 1 位"近期最少使用"（LRU）位。通过此位，82385 芯片便可以判断新写入的数据是存入 A 路还是 B 路。2 路组相联的地址分配及其功能如图 5-35 所示。

图 5-33　82385 芯片控制的 2 路组相联子系统

图 5-34　82385 芯片内部目录项的格式

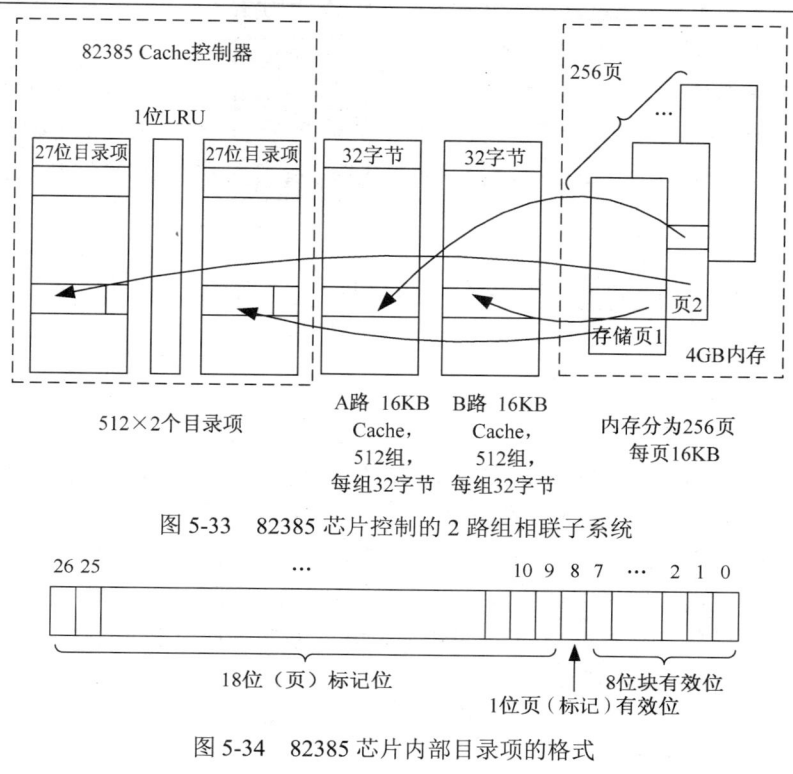

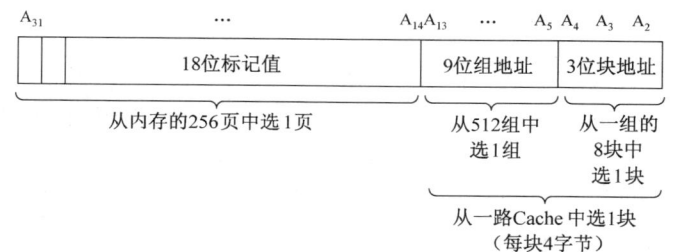

图 5-35　2 路组相联的地址分配及其功能

2. 2 路组相联的读操作

当 CPU 执行读操作时，首先将地址发向内存，同时发向 82385，82385 根据 $A_{13}\sim A_5$ 9 位组地址从 512×2 个目录项中选中一对目录项；然后用 CPU 当前发出的高 18 位地址 $A_{31}\sim A_{14}$ 与所选的这对目录项的标记进行比较，并检查两个目录项的标记有效位及块有效位。如果检测到其中有一个目录项符合命中的要求，那么，82385 将命中的某一路 Cache 中的一块送到系统数据总线上。若命中的是 A 路，则 82385 会使这一对目录项的 LRU 指向 B 路；反之，若命中的是 B 路，则 82385 会使这一对目录项的 LRU 指向 A 路。

如果读操作未命中，那么分为页未命中和块未命中两种情况：

① 若页未命中，则 CPU 从内存中读出相应的块，一方面服务代码，另一方面按照 2 路组相联的规则写入 A 路或 B 路的对应块，并且 82385 根据 $A_{31}\sim A_{14}$ 修改相应目录项的 18 位标记，块有效位置 1，另外 7 个块有效位无效，清零。

② 块未命中的主要区别是不修改目录项的 18 位标记，仅使对应的块有效位变为有效，即置 1。

3. 2路组相联的写操作

如果要写入内存的块已经映射到 Cache 中，那么产生 Cache 写命中，Cache 中命中的块和内存对应的块一起更新内容。若命中 A 路，则 82385 会使这一对目录项的 LRU 指向 B 路，反之，若命中 B 路，则 82385 会使这一对目录项的 LRU 指向 A 路。当系统复位时，目录中所有的标记有效位无效，清零。

5.5 虚拟存储机制和段、页两级管理

5.5.1 虚拟存储机制

1. 虚拟存储器

虚拟存储机制由内存、外存及微处理器中的存储管理部件（段式、页式存储管理部件）共同组成。在操作系统的管理下，使计算机系统有一个存储容量接近外存、速度接近内存速度的存储系统，这种存储技术称为虚拟存储技术。虚拟存储技术是操作系统的核心技术，虚拟存储器系统允许多个软件进程共享并使用内存储器这一容量有限的存储资源。在操作系统中，存储器管理程序的主要任务就是将有限的内存储器不断地动态分配给各活动进程。

由虚拟存储技术建立的存储器称为虚拟存储器。计算机引入了虚拟存储器系统，用户可以不必考虑内存大小的限制，当程序运行时，管理软件会及时把要用到的程序和数据从外存调入内存，使内存的容量足够大。

物理存储器取决于微处理器地址总线的数量，如果微处理器的地址总线是 32 位，那么可以寻址的最大物理存储空间为 4GB。虚拟存储器是相对物理存储器而言的，它指在程序运行过程中使用的逻辑存储空间，这一逻辑存储空间取决于程序中所使用的逻辑地址，逻辑地址也称为虚地址。例如，当在虚拟存储器系统中执行 32 位的访问存储器指令时，其中的 16 位段寄存器值和 32 位偏移地址被称为虚地址。将虚地址转换成物理地址有两种转换机制，即段式虚拟存储机制和页式虚拟存储机制，也称为段式存储管理和页式存储管理。

2. 段式存储管理

段式存储管理根据程序的逻辑结构将地址空间分成不同长度的区域，把内存分成不同大小的段来进行管理。系统按照程序将内存分段，不同程序的代码包含在不同的段中，不同任务的数据也包含在不同的段中，一个系统表驻留在一个段中，一个程序的代码、数据及堆栈必须分别安排一个段等。

每个段需要段基地址来表明该段在内存中的起始地址，还需要一个段的界限值来表明该段的长度。如果是代码段，那么还需要指出该程序的属性，如访问权的指示，以便实现对程序的保护。一个程序使用一个段表项来保存各个段的属性、起始地址及界限值等，段表项也称为段描述符。段表项存放在段表中，段表也称为描述符表。在内存中的段表是一个特殊的段，由操作系统管理。

3. 页式存储管理

段式存储管理是将存储空间分成若干长度不同的段，而页式存储管理是将存储空间分成长度相等的区域，这些区域称为页，故称为页式存储管理。一个页保存程序或数据模块的一部分。页与程序的逻辑结构没有直接的关系。

页的大小是固定的，在 386 系统中，每页的大小为 4KB。在 IA-32 系统中，可以按照 4KB 和 4MB 两种大小分页，一般按照 4KB 大小分页。一旦分页，页面的起始地址和末地址也就固定了。CPU 的程序在访问内存时使用的是逻辑地址（虚地址），如果指定地址范围在内存中，则找到对应的某一页称为实页；若没有找到，则把外存中对应的页（虚页）调入内存。

4．段、页式两级存储管理

分段、分页方式指先分段后分页，即在分段的基础上进行分页。分段所形成的 32 位线性地址不是最后的物理地址，32 位线性地址继续被分页机制进行分页。若按 4KB 大小分页，则 32 位线性地址为页目录号、页表号及页内偏移量；若按 4MB 大小分页，则 32 位线性地址为页面号和页内偏移量。

5.5.2 段、页两级管理

1．段选择器和段描述符高速缓冲存储器

1）16 位段选择器

在 IA-32 微处理器内部有 6 个段寄存器（CS、DS、ES、SS、GS、FS），段寄存器在保护方式下被定义为段选择器（Selector）。每个段选择器对应一个 64 位的段描述符，用户不可见。

16 位段选择器的 D_1D_0 位是请求特权级（Requested Privilege Level，RPL）字段，用来定义该段使用的特权级别。特权级别是为防止较低特权级别的程序访问较高特权级别程序的数据而设置的，分为 0～3 级，00 级别最高，11 级别最低。

D_2 位称为描述符表的指示位（Table Indicator，TI）。当 TI = 0 时，访问全局描述符表（GDT）；当 TI = 1 时，访问局部描述符表（LDT）。

$D_{15}\sim D_3$ 位是索引位（Index），用于记录段描述符在描述符表中的位置。

2）64 位段描述符

段描述符是在保护方式下引入的 64 位（8 字节）数据结构，存放在 CPU 内部的段描述符高速缓存器中。段描述符是从内存的段描述符表中复制到 CPU 内的，系统每次在装入段选择器时，相应的段描述符也装入 CPU 内部的段描述符高速缓存器。段描述符的格式如图 5-36 所示，段描述符中包含对应段的所有信息。在系统启动时，由操作系统生成固定格式的描述符表，在每个程序运行之前，由系统程序在描述符表中填入该程序的段描述符。

每个段描述符的格式包括以下内容：
① 32 位段基址：指示该段的基地址，用于与偏移地址相加，形成线性地址。
② 20 位段限值：指示该段的长度，用于保护存储范围。
③ 12 位属性：包括 8 位的访问权和 4 位的 GD0AVL。

图 5-36 中有 4 位的 G、D、0、AVL。其中，G 是粒度位，表示段界限长度属性。G=0，表示段的界限以字节为基本单位，20 位的界限最大长度是 1MB；G=1，表示段的界限以页为基本单位，每页 4KB，20 位的界限最大长度是 $2^{20}\times 4KB=4GB$，即 4KB～4GB。

D 是默认操作长度位，其在代码段描述符中使用时，若 D = 0，则代码段中的指令默认采用 16 位操作数和 16 位的寻址方式，这是实地址方式和虚拟方式的默认状态，指令与 8086/80286 微处理器兼容，是 16 位指令；若 D = 1，则代码段中的指令默认采用 32 位操作数和 32 位的寻址方式，这是保护方式的默认状态。

AVL 是可用（Available）位，在 IA-32 微处理器中，AVL =0，表示此段无效；AVL =1，

表示此段有效。

访问权字如图 5-37 所示，指示该段的访问权限，包括该段当前是在内存中还是在外存中、该段所在的特权级别（用来作为特权保护），以及指示该段是读写、只读还是只执行。

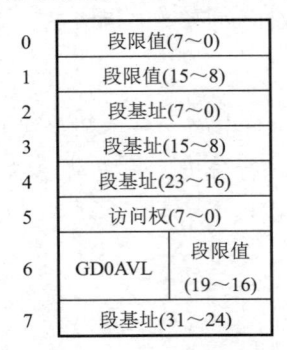

0	段限值(7～0)
1	段限值(15～8)
2	段基址(7～0)
3	段基址(15～8)
4	段基址(23～16)
5	访问权(7～0)
6	GD0AVL / 段限值(19～16)
7	段基址(31～24)

图 5-36 段描述符的格式

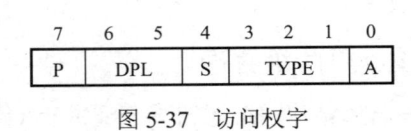

7	6 5	4	3 2 1	0
P	DPL	S	TYPE	A

图 5-37 访问权字

P = 1，表示该段在内存中；否则在外存中，需要调入内存。
DPL 描述该段的特权级别，分为 0～3 级。
S = 0，表示系统描述符。
TYPE 用于指示数据段、代码段、堆栈段读/写的类型。
S = 1，TYPE =0，表示数据段描述符或堆栈段描述符。
S = 1，TYPE =1，表示代码段描述符。
A = 1，表示已经访问过有效段；否则，表示尚未访问的有效段。

2．3个描述符表

中断描述符表（IDT）最多含有 256 个中断描述符。系统中有一个 48 位的中断描述符表寄存器，其中，32 位的基地址是全系统中仅有的一个 IDT 的基地址。

多任务操作系统下的每一个任务都有一个独立的 LDT，使每个任务的代码段、数据段和堆栈段与系统其他部分隔离开来，而与所有任务有关的公用段对应的描述符存放在 GDT 中。LDT 的基地址由 CPU 内部的局部描述符寄存器 LDTR 中存放的 32 位基地址确定。

GDT 只有一个，它包括所有任务使用的段描述符。将系统中存在的多个 LDT 看作一种特殊的段，分别对应一个描述符存放在 GDT 中。GDT 的基地址由 CPU 内部的全局描述符寄存器 GDTR 中存放的 32 位基地址确定。

段选择器与描述符表的关联如图 5-38 所示。

由图 5-38 可知，表指示位 TI = 0，将段选择器的高 13 位作为偏移地址，选择 GDT 中某一个 8 字节描述符，最多可能有 2^{13} = 8KB 个描述符，GDT 占的内存最大为 64KB。表指示位 TI = 1，在 LDT 中寻址其中的一个描述符，LDT 中同样最多可以存放 8KB 个描述符。

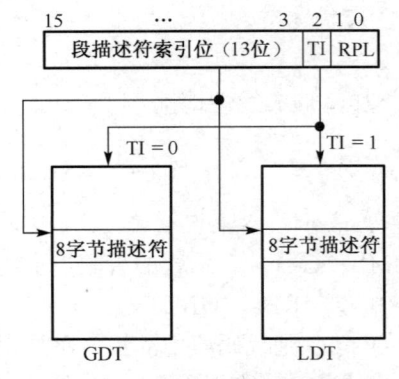

图 5-38 段选择器与描述符表的关联

3．分段地址转换

分段地址转换将程序中的逻辑地址转换为线性地址。转换的主要过程是先找到对应的描述符，然后根据描述符中的基地址转换为线性地址。

在任务发生转换之前，系统要把 LDT 中的描述符所属的段选择器的值加载到 LDTR 的段选择器字段中，当任务发生转换时，LDTR 中段选择器的高 13 位左移 3 位后作为 GDT 中的偏移地址，在 GDT 中取出该任务的 LDT 中的描述符，并装入 CPU 内部 LDTR 对应的描述符高速缓存器，于是在 LDTR 的高速缓存器中存入了当前 LDT 的基地址、表界限和属性等。

在执行 32 位指令时，将程序中的段寄存器作为段选择器，指令的偏移量与段选择器视为虚地址。虚地址转换为线性地址的过程如图 5-39 所示。如果只限于分段，那么转换为的 32 位线性地址就是物理地址。

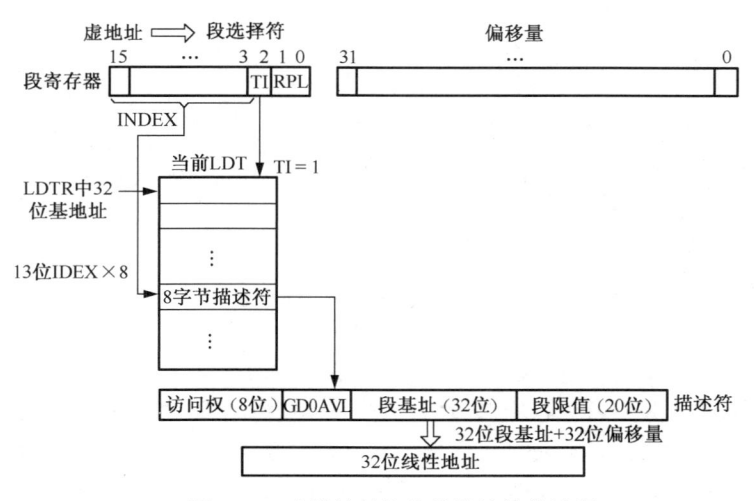

图 5-39 虚地址转换为线性地址的过程

段选择器（符）的低 2 位 RPL 用于保护高 14 位指示的段。高 14 位最多可以访问 2^{14} 个 8 字节的描述符，每个描述符中的基地址与 32 位偏移量相加，可能生成 2^{32} 个不同的地址，结论是 IA-32 微处理器在保护方式下，可允许的最大虚拟空间为 2^{14+32} = 64TB。

4．分页地址转换

IA-32 微处理器的分段部件 SU 将逻辑地址转换为 32 位线性地址，再经过分页部件 PU 进行分页，将 32 位线性地址转换为 32 位物理地址。

分页可以按照 4KB 大小分页，即 10 位的页目录号、10 位的页表号和 12 位的页内偏移量；也可以按照 4MB 大小分页，即 10 位的页面号和 22 位的页内偏移量。

分页方式是在 CPU 内部控制寄存器 CR_4 中页面长度控制位 PSE 的控制下确立的。PSE = 0，表示每页 4KB；PSE = 1，表示每页 4MB。

4MB 分页方式的地址转换过程如图 5-40 所示。IA-32 微处理器的 4MB 分页方式是，当将 32 位线性地址转换为物理地址时，把线性地址分为 2 个字段，一个是页面号，高 10 位，另一个是偏移量，低 22 位。采用单页表分页方式，由 10 位的页面号确定页表中有 1024 个页表项，每个页表项仅 4 字节，页表占 4KB。全系统只有一个页表，由 CPU 中的控制寄存器 CR_3 指向页表的基地址。

将物理内存按 4MB 一页进行划分，由线性地址的高 10 位地址确定页面号，10 位页面号左移 2 位，与控制寄存器 CR_3 中的 32 位地址相加，产生页表项的物理地址。所寻址页表项中的高 10 位为页面基地址，将此 10 位页面基地址左移 22 位，再与线性地址中的 22 位偏移量相加，最终产生32位物理地址。

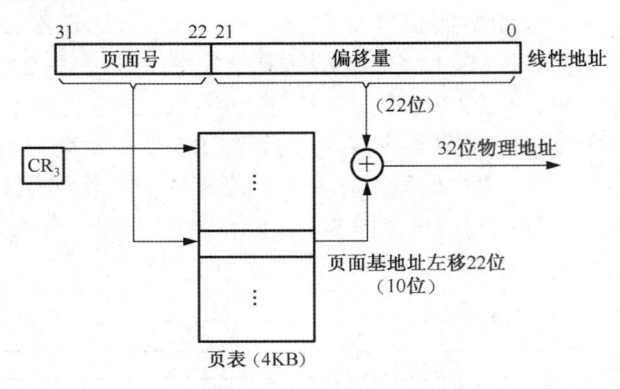

图 5-40　4MB 分页方式的地址转换过程

综合分段与分页的两个过程，就组成了既分段又分页的段、页式转换过程，实行对存储器既分段又分页的两级管理。

小结

微机系统中实现信息记忆的部件称为存储器，它是微机系统的重要组成部分。

微机系统中的存储器分为内存和外存。内存由半导体材料构成，外存有机械硬盘、固态硬盘等。

存储器芯片内部通常由三部分组成：地址译码电路、存储阵列和读/写控制逻辑电路。地址译码有单译码方式和双译码方式，双译码结构需要两条译码电路，但译码输出线大为减少，故通常被采用。

CPU 对存储器实现读操作或写操作。

常用的静态随机存取存储器（SRAM）芯片有 Intel 62 系列的 6264（8KB）、62128（16KB）和 62256（32KB）等。常用的紫外线擦除可编程只读存储器（EPROM）芯片有 Intel 27 系列的 2716（2KB）、2732（4KB）、2764（8KB）、27128（16KB）、27256（32KB）等。

闪存存储器是一种具备大容量、高速度、高存储密度、非易失性的存储器，特点是可以在线编程，应用很广。电擦除可编程只读存储器（EEPROM）与闪存存储器类似。

计算机的内存储器主要由内存条组成，而内存条主要由动态随机存取存储器（DRAM）芯片连接而成，动态随机存取存储器芯片由许多基本存储单元组成。CPU 对 DRAM 除了进行读/写操作，还必须进行定时刷新操作。

微处理器的外部数据总线有 8 位、16 位、32 位及 64 位，微处理器通过外部数据总线与存储器传输数据，可以按照 8 位（字节）、16 位（字）、32 位（双字）及 64 位（四字）方式进行。

Pentium 系列微处理器的外部数据总线为 64 位，64 位外部数据总线的内存组织分为 8 个存储体，8 个字节选择信号 $\overline{BE_7} \sim \overline{BE_0}$ 分别用于控制每个存储体。若用 32 位地址对内存寻址，则可寻址的最大存储空间是 4GB，每个存储体的存储容量只有 512MB。

设置高速缓冲存储器（Cache）的目的是使内存的平均访问时间尽可能接近 Cache 的访问时间，保证在大多数情况下，CPU 访问 Cache 而不访问内存。命中率的表达式为

$$h = \frac{N_c}{N_c + N_m}$$

Cache 的组织方式分为直接映射方式、全相联映射方式和组相联映射方式 3 种，常见的是组相联映射方式。

置换策略与 Cache 的组织方式有关。Cache 有两种主要的置换策略，包括最不经常使用算法和近期最少使用算法。

虚拟存储机制由内存、外存及微处理器中的存储管理部件（段式、页式存储管理部件）共同组成。在操作系统的管理下，使计算机系统有一个存储容量接近外存、速度接近内存速度的存储系统，这种存储技术称为虚拟存储技术。虚拟存储技术是操作系统的核心技术，虚拟存储器系统允许多个软件进程共享并使用内存储器这一容量有限的存储资源。在操作系统中，存储器管理程序的主要任务就是将有限的内存储器不断地动态分配给各活动进程。

当在虚拟存储器系统中执行 32 位的访问存储器指令时，其中的 16 位段寄存器值和 32 位偏移地址被称为虚地址。将虚地址转换成物理地址有两种转换机制，即段式虚拟存储机制和页式虚拟存储机制，也称为段式存储管理和页式存储管理。

分段、分页方式指先分段后分页，即在分段的基础上进行分页，称为段、页式两级存储管理。每页大小可以设为 4KB 或 4MB。

习题与思考题

5.1 问答题

（1）半导体存储器按照存取方式可分为哪三类？
（2）什么叫半导体存储器的存取周期？
（3）存储器的双译码结构与单译码结构相比有何优点？
（4）在线读/写非易失性存储器主要有哪些？
（5）组相联映射方式的优点是什么？

5.2 计算题

（1）已知某 RAM 芯片的存储容量为 16KB，ROM 芯片的存储容量为 8KB×8 位，两种存储器芯片的地址线和数据线分别是多少？

（2）分别用 8KB 和 16KB×8 位的 RAM 芯片构成 256KB 的存储器，各需要多少片？各需要多少条地址线？

（3）选用 512MB×4 位的 DRAM 芯片构成 32 位微机（设存储器数据总线为 32 位）的存储器，试问：
① 共需要多少片 DRAM？
② 存储器的总容量是多少？

（4）当 CPU 执行一段程序时，访问 Cache 次数 N_c = 2000，访问内存次数 N_m = 100，假设访问 Cache 的存取周期为 50ns，访问内存的存取周期为 250ns，试求命中率 h、平均访问时间 t_a 及倍率 r。

5.3 设计题

（1）将图 5-25 中 8086 总线系统与 16 片 6264 SRAM 芯片的连接改为 8086 总线系统与 16 片 62128 SRAM 芯片的连接，参照图 5-25 设计出存储器系统图。并回答：
① 存储器奇地址和偶地址的存储容量各是多少？
② 总存储容量是多少？
③ 总的地址范围是多少？

（2）在某嵌入式系统中，地址线 16 位：$A_{15} \sim A_0$，数据线 8 位：$D_7 \sim D_0$，存储器读控制线和存储器写控制线分别是 $\overline{RD}$ 和 $\overline{WR}$。求：

① 选用 2 片 6264 SRAM 芯片和 1 片 2764 EPROM 芯片，并选用 74LS138 译码器及少许逻辑器件，设计该存储器系统。

② 选用 1 片 2764 EPROM 芯片和 2 片 6264 SRAM 芯片及少许逻辑器件，设计该存储器系统。2764 EPROM 芯片的地址范围是 0000H～1FFFH，2 片 6264 SRAM 芯片的起始地址是 2000H。

③ 所设计的存储器系统的总存储容量分别是多少？

5.4 论述题

（1）简述双译码结构的原理与特点。

（2）简述单管动态存储电路中刷新操作的原理。

（3）简述闪存单元电路的结构及存储原理。

（4）简述 Cache 的主要工作原理。

5.5 思考题

（1）总结组相联映射方式的原理。

（2）分析 Pentium CPU 既分段又分页的转换过程。

第 6 章 输入/输出接口技术及中断

输入/输出接口电路是指微处理器与外部设备之间的连接电路，它可以实现输入/输出信息的锁存、缓冲，以及提供 I/O 通路等。微机接口技术是采用计算机硬件与软件相结合的方法，使微处理器与外部设备进行最佳的匹配，以便在微处理器与外部设备之间实现即时、可靠和高速有效的信息交换。本章主要介绍输入/输出接口的基本组成、端口的概念、输入/输出传送数据的几种方式，并重点介绍中断方式的输入和输出及高级可编程中断技术。

6.1 并行与串行输入/输出接口

6.1.1 常用的锁存器和缓冲器

1. 带输出缓冲器的锁存器 74LS373

锁存器具有暂存数据的能力，且通常由寄存器实现。74LS373 是一种典型的锁存器，并且输出端带有 8 个三态门，其逻辑图如图 6-1 所示。74LS373 有 20 条引脚，除电源 V_{CC}（20 号引脚）和 GND（10 号引脚）外，其他引脚序号都和信号名称标注在一起。

74LS373 的 8 个 D 触发器构成了一个电平触发的 8 位寄存器，当输入使能端 G 为高电平且 $\overline{OE}$=0 时，输出端 Q 的状态与对应的输入 D 相等；当 G 下降到低电平时，8 个 Q 端的数据被锁存，此时即使 8 个输入端状态再次发生改变，也不会影响输出端锁存的数据。

当输出允许信号 $\overline{OE}$ 为高电平时，锁存器的 8 个输出端均处于高阻状态，只有当 $\overline{OE}$ 为低电平时，8 个 D 触发器的 Q 经取反后分别送到输出端 1Q～8Q。74LS373 的功能如表 6-1 所示。

由以上分析可知，74LS373 能够锁存输入端数据，且带有输出缓冲器，缓冲器通常具有三态功能。

2. 双向三态缓冲器 74LS245

74LS245 的逻辑图与引脚图如图 6-2 所示。从图 6-2（a）中可以看出，74LS245 既可以从 A 边（A_1～A_8）传输到 B 边（B_1～B_8），也可以从 B 边（B_1～B_8）传输到 A 边（A_1～A_8）。74LS245 的功能如表 6-2 所示。

表 6-1　74LS373 的功能

G	$\overline{OE}$	D	Q
H	L	H	H
H	L	L	L
L	L	×	锁存
×	H	×	高阻状态

表 6-2　74LS245 的功能

输入		功能
$\overline{G}$	DIR	
L	L	由 B 边传输到 A 边
L	H	由 A 边传输到 B 边
H	×	隔离（两边都处于高阻状态）

缓冲器如果只能由一边传输到另一边，即单方向传输，则适合于单方向传输的信号，如 74LS373 中的输出缓冲器是单向传输；如果能够实现双向传输，且都具有三态功能，则为双向三态缓冲器。双向三态缓冲器主要用于计算机数据总线、与计算机数据总线相连接的各种接口

芯片的数据线及其他连接部件的数据线。

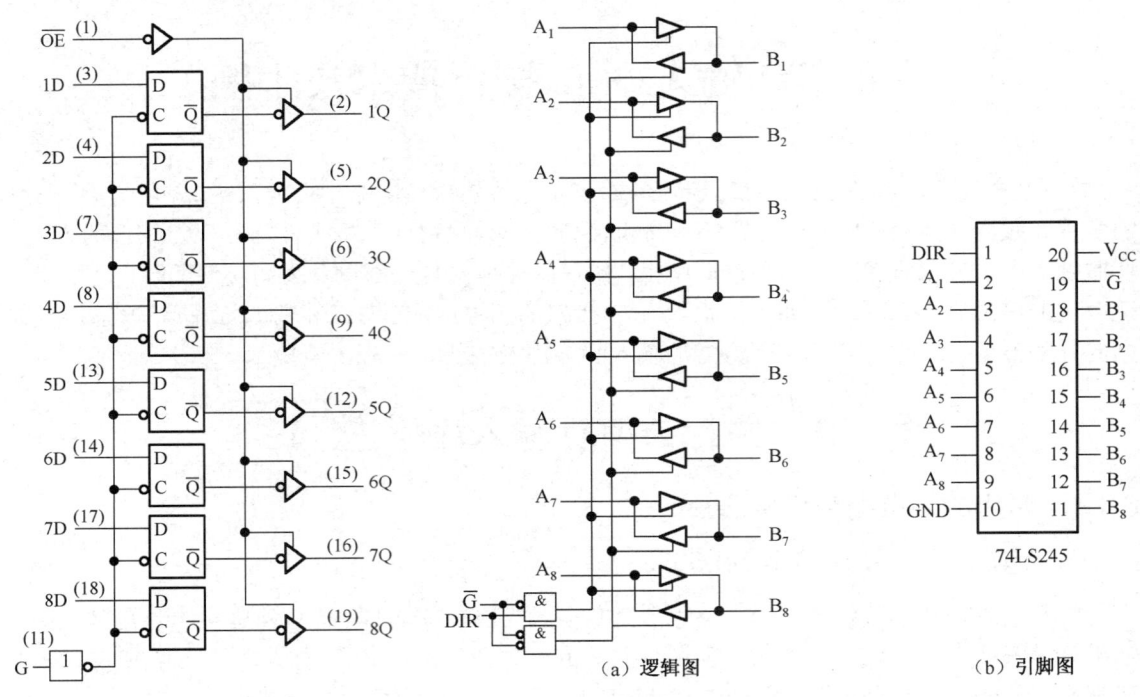

图 6-1　74LS373 的逻辑图

图 6-2　74LS245 的逻辑图与引脚图

6.1.2　基本的输入/输出接口电路

各种接口电路（芯片）由 CPU 对其进行初始化编程，并通过 CPU 实现计算机的输入与输出。因此，从接口电路的外部分析，它一方面与 CPU 相连接，另一方面根据不同功能的接口芯片，与不同的外部设备相连接。如果输入/输出接口与外部设备并行传输数据，则称为并行接口；如果输入/输出接口与外部设备串行传输数据，则称为串行接口。并行输入/输出接口电路和串行输入/输出接口电路的基本结构分别如图 6-3 和图 6-4 所示。

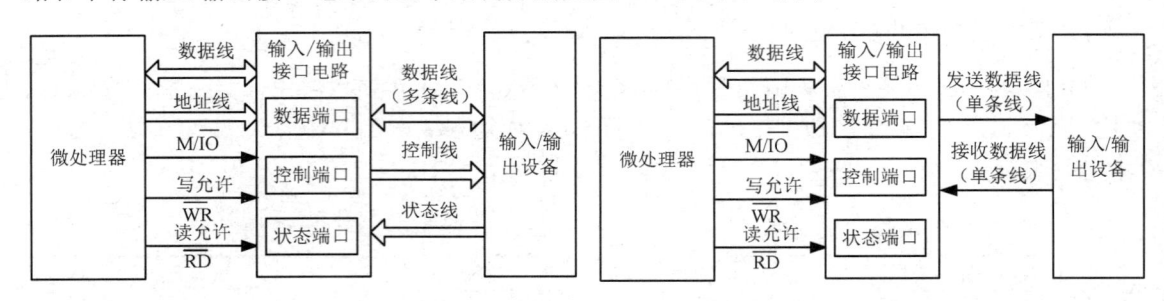

图 6-3　并行输入/输出接口电路的基本结构

图 6-4　串行输入/输出接口电路的基本结构

接口电路的内部既包含基本的输入/输出寄存器，也称为 I/O 端口，还包含各种控制逻辑电路等。

1. 输入/输出接口电路与 CPU 一侧的主要连接线

1）数据线

数据线包括 8 位、16 位及 32 位的数据线，双向传输。CPU 通过数据线对输入/输出接口电路进行初始化编程,即写入工作方式字和基本参数信息等;通过数据线向外部设备进行读数据或写数据操作;通过数据线发出命令信息,控制外设的操作;通过数据线读取外设的状态信号等。

2)地址线

CPU 地址总线上低位地址线通常与输入/输出接口电路中的地址线对应连接,在芯片被选中的前提下,CPU 通过发出的低位地址码,选择输入/输出接口电路中的某一寄存器进行读/写操作。

3)主要控制线

在 80x86 CPU 引脚上有一条控制信号线 $M/\overline{IO}$,用来区别当前 CPU 发出的地址是访问内存的地址还是访问输入/输出设备的地址。当 $M/\overline{IO}=0$ 时,CPU 发出的地址是访问输入/输出设备的地址,因此,输入/输出接口电路必须与 CPU 的引脚 $M/\overline{IO}$ 相连接。

CPU 的读允许($\overline{RD}$)、写允许($\overline{WR}$)控制信号相应接到输入/输出接口电路中的读、写控制输入端,以便输入/输出接口电路中的控制逻辑识别 CPU 是读接口中的输入寄存器,还是写接口电路中的输出寄存器。

2. 输入/输出接口电路内部的基本寄存器

由图 6-3 和图 6-4 可以看出,在输入/输出接口电路中一般具有 3 种类型的基本端口,分别为数据端口(数据寄存器)、控制端口(命令寄存器)和状态端口(状态寄存器)。

1)数据端口

数据端口用于暂时存放输入/输出的数据,起中转与缓冲数据的作用。

用于输出的数据端口:CPU 通过数据总线将待传输给外设的数据首先传输到数据输出锁存器中锁存,然后经过输出接口电路与输出设备相连接的数据线将数据传输到输出设备。

用于输入的数据端口具有数据输入锁存器,或只有数据缓冲器,或具有锁存器加缓冲器。

2)控制端口

控制端口主要由输出寄存器组成,其作用是寄存对输入/输出设备的各种命令信息。

CPU 将命令信息先通过数据总线写入输入/输出接口电路的控制端口,然后传输到输入/输出设备,以实现对外设的控制。

3)状态端口

状态端口主要由输入寄存器组成,其作用是寄存外设所处的状态信息。

CPU 通过读取状态端口的数据了解外设当前所处的工作状态。例如,如果是输入设备,那么 CPU 可以通过状态信息了解输入设备是否有等待输入的新数据;如果是输出设备,那么 CPU 可以通过读入的状态信息了解输出设备是否做好了接收 CPU 传输新数据的准备。显然,1 位的状态信息可以反映 1 个外设的两种状态,1 个 8 位的状态端口则可以反映 8 个外设的状态信息。

输入/输出接口电路中除 3 个端口外,通常还具有中断控制逻辑电路。该电路可以实现外设与 CPU 之间以中断方式进行的输入/输出,提高 CPU 的工作效率。

3. 并行接口与串行接口

并行接口与串行接口的主要区别在于输入/输出接口电路与外设的连接及传输数据的方式。输入/输出接口电路与外部设备之间使用多条数据线传输数据,一次可以传输多位二进制数,此类接口称为并行传输接口。并行传输接口往往需要以并行方式接收外设的状态信息及向外设传输命令信息。

输入/输出接口电路与外部设备之间使用单条数据线传输数据,待传输的二进制数以一位接一位的方式传输,此类接口称为串行传输接口。计算机向外设传输的命令信息、外设向计算机传输的状态信息都在相同的数据线上以某种规程串行传输。

6.1.3 输入/输出接口电路的基本功能

不同的输入/输出设备具有不同的功能,各自的输入/输出接口电路也是不同的。从接口电路的功能上看,微型计算机接口电路的基本功能有以下 7 个方面。

1. 选择设备的功能

在微机系统中通常有多个外部设备,每个外部设备中可能有多个要访问的端口(寄存器),而微处理器在某一瞬间只能对一台外部设备或一台外部设备中的某一个寄存器进行选择性读(输入)或写(输出)操作。系统对每一个寄存器分配一个地址编号,当 CPU 访问外部设备时,实质上是访问外部设备中的某一个寄存器。在接口电路中,首先要设置输入/输出端口地址译码电路,CPU 发出的地址码经译码器译码产生输入/输出设备的选择信号,用于接口电路的选通。

2. 缓冲输入/输出数据的功能

通常微处理器的工作速度很快,而外设的工作速度相对慢得多,二者的操作速度严重不匹配,因此,接口电路中通常具有输入数据锁存/缓冲器和输出数据锁存/缓冲器,用于暂时存放输入/输出数据,起到缓存数据的作用。

3. 寄存外设状态的功能

许多外设接口电路中设置了状态寄存器,专门用于存放外设所处的状态。通常 CPU 在对外设进行读/写访问之前,要通过读状态寄存器的值了解外设当前是否具备可以访问的条件,即所处的状态如何。

4. 信号电平的转换与数据宽度的变换功能

外设所提供的信号电平与接口电路中的信号电平不兼容,因此,在接口电路中要有电平转换电路,以对两种不同的电平进行转换。例如,微处理器一侧传输的是 TTL 电平,逻辑 1 是 3.6V 左右,逻辑 0 是 0.3V 左右,而微机的串行通信接口采用的是 RS-232-C 电平,逻辑 1 是 $-15 \sim -3$V,逻辑 0 是 $+3 \sim +15$V,为了保证逻辑关系不变,需要进行电平转换。

在微处理器接口一侧是以并行传输方式传输数据的。如果 CPU 与串行通信设备交换数据,那么在 CPU 与串行通信设备之间必须具有一个串行通信接口,CPU 将数据以并行传输方式与串行通信接口交换数据,而串行通信接口与外部设备的通信则以串行方式传输;反之,当串行通信接口在接收数据时,收到的是串行格式数据,该数据被接收并存入其接口电路的数据寄存器,CPU 以并行方式将数据读入 CPU。因此,这类外设的接口电路中就有数据的"并→串"转换和"串→并"转换两种功能,即数据宽度的变换功能。

5. 可编程功能

编程是向接口电路中的寄存器预先写入约定的二进制信息,也就是常说的对接口芯片进行初始化编程,以此选择接口芯片的工作方式。例如,串行通信接口芯片 8250、中断控制器 82C59A、并行传输接口芯片 8255A 等都需要预先对其实施编程操作后才能正常工作。

6. 接收和执行 CPU 命令的功能

对于简单控制电路，微处理器写入接口电路控制寄存器（称为控制端口）中的二进制信息可以直接用于对输入/输出设备进行控制。

对于较复杂的控制电路，微处理器写入接口电路控制寄存器中的二进制信息需要接口电路对其进行分析后，产生相应的控制信号，然后送往外部设备，进行相应的控制。

7. 中断处理的功能

一台微机往往具有多个外部设备，为了提高计算机系统的工作速度，各外设与微处理器处于并行工作状态。一旦某一外设要求微处理器对其进行服务，微处理器就可以通过所配置的中断接口电路暂时停止当前程序的执行，立即转去为申请服务的外设执行服务程序，从而使微处理器与所有外设可靠地处于并行工作状态。因此，微机系统中必须设置中断接口电路，如中断控制器 82C59A 在中断方式下可以管理多达 8 个外设的工作。

6.2 输入/输出端口技术

输入/输出（I/O）端口指接口电路中能被 CPU 直接读出/写入的寄存器。如前所述，寄存器中所存放的信息包含数据信息、控制信息和状态信息，所以分别被称为数据端口、控制端口及状态端口。

被 CPU 访问的寄存器分为输入寄存器（输入端口）和输出寄存器（输出端口），习惯上将它们统称为输入/输出端口。

接口电路中的每个寄存器都有一个地址编号，称为端口地址或端口号。当 CPU 访问这些寄存器时，在输入/输出周期内，微处理器必须把端口地址放到地址总线上，以便接口电路中的端口译码器对地址进行译码，实现设备选择的功能。端口地址被预先存放到输入/输出指令的地址寄存器中，当执行输入/输出指令时，由输入/输出指令中给出的地址从地址总线上发出，经接口电路中的地址译码器译码后，便可以选中输入/输出指令中所指定的寄存器进行读/写操作。因此，在编写初始化程序及相应的输入/输出程序时，只需要用某个寄存器的地址编号进行编程，就可以访问接口中指定的寄存器。

6.2.1 80x86 输入/输出端口的独立编址方式

输入/输出端口有两种编址方式：统一编址与独立编址。

从内存地址空间中划出一部分地址空间留给输入/输出设备编址，CPU 把输入/输出端口所指的寄存器当作存储单元进行访问，直接用访问内存的指令访问输入/输出寄存器，这种输入/输出端口的编址方式称为统一编址方式。

接口电路中所有的输入/输出端口统一编址，给每个端口编排一个地址，所有输入/输出端口建立的地址空间与内存地址空间是两个独立的地址空间，并没有把存储器地址与输入/输出端口地址混合在一起，这种方式称为独立的输入/输出编址（简称独立编址）方式。在这种方式下，CPU 必须用独立的输入/输出指令才能访问到输入/输出端口。80x86 微处理器采用独立编址方式，其输入/输出地址范围是 0000H～FFFFH，共有连续的 64KB 个端口地址。独立编址方式的优缺点如下。

优点：输入/输出端口不占用内存地址空间；使用专门的输入/输出指令访问输入/输出端口，输入/输出速度快。

缺点：CPU 的引脚上必须具有能够区分当前发出的地址信息是访问内存还是访问输入/输出端口的信号（M/$\overline{IO}$）。当 M/$\overline{IO}$ = 1 时，访问内存；当 M/$\overline{IO}$ = 0 时，访问输入/输出端口。在接口电路和存储器片选的译码电路中，必须将 M/$\overline{IO}$ 作为一条重要的输入信号参加译码。

6.2.2 输入/输出指令

1. 输入/输出寻址方式

16 位及 32 位微处理器访问输入/输出端口有直接寻址和间接寻址两种寻址方式。

1）直接寻址

输入/输出地址的直接寻址由输入/输出指令直接提供 8 位的输入/输出地址，地址编码是 00H～FFH，共 256 个，因此共可以访问 256 个端口，主要访问主板上的端口。

【例 6-1】 直接寻址的输入/输出指令示例。

```
IN    AL,  86H      ;将 86H 地址编号端口的内容读到 CPU 的 AL 寄存器中
OUT   24H, AL       ;将 CPU 的 AL 寄存器中的内容输出到 24H 地址编号的端口中
```

2）间接寻址

输入/输出地址的间接寻址是以 DX 寄存器中的 16 位二进制数为端口的地址，可以寻址全部输入/输出地址 0000H～FFFFH，共 64KB 个端口，每个地址对应一个端口。在微机硬件系统中，最低的 256 个端口用于直接寻址，高于 256 的端口用于间接寻址。

【例 6-2】 间接寻址的输入/输出指令示例。

```
IN    AL, DX
OUT   DX, AX
```

2. 常用的输入/输出指令

80x86 系列微机使用的是独立编址方式，按独立的输入/输出端口寻址方式进行输入/输出操作，输入/输出指令在 CPU 的累加器（AL、AX 或 EAX）和输入/输出设备之间进行数据的传输。

（1）8 位、16 位及 32 位数据的输入指令。

```
IN  AL,  port    ;从 port（端口）读一个字节到 AL 中，8 位数据，直接寻址
IN  AX,  port    ;从 port（端口）读一个字到 AX 中，16 位数据，直接寻址
IN  EAX, port    ;从 port（端口）读一个双字到 EAX 中，32 位数据，直接寻址
IN  AL,  DX      ;从 DX 寄存器所指示的端口读一个字节到 AL 中，8 位数据，间接寻址
IN  AX,  DX      ;从 DX 寄存器所指示的端口读一个字到 AX 中，16 位数据，间接寻址
IN  EAX, DX      ;从 DX 寄存器所指示的端口读一个双字到 EAX 中，32 位数据，间接寻址
```

（2）8 位、16 位及 32 位数据的输出指令。

```
OUT  port, AL    ;将 AL 寄存器中的一个字节数据输出到端口，直接寻址
OUT  port, AX    ;将 AX 寄存器中的一个字数据输出到端口，直接寻址
OUT  port, EAX   ;将 EAX 寄存器中的一个双字数据输出到端口，直接寻址
OUT  DX,   AL    ;将 AL 寄存器中的一个字节数据输出到 DX 寄存器所指示的端口，间接寻址
OUT  DX,   AX    ;将 AX 寄存器中的一个字数据输出到 DX 寄存器所指示的端口，间接寻址
OUT  DX,   EAX   ;将 EAX 寄存器中的一个双字数据输出到 DX 寄存器所指示的端口，间接寻址
```

3. 输入/输出指令的应用

使用 8 位数据传输是基本的输入/输出方式，8 位、16 位及 32 位微机都可以实现 8 位数据的输入/输出。16 位微机可以通过 AL、AX 实现 8 位、16 位数据的输入/输出。32 位微机可以实现 8 位、16 位及 32 位数据的输入/输出。

6.2.3 输入/输出端口地址的分配

1. 两个输入/输出端口地址区间

按开发使用的先后顺序，64KB 的输入/输出端口地址分为 0000H～03FFH 和 0400H～FFFFH 两个区间。

16 位和 32 位微机使用低 16 位地址的 A_9～A_0，共有 2^{10} = 1024 个端口地址（0000H～03FFH），一部分分配给系统板上的 I/O 集成芯片，如定时/计数器、中断控制器、DMA 控制器及并行接口等；另一部分分配给原 ISA 扩展槽（总线）上的接口控制卡。接口控制卡是由若干集成组件按照一定的逻辑组成的一个部件，如硬盘驱动卡、图形卡、打印卡、串行通信卡等。

在当前微机硬件系统中，0400H～FFFFH 范围内的少数输入/输出端口地址已经被使用，有些地址被系统主板上的超大规模芯片占用。例如，标准通用 PCI 到 USB 主控制器（Standard Universal PCI to USB Host Controller）占用的输入/输出端口地址是 1800H～181FH，PCI 扩展槽上的网卡占用的输入/输出端口地址是 E800H～E87FH。

在设计扩展接口时，严格禁止使用系统已经占用的地址。通过选择"控制面板"→"系统"→"硬件"→"设备管理器"命令，打开"设备管理器"窗口。单击"查看"选项卡，选择"依类型排序资源（Y）"命令，双击"输入/输出（IO）"按钮可以查看到微机输入/输出端口地址的分配情况。部分输入/输出端口地址的分配如图 6-5 所示。

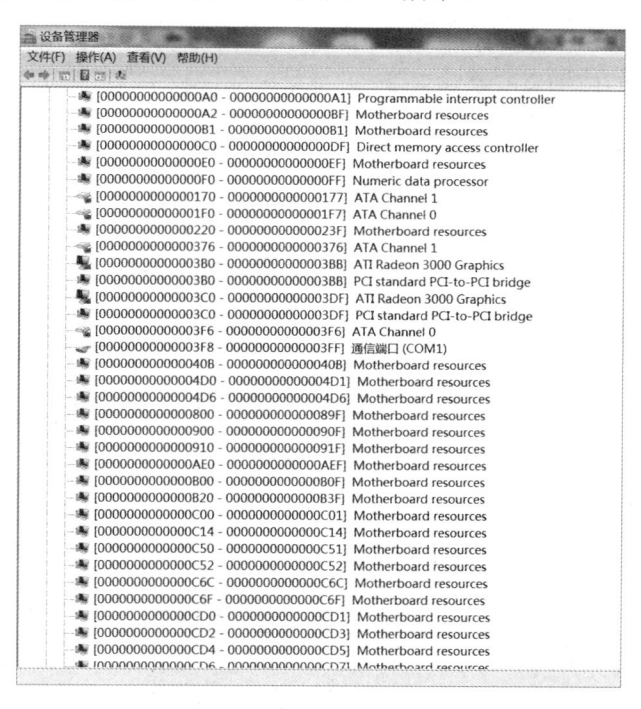

图 6-5 部分输入/输出端口地址的分配

从图 6-5 中可以看出，串行异步通信端口（COM1）的地址还是 3F8H～3FFH，由于打印机接口改为 USB 通用串行接口，所以原来的打印机（LPT1）接口地址 378H～37FH 保留。

2. I/O 基地址

I/O 基地址是指输入/输出端口地址区间中最小的那个地址。例如，一个芯片的地址范围是

300H~303H，300H 称为该芯片的基地址。

I/O 空间提供了操作系统与 I/O 设备之间的接口，外设与操作系统之间通过 I/O 基地址进行通信，操作系统中的代码能够根据 I/O 设备所占用的地址，在基地址的基础上按照增量计算出实际地址，因此，每一个外设都有单独的 I/O 基地址。

图 6-5 中的部分标准 I/O 基地址分配如下。1F0H——第一个 IDE 硬盘控制器；170H——第二个 IDE 硬盘控制器；3F8H——COM1（RS-232-C 串行通信端口 1）；378H——LPT1（并行打印口 1）；0D00H——PCI 总线。

其他微机中有 SCSI 适配卡，标准 I/O 基地址是 330H，COM2 的 I/O 基地址是 2F8H，COM3 的 I/O 基地址是 3E8H，COM4 的 I/O 基地址是 2E8H，声卡的 I/O 基地址是 220H 等。

6.2.4 16 位微机输入/输出端口地址的译码电路

16 位微机输入/输出端口地址译码采用地址总线中的低 10 位地址译码，且其中的地址线 A_1、A_0 一般不参加端口地址译码，但是，其要参加芯片内的二次译码，以便寻址接口芯片内部的寄存器。8086/8088 CPU 引脚中有一位 DMA 操作信号，当 DMA 工作时，$\overline{DEN}=1$，CPU 所发出的地址是寻址存储器的地址，而不是 I/O 端口地址，所以，只有当 $\overline{DEN}=0$ 时，端口地址译码电路才能译码。为了区分读/写端口，有时也使 $\overline{IOR}$ 和 $\overline{IOW}$ 参加译码。

【例 6-3】 译码电路分析示例。采用一片 3 线-8 线译码器 74LS138 及少量逻辑门电路，译码产生早期 PC 系统板上接口芯片的片选信号，如图 6-6 所示。其中，A_4~A_0 没有参加译码，译码输出 8 个片选信号的地址范围都包含 32 个地址。系统板上接口芯片的端口地址表如表 6-3 所示。

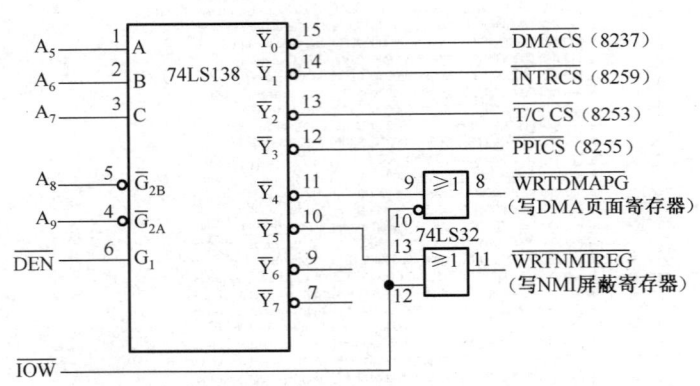

图 6-6 译码产生早期 PC 系统板上接口芯片的片选信号

表 6-3 系统板上接口芯片的端口地址表

端口地址	接口芯片或部件名称	备注
000~01FH	DMA 控制器 1	—
020~03FH	中断控制器 1	—
040~05FH	定时器 8253	—
060~07FH	并行接口（键盘接口）	其中，070~07FH 对应 RT/CMOS RAM
080~09FH	DMA 页面寄存器	—
0A0~0BFH	中断控制器 2	—
0C0~0DFH	DMA 控制器 2	—
0E0~0FFH	协处理器	—

6.2.5 32 位微机输入/输出端口地址的译码电路

在 32 位微机中设计 32 位输入/输出端口地址时,使译码产生的每一个输出占有 4 个连续输入/输出地址,可以实现 32 位数据的输入/输出,也可以将其作为 8 位或 16 位端口地址传输 8 位或 16 位数据。

如前所述,80386、80486 CPU 通过字节选择信号 $\overline{BE}_3 \sim \overline{BE}_0$ 可以访问 8 位、16 位及 32 位内存数据,也可以通过专用输入/输出指令和字节选择信号 $\overline{BE}_3 \sim \overline{BE}_0$ 访问输入/输出端口及 8 位、16 位或 32 位端口数据。

32 位微机 8 位、16 位及 32 位输入/输出端口地址的译码电路如图 6-7 所示,该译码电路可以实现 8 位、16 位及 32 位数据的输入/输出。

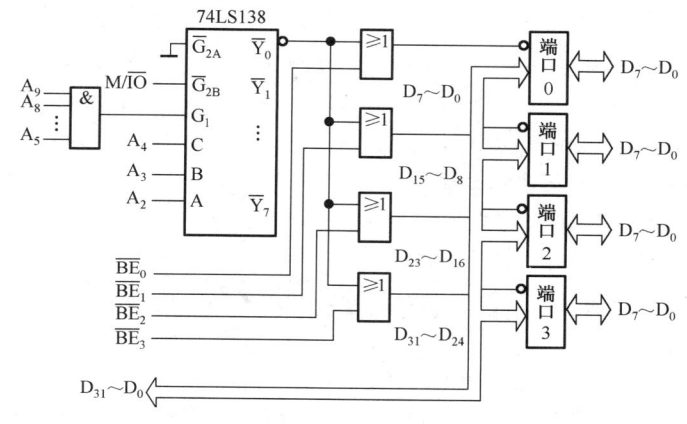

图 6-7 32 位微机 8 位、16 位及 32 位输入/输出端口地址的译码电路

在图 6-7 中,3 线-8 线译码器 74LS138 构成端口的地址译码。其中,$\overline{G}_{2B}$ 接 $M/\overline{IO}$,只有当 $M/\overline{IO}=0$ 时,才满足选通端 $\overline{G}_{2B}$ 为逻辑 0 的要求,而 $\overline{G}_{2A}$ 恒接地,恒满足译码条件。图 6-7 中除了使用以 74LS138 为核心组成的译码电路,还增加了 4 个或门,将字节选择信号 $\overline{BE}_3 \sim \overline{BE}_0$ 分别接至一个或门电路的输入端,当 $\overline{Y}_0$ 有效时,根据字节操作、字操作及双字操作 3 种不同的输入/输出指令,$\overline{BE}_3 \sim \overline{BE}_0$ 4 个字节选择信号中可以单个有效、两个同时有效或四个同时有效,以便访问 8 位、16 位或 32 位输入/输出数据。

在译码电路中,CPU 的读/写信号没有参加译码,所以,译码产生的端口地址既可以作为读端口地址,也可以作为写端口地址。8 个 32 位片选的地址范围如表 6-4 所示。

表 6-4 8 个 32 位片选的地址范围

片选	地址范围	片选	地址范围
$\overline{Y}_0$	3E0H～3E3H	$\overline{Y}_4$	3F0H～3F3H
$\overline{Y}_1$	3E4H～3E7H	$\overline{Y}_5$	3F4H～3F7H
$\overline{Y}_2$	3E8H～3EBH	$\overline{Y}_6$	3F8H～3FBH
$\overline{Y}_3$	3ECH～3EFH	$\overline{Y}_7$	3FCH～3FFH

【例 6-4】 编程实现用 $\overline{Y}_2$ 访问 8 位、16 位及 32 位外设端口的示例。

```
MOV  DX, 3E8H
OUT  DX, AL  ; BE₀ 有效,只写端口 0,有效地址是 3E8H
```

```
        OUT  DX, AX    ; $\overline{BE_1}$、$\overline{BE_0}$有效，写端口 1 与写端口 0，有效地址是 3E8 和 3E9H
        IN   EAX, DX   ; $\overline{BE_3}$～$\overline{BE_0}$均有效，读端口 3～端口 0，有效地址是 3E8H、3E9H、3EAH 和 3EBH
```

6.2.6 输入/输出保护

在 DOS 操作平台，即实模式下，用户可以使用输入/输出指令实现常见的输入/输出操作。

在 Windows 操作系统下，Windows 操作系统限制一般用户直接使用输入/输出指令或通过语句访问输入/输出端口，但可以通过执行输入/输出函数等方式来访问输入/输出端口。

Windows 操作系统在保护方式下拥有最高的特权级，但应用程序处于最低特权级。32 位微机把特权级分为 4 级，用两位二进制数 00、01、10、11 表示，其中，00 级的特权级最高，按照顺序，11 级的特权级是最低的。

32 位微处理器的标志寄存器中有一个两位的输入/输出特权字段，用来指定当前任务中的输入/输出操作处于 0～3 级特权级中的哪一级。其中，0 级特权级最高，3 级特权级最低。对于独立编址方式，只有当用两位二进制数表示的当前特权级（Current Privilege Level，CPL）大于或等于输入/输出特权级（I/O Privilege Level，IOPL），即 CPL 的数值必须小于或等于 IOPL 的数值时，输入/输出指令才能被允许执行；反之，输入/输出指令不仅不被执行，还要相应地产生一个保护异常，即保护异常（中断）处理。

6.3 输入/输出接口电路传输数据的方式

以微处理器为核心构成的输入/输出系统种类繁多，接口电路的结构与功能不同，接口的驱动程序也不同，但微型计算机输入/输出接口电路传输数据的方式一般可以归纳为 3 种：

① 程序控制输入/输出方式，简称程序方式，包括无条件输入/输出方式和查询式输入/输出方式。

② 直接存储器存取方式，即 DMA 方式。

③ 中断控制输入/输出方式，简称中断方式。

6.3.1 程序控制输入/输出方式

1. 无条件输入/输出方式

无条件输入/输出方式是一种简单的输入/输出方式，其输入/输出接口电路及软件都比较简单，所有的操作均由执行程序完成。如果是无条件输入，则输入接口电路总是准备好等待输入 CPU 的数据；如果是无条件输出，则输出接口电路总是准备好接收来自 CPU 的数据。CPU 可以随时执行输入/输出操作，无须首先查询输入/输出设备是否准备就绪。例如，在编写驱动 LCD 显示器的程序时，只需要采用无条件输出方式进行控制就可以了；在编写查询式数据传输程序时，读入外设状态信息就采用无条件输入方式。

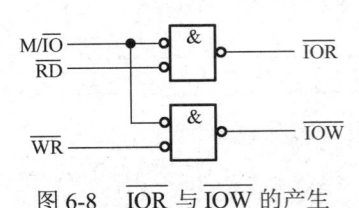

在计算机系统中，往往将 CPU 的 3 条引脚 M/$\overline{IO}$、$\overline{RD}$ 及 $\overline{WR}$ 作为输入，通过逻辑电路产生两个常用的输入/输出控制信号，即输入/输出读（$\overline{IOR}$）和输入/输出写（$\overline{IOW}$），并将这两个输入/输出控制信号提供给输入/输出接口电路作为输入/输出控制。$\overline{IOR}$ 和 $\overline{IOW}$ 的产生如图 6-8 所示。图中两个负逻辑的与门实际上是两个 2 输入的正逻辑或门。

图 6-8 $\overline{IOR}$ 与 $\overline{IOW}$ 的产生

无条件输入方式接口电路的基本结构如图 6-9 所示。在该接口电路中，设传输的数据为 8 位，由 8 个三态门组成一个输入缓冲器。当 CPU 没有读访问该外设时，这 8 个三态门均处于高阻状态；当 CPU 读访问该外设时，8 个三态门接通。当 CPU 执行输入指令时，在一个输入周期内，CPU 先发出要寻址外设的地址，经接口电路中的端口地址译码器译码后，$\overline{CS}$ 有效，然后从 M/$\overline{IO}$ 发出低电平，最后发出有效的读信号 $\overline{RD}$，于是，$\overline{IOR}$ 有效，变为低电平。

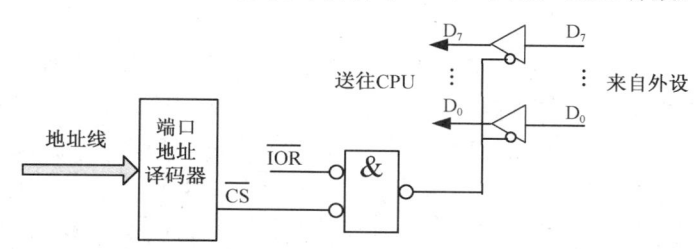

图 6-9 无条件输入方式接口电路的基本结构

在 $\overline{CS}$ 和 $\overline{IOR}$ 都为低电平的条件下，负逻辑的与门输出逻辑 0 电平，8 个三态门接通，CPU 的数据线上建立了待输入的数据，CPU 在这一个输入周期内的 T_3 时钟脉冲的下降沿，通过读 CPU 数据总线上的数据，便可以读入所选中外设的数据。

无条件输出方式接口电路的基本结构如图 6-10 所示。在该接口电路中，设输出传输的数据为 8 位，其组成主要采用一个并行输入的 8 位寄存器（锁存器），上升沿触发。

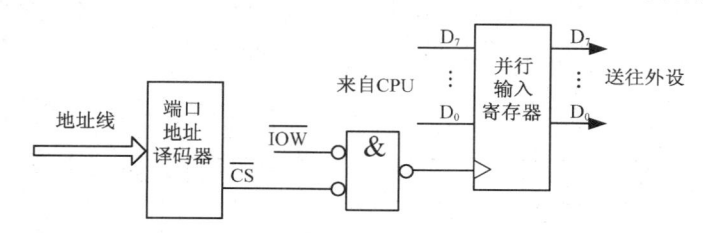

图 6-10 无条件输出方式接口电路的基本结构

当 CPU 向该接口电路写数据时，CPU 执行一个输出周期。在此周期内，M/$\overline{IO}$ = 0，CPU 首先发出地址，经端口地址译码器译码后，$\overline{CS}$ 有效。然后 CPU 将输出的数据传输到数据总线上，最后 $\overline{WR}$ 有效，使得 $\overline{IOW}$ = 0，于是负逻辑的与门输出逻辑 0 电平。当数据线上仍然存在待输出的数据时，$\overline{WR}$ 由低电平变为高电平，于是，$\overline{IOW}$ 由低电平变为高电平，负逻辑的与门输出端也由低电平变为高电平，因此 CPU 数据总线上的数据被锁存到并行输出接口电路中的并行输入寄存器中。

以上所分析的输入/输出接口电路，是计算机实现无条件输入/输出、查询式输入/输出，以及中断控制输入/输出的最基本电路，其工作原理是输入/输出操作的最基本原理。

2. 查询式输入/输出方式

查询式输入与输出方式在执行数据输入或输出之前，必须输入外设当前所处的状态信号，CPU 对状态信号进行判断后才能进行数据输入操作或数据输出操作。因此，查询式输入接口电路和查询式输出接口电路都必须具有一个状态输入端口。实际上，查询式输入接口电路有一个无条件输入的状态端口和一个数据输入端口，查询式输出接口电路也有一个无条件输入的状态端口和一个数据输出端口，其构成的基本原理分别与图 6-9 和图 6-10 类似。

1）查询式输入方式

当 CPU 采用查询方式从外设读取数据时，CPU 必须先从状态端口查询表示外设数据是否已经准备好的标志位，标志位确认已准备好后，才能执行一次数据输入操作。查询式输入程序的流程图如图 6-11（a）所示。

【例 6-5】 微机的 RS-232-C 串行通信接口有一个通信线路状态寄存器（端口地址为 3FDH）。8 位通信线路状态寄存器的 D_0 位为 1，表示串行通信接口已经接收到了一帧数据；D_0 位为 0，表示尚未接收到数据。RS-232-C 串行通信接口还有一个接收数据寄存器（端口地址为 3F8H），若要读取接收到的一帧数据（读接收数据寄存器），则必须先查询通信线路状态寄存器的 D_0 位是否为 1。

编程实现该过程的程序如下。

```
        MOV    DX, 3FDH      ;将状态端口地址传输给 DX
ZXC:    IN     AL, DX        ;读入状态信息
        TEST   AL, 01H       ;AL∧00000001B，影响 ZF 标志
        JZ     ZXC           ;如果状态标志位为 0，则转到 ZXC
        MOV    DX, 3F8H      ;将数据端口地址传输给 DX
        IN     AL, DX        ;读入数据信息
```

2）查询式输出方式

查询式输出方式与查询式输入方式类似，查询式输出程序的流程图如图 6-11（b）所示。当 CPU 采用查询方式向外设输出数据时，CPU 必须先从状态端口查询表示外设数据端口是否处于"忙"状态的标志位，标志位确认已经不"忙"后，才能执行一次数据输出操作。

（a）查询式输入程序的流程图　　　　（b）查询式输出程序的流程图

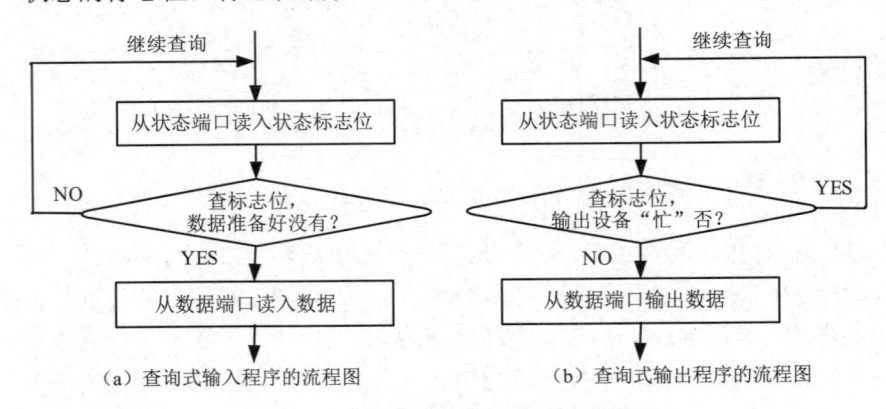

图 6-11　查询式输入/输出程序的流程图

【例 6-6】 仍然以微机的 RS-232-C 串行通信接口为例来查询微处理器送给串行通信接口的数据是否发送出去。若没有发送完成，则继续查询，否则，微处理器再次对串行通信接口赋予待发送的新字符。

8 位通信线路状态寄存器的 D_5 位为 1，表示发送保持寄存器空，通信接口可以接收下一个待发送的字符，微处理器可以向发送保持寄存器（端口地址为 3F8H）传输新字符。编写查询式发送字符的程序段，首先从状态端口读状态字，检测到 D_5 位为 1 后，微处理器才能给发送保持寄存器传输新字符。

程序如下。

```
            MOV    DX, 3FDH      ;将状态端口地址传输给 DX
REPEAT:     IN     AL, DX        ;读入状态信息
```

TEST	AL，20H	；AL∧00100000B，影响 ZF 标志	
JZ	REPEAT	；如果状态标志位为 0，则转到 REPEAT	
MOV	DX，3F8H	；将数据端口地址传输给 DX	
MOV	AL，[SI]	；从内存读取数据给 AL	
OUT	DX，AL	；向数据端口输出数据	

3）查询式输入/输出方式存在的问题

从图 6-11 中可以看出，如果外设处于没有准备好或正在"忙"的状态下，CPU 所执行的程序就会不断地查询外设状态，直到外设准备就绪。如果外设出现故障无法准备就绪，那么计算机就会出现死循环。CPU 为了服务某个外设会消耗大量时间，从而严重影响 CPU 的其他操作，大大降低 CPU 的工作效率。以上是单个外设处于查询式输入/输出方式的情况，若系统中有多个外设都工作在查询式输入/输出方式下，则 CPU 必须顺序查询每个外设，直到每个外设服务完成后，CPU 才响应其他程序的执行，系统的工作效率将会进一步降低。

因此，查询式输入/输出方式不适用于实时监控系统。

6.3.2 直接存储器存取方式（DMA 方式）

1. DMA 概述

1）DMA 控制芯片

DMA 控制芯片 82C37A 是专为 Intel 微机系统配备的外围接口芯片，它是 CHMOS 芯片，与 Intel 8237A 的功能完全相同，而且引脚引线也兼容。8237A 是 NMOS 芯片，二者仅生产工艺不同。

82C37A 的主要特点如下。

① 有 4 个各自独立的 DMA 通道。
② 所有的通道都可以各自独立地进行初始化处理。
③ 允许/禁止单独 DMA 请求控制。
④ 存储器可以直接扩展成任意数量的通道。
⑤ 在 5MHz 时钟频率下的传输速率高达 1.6MB/s。
⑥ 地址增量或减量。

2）DMA 控制器的应用

在 16 位的 IBM PC/AT 等微机系统中，采用两片 Intel 82C37A DMA 控制器级联，构成了 7 个 DMA 通道，管理并实现内存与外设之间数据的高速交换，该过程的完成由 DMA 控制器取代了 CPU。在 32 位微机系统中，将两片 82C37A 集成到南桥芯片中，构成了微机系统的 7 个 DMA 通道，32 位微机的 DMA 传输在软硬上与 IBM PC/AT 微机兼容。

82C37A 芯片由定时及控制、优先级编码器及循环优先级逻辑、命令控制及 12 个不同类型的寄存器等功能模块组成，它位于 CPU 与外设之间，是一种管理高速数据传输的接口电路。

3）DMA 控制器的作用

DMA 是在专门的 DMA 控制器（又称 DMAC）的控制下，能够实现外部设备与内存储器直接交换数据的一种 I/O 方式。在 DMA 方式下，数据的传输是不经过 CPU 的，也不经过 CPU 内部的寄存器，无须 CPU 执行 I/O 指令，而是利用系统的数据总线，由外部设备直接对内存储器写入或读出，并且可以达到很高的数据传输速率。作为 DMA 传输而启动的内存储器或输入/输出总线周期不是由 CPU 形成的，而是由 DMAC 形成的。DMA 方式通常用来传输数据块或包。例如，在 DMAC 的控制下，微机的磁盘控制器、局域网控制器等就常以数据块或包的形式来快速地与内存储器之间传输数据。

2. DMAC 82C37A 与 CPU 的接口

图 6-12 所示为 82C37A 的应用接口（82C37A 与 8237A 的功能完全相同，只是制造工艺不同）。82C37A 芯片内拥有 4 个独立的 DMA 通道，分别被称为通道 0、1、2、3。通常，总是将每个通道分别指定给一个专门的外围设备。由图 6-12 可见，该电路有 4 个 DMA 请求输入信号，标识为 $DREQ_0 \sim DREQ_3$，这 4 位请求输入信号分别与通道 0、1、2、3 相对应。在空闲状态，82C37A 不断地测试这些输入信号，以确定是否有一个是有效的。当某一外围设备欲进行 DMA 操作时，就使 82C37A 对应的请求输入信号变为 1 来产生 1 个服务请求。每个 DMA 通道都有 64KB 的寻址和字节计数能力。

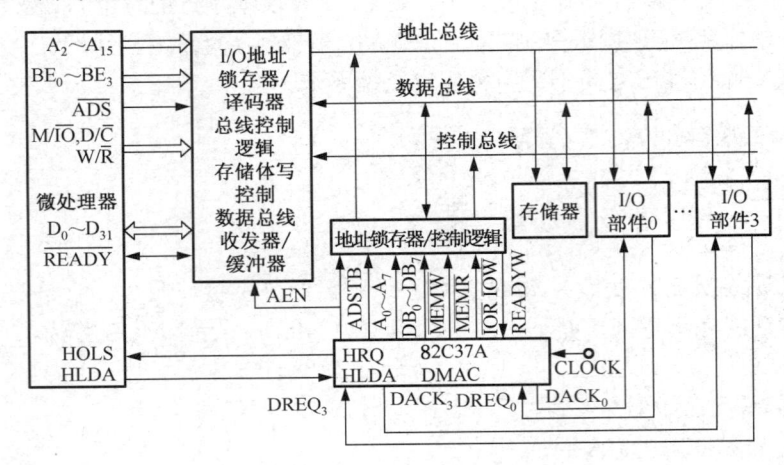

图 6-12　82C37A 的应用接口

在响应有效的 DMA 请求时，DMAC 将它的保持请求回答输出信号（HRQ）变为 1。通常，将该输出信号提供给微处理器的 HOLS 输入端，并通知微处理器 DMAC 要求获得对系统总线的控制权。当微处理器准备放弃对总线的控制权时，就使其总线信号进入高阻状态，并使保持响应的输出信号 HLDA 为 1，通过此方式将这一事实告知 82C37A 芯片。微处理器的 HLDA 信号端连接到 82C37A 芯片的 HLDA 输入端，表明目前系统总线可以由 DMAC 使用。

当 82C37A 控制系统总线时，它就通过输出一个 DMA 响应信号（DACK）来告知申请 DMA 服务的外围设备它已处于准备就绪状态。4 个 DMA 请求输入信号（$DREQ_0 \sim DREQ_3$）中的每一个信号，都有一个与其相对应的 DMA 输出响应信号（$DACK_0 \sim DACK_3$）。一旦完成了 DMA 请求/响应信号的交换过程，外围 I/O 电路就可在 82C37A 的控制之下进行对系统总线及存储器的直接访问。

在 DMA 总线周期内，系统总线是由 DMAC 控制的，而不是由微处理器控制的，由 82C37A 产生地址并形成存储器或 I/O 数据传输所需要的全部控制信号。在整个 DMA 总线周期的开始时刻，一个 16 位的地址输出到地址线 $A_0 \sim A_7$ 及数据线 $DB_0 \sim DB_7$ 上。数据线上的高 8 位地址与地址选通信号 ADSTB 是在同一时刻变为有效的，所以 ADSTB 是用于锁存地址的高 8 位进入外部地址锁存器的定时信号。这 16 位地址使 82C37A 能够直接对 64KB 的存储单元进行寻址。地址允许输出信号 AEN 在整个 DMA 总线周期内均为有效状态，即等于逻辑 1 状态，它一方面用来允许该地址锁存器，另一方面用于禁止其他电路连接到总线上。

假定要将数据从 I/O 电路传输到存储器中，82C37A 利用 $\overline{\text{IOR}}$ 输出信号来通知 I/O 电路，把数据放到数据线 $DB_0 \sim DB_7$ 上。与此同时，它利用 $\overline{\text{MEMW}}$ 信号把总线上的有效数据写入存储器。在这种情况下，数据直接从 I/O 电路传输到存储器且没有通过 82C37A 芯片。

与此类似，也可以将数据从存储器传输到 I/O 电路。在这种情况下，82C37A 先从存储器读出数据，然后把它们传输到 I/O 电路，最后将数据传输到外围设备。对于这样的数据传输方式，82C37A 芯片的 $\overline{\text{MEMW}}$ 和 $\overline{\text{IOW}}$ 控制信号有效。

82C37A 形成的从存储器到 I/O 电路、从 I/O 电路到存储器的 DMA 总线周期，均需 4 个时钟周期来完成。时钟周期的持续时间由加到输入端的时钟信号 CLOCK 上的频率决定。例如，82C37A 使用频率为 5MHz 的时钟信号，其周期为 200ns，而总线周期为 800ns。

82C37A 还能形成从存储器到存储器的 DMA 传输。在这样的数据传输中，$\overline{\text{MEMR}}$ 和 $\overline{\text{MEMW}}$ 两个信号均要被使用。与从 I/O 电路到存储器的操作不同，这种从存储器到存储器的数据传输需要占用 8 个时钟周期。这是因为要用 4 个时钟周期作为读总线周期，把数据从源存储器单元传输到 82C37A 内部的暂存寄存器，然后用另外 4 个时钟周期作为写总线周期，把数据从暂存寄存器传输到目的存储器单元。在 5MHz 时钟频率下，从一个存储器到另一个存储器的 DMA 总线周期需要 1.6μs。

3．DMAC 工作的基本过程

DMAC 工作的基本过程如下。

① 对 DMAC 初始化编程，包括输出主清除命令、设置页面寄存器、写入基地址和当前地址寄存器、写入基本字计数寄存器和当前字计数寄存器。

② 初始化编程，并写入传输方式控制字，包括是字节传输还是块传输、地址是递增还是递减等。

③ 一个 DMAC 可以控制 4 个外部设备。当 4 个外部设备同时申请 DMA 操作时，需要设置优先级别，可以是固定优先级，也可以是循环优先控制等。此外，DMAC 还可以屏蔽某外设的 DMA 请求（DREQ）。

④ DMAC 通过向 CPU 提出总线请求信号 HRQ 的方式，实现 DMAC 向 CPU 转达外设的 DMA 请求。

⑤ 接收 CPU 的总线响应信号 HLDA，并接管总线控制权。

⑥ DMAC 向提出 DMA 请求的外设传达 DMA 允许信号 DACK，于是，在 DMAC 的管理下，按照初始化编程的规定，实现外设与内存储器之间的数据交换。

⑦ 在传输过程中，要进行地址修改和字节计数。一旦传输完成，发出结束信号 HRQ，最后向 CPU 交还总线。

6.3.3 中断控制输入/输出方式

中断指外设或其他中断源中止 CPU 当前正在执行的程序，使 CPU 转向为申请中断的外设（或中断源）执行服务程序，一旦服务程序执行结束，CPU 必须返回被中断程序的断点处，继续执行原来的程序。

中断类似于程序设计中的子程序调用，不同的是引起中断的原因是随机的，而对子程序的调用是在主程序中预先安排的。子程序与中断服务程序都是预先编写好并存放在存储器中，在执行程序时，子程序可以被主程序随时调用。

中断后执行的子程序称为中断服务程序，中断服务程序是通过硬件中断请求或中断陷阱随机产生中断，经中断响应后，最后提供给 CPU 执行的程序。

图 6-13 所示为中断过程的示意图。当 CPU 还在执行主程序中的第 i 条指令时，若第 1 号外设提出申请 CPU 服务，需要 CPU 执行 1 号外设的中断服务程序，CPU 则在执行完第 i 条指令后，响应第 1 号外设的中断请求，第 $i+1$ 条指令暂时被停止执行，CPU 转向执行第 1 号外设的中断服务程序，第 $i+1$ 条指令被称为断点处的指令。第 1 号外设的中断服务程序执行完毕后，CPU 返回到主程序的断点处，继续执行第 $i+1$ 条指令。

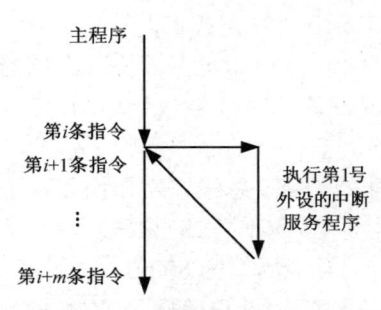

图 6-13 中断过程的示意图

从上述 CPU 服务第 1 号外设的过程可以看出，由于使用了中断技术，CPU 省去了查询第 1 号外设状态标志的时间，CPU 和第 1 号外设二者处于并行操作的状态。

中断控制方式的输入/输出是微机中常用的一门技术，采用中断技术后，CPU 能与所有的外设并行工作，及时地服务外设，并处理系统异常情况，因此，采用中断系统可以提高计算机系统的工作速度。

CPU 采用查询方式或中断方式把外设的数据读入内存或把内存的数据传输到外设。虽然利用中断方式传输数据可以大大提高 CPU 的工作效率，但是，在每次进入中断服务程序之前，以及从中断服务完成后到返回主程序之前，这两个过程需要消耗时间。具体地说，每次进入中断服务程序之前，都要有保护断点、找到中断向量及保护现场等一系列操作，执行中断服务程序之后，要经过恢复现场和恢复断点后才能继续执行被中断的主程序。总之，要执行许多与数据传输没有直接联系的指令，而且一些不可缺少的隐含操作也要占用时间。如果在频繁中断的情况下，从硬磁盘等外存调入大量数据到内存，将会严重影响系统的工作效率，所以，微机中外存与内存之间的数据传输采用 DMA 方式。

6.4 可编程中断控制器 82C59A

6.4.1 82C59A 概述

1．82C59A 芯片

82C59A 芯片是为了简化 Intel 微机系统中断接口而实现的小规模集成（LSI）外围芯片，它是 CHMOS 工艺芯片。82C59A 与 Intel 8259A 的功能完全相同，引脚引线也兼容，8259A 是 NMOS 工艺芯片，二者的区别仅在于生产工艺不同。

82C59A 芯片的主要特点如下。
① 8 级优先级控制器（管理 8 个外部中断源）。
② 最多可以扩展至 64 级。
③ 多种可编程的中断方式。
④ 有各自专用的请求屏蔽功能。

2．82C59A/8259A 芯片的应用

从 Intel 8 位的 8080/8085、16 位的 8086/80286、32 位的 80386/80486 到早期的 Pentium

微处理器，这些微处理器芯片的中断请求输入端（引脚）都只有一个，需要外加一个配套的中断管理芯片来管理多个外设的中断请求，配套的外围芯片有 Intel 8259A、82C59A 等可编程中断控制器（Programmable Interrupt Controller，PIC）。IBM PC/XT 中使用了一片 8259A，8 级中断用了 7 级，保留了 1 级，7 级的中断源分别是打印机、软盘、硬盘、键盘、时钟、通信 COM1 和通信 COM2。在 IBM PC/AT、80386 等微机中，使用两片 8259A 级联成 15 级中断系统。

后来的 Pentium 系列微处理器（包括 Pentium 4）内部都集成了高级可编程中断控制器（Advanced Programmable Interrupt Controller，APIC），也称为本机 APIC（Local APIC）；在外围芯片组中集成了输入/输出 APIC（I/O APIC），二者构成了高性能微处理中断的硬件系统。

3．82C59A 芯片的作用

82C59A 是一种可编程的中断控制器，是 CPU 和多个外部中断源之间的接口电路，其功能是在计算机系统中协助 CPU 实现对外部设备中断请求的管理，将它们进行优先权排队后向 CPU 发出中断请求信号，按照规则有序地组织外部中断源的中断请求与中断。单片 82C59A 能管理 8 级中断（8 个中断源），两片 82C59A 级联可以管理 15 级中断，9 片 82C59A 级联可以管理 64 级中断。

82C59A 通过编程可以工作在不同的方式下，能满足多种类型微机中断系统的需要，并支持向量式中断，中断请求有响应、屏蔽和嵌套等多种工作方式。

6.4.2 82C59A 的内部结构

图 6-14 所示为 82C59A 的内部结构图。82C59A 由数据总线缓冲器、读/写逻辑、中断请求寄存器（Interrupt Request Register，IRR）、中断屏蔽寄存器（Interrupt Mask Register，IMR）、中断服务寄存器（Interrupt Service Register，ISR）、优先级裁决器（Priority Resolve，PR）、控制逻辑、级联缓冲器/比较器等组成。

1．数据总线缓冲器

数据总线缓冲器是一个 8 位双向三态缓冲器，它和系统数据总线 $D_7 \sim D_0$ 相连接，CPU 通过数据总线缓冲器设置 82C59A 的工作方式、读取 82C59A 的中断类型号和工作状态信息。

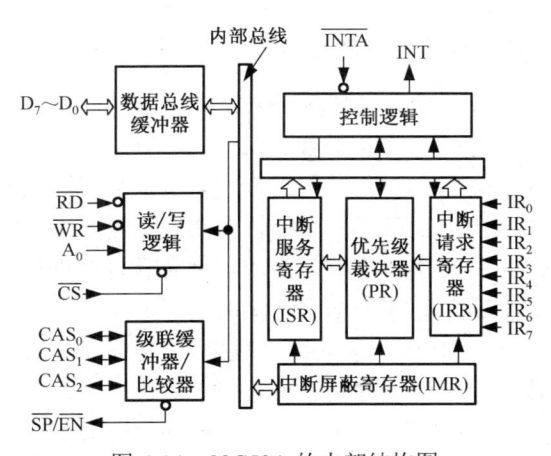

图 6-14　82C59A 的内部结构图

2．读/写逻辑

读/写逻辑接收来自 CPU 的读/写命令和片选控制信息，完成规定的各项操作。由于一片 82C59A 只占两个 I/O 端口地址，因此通常用 $\overline{CS}$ 作为 82C59A 的片选信号，用地址码 A_0 来选择端口。当 CPU 执行输出指令时，$\overline{WR}$ 信号与 A_0 配合，CPU 将通过数据总线 $D_7 \sim D_0$ 送来的控制字写入 82C59A 中有关的控制寄存器。当 CPU 执行输入指令时，$\overline{RD}$ 信号与 A_0 配合，将 82C59A 中内部寄存器的内容通过数据总线 $D_7 \sim D_0$ 传输给 CPU。

3. 中断请求寄存器

中断请求寄存器是将外设中断请求线作为输入的一个 8 位寄存器，输入引脚是 $IR_7 \sim IR_0$，通过 $IR_7 \sim IR_0$ 把中断请求信号锁存到 IRR 中。当某个 IR_i 端呈现上升沿或高电平时，IRR 的相应位被置 1。最多有 8 个中断请求信号同时进入 $IR_7 \sim IR_0$，此时 IRR 的相应位被置 1。至于被置 1 的请求能否进入 IRR 的下一级裁决电路，还取决于 IMR 中相应位所设置的状态。

4. 中断屏蔽寄存器

中断屏蔽寄存器是一个可以设置的 8 位寄存器，用来屏蔽已被锁存在 IRR 中的任何一个中断请求。当 IMR_i 位被置 1 时，禁止响应第 i 位的中断请求，反之将被允许。通过 IMR 可实现对各级中断有选择地屏蔽。

5. 中断服务寄存器

中断服务寄存器是一个 8 位寄存器，与 8 级中断 $IR_7 \sim IR_0$ 相对应，用来存放或记录正在服务中的所有中断请求。当某级中断请求被响应时，ISR 中的相应位被置 1，CPU 在执行中断服务程序期间，一直保持到该级中断处理过程结束为止。当存在多重中断时，ISR 中可能有多位同时被置 1，ISR 则同时记录多个中断请求。当某级中断被处理完时，ISR 中的相应位是否被复位是由中断结束方式所决定的。

6. 级联缓冲器/比较器

级联缓冲器/比较器用于控制多个 82C59A 的级联及其操作方式。在主从设定/缓冲读写控制信号 $\overline{SP/EN}$ 和级联信号 $CAS_2 \sim CAS_0$ 的配合下，82C59A 工作在缓冲方式和非缓冲方式下，这样可以实现多个 82C59A 的级联，扩展中断 I/O 外设的数量。

7. 优先级裁决器及控制逻辑

优先级裁决器用来裁决和管理已进入 IRR 中的各中断请求的优先级别。当有多个中断请求同时产生并经 IMR 允许进入系统时，先由 PR 电路判定当前哪一个中断请求具有最高优先级，然后在中断响应周期把它选通并送入 ISR 对应的位，并执行相应的中断服务程序。

当出现多重中断时，由 PR 裁定若出现新的中断请求，是否允许打断正在处理的中断服务而优先处理新的中断请求。如果新的中断请求比当前服务程序的级别高，那么 82C59A 在中断响应周期的第一个中断响应信号 $\overline{INTA}$ 下，使 ISR 中的相应位置 1，暂停当前的服务程序，转去执行新的优先级高的中断服务程序，这种状态称为中断嵌套。

82C59A 内部的控制逻辑按照初始化设置的工作方式控制其全部工作。

6.4.3 82C59A 的引脚

82C59A 是一个 28 引脚双列直插式芯片，其引脚图如图 6-15 所示。82C59A 芯片的引脚可以分为三类。

1. 与 I/O 外设相连接的信号 $IR_7 \sim IR_0$

中断请求输入信号 $IR_7 \sim IR_0$：用于接收外设向系统申请

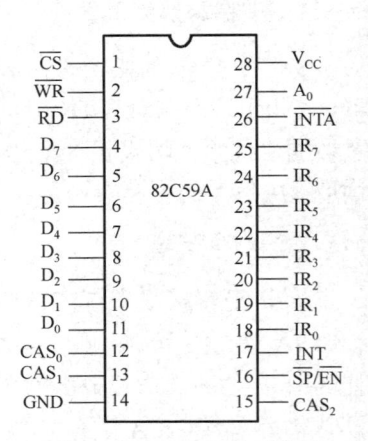

图 6-15 82C59A 的引脚图

的中断请求信号。在级联工作方式中，主 82C59A 的 $IR_7 \sim IR_0$ 均可以和与其对应的从 82C59A 的 INT 端连接，用于接收从 82C59A 的中断请求。

82C59A 有两种触发方式接收外设的中断请求信号：高电平触发方式和上升沿触发方式。定义为高电平触发方式的规定是，从 $IR_7 \sim IR_0$ 输入的高电平信号必须保持到第一个 $\overline{INTA}$ 信号前沿的到来，否则该 IR_i（$i=0,1,\cdots,7$）信号有可能不被响应，但时间也不允许太长，否则可能发生重复申请错误。定义为上升沿触发方式的规定是，当 IR_i 由低电平跳变到高电平时，中断请求信号有效，该方式可以杜绝重复申请现象的发生。

2. 与 CPU 相连接的信号

（1）数据总线 $D_7 \sim D_0$：三态，双向。$D_7 \sim D_0$ 直接和系统数据总线连接，CPU 通过系统数据总线对 82C59A 进行初始化，读取中断类型号或其他状态信息。

（2）片选信号 $\overline{CS}$：输入，低电平有效。由系统 I/O 译码器产生。当 $\overline{CS}$ 有效时，在 $\overline{RD}$ 和 $\overline{WR}$ 信号的配合下，实现对 82C59A 的读/写操作。

（3）读信号 $\overline{RD}$：输入，低电平有效。该信号与系统 $\overline{IOR}$ 信号连接，在 $\overline{CS}$ 信号的配合下实现对 82C59A 的读操作。

（4）写信号 $\overline{WR}$：输入，低电平有效。该信号与系统 $\overline{IOW}$ 信号连接，在 $\overline{CS}$ 信号的配合下实现对 82C59A 的写操作。

（5）内部寄存器选择信号 A_0：输入。82C59A 芯片内部包含两个端口地址，当 $A_0=0$ 时，选择偶地址端口；当 $A_0=1$ 时，选择奇地址端口。该信号通常与系统地址总线的 A_0 位相连接，在 $\overline{CS}$、$\overline{WR}$ 和 $\overline{RD}$ 信号的配合下，实现对 82C59A 内部寄存器的寻址及各种操作。

（6）中断请求信号 INT：输出，高电平有效。该信号连接到 CPU 的 INTR 端，用于向 CPU 申请中断。

（7）中断响应信号 $\overline{INTA}$：输入，低电平有效。该信号连接到 CPU 的 $\overline{INTA}$ 端，用于接收 CPU 输出的中断响应信号。

3. 多片级联时的接口信号

（1）主从设定/缓冲读写控制信号 $\overline{SP}/\overline{EN}$：双功能信号，双向。当 82C59A 处于非缓冲工作方式，且多个 82C59A 级联使用时，该引脚为输入信号端，执行 $\overline{SP}$ 功能。若某片 82C59A 的 $\overline{SP}$ 接高电平，则表示该 82C59A 是主 82C59A；反之，若某片 82C59A 的 $\overline{SP}$ 接低电平，则表示该 82C59A 是从 82C59A。

当 82C59A 处于缓冲工作方式时，该引脚为输出信号端，定义为允许信号 $\overline{EN}$，用作数据总线缓冲器的使能信号。当 $\overline{EN}=0$（有效）时，用于选通 82C59A 和 CPU 之间的数据总线缓冲器，使 CPU 通过数据总线缓冲器读取 82C59A 的工作状态信息；当 $\overline{EN}=1$ 时，CPU 通过数据总线缓冲器对 82C59A 执行写操作。

（2）级联控制信号 $CAS_2 \sim CAS_0$：双向。一片 82C59A 只能接收从 $IR_7 \sim IR_0$ 输入的 8 级中断，当引入的中断超过 8 级时，可选用多片 82C59A 级联，构成主从关系，如图 6-16 所示。对于主 82C59A，级联信号 $CAS_2 \sim CAS_0$ 是输出信号；对于从 82C59A，$CAS_2 \sim CAS_0$ 是输入信号。

利用 82C59A 级联技术，可将 82C59A 的 8 级中断请求扩展为 64 级中断请求。设 82C59A 芯片的数量为 n，则可以管理中断的级数为

$$M = 8 \times n - (n-1) \tag{6-1}$$

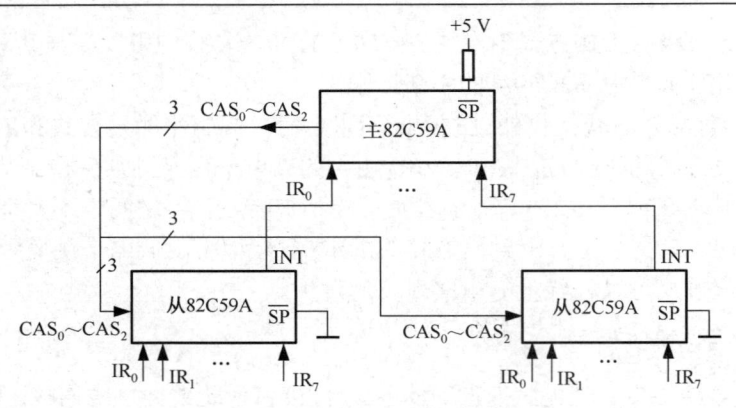

图 6-16 82C59A 主从式级联方式

如果 $n=9$，那么 $M=64$，即 9 片 82C59A 级联可以管理 64 级中断。

6.4.4 82C59A 的工作原理

1. 82C59A 中断控制过程

82C59A 工作在 80x86 微机中，用户根据实际要求对其初始化编程后，82C59A 在 $\overline{CS}$、A_0、$\overline{RD}$ 和 $\overline{WR}$ 信号的控制下便处于准备就绪的工作状态，随时接收各外设的中断请求，并按照初始化编程的要求管理各级中断。

当 82C59A 的中断请求输入端 $IR_7 \sim IR_0$ 接收到外设中断请求信号时，82C59A 便将 IRR 中的相应位置 1，并锁存该信号，如果在 IMR 中所对应的位为 0 状态，即没有屏蔽对应的中断请求源，那么通过 PR 对各中断源请求进行优先级裁决，按照优先级的高低，响应当前优先级最高的中断源请求，通过中断请求输出端 INT 向 CPU 申请中断。

CPU 响应可屏蔽中断的时序如图 6-17 所示。CPU 接收到 82C59A 的中断请求信号后，若中断屏蔽寄存器 IF 为 0 状态，则 CPU 不响应此次中断请求；反之，若 IF 为 1 状态，则 CPU 向 82C59A 输出中断响应信号 $\overline{INTA}$（负脉冲）。82C59A 在接收到第一个 $\overline{INTA}$ 信号后，将响应中断源在 ISR 中的相应位置 1，将 IRR 中对应的位清零。82C59A 在接收到 CPU 输出的第二个 $\overline{INTA}$ 信号（负脉冲）后，将当前中断源的中断类型号输出到数据总线上。CPU 在读取数据总线上的中断类型号后，通过中断向量表（实模式）或中断描述符表（保护模式）转向执行对应的中断服务程序。

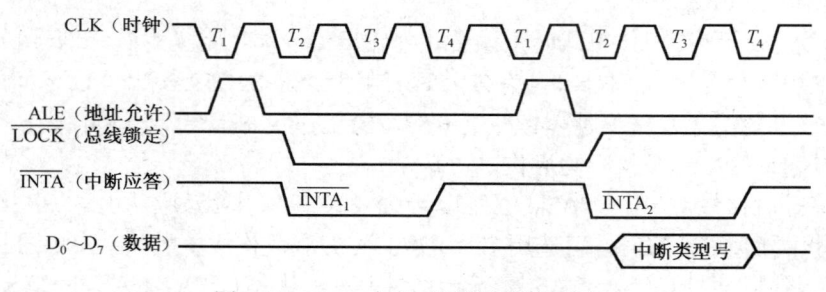

图 6-17 CPU 响应可屏蔽中断的时序

当中断服务程序结束时，若 82C59A 工作在非自动结束中断模式下，则此时要执行结束中断的指令，清除 ISR_i 对应的位，结束中断服务程序的执行；若 82C59A 工作在自动中断结束

（AEOI）模式下，则 82C59A 在接收到 CPU 输出的第二个 $\overline{\text{INTA}}$ 信号结束时，便自动将对应的 ISR_i 位清零。

2. 中断请求触发方式

82C59A 中断请求输入端 $\text{IR}_7 \sim \text{IR}_0$ 的中断请求触发方式可以设置为边沿触发方式或电平触发方式两种方式。

（1）边沿触发方式。当 82C59A 输入端 IR_i 的输入电平由低电平跳变为高电平时，触发 82C59A 内部中断请求寄存器对应的位。申请中断并得到响应后，ISR 中对应的位（ISR_i）被复位，若此时 IR_i 输入仍为高电平，则 82C59A 也不会重复响应 IR_i 的中断请求。但是，边沿触发要求输入端 IR_i 在由低电平跳变为高电平后，其高电平应保持到 CPU 响应中断输出的第一个应答信号 $\overline{\text{INTA}}$ 之后。

（2）电平触发方式。当 82C59A 输入端 IR_i 的输入为高电平时，82C59A 便向 CPU 申请中断。在电平触发方式下，如果设置自动结束中断方式，那么在响应中断后，ISR 中对应的位（ISR_i）被复位，若此时输入端 IR_i 仍然处于高电平，则 82C59A 会产生重复响应中断的错误。

但是，82C59A 要求输入端 IR_i 的高电平宽度不能太窄，电平触发方式和边沿触发方式都要求高电平必须保持到 CPU 响应中断输出第一个 $\overline{\text{INTA}}$ 由低电平变为高电平之后，否则触发过程无效。

3. 82C59A 中断优先级管理方式

中断优先级管理方式分为全嵌套方式、特殊全嵌套方式、优先级自动循环方式、中断屏蔽方式 4 种。

1）全嵌套方式

全嵌套方式是 82C59A 默认的管理方式，也是常用的管理方式。对 82C59A 进行初始化编程后，如果没有设置其他优先级方式，那么 82C59A 就按照全嵌套方式工作。

在全嵌套方式下，IR_0 具有最高优先级别，IR_7 的优先级别最低，优先级的顺序从高到低为 $\text{IR}_0 \rightarrow \text{IR}_7$。在此方式下，高优先级中断可以中断低优先级中断，显然，在全嵌套方式下最多可以实现 7 级中断嵌套。

在全嵌套方式中，中断结束方式有自动结束中断方式、普通结束中断方式和特殊结束中断方式 3 种。

（1）自动结束中断方式。任何一级中断被响应后，ISR 中的相应位都会被置 1，但在第二个 $\overline{\text{INTA}}$ 结束时，ISR 中相应服务位的标志将自动被清零，缺点是任何一级中断在执行中断服务程序期间，在 82C59A 的 ISR 中均没有留下标记。在 CPU 的中断允许位 IF = 1 的情况下，如果出现了任意一个新的中断请求，都将中止正在执行的中断程序，从而发生混乱嵌套的错误。

（2）普通结束中断方式。当任何一级的中断服务程序结束时，在中断服务程序执行 IRET 指令之前，要向 82C59A 的 OCW_2 中写入中断结束命令 EOI，以此将 ISR 中当前最高级别的中断服务标志位清零。这是常用的方法。

（3）特殊结束中断方式。该方式在所有工作方式下均可使用，由 OCW_2 寄存器中 $D_2 \sim D_0$ 编码表示的位作为特别指定被复位的标志位。

2）特殊全嵌套方式

特殊全嵌套方式主要用于多片级联方式中。在特殊全嵌套方式下，对应主 82C59A 的 8 个中断源是同级的中断源，这些同级的中断源可以相互嵌套，能够实现同级中断请求的相互中断。

3）优先级自动循环方式

在优先级自动循环方式中，各 IR_i 的优先级不是固定不变的，而是可以按照某种方式改变的。优先级自动循环方式结合不同的结束中断方式，可以形成以下 3 种循环方式：

（1）普通 EOI 循环方式。该方式用于系统中多个中断源具有相同优先级的场合，初始优先级顺序是 IR_0、IR_1、…、IR_7。当任何一级中断被处理完，CPU 给 82C59A 送普通 EOI 命令时，它的优先级会降为最低，而原来比它低一级的中断源就变为最高优先级，其他中断请求随即都提高 1 级，实现了各中断源优先级的循环改变。

（2）自动 EOI 循环方式。任何一级中断被响应后，第二个中断响应信号 $\overline{INTA}$ 的后沿自动将 ISR 寄存器中的相应位清零，并随即改变各级中断源的优先级。自动 EOI 循环方式会引起中断嵌套的混乱。

（3）特殊 EOI 循环方式。特殊 EOI 循环方式可根据用户要求，将最低优先级赋给指定的中断源。

4）中断屏蔽方式

中断屏蔽方式有两种：

① CPU 执行 CLI 指令，使 IF = 0，禁止所有的可屏蔽中断。

② 由 82C59A 通过 IMR 来实现，这种中断屏蔽方式可分为特殊屏蔽方式和普通屏蔽方式。特殊屏蔽方式是当 CPU 正在执行某级中断服务程序时，仅对本级中断进行屏蔽。普通屏蔽方式将 IMR 中的某一位或某几位置成逻辑 1，屏蔽相应位输入的中断请求。

6.4.5 82C59A 的命令字及编程

可编程中断控制器 82C59A 的编程涉及两个部分：初始化命令字和操作命令字。

首先预置初始化命令字 ICW_i（$i = 1,2,3,4$），一旦写入 ICW_i 后，一般在系统运行过程中不允许改变。然后 82C59A 自动进入操作模式，用操作命令字 OCW_i（$i = 1,2,3$）来设定 82C59A 的操作方式。操作命令字允许被重置，以满足操作控制的需要。

1．初始化命令字

82C59A 仅包含两个内部端口地址，一个偶地址端口，引脚 $A_0 = 0$；一个奇地址端口，引脚 $A_0 = 1$。82C59A 有 4 个初始化命令字和 3 个操作命令字。根据奇地址和偶地址，以及命令字带有特征位的方法，两个端口地址可以访问 7 个寄存器。

1）设置请求触发方式及选择芯片数量的命令字 ICW_1

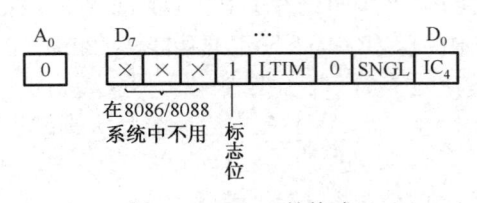

A_0	D_7	…	D_0
0	× × × 1 LTIM 0 SNGL IC_4

在 8086/8088 系统中不用　　标志位

图 6-18　ICW_1 的格式

首先写入 82C59A 的初始化命令字，一定要使用偶地址，即在写 ICW_1 时的地址引脚 $A_0 = 0$，然后按顺序用奇地址写入 3 个控制字。ICW_1 的格式如图 6-18 所示。

$D_7 \sim D_5$ 位：用于表示 8 位 CPU 方式下的向量地址，仅对 8080/8085 系统有效，在 80x86 系统中不用，可以设为 0。

D_4 位：ICW_1 寄存器标志位，必须设为 1，表示当前设置的是初始化命令字 ICW_1，以示和操作命令字 OCW_2、OCW_3 的区别。

D_3 位：设定中断请求信号的方式（LTIM），即触发方式选择位。$D_3 = 1$，表示中断请求为电平触发；$D_3 = 0$，表示中断请求为边沿触发。

D_2 位：用于确定各中断源之间向量地址的间隔单元。在 8080/8085 系统中，$D_2 = 1$ 有效，向量地址的间隔单元是 4。在 80x86 系统中，D_2 位设为 0，向量地址的间隔单元为 8。

D_1 位：单片（SNGL）82C59A 使用。$D_1 = 1$，表示单片 82C59A 工作；$D_1 = 0$，表示多片 82C59A 级联使用。

D_0 位：确定在初始化程序中，是否要对 ICW_4 设置命令字。若 $D_0 = 1$，则对命令寄存器 ICW_4 进行初始化编程；若 $D_0 = 0$，则不需要对命令寄存器 ICW_4 进行初始化编程。

2）设置中断类型号高 5 位的初始化命令字 ICW_2

该命令字必须写入 82C59A 的奇地址端口。ICW_2 的格式如图 6-19 所示。

82C59A 向 CPU 提供的 8 位中断类型号由两部分构成，其中，高 5 位 $T_7 \sim T_3$ 是由用户对 ICW_2 通过编程写入的；低 3 位由 82C59A 内部电路自动生成，且取决于引入中断的 8 个中断请求信号 $IR_0 \sim IR_7$ 的编号，如 IR_0 为 000，IR_1 为 001……

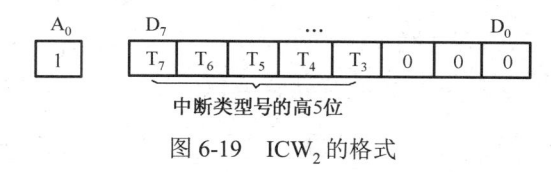

图 6-19 ICW_2 的格式

3）标识主片/从片的初始化命令字 ICW_3

该命令字必须写入 82C59A 的奇地址端口。ICW_3 有两种格式，即主片和从片 ICW_3 的格式，分别如图 6-20 和图 6-21 所示。

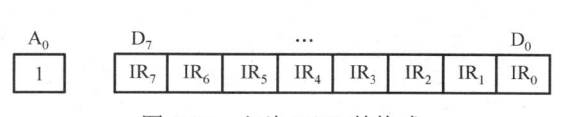

图 6-20 主片 ICW_3 的格式

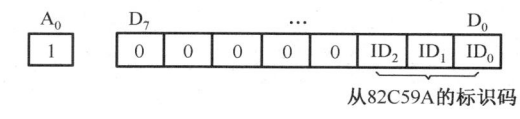

图 6-21 从片 ICW_3 的格式

当 ICW_1 中的 SNGL = 1 时，单片 82C59A 工作，此时不用设置 ICW_3。

当系统中有多片 82C59A 级联时，必须设置 ICW_3。ICW_3 用来指出主片上连接从片的情况和从片连接到主片上的情况。

主片 ICW_3 指出该主片有哪几个输入端接入了从片。

在主片 ICW_3 中，若 $IR_i = 1$，则表示该输入端接有从片；若 $IR_i = 0$，则表示该输入端没有接入从片。例如，若 IR_0 和 IR_3 上接入了从片，则主片 ICW_3 的格式应该是 00001001B。

从片 ICW_3 指出该从片接入了主片的哪一个输入端，用 ID_2、ID_1、ID_0 三位标识码表示。例如，若从片接入了主片的 IR_6 端，则从片 ICW_3 的格式应该是 00000110B。

4）方式控制初始化命令字 ICW_4

该命令字必须写入 82C59A 的奇地址端口，其格式如图 6-22 所示。当 ICW_1 中的 $D_0 = 1$ 时，在初始化 82C59A 时需要写入 ICW_4。

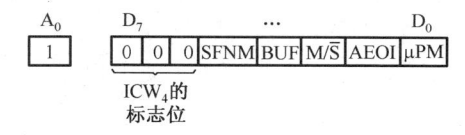

$D_7 \sim D_5$ 位：ICW_4 的标志位，必须为 0。

图 6-22 ICW_4 的格式

D_4 位（SFNM）：SFNM = 1，表示当前 82C59A 工作于特殊全嵌套方式；SFNM = 0，表示当前 82C59A 工作于普通全嵌套方式。

D_3 位（BUF）：设置 82C59A 与系统的连接方式位。$D_3 = 1$，表示采用缓冲方式，82C59A 通过总线驱动器与数据总线相连，此时 $\overline{SP/EN}$ 用作输出，作为输出允许端，用于数据总线驱动器的工作使能信号。$D_3 = 0$，表示采用非缓冲方式，即数据总线不带缓冲器，此时 $\overline{SP}/\overline{EN}$ 用作输入，若 $\overline{SP} = 0$，则该片为从片；若 $\overline{SP} = 1$，则该片为主片，此时 $M/\overline{S}$ 位不起作用。

D_2 位（$M/\overline{S}$）：设置级联方式位。在缓冲方式（BUF = 1）下用来表示本片是主片还是从片。当 $M/\overline{S} = 1$ 时，该片为主片；当 $M/\overline{S} = 0$ 时，该片为从片。当 BUF = 0 时，$M/\overline{S}$ 位不起作用，可为 0 或 1。

D_1 位（AEOI）：设置中断结束方式位。当 AEOI = 1 时，82C59A 设置为中断自动结束方式。在中断自动结束方式下，当第 2 个中断响应负脉冲 $\overline{INTA}$ 结束时，将中断服务寄存器的相应位清零。当 AEOI = 0 时，82C59A 设置为非自动结束方式，在中断处理程序中，必须用操作命令字 OCW_2 向 82C59A 发送中断结束命令。

D_0 位（μPM）：μPM = 1，表示 82C59A 当前所在系统为 8 位以上的微机系统；μPM = 0，表示 82C59A 当前所在系统为 8 位微机系统。

2．82C59A 初始化编程

首先，系统必须对每个 82C59A 的具体应用进行初始化设置，然后，82C59A 进入正常工作。初始化设置是通过编程将初始化命令字按要求写入 82C59A 的每一端口来实现的。82C59A 的初始化流程图如图 6-23 所示。

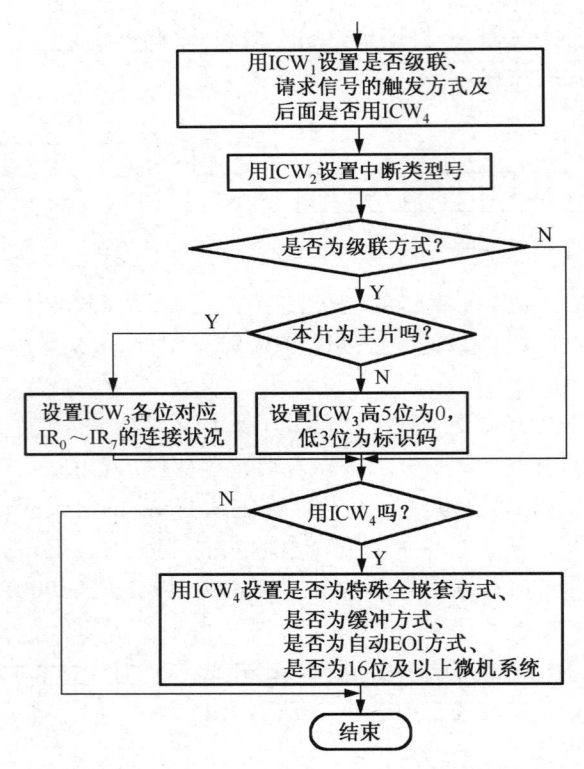

图 6-23　82C59A 的初始化流程图

【例 6-7】 设 16 位微机系统中只有一片 82C59A，中断请求信号为边沿触发方式，中断类型号为 08H～0FH，中断优先级管理采用特殊全嵌套方式，非自动结束方式，系统中未使用数据缓冲器，系统分配给 82C59A 的端口地址为 20H 和 21H，试对该 82C59A 进行初始化编程。

解：由于系统中使用单片 82C59A，所以在初始化时不需要 ICW$_3$，82C59A 要求工作在非缓冲方式，故在硬件上将 $\overline{SP}/\overline{EN}$ 接+5V，ICW$_4$ 中的 M/$\overline{S}$ 位无意义，可设置为 0。

对 82C59A 的初始化程序如下：

```
MOV    AL, 00010011B    ;设置 ICW₁，单片使用，边沿触发，要送入 ICW₄
OUT    20H, AL          ;将 ICW₁ 输出到偶地址端口
MOV    AL, 00001000B    ;ICW₂ 中断类型号的基值是 00001
OUT    21H, AL          ;将 ICW₂ 送入奇地址端口
MOV    AL, 00010001B    ;设置 ICW₄，特殊全嵌套方式，非自动结束，非数据缓冲
OUT    21H, AL          ;将 ICW₄ 送入奇地址端口
```

3．操作命令字

82C59A 有 3 个操作命令字，即 OCW$_1$、OCW$_2$ 和 OCW$_3$。操作命令字在应用程序中设置，根据某些操作要求，通过操作命令字的设置可以改变 82C59A 的工作状态。操作命令字的设置没有固定的顺序，可以根据需要多次写入。但是，OCW$_1$ 必须写入奇地址端口，OCW$_2$ 和 OCW$_3$ 必须写入偶地址端口。

1）实现中断屏蔽的操作命令字 OCW$_1$

OCW$_1$ 用来实现对中断源的屏蔽，OCW$_1$ 的内容被直接置入 IMR，其格式如图 6-24 所示。

OCW$_1$ 的 D$_7$～D$_0$ 位与中断屏蔽寄存器的 IMR$_7$～IMR$_0$ 一一对应。在设置 OCW$_1$ 时，OCW$_1$ 的各位分别写入 IMR$_7$～IMR$_0$。若 IMR$_i$ = 1，则该中断请求位 IR$_i$ 被屏蔽。例如，若 OCW$_1$ = 03H，则仅屏蔽 IR$_1$ 和 IR$_0$ 引脚上的中断请求。

2）设置优先级循环方式和中断结束方式的操作命令字 OCW$_2$

OCW$_2$ 有两个功能，即设置中断结束方式和设置优先级循环方式，其格式如图 6-25 所示。

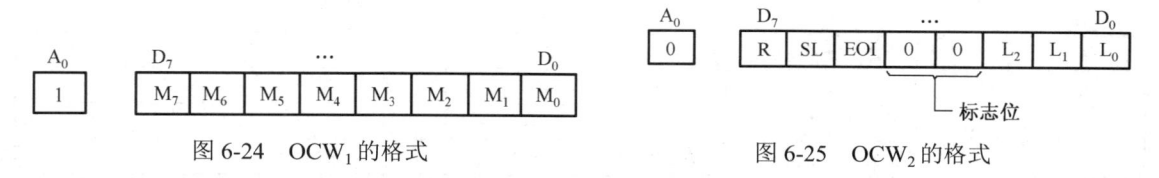

图 6-24　OCW$_1$ 的格式　　　　图 6-25　OCW$_2$ 的格式

D$_7$ 位（R）：用于设置中断优先级是否为循环方式。D$_7$ = 1，表示优先级循环方式；D$_7$ = 0，表示非循环方式。

D$_6$ 位（SL）：用于设置 OCW$_2$ 中的 L$_2$～L$_0$ 是否有效。D$_6$ = 1，表示 D$_2$～D$_0$（L$_2$～L$_0$）有效，L$_2$ L$_1$ L$_0$ 取值为 000～111，分别对应于 82C59A 的 8 个中断输入 IR$_0$～IR$_7$。D$_6$ = 0，表示 L$_2$～L$_0$ 无效。

D$_5$ 位（EOI）：中断结束命令位。D$_5$ = 1，表示使当前中断服务寄存器中的对应位复位。如前所述，如果 ICW$_4$ 中的 D$_1$ 位（AEOI）为 0，表示中断采用非自动结束方式，则 ISR$_i$ 的对应位必须用 EOI 命令来复位，EOI 命令是通过 OCW$_2$ 中的 D$_5$ 位为 1 来实现的。

D$_4$、D$_3$ 位：OCW$_2$ 的标志位，必须设置为 00。

D$_2$～D$_0$ 位（L$_2$～L$_0$）：这 3 位有两个用途。①当 OCW$_2$ 给出特殊中断结束命令时（EOI = 1，SL = 1，R = 0），L$_2$～L$_0$ 指出具体应清除中断服务寄存器中的哪一位；②当 OCW$_2$ 给出特殊优先级循环命令时（EOI = 0，SL = 1，R = 1），按 L$_2$～L$_0$ 的值确定一个在循环开始时的最低优先级。

表 6-5 所示为 R、SL、EOI 的组合功能表。

表 6-5　R、SL、EOI 的组合功能表

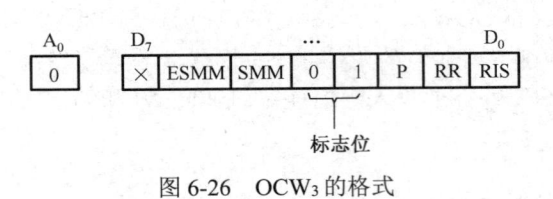

R	SL	EOI	功能
0	0	0	取消自动 EOI 循环
0	0	1	一般中断结束方式，使用 OCW$_2$ 作为一个一般的中断结束命令。通常用在全嵌套和特殊全嵌套工作方式下
0	1	0	OCW$_2$ 没有意义
0	1	1	特殊中断结束命令，一旦 CPU 向 82C59A 发出这一命令，82C59A 将 ISR 中由 L$_2$~L$_0$ 指定中断级别的相应位清零
1	0	0	设置优先级自动循环方式
1	0	1	发中断结束命令，并仍然用优先级循环方式
1	1	0	特殊优先级循环方式，按 L$_2$~L$_0$ 的值确定一个最低优先级，最高优先级赋给它的下一级
1	1	1	发中断结束命令，并用特殊优先级循环方式

A_0 D_7 ... D_0
0 | × | ESMM | SMM | 0 | 1 | P | RR | RIS |
　　　　　　　　↑标志位

图 6-26　OCW$_3$ 的格式

3）设置特殊屏蔽方式和中断查询方式的操作命令 OCW$_3$

OCW$_3$ 有 3 个功能：一是设置和撤销特殊屏蔽方式，二是设置中断查询方式，三是设置对 82C59A 内部寄存器（ISR、IRR）的读出命令。其格式如图 6-26 所示。

（1）设置和撤销特殊屏蔽方式。

ESMM（Enable Special Mask Mode）称为特殊屏蔽方式允许位，SMM（Special Mask Mode）称为特殊屏蔽方式位，这两位的组合决定设置特殊屏蔽或撤销特殊屏蔽，其组合功能如表 6-6 所示。

表 6-6　ESMM、SMM 的组合功能

ESMM	SMM	功能
0	0	不能建立特殊屏蔽方式，SMM 位不起作用
0	1	不能建立特殊屏蔽方式，SMM 位不起作用
1	0	撤销特殊屏蔽方式，恢复原来的优先级控制
1	1	设置特殊屏蔽方式，屏蔽本级中断请求，允许高级或低级中断请求进入

特殊屏蔽方式是 82C59A 为了响应低级中断而提供的一种特殊功能。为了中断当前的中断服务程序转去响应低级中断，CPU 要先向 82C59A 发出一个特殊屏蔽字，使 82C59A 进入特殊屏蔽状态，此时，只要 CPU 中的 IF = 1，中断是开放的，系统就可以响应任何没有屏蔽的中断（只有本级中断请求被屏蔽）。当低级中断处理完毕返回被中断的高级中断服务程序的断点处时，CPU 要发出撤销特殊屏蔽字命令，以恢复原来的嵌套顺序。

例如，OCW$_3$ = 68H，设置特殊屏蔽方式字；OCW$_3$ = 48H，撤销特殊屏蔽方式字。

（2）设置中断查询方式。

OCW$_3$ 中的 P 位称为中断查询方式位，当 P = 1 时，82C59A 设置为中断查询方式。在查询方式下，CPU 不是靠接收中断请求信号来进入中断处理过程的，而是靠发送查询命令后读取查询字，通过查询字来获得外部中断设备的中断请求信息的。向 82C59A 偶地址端口写入一个查询命令 OCW$_3$ = 0CH 后，接着执行输入指令，便可以获取一个 8 位的查询字，并将查询字送到数据总线。从查询字中可以发现是否有中断请求，以及当前优先级最高的中断请求是哪一个。82C59A 的查询字格式如图 6-27 所示，图中 I = 1，说明有中断请求，由于 W$_2$W$_1$W$_0$ = 101，所以当前请求中断级别最高的是 IR$_5$，于是 CPU 便可以转入 IR$_5$ 的中断处理程序。

第 6 章 输入/输出接口技术及中断

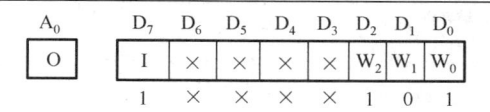

A_0	D_7	D_6	D_5	D_4	D_3	D_2	D_1	D_0
0	I	×	×	×	×	W_2	W_1	W_0
1	×	×	×	×	1	0	1	

图 6-27 82C59A 的查询字格式

（3）设置对 82C59A 内部寄存器（ISR、IRR）的读出命令。

在写入规定的 OCW_3 命令字后，可以指定读取 ISR 或 IRR 的当前值，OCW_3 中的 D_1、D_0 两位用来指定具体读 ISR 和 IRR 中的哪一个寄存器。

从 82C59A 偶地址写入 OCW_3 命令字的具体方式为：

当 RR、RIS = 11 时，下一条 IN 指令要读取 ISR 中的内容。

当 RR、RIS = 10 时，下一条 IN 指令要读取 IRR 中的内容。

对 IMR 的读出，不需要事先发出指定命令，读奇地址端口就可以随时读到 IMR 中的内容。

【例 6-8】 设 82C59A 的两个端口地址分别是 20H 和 21H，按顺序先后读取 ISR、IRR 和 IMR 中的值，并将读出的 3 个值存入内存，编写程序段。

解：程序段如下。

```
        MOV    AL, 0BH       ; RR、RIS = 11
        OUT    20H, AL       ; 偶地址
        CALL   DELAY
        IN     AL, 20H       ; 从偶地址读出 ISR 的值
        MOV    [SI], AL      ; 存入内存
        INC    SI
        MOV    AL, 0AH       ; RR、RIS = 10
        OUT    20H, AL       ; 偶地址
        CALL   DELAY
        IN     AL, 20H       ; 从偶地址读出 IRR 的值
        MOV    [SI], AL
        INC    SI
        IN     AL, 21H       ; 从奇地址读出 IMR 的值
        MOV    [SI], AL
```

6.4.6　82C59A 在微机系统中的应用

在 IBM PC/AT 等微机中，两片 82C59A 级联成 15 级中断，构成主、从式级联方式。其原理图如图 6-28 所示。

在图 6-28 中，从片的中断请求输出信号 INT 接至主片的 IR_2，主片的 INT 与 CPU 的可屏蔽中断请求输入信号 INTR 连接；主片的 $\overline{SP}/\overline{EN}$ 接+5V，从片的 $\overline{SP}/\overline{EN}$ 接地；主、从 82C59A 的级联信号 $CAS_2 \sim CAS_0$ 互相连接，$\overline{INTA}$ 并接至 CPU 的 $\overline{INTA}$。

两片 82C59A 共可以实现 15 级中断，15 级中断的优先级及应用情况如表 6-7 所示。表中的 $IR_0 \sim IR_7$ 是主 82C59A 的中断请求输入端，$IR_8 \sim IR_{15}$ 是从 82C59A 的中断请求输入端。

中断请求 IR 是硬件中断，也就是说，原 PC 主板上的每一个 ISA 扩展槽都有一条相应的物理线路与之相连。ISA 扩展槽有两种类型：8 位扩展槽（IBM PC/XT）和 16 位扩展槽（IBM PC/AT）。16 位扩展槽既可以用作 8 位 ISA 扩展槽，也可以用作 16 位增强型 ISA 扩展槽。

主板上的 8 条 IR（$IR_0 \sim IR_7$）线连接至 8 位 ISA 扩展槽，另外 8 条 IR（$IR_8 \sim IR_{15}$）线连接至 16 位增强型 ISA 扩展槽。所以，在一台典型的 ISA 总线的 PC 中一共有 16 条 IR 请求线。

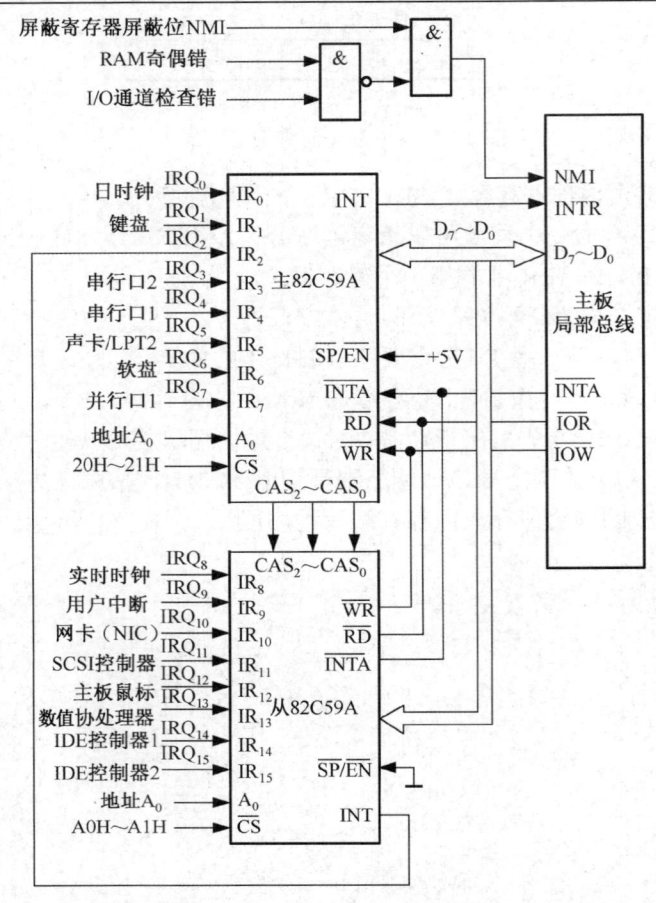

图 6-28　主、从式级联方式的原理图

表 6-7　15 级中断的优先级及应用情况

优先级	IR	类型号	功能	是否有物理线路	ISA 总线类型
最高	IR_0	08H	日时钟	否	—
	IR_1	09H	键盘控制器	是	—
	IR_2	0AH	串接 $IR_8 \sim IR_{15}$	否	—
	IR_8	70H	实时时钟（RTC）	否	—
	IR_9	71H	改向 INT 0AH（以 IR_2 出现）	是	8/16 位
	IR_{10}	72H	网卡（NIC）	是	16 位
	IR_{11}	73H	SCSI 控制器	是	16 位
	IR_{12}	74H	主板鼠标，可用	是	16 位
	IR_{13}	75H	数值协处理器	否	—
	IR_{14}	76H	IDE 控制器 1	是	16 位
	IR_{15}	77H	IDE 控制器 2	是	16 位
	IR_3	0BH	COM2	是	8 位
	IR_4	0CH	COM1	是	8 位
	IR_5	0DH	声卡/LPT2	是	8 位
	IR_6	0EH	软盘控制器	是	8 位
最低	IR_7	0FH	并行口（LPT）1	是	8 位

两片 82C59A 级联的特点如下。

① 主片端口地址是 20H 和 21H，从片端口地址是 A0H 和 A1H。
② 主片上的中断类型号是 08H～0FH，从片上的中断类型号是 70H～77H。
③ 主、从片的中断请求信号都采用边缘触发方式。
④ 主、从片都采用完全嵌套方式管理中断优先级，两片构成的中断优先级如表 6-7 所示。
⑤ 主、从片均采用一般结束方式。
⑥ 主片的 $\overline{SP}/\overline{EN}$ 连接+5V，从片的 $\overline{SP}/\overline{EN}$ 接地，构成非缓存方式。

根据主、从式级联的特点，编写主、从 82C59A 的初始化程序。

```
; 主 82C59A 的初始化
    MOV     AL, 11H         ; 写 ICW₁，边缘触发，多片，需要 ICW₄
    MOV     20H, AL
    JMP     SHORT $+2       ; CPU 对写 I/O 端口的等待
    MOV     AL, 8           ; 写 ICW₂，高 5 位中断类型号
    OUT     21H, AL
    JMP     SHORT $+2
    MOV     AL, 04H         ; 写 ICW₃，主片的输入端 IR₂ 接从片
    OUT     21H, AL
    JMP     SHORT $+2
    MOV     AL, 01H         ; 写 ICW₄，非缓冲，完全嵌套，非自动结束
    OUT     21H, AL
    JMP     SHORT $+2
    MOV     AL, 0FFH        ; 写 OCW₁，屏蔽主 82C59A 的所有中断请求
    OUT     21H, AL
; 从 82C59A 的初始化
    MOV     AL, 11H         ; 写 ICW₁，边缘触发，多片，需要 ICW₄
    MOV     A0H, AL
    JMP     SHORT $+2
    MOV     AL, 70H         ; 写 ICW₂，高 5 位中断类型号
    OUT     A1H, AL
    JMP     SHORT $+2
    MOV     AL, 02H         ; 写 ICW₃，从片接主片 IR₂
    OUT     A1H, AL
    JMP     SHORT $+2
    MOV     AL, 01H         ; 写 ICW₄，非缓冲，完全嵌套，非自动结束
    OUT     A1H, AL
    JMP     SHORT $+2
    MOV     AL, 0FFH        ; 写 OCW₁，屏蔽从 82C59A 的所有中断请求
    OUT     A1H, AL
```

由于主、从片都采用一般中断结束方式，所以，当结束中断服务程序时，在执行 IRET 指令前，主、从片中的 OCW₂ 都必须写入结束中断命令 EOI。

图 6-28 中还具有非屏蔽中断的中断输入控制逻辑，其中，屏蔽寄存器屏蔽位 NMI 高电平有效，而 RAM 奇偶错、I/O 通道检查错低电平有效。注意，CPU 对高电平有效的 NMI 请求是不屏蔽的。

6.5 实模式的中断技术

6.5.1 中断及中断系统

1. 中断及中断源

中断指 CPU 在正常运行程序时，由于内、外部事件引起 CPU 暂时中止正在运行的程序，转去执行当前中断源请求服务的中断服务程序，待服务程序处理完成后又返回到被中止的程序并继续执行。能够向 CPU 发出中断请求的中断来源称为中断源。

在 80286 以后的微处理器中，中断分为外部中断和内部中断两大类：由外部事件引起的中断称为外部中断（硬件中断）；由内部事件引起的中断称为内部中断（软件中断）。外部中断一般是由计算机的外部设备向 CPU 提出的中断请求。软件中断分两种情况：① 执行软中断指令，如在执行 INT n 指令时产生的中断；② 执行异常，即 CPU 在执行一条指令的过程中出现错误、故障等不正常条件引发的中断，如在保护模式下的越界访问、访问权的限制等。

2. 中断系统

中断系统指计算机实现中断操作所需要的所有硬件与软件的总称。中断系统具有中断处理和中断控制两方面的功能。

中断处理：发现中断请求、响应中断请求、中断处理与中断返回。

中断控制：实现中断优先级的排队和中断嵌套。

6.5.2 可屏蔽中断的中断响应与中断处理

下面以可屏蔽中断为例，讨论中断响应的条件与中断处理的过程。

1. CPU 响应中断的条件

1）设置中断请求触发器

在中断接口电路中必须设置中断请求触发器，以便 CPU 记忆某外设的中断请求。例如，中断控制器 89C52A 中的 8 位的中断请求寄存器 IRR，IRR 实际由 8 个触发器构成，由外部中断请求信号触发，使其为 1 状态，记忆外设的中断请求。

每个中断源通过中断接口电路向 CPU 发出的中断请求信号是随机的，而 CPU 通常都是在现行指令周期结束时才检测中断接口是否向 CPU 提出了中断请求，故在现行指令执行期间，必须把随机输入的中断请求信号先锁存起来，以便 CPU 执行完现行指令后检测，并且要求中断请求信号保持到 CPU 响应该中断请求之后才可以被清除掉。

图 6-29 所示为中断请求触发器和中断屏蔽触发器的组成示意图。当外设提出请求时，READY 由低电平跳变到高电平，中断请求触发器的 Q 端变为 1 状态。

2）设置中断屏蔽触发器

在中断接口电路中必须设置中断屏蔽触发器，以便 CPU 开启或禁止某外设中断的请求。例如，89C52A 中的 8 位的中断屏蔽寄存器 IMR，IMR 可以屏蔽或开启对应的 8 个中断请求输入。

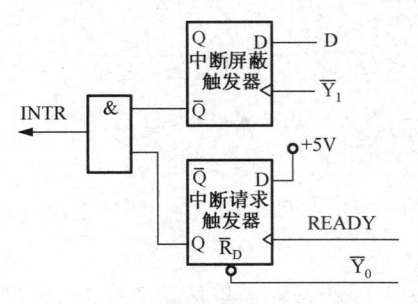

图 6-29 中断请求触发器和中断屏蔽触发器的组成示意图

在图 6-29 中，如果 CPU 通过片选 $\overline{Y}_1$ 向中断屏蔽触发器写入 1 状态，则 $\overline{Q}=0$，从而使中断请求触发器的 1 状态不可能通过与门传送到 CPU 的可屏蔽中断请求输入端 INTR，于是禁止该位的中断请求。如果 CPU 通过片选 $\overline{Y}_1$ 向中断屏蔽触发器写入 0 状态，则 $\overline{Q}=1$，允许中断。

3）在 CPU 内部设置中断允许触发器

在 CPU 内部有一个中断允许触发器 IF，可以使用如下两条指令对其置 1 或清零。

```
STI    ; IF = 1, 允许可屏蔽中断
CLI    ; IF = 0, 禁止可屏蔽中断
```

当 CPU 复位时，中断允许触发器 IF 复位为 0 状态，即关中断。

当中断响应后，CPU 就自动关闭中断，以禁止接受另一个新的中断，因而通常在中断服务程序结束之前，CPU 必须执行两条指令，即允许中断指令（STI）和中断返回指令（IRET）。

在有多个中断源的情况下，每个中断源有一个中断的优先级，高优先级的中断源可以中断低优先级的中断服务程序，因此，应该在低优先级的中断服务程序中保护好现场再开中断，以便 CPU 能够响应新的中断，实现中断嵌套。

4）CPU 在现行指令结束后响应中断

在满足上述 3 个条件的前提下，CPU 在执行现行指令的最后一个总线周期的最后一个时钟周期时，才检测中断输入线 INTR（或 NMI），若发现中断请求有效，则下一总线周期进入中断响应周期。

2．CPU 对中断的响应过程

CPU 响应及处理可屏蔽中断的流程图如图 6-30 所示。

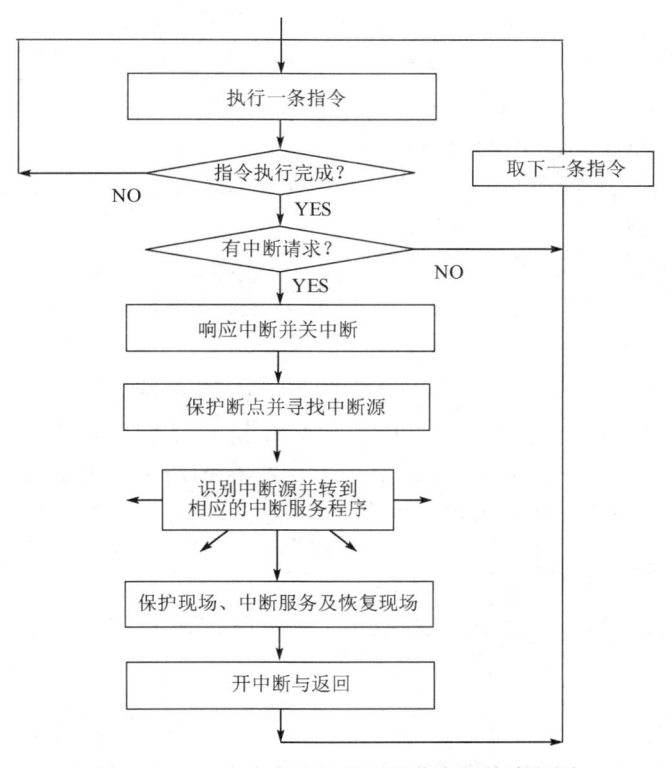

图 6-30　CPU 响应及处理可屏蔽中断的流程图

CPU 响应中断的过程如下。

（1）响应中断并关中断。

CPU 发出中断响应信号 $\overline{\text{INTA}}$，准备读取中断类型号。

CPU 在响应中断后，使中断允许标志位 IF = 0，以禁止接收其他中断请求。

（2）保护断点并寻找中断源。

断点处的标志寄存器 F 的内容、段寄存器 CS 的值和指令指针 IP 的值被称为断点。将 F、CS、IP 的值依次压入堆栈保存，称为保护断点，以便中断处理完后 CPU 能正确返回主程序的断点地址，继续执行被中断的程序，并通过中断类型号寻找中断源。

（3）识别中断源并转到相应的中断服务程序。

CPU 要对中断请求进行处理，必须要找到相应中断服务程序的入口地址（又称首地址），并执行该中断服务程序，首要的问题是如何识别中断源。80x86 采用向量中断（Vector Interrupt）方式来识别中断源，从而寻找中断服务程序的入口地址。

向量中断又称矢量中断，在使用向量中断的微机系统中，每个外设都预先指定了一个中断类型号（0~255），又称中断类型码、中断向量号或向量类型等。当 CPU 识别出某个外设请求中断并予以响应时，控制逻辑就将该外设的中断类型号送入 CPU，CPU 根据中断类型号，在中断向量表（各中断服务程序入口地址排列而成的表）中寻找相应的中断服务程序的入口地址（CS:IP），该入口地址称为中断向量。找到入口地址后转入中断服务，执行中断服务程序。

用向量中断来确定中断源，外部中断采用 82C59A 来提供中断类型号。在执行软中断指令时，软中断指令中已经提供了中断类型号。

（4）保护现场、中断服务及恢复现场。

为了避免中断服务程序的运行而破坏主程序中相关寄存器中的内容，必须把中断服务程序中要使用的寄存器中的值暂时压入堆栈进行保护，在中断服务程序执行完毕后，再将其从堆栈中弹出并还给原来的寄存器。例如：

```
    PUSH   AX
    PUSH   SI        ;保护现场
```

执行中断服务程序：

```
    POP    SI
    POP    AX        ;恢复现场
```

（5）开中断与返回。

在返回主程序之前要开放中断（STI），目的是 CPU 在返回主程序后能继续响应新的中断请求。从中断返回到断点处，有一条专门的中断返回指令（IRET），该指令的隐操作是将堆栈栈顶处连续的 3 个字依次弹出给指令指针 IP、段寄存器 CS、标志寄存器 F。CS 和 IP 中有了断点处的值，于是 CPU 继续执行原来的程序。

6.5.3　实模式的中断系统

32 位微机在实模式的中断机制与 8086 CPU 的中断机制完全兼容，所以，本节主要以 8086 CPU 的中断系统为例进行分析。

1. 中断的分类

中断可分为外部中断和内部中断两大类，80x86 实模式系统的中断源如图 6-31 所示。外部中断分为可屏蔽中断(INTR)和非屏蔽中断(NMI),它们由 CPU 外部的硬件设备驱动。内部中断是指各个软中断,软中断由软件中断指令的执行来启动。80x86 实模式系统下最多能处理 256 种不同类型的中断,每个中断都有一个中断类型号,以供 CPU 进行识别。

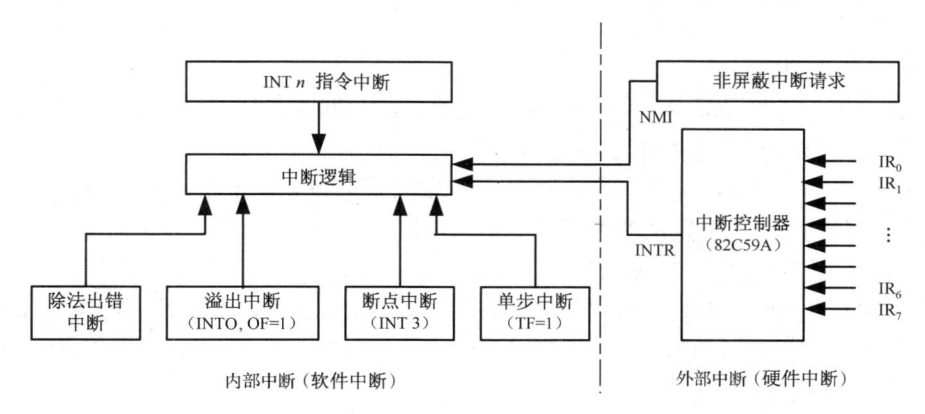

图 6-31 80x86 实模式系统的中断源

1) 外部中断

从图 6-31 中可以看到,80x86 有两条中断请求输入信号线——INTR 和 NMI,可供外设向 CPU 发送中断请求信号。

(1) 可屏蔽中断。

早期微机只有一片 82C59A,提供 8 个外设的中断请求输入 IRQ,即 $IR_0 \sim IR_7$。$IR_0 \sim IR_7$ 的中断类型号依次为 08H~0FH,这是由计算机通过对 82C59A 执行写 ICW_2 操作来设定的。其中,IR_0 与计数器 0 的输出端 OUT_0 连接,用作微机系统的日时钟中断请求。IR_1 连接键盘输入接口电路送来的中断请求信号,请求 CPU 读取键盘扫描码。IR_2 保留。IR_3 连接串行异步通信接口 COM2 的中断请求信号,处理 COM2 是接收中断、发送中断还是出错中断。IR_4 连接串行异步通信接口 COM1 的中断请求信号。IR_5 连接硬盘中断请求信号。IR_6 连接软盘中断请求信号。IR_7 连接打印机中断请求信号。

微处理器内部的中断允许触发器能够"屏蔽"的外部中断称为可屏蔽中断。80x86 CPU 的可屏蔽中断源发出的中断请求是从 CPU 的 INTR 引脚申请的,所以是可屏蔽中断。一片 82C59A 最多负责 8 个外设以中断方式与 CPU 交换数据。

图 6-32 所示为 82C59A 与计算机系统相连接的原理图。图中 CPU 通过数据总线向 82C59A 写命令字,以此来选择与控制 82C59A 的工作。

82C59A 接收与其相连接的外部设备送来的中断请求,并判断提出中断请求的哪一个外部设备的优先级最高,如果被选中设备的优先级比正接受服务设备的优先级高,就启动 8086 的 INTR 线。

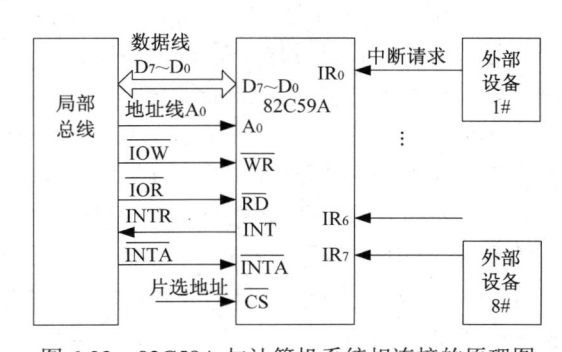

图 6-32 82C59A 与计算机系统相连接的原理图

当 INTR 信号为有效 1 电平时,有两种情况发生:IF = 0,表示 INTR 线上的中断是屏蔽的,CPU 将不理会该中断请求,继续执行下一条指令。IF = 1，表示 INTR 线上的中断是开放的，CPU 在完成当前正在执行的指令后，立即响应中断，识别该中断请求，并进行中断处理。

在中断控制接口中，还可以将中断屏蔽命令字写入 82C59A，从而有选择地屏蔽 82C59A 所控制的 8 个中断请求输入设备。

（2）非屏蔽中断。

从 80x86 CPU 的非屏蔽中断请求线 NMI 处申请的中断称为非屏蔽中断，中断允许标志 IF 对 NMI 中断请求线提出的中断请求不起屏蔽作用。

在图 6-28 中，从 NMI 输入的非屏蔽中断请求信号来自系统 RAM 奇偶错、I/O 通道检查错等，这都是基础故障，必须紧急处理，非屏蔽中断能够立即被 CPU 锁存并响应。NMI 是边沿触发的，不需要电平触发，NMI 的优先级比 INTR 的优先级高。

非屏蔽中断的类型号被系统预设为 2，在 CPU 响应 NMI 时，直接按照中断类型号 2 读取中断服务程序的首地址。因此，CPU 响应 NMI 与响应 INTR 是不同的，响应 NMI 并不需要执行中断响应总线周期。

2）内部中断

内部中断是通过软件调用的不可屏蔽中断，包括除法出错中断、溢出中断、INT n 指令中断、断点中断及单步中断等。

（1）除法出错中断。

在执行除法指令 DIV 或 IDIV 时，如果除数为 0，或者商超出了目标寄存器所能表达的范围，则 CPU 立即产生一个类型号为 0 的内部中断，即除法出错中断。

例如，DIV　DL　；AX/DL，商在 AL 寄存器中

如果 DL = 1，那么只要 AX 中的数大于 255，在执行该指令后，必然会产生除法出错中断。

（2）溢出中断。

如果上一条指令使溢出标志 OF 置 1，那么在执行溢出中断指令 INTO 时，立即产生一个中断类型号为 4 的软中断。

（3）INT n 指令中断。

在 8086 的指令系统中有一条 INT 指令，当执行完这条指令后就立即产生中断。CPU 根据该指令中的中断类型号 n，确定调用哪个服务程序来处理该中断。

（4）断点中断。

断点中断的中断类型号为 3，该中断是专供调试程序设置断点用的，断点一般可以处于程序中的任何位置。调试程序中的 G 命令就是利用断点中断来中止被调试程序的。在使用调试程序时，如果在程序段的最后加上一条 INT 3 指令，那么就可以停止程序的执行，而不必设置断点。

（5）单步中断。

单步中断也称为陷阱中断，当单步标志 TF 置 1 时，8086 处于单步工作方式。在单步工作方式下，每执行完一条指令，CPU 就自动产生一个类型号为 1 的中断，CPU 自动把标志寄存器和断点（CS:IP）值压入堆栈，然后清除 TF 和 IF。CPU 在单步中断处理过程中不会以单步工作方式来执行程序，而以正常的方式执行单步中断服务程序。当单步中断处理过程结束时，从堆栈中弹出原来的断点（CS:IP）值及标志寄存器 F 的内容，使 CPU 返回单步工作方式。

单步工作方式可以帮助用户调试程序，单步中断处理过程可以在 CPU 每执行一条指令后打印或显示标志寄存器的内容、指令指针的值、关键的存储器变量等。这样就能详细地跟踪一个程序的具体执行过程，确定问题所在。

内部中断具有如下特点：
① 中断类型号或包含在指令中，或是预先规定的。
② 不执行响应外部中断的中断响应周期。
③ 除单步中断外，任何内部中断都无法被禁止。
④ 除单步中断外，任何内部中断的优先级都比外部中断的优先级高。

8086 中断源的优先级从最高到最低的顺序依次是：除法出错中断→INT n 指令中断（断点中断）→溢出中断→非屏蔽中断→可屏蔽中断→单步中断。

2. 中断向量表

中断向量表是存放中断服务程序入口地址的表格，如图 6-33 所示。它存放在存储器的最低端（0000H:0000H～0000H:03FFH）共 1024 字节的存储器单元中，每 4 字节存放一个中断服务程序的入口地址，一共可以存放 256 个中断服务程序的入口地址。在每 4 字节的入口地址中，较高地址的 2 字节存放中断服务程序入口的段基值；较低地址的 2 字节存放入口地址的段内偏移量。这 4 个单元的最低地址称为向量地址或中断向量指针，其值为对应的中断类型号乘以 4。

由图 6-33 可见，中断向量表可以分为三部分：5 个专用中断，类型 0～类型 4；27 个保留中断，类型 5～类型 31；224 个供用户定义中断，类型 32～类型 255。保留的中断类型码是为系统开发升级保留的。

【例 6-9】 中断向量分析示例。如果 CPU 响应中断类型号是 8 的中断，那么向量地址的中断类型号为 8×4＝20H，中断向量在中断向量表中的向量地址（中断向量指针）是 0000:0020H，在该内存地址处存放了该中断服务程序的首地址，如图 6-34 所示。

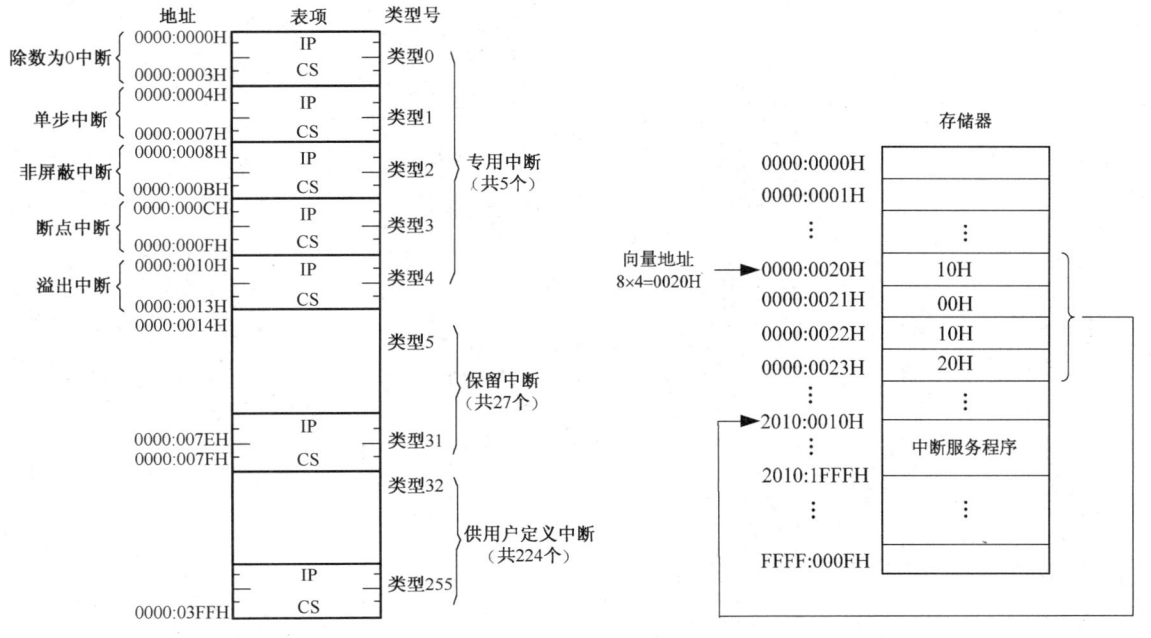

图 6-33 中断向量表

图 6-34 根据中断类型号 8 获取中断向量

从图 6-34 可以看出，中断类型号为 8 的中断服务程序的入口地址是 2010:0010H，CS 和 IP 分别获得 2010H 和 0010H 后，CPU 从 2010:0010H 处开始执行中断服务程序。

【例 6-10】 编程实现在中断向量表中设置中断向量。要求将中断向量 2010:0010H 设置到中断向量表中，并使其对应的中断类型号是 8。

解： 程序如下。

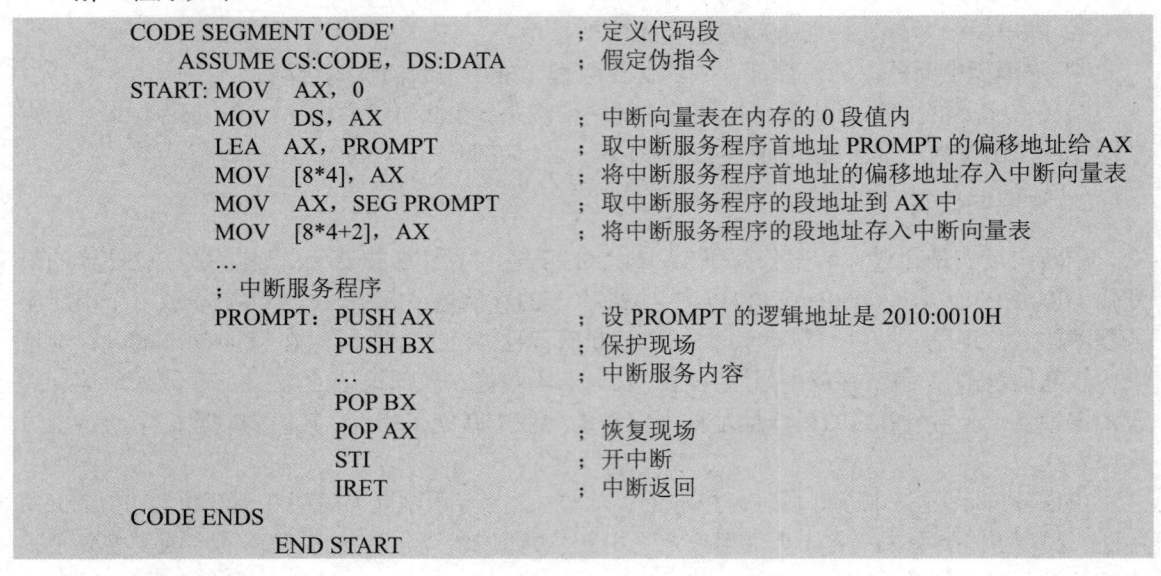

```
        CODE SEGMENT 'CODE'              ;定义代码段
            ASSUME CS:CODE，DS:DATA       ;假定伪指令
        START: MOV   AX, 0
               MOV   DS, AX               ;中断向量表在内存的 0 段值内
               LEA   AX, PROMPT           ;取中断服务程序首地址 PROMPT 的偏移地址给 AX
               MOV   [8*4], AX            ;将中断服务程序首地址的偏移地址存入中断向量表
               MOV   AX, SEG PROMPT       ;取中断服务程序的段地址到 AX 中
               MOV   [8*4+2], AX          ;将中断服务程序的段地址存入中断向量表
               …
               ; 中断服务程序
               PROMPT： PUSH AX           ;设 PROMPT 的逻辑地址是 2010:0010H
                        PUSH BX           ;保护现场
                        …                 ;中断服务内容
                        POP BX
                        POP AX            ;恢复现场
                        STI               ;开中断
                        IRET              ;中断返回
        CODE ENDS
               END START
```

3. 中断过程

（1）可屏蔽中断响应与处理过程。

可屏蔽中断响应与处理的过程示意图如图 6-35 所示，从图中可以看出其处理过程由外部设备接口电路、8086CPU、存储器中的中断向量表和堆栈、被中断的程序，以及中断服务程序等组成。

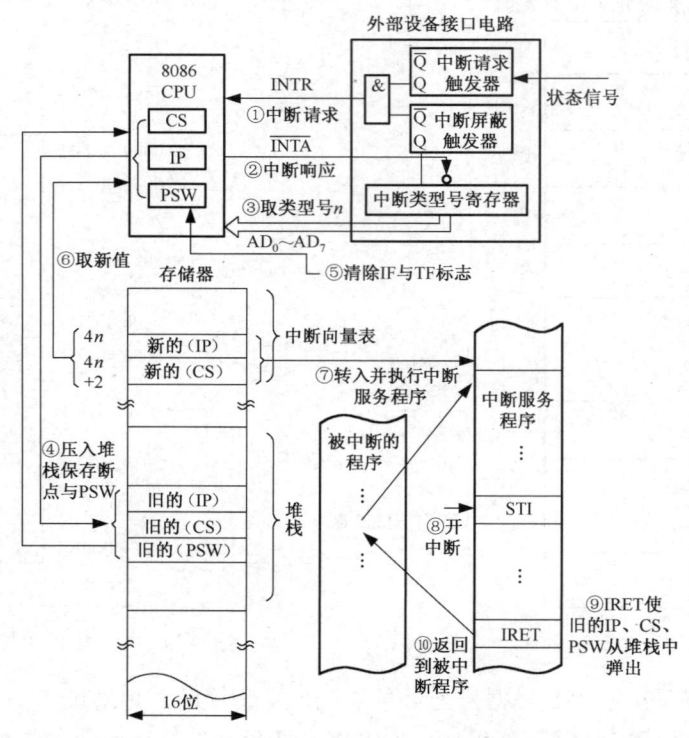

图 6-35　可屏蔽中断响应与处理的过程示意图

可屏蔽中断响应与处理的过程如下。

① 外设通过中断接口向 CPU 提出可屏蔽中断请求，INTR 有效（变为高电平）。

② 如果 CPU 中 IF = 1，且没有 DMA 请求和非屏蔽中断请求，那么 CPU 执行完现行指令后，响应可屏蔽中断请求，表现为 CPU 通过 $\overline{\text{INTA}}$ 连续两次发出负脉冲信号，即中断响应信号。

③ CPU 在发出第二个中断响应信号 $\overline{\text{INTA}}$ 时，便从 82C59A 中读取中断类型号。

④ CPU 在不需要执行指令的情况下，将现行标志寄存器 $F_{旧}$（也称为程序状态字 $PSW_{旧}$）和断点（$CS_{旧}:IP_{旧}$）的值压入堆栈保存。

⑤ CPU 自动清除中断允许标志 IF 与单步执行标志 TF，禁止可屏蔽中断与单步中断。

⑥ 通过读取到的中断类型号，从中断向量表中读取中断服务程序的入口地址，并赋给 CS 和 IP。

⑦ 根据中断服务程序的入口地址，转入并执行中断服务程序。

⑧ 在中断服务程序中，可以通过执行 STI 指令来开中断。

⑨ CPU 执行完中断服务程序后，必须执行一条从中断服务程序返回的指令（IRET），该指令的功能是从堆栈中按先后顺序弹出 IP、CS、F 的值，并分别还给 CPU 中的 IP 指针、段寄存器 CS 和标志寄存器 F，最后，CPU 继续执行被中断的程序。

（2）实模式中断响应与中断处理的规则。

在实模式下，不仅有可屏蔽中断，还有非屏蔽中断及各种软中断等，所有中断的响应与中断处理过程有如下几条规则：

① 在没有任何中断请求的情况下，CPU 自动继续执行下一条指令。

② CPU 在执行完当前指令后才可能响应中断。

③ 内部中断优先于外部中断，外部非屏蔽中断 NMI 优先于可屏蔽中断 INTR。

④ 在有可屏蔽中断请求的情况下，如果 IF = 0，那么 CPU 不会响应中断请求；如果 IF = 1，那么 CPU 响应中断请求。在可屏蔽中断服务程序中，如果有非屏蔽中断或单步中断，那么一定要先执行非屏蔽中断或单步中断的服务程序，执行完毕后，才能继续执行可屏蔽中断的中断服务程序，形成中断嵌套。

⑤ 如果有 n 个可屏蔽中断请求同时到达，那么 CPU 将按照优先级顺序，逐一响应外部中断。

⑥ 如果是内部中断、非屏蔽中断，或者是单步中断，那么其中断处理过程与可屏蔽中断处理过程大致相同。

⑦ 内部中断、非屏蔽中断、单步中断这三类中断由 CPU 自动生成中断类型号，并根据中断类型号在中断向量表中找到其中断服务程序的入口地址。

⑧ 所有中断服务程序的入口地址都存放在中断向量表中。

6.6 保护模式的中断技术

1. 保护模式与实模式中断技术的比较

早期的 Pentium 微处理器及以前的微处理器不具有芯片内建的高级可编程中断控制器（APIC），也没有引脚 LINT[1:0]。如前所述，它们用专用的 INTR 和 NMI 引脚将中断请求信号传递到 CPU 中。Pentium 微处理器以后的 IA-32 微处理器是通过 LINT[1:0]引脚或本地 APIC 来接收外部可屏蔽中断的，其可以处理非屏蔽中断（中断类型码是 02H）及软件中断，IA-32 微处理器的中断源基本与实模式相同。

保护模式的中断技术与实模式的中断技术有较大的区别，前者对 256 个中断类型号的定义做了适当的变动。二者的主要差别是：实模式根据中断类型号，从中断向量表中获取中断服务程序的入口地址，其物理地址是 20 位的；保护模式虽然也根据中断类型号，但是，是通过中断描述符表 IDT 和全局描述符表 GDT（或局部描述符表 LDT）经两级查找后，形成 32 位的中断服务程序的入口地址，而且，保护模式的中断服务程序是受保护的。

保护模式新增了许多软件中断——异常。在保护模式下，系统、微处理器、当前执行的程序及任务等都可能存在某种状况需要微处理器处理。例如，超出访问权限故障、页故障、段不存在故障等，由这类故障产生的中断称为异常。在保护模式下使用 ACPI 模式，中断请求由 15 个可以增加到 23 个。

2．中断和异常的类型号

保护模式为每一个中断和异常都分配了唯一的识别码，即中断类型号。微处理器将分配给每个异常或中断的类型号作为访问 IDT 的索引，以确定中断或异常处理程序的入口点所在的表项。

中断类型号的允许范围是 0～255，与实模式相比，保护模式对某些类型号的功能做了修改，并新定义了类型号的功能。其中，0～31 被用作 IA-32 体系结构的中断与异常的类型号，其中保留的中断类型号用户不得使用；32～255 被分配给外部输入/输出设备及用户开发使用。保护模式中断和异常的类型号如表 6-8 所示。

表 6-8　保护模式中断和异常的类型号

类型号	描述	类型	错误码	来源
00H	除法错	故障	没有	DIV 和 IDIV 指令
01H	保留	故障陷阱	没有	只由 Intel 使用
02H	NMI 中断	中断	没有	非屏蔽中断
03H	断点	陷阱	没有	INT 3 指令
04H	溢出	陷阱	没有	INTO 指令
05H	BOUND 范围越界	故障	没有	BOUND 指令
06H	非法操作码	故障	没有	UD2 指令（由 Pentium Pro 微处理器引入）或保留的操作码
07H	设备不可用（无数值协处理器）	故障	没有	浮点或 WAIT/FWAI 指令
08H	双故障	终止	有（0）	任何可能产生异常的指令、NMI 或 INTR 中断
09H	非法 TSS	故障	没有	浮点指令（386 以后的 32 位微处理器不再产生这个异常）
0AH	协处理器段超出	故障	有	任务切换或 TSS 访问
0BH	段不存在	故障	有	加载段寄存器或访问系统段
0CH	栈段故障	故障	有	SS 寄存器加载和栈操作
0DH	一般保护	故障	有	任何内存引用和其他保护检验
0EH	页故障	故障	有	任何内存引用
0FH	Intel 保留，未使用	故障	没有	—
10H	X87FPU 浮点错误	故障	没有	X87FPU 浮点或 WAIT/FWAIT 指令
11H	对齐检验	故障	有（0）	任何内存中的数据引用（由 Intel 486 CPU 引入）
12H	机器检验	终止	没有	Pentium 微处理器引入，在 P6 系列微处理器中有所增强
13H	SIMD 浮点异常	故障	没有	SSE/SSE2/SSE3 浮点指令，Pentium Ⅲ微处理器引入
14H～1FH	Intel 保留，未使用	—	—	—
20H～FFH	用户定义（未保留）	中断	—	外部中断或 INT n 指令

3. IDT

保护模式使用 IDT 代替了中断向量表。由中断描述符表寄存器（IDTR）保存 IDT 的起始地址和边界范围。

每一个中断类型号在 IDT 中对应一个表项，称为中断门描述符表项或陷阱门描述符表项。这些门描述符的字长为 8B，与 GDT 和 LDT 中的描述符字长相等，但描述符的内容（格式）不完全相同，中断门/陷阱门描述符包含 32 位的偏移地址、16 位的中断/异常处理程序的代码段选择器（CS）及属性字段，IDT 表长为 2KB。GDT 和 LDT 中的描述符是不具有代码段选择器（CS）的。

由于只有 256 个中断或异常，因此 IDT 包含的描述符不会多于 256 个，但可以不足 256 个，因为只有那些确实发生的异常或中断才需要描述符。由 48 位长的 IDTR 中的高 32 位（基地址）指示 IDT 在内存中的起始地址，异常/中断类型号乘 8 即可得到 IDT 中该中断/陷阱门描述符的偏移地址。通过 IDTR 在 IDT 中查找中断门/陷阱门，如图 6-36 所示。

IDT 可存在于线性地址空间的任意位置，CPU 使用 IDTR 寻址 IDT，IDTR 包含 32 位的基地址和 16 位的界限。

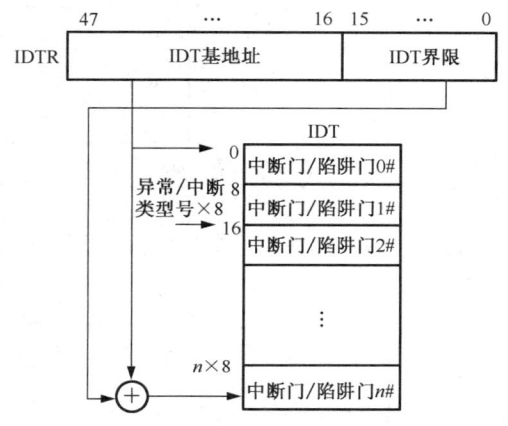

图 6-36 通过 IDTR 在 IDT 中查找中断门/陷阱门

装载 IDT 寄存器（LIDT）指令和保存 IDT 寄存器（SIDT）指令分别用来装载和保存 IDTR 的值。LIDT 指令将包含基地址和界限的内存操作数装载到 IDTR 中，该指令只有在当前特权 CPL 为 0 级时才能装载成功。通常在操作系统执行初始化代码时创建 IDT，操作系统可以使用 LIDT 指令更换 IDT。由此可见，保护模式的中断服务是由操作系统安排的，用户是不能更改的。

SIDT 指令将 IDTR 中 32 位的基地址和 16 位的界限保存到内存中，SIDT 指令可在任何特权级上使用。但是，如果通过中断类型号引用的描述符超过 IDT 的界限（16 位），那么将发生一般保护异常。

IDT 中包含 3 种门描述符：任务门描述符、中断门描述符和陷阱门描述符。IDT 中使用的任务门的格式与 GDT 或 LDT 中的完全一样。任务门中包含异常或中断处理任务的任务状态段 TSS 的段选择器。中断门或陷阱门与调用门非常相似，它们均包含一个远指针（段选择器和偏移量），微处理器用该远指针将现在执行的流程转移至异常或中断处理代码段相应的处理程序中。

4. 保护模式中断和异常的处理过程

保护模式进入中断服务程序的过程如图 6-37 所示。

以中断类型号乘以 8 作为访问 IDT 的偏移地址，读取相应的中断门/陷阱门描述符表项。门描述符给出了中断服务程序的入口地址（段、偏移），其中，32 位偏移量装入 EIP 寄存器，16 位的段（值）装入 CS 寄存器。由于此段（值）是选择器，因此必须访问 GDT 或 LDT 才能得到段的基地址。

根据中断类型号在 IDT 中找到一个描述符，再根据该中断描述符中段选择器的 TI 位是 0 还是 1，从 GDT 或 LDT 中找到一个段描述符，并自动加载到 CS 的描述符高速缓存器中。这时，由 CS 的描述符高速缓存器的基地址字段（32 位）确定中断处理程序所在内存的基地址，由在 IDT 中找到的门描述符中的偏移量（32 位）确定中断服务程序的入口地址。中断服务程序的基地址+偏移量 = 32 位的中断服务程序的首地址。

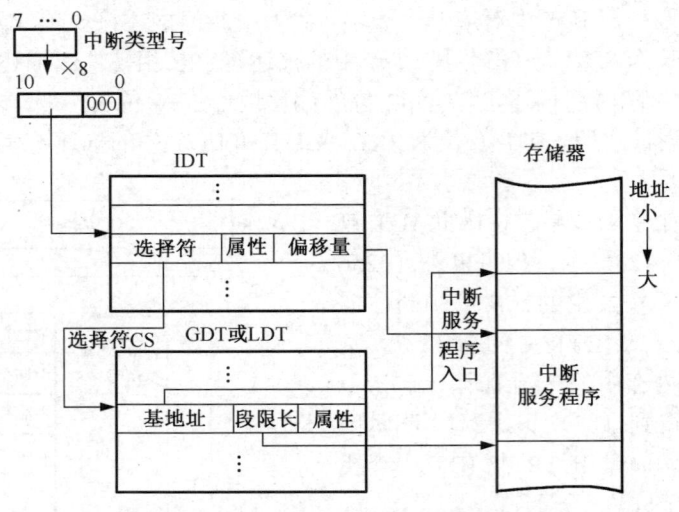

图 6-37 保护模式进入中断服务程序的过程

根据以上分析可知：

（1）32 位 CPU 最多可以有 256 个中断或异常。每个中断给予一个编号，即中断类型号（0~255），以便在发生中断时，程序能依据中断类型号转向相应的中断服务程序的入口地址。

当有一个以上的异常或中断发生时，CPU 以一个预先确定的顺序先后进行服务。异常中断的优先级高于外部中断，这是因为异常中断发生在取一条指令或译码一条指令或执行一条指令时出现故障的情况下，这些情况更为紧急。

（2）中断服务子程序的入口地址信息存于中断向量检索表内。实模式下存放在中断向量表中。保护模式通过 IDT 和 GDT（或 LDT）经两级查找后，形成 32 位的中断服务程序的首地址。

（3）CPU 识别中断类型取得中断类型号的途径有 3 种。

① 指令给出。如软件中断指令 INT n 中的 n 即中断类型号（又称中断向量号）。

② 外部提供。可屏蔽中断在 CPU 接收到 INTR 信号时产生一个中断识别周期，接收外部中断控制器由数据总线送来的中断类型号；非屏蔽中断在接收到 NMI 信号时中断类型号固定为 2。

③ CPU 识别错误、故障现象，根据异常和中断产生的条件自动指定中断类型号。

通过控制面板，使用查看输入/输出地址的方法，可以查看计算机关于 I/O 中断的 IRQ 分配情况，如图 6-38 所示。图 6-38 是从设备管理器中实际查得的，从图中可以看到，既有 ISA 总线上的 IRQ 编号及其中断源，也有新增的基于 PCI 总线上的 IRQ 编号及其中断源。中断源有些是某个外设，有些则来自主板上的芯片组。

5．实模式与保护模式中断技术的主要区别

（1）在实模式下，CPU 以单个任务运行，虽然 CPU 可以与多个外设并行工作，但是 CPU 的时间不能分配给多个任务。在保护模式下，当 CPU 运行多任务时，通过定时时钟，并利用中断机制将 CPU 的时间分配给多个任务。输入/输出设备通过中断机制可以和 CPU 联系，也可以实现 CPU 和多个外设并行操作。

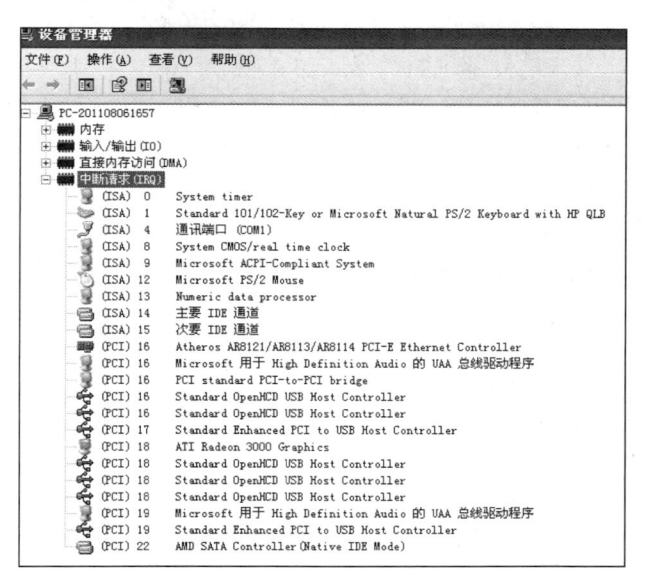

图 6-38 IRQ 分配情况

（2）在实模式下中断服务程序首地址的逻辑地址存放在中断向量表中，将中断类型号乘以 4，从中断向量表中读取中断服务程序首地址的逻辑地址，其物理地址 20 位。保护模式使用 IDT 代替了中断向量表，由 IDTR 保存 IDT 的起始地址和边界范围，通过 IDT 和 GDT（或 LDT）经两级查找后，才能形成 32 位的中断服务程序的首地址，其中断过程和实模式相比要复杂得多。

（3）实模式下的中断向量表对用户是开放的，通过程序的运行，很容易改变中断向量表中的中断向量，这导致系统的安全性能很差。

保护模式使用 IDT 代替了中断向量表，由于用户无权访问 IDTR，所以不可能通过程序改变 IDT 中的描述符项。另外，在保护模式下通过 IDT 和 GDT（或 LDT）经两级查找后，得到最终的中断服务程序首地址，无论是哪一级查找，所查找的描述符都有一个属性（访问权）字节，系统通过属性字节，实现特权级的保护、其他保护异常及段界限的保护等。因此，保护模式下的中断系统是十分安全的。

6.7 高级可编程中断控制器

Intel 于 1997 年公布多处理机规范（Multiprocessor Specification）后，产生了高级可编程中断控制器（APIC），APIC 是为了解决 IRQ 太少及微处理器间的中断而产生的。APIC 可以应用于多微处理器系统，也可以应用于单微处理器系统。

可编程中断控制器（PIC）已经被 APIC 所取代，多微处理器系统、多核单微处理器系统等都使用了 APIC 技术。

6.7.1 APIC 的基本组成

1. 本地 APIC 和输入/输出 APIC

Intel 多处理机规范的核心就是 APIC 的使用。

微机系统中的 APIC 包含本地 APIC（Local APIC）和输入/输出 APIC（I/O APIC）。本地 APIC 位于微处理器内部，接收和处理多微处理器之间的中断（Inter Processor Interrupt，IPI）消息和输入/输出 APIC 发来的外部中断消息。输入/输出 APIC 位于主板上的芯片组中，接收和预处理外设中断源提交的中断请求。输入/输出 APIC 和本地 APIC 通过系统总线（System Bus）或 APIC 总线（APIC Bus）进行数据的控制和传输，如图 6-39 所示。在输入/输出 APIC 和本地 APIC 之间传输的不是简单的电平信息，所有的中断请求在输入/输出 APIC 中编码成中断消息后传输给本地 APIC。

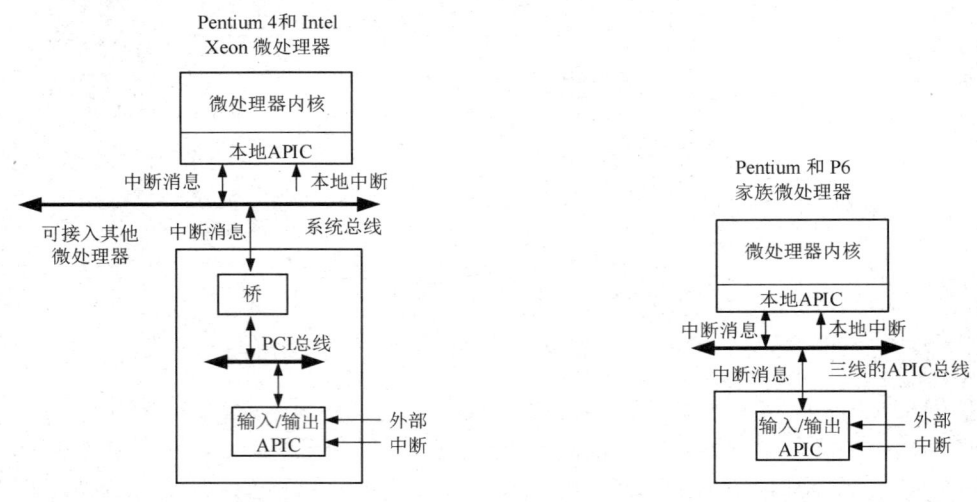

图 6-39　输入/输出 APIC 和本地 APIC 之间的通信

在多微处理器系统中，本地 APIC 可以发送和接收微处理器之间的相互中断消息，也可以在微处理器之间分发中断消息，或者执行系统级的功能。例如，启动微处理器、给一群微处理器分配任务等。

2. 输入/输出 APIC 的基本组成

输入/输出 APIC 的组成包括一组 24 条 IRQ 线、一张 24 项的中断重定向表（Interrupt Redirection Table）、可编程寄存器等。输入/输出 APIC 是发送和接收 APIC 信息的一个信息单元，与 8259A 的 IRQ 引脚不同，其中断优先级与引脚号没有关系，中断重定向表中的每一项都有可能被单独编程，以指明中断向量和优先级、目标微处理器及选择微处理器的方式。中断重定向表中的信息用于把每个外部 IRQ 信号转换为一条消息，然后通过 APIC 总线或经过 PCI "桥"并通过系统总线把消息发送给一个或多个本地 APIC 单元。

微机系统中最多可拥有 8 个输入/输出 APIC，它们收集来自输入/输出设备的中断请求信号，且在该设备需要中断时将消息传输至本地 APIC。每个输入/输出 APIC 有一个专有的中断输入（或 IRQ）号码。

3. 本地 APIC 和输入/输出 APIC 的两种通信总线

从 Pentium 4 和 Intel Xeon 微处理器开始，输入/输出 APIC 经过"桥"和本地 APIC 的通信是通过系统总线来实现的。输入/输出 APIC 先接收外部中断请求，再通过芯片组上的"桥"生成中断消息，最后发给本地 APIC。

对于 Pentium 和 P6 家族微处理器，输入/输出 APIC 与本地 APIC 之间是通过三线的（3-wire）APIC 总线来通信的，一条 APIC 总线把"前端"输入/输出 APIC 连接至本地 APIC，把来自外部设备的 IRQ 线连接至输入/输出 APIC。因此，相对于本地 APIC，输入/输出 APIC 起到了路由器的作用。

6.7.2　本地 APIC 可以接收的中断源

本地 APIC 可以接收的中断源包括以下 3 类。

1．I/O 设备的中断

I/O 设备的中断是通过输入/输出 APIC 传来的外部设备中断，如键盘、鼠标等。这些中断源是直接连接到输入/输出 APIC 的中断输入引脚上的，是边沿触发中断或电平触发中断。由 I/O 设备的中断所产生的中断消息从输入/输出 APIC 发送到系统中的一个或多个微处理器内核的本地 APIC。

2．本地中断

（1）本地连接的 I/O 设备。

I/O 设备（中断源）可以连接至 8259A 型中断控制器，该中断控制器的输出又可以连接至微处理器的一个本地中断引脚（LINT0 或 LINT1）。

如果将 LINT1 引脚用作非屏蔽中断（NMI）申请引脚，则可以设置本地向量表中的 LINT1 条目，将 2 号向量的中断（NMI 中断）传递给微处理器内核。

（2）APIC 计时器生成的中断。

对本地 APIC 计时器进行编程，在达到已编程的计数值时，将本地计数中断发送至与其关联的微处理器。

（3）性能监视计数器中断。

当性能监视计数器溢出时，P6 家族、奔腾 4 和 Intel Xeon 微处理器都可以向其关联的微处理器发送中断消息。

（4）热传感器中断。

当内部热传感器跳闸时，奔腾 4 和 Intel Xeon 微处理器提供了向该芯片发送中断请求的能力，确保安全运行。

（5）APIC 内部错误中断。

对 APIC 进行编程，当本地 APIC 识别出错误时，将中断消息发送到与其关联的微处理器，以便及时处理。

以上 5 个中断称为本地中断，它们在本地向量表中分别为每个本地中断源提供一个向量条目，该条目允许为每个中断源建立特定的中断服务。

3．微处理器之间的中断（IPI）

Intel 64 或 IA-32 微处理器可以使用 IPI 机制来中断系统总线上的另一个微处理器或一组微处理器。微处理器通过对本地中断命令寄存器 Local ICR（Interrupt Command Register）编程的方式来生成一个 IPI，写 ICR 的动作会在系统总线或 APIC 总线上生成一个 IPI 消息，IPI 可以发送给别的微处理器，也可以发送给生成这个 IPI 的微处理器。当目的微处理器接收到 IPI 消息时，它的本地 APIC 就会自动去处理这些消息。

我们可以将以上 3 种类别的中断源看作 3 种不同的消息格式，其目的是告诉 CPU 应用不同的方式来响应与处理中断消息。本地中断使用本地向量表（LVT）来产生消息，5 个寄存器分别对应 5 种本地中断；微处理器之间的中断使用的是 ICR 所产生的消息；外部中断通过输入/输出 APIC 中的输入/输出 REDTBL[0:23]产生，当输入/输出 APIC 某个引脚接收到中断请求信号后，会根据该引脚对应的位，格式化出一条中断消息，然后发送给某个 CPU 处理。

小结

输入/输出接口电路是指微处理器与外部设备之间的连接电路，它可以实现输入/输出信息的锁存、缓冲，以及提供 I/O 通路等。

在输入/输出接口电路中一般具有 3 种类型的基本端口，分别为数据端口（数据寄存器）、控制端口（命令寄存器）和状态端口（状态寄存器）。

如果输入/输出接口与外部设备并行传输数据，则称为并行接口；如果输入/输出接口与外部设备串行传输数据，则称为串行接口。

接口电路一般具有 7 种功能：选择设备的功能、缓冲输入/输出数据的功能、寄存外设状态的功能、信号电平的转换与数据宽度的变换功能、可编程功能、接收和执行 CPU 命令的功能，以及中断处理的功能。

80x86 输入/输出端口采用独立编址的方式。

使用 8 位数据传输是基本的输入/输出方式，8 位、16 位及 32 位微机都可以实现 8 位数据的输入/输出。

中断控制输入/输出方式是微机系统的一个重要组成部分，中断技术可以使 CPU 与各外设端口并行操作，外设或其他中断源中止 CPU 当前正在执行的程序，使 CPU 转向为申请中断的外设（或中断源）执行服务程序，一旦服务程序执行结束，CPU 必须返回被中断程序的断点处，继续执行原来的程序。

中断系统指计算机实现中断操作所需要的所有硬件与软件的总称。中断系统具有中断处理和中断控制两方面的功能。

中断处理：发现中断请求、响应中断请求、中断处理与中断返回。

中断控制：实现中断优先级的排队和中断嵌套。

单片中断控制芯片 82C59A 可以管理 8 个中断源，两片 82C59A 级联可以管理 15 个中断源，9 片 82C59A 级联可以扩展到管理 64 个中断源。

保护模式的中断技术与实模式的中断技术有较大的区别，前者对 256 个中断类型号的定义做了适当的变动。二者的主要差别是：实模式根据中断类型号，从中断向量表中获取中断服务程序的入口地址，其物理地址是 20 位的；保护模式虽然也根据中断类型号，但是，是通过 IDT 和 GDT（或 LDT）经两级查找后，形成 32 位的中断服务程序的入口地址，而且，保护模式的中断服务程序是受保护的。在保护模式下使用 ACPI 模式，中断请求由 15 个可以增加到 23 个。

微机系统中的 APIC 包含本地 APIC 和输入/输出 APIC。本地 APIC 位于微处理器内部，接收和处理多微处理器之间的中断消息和输入/输出 APIC 发来的外部中断消息。输入/输出 APIC 位于主板上的芯片组中，接收和预处理外设中断源提交的中断请求。

APIC 可以应用于单微处理器系统和多微处理器系统。

习题与思考题

6.1 名词解释题

（1）接口电路。

（2）接口技术。

（3）锁存器。

（4）缓冲器。

（5）端口。

（6）中断控制。

（7）中断处理。

（8）本地 APIC。

（9）输入/输出 APIC。

（10）IPI。

6.2 填空题

（1）输入/输出接口电路的主要功能包括_____、_____、_____、_____、_____、_____，以及中断处理。

（2）输入/输出接口电路与 CPU 一侧的主要连线是_____、_____，以及_____3 种。

（3）在输入/输出接口电路中一般具有 3 种类型的基本端口，分别是_____端口、_____端口、_____端口。

（4）32 位 CPU 最多可以有_____种中断和异常，每个中断给予一个编号，该编号被称为_____。

（5）2 片 82C59A 可以级联成_____级中断。

6.3 问答题

（1）查询式输入/输出方式主要存在什么问题？

（2）什么叫中断？

（3）80x86 CPU 有哪几种硬件中断？

（4）什么是 I/O 基地址？

（5）无条件输入/输出方式有什么特点？

（6）什么是中断类型号？什么是中断响应周期？

（7）完全嵌套方式管理中断优先级的原理是什么？

（8）在实模式下，中断向量表位于存储器中的什么位置？

（9）82C59A 的控制字有哪 4 个？每个控制字的作用分别是什么？

（10）保护模式与实模式的中断技术主要有哪些区别？

（11）在保护模式下，中断和异常的处理过程是怎样的？

（12）在保护模式下，如何找到中断服务程序的入口地址？

6.4 设计题

（1）根据图 6-9 所示的无条件输入方式接口电路和图 6-10 所示的无条件输出方式接口电路，设计一个查询式输出接口电路，要求：

① 将图 6-9 设为状态端口，并设 D_7 位是状态标志位。若 $D_7=0$，则说明输出设备没有准备好；若 $D_7=1$，则说明输出设备就绪。

② 将图 6-10 设为数据输出端口。

③ 画出整体接口电路，并设计两个端口地址。
④ 编写查询式输出程序段。

（2）根据图 6-9 所示的无条件输入方式接口电路设计一个查询式输入接口电路，要求：
① 画出整体接口电路，该电路由两个无条件输入方式接口电路组成，并设计两个端口地址。
② 设 D_7 位是状态标志位，若 $D_7=0$，则说明输入设备没有准备好；若 $D_7=1$，则说明输入设备就绪。
③ 编写查询式输入程序段。

6.5 思考题

（1）总结微处理器响应并处理可屏蔽中断的流程。
（2）总结保护模式的中断技术。

第 7 章　微机的并行接口技术及应用

按照传输数据的宽度划分，微机与外部设备之间数据的传输可以分为并行传输和串行传输，分别有并行传输接口（简称并行接口）和串行传输接口（简称串行接口）。计算机并行接口是计算机与并行输入/输出外设之间传输数据的中间电路。并行接口在多条传输线上同时传输多位二进制信息，其传输速率快、信息量大，一般只适合近距离传输，如并行打印机接口、并行硬盘接口等。

本章不仅介绍了常用的可编程并行接口芯片 8255A 的基本结构、工作原理及编程，还介绍了 Centronics 并行打印机接口及其内部寄存器，以及并行打印机接口编程。

7.1　可编程并行接口芯片 8255A

Intel 8255A 芯片是一种通用的可编程并行输入/输出接口芯片，是为 Intel 8080/8085 系列微处理器设计的，在打印机输出接口和键盘输入接口中都得到了应用。由于 8255A 芯片是一种通用的并行输入/输出芯片，所以其适合在各种智能控制板的各部件之间、控制板与外部之间等领域并行传输数据。8255A 芯片在智能仪器仪表及各种控制系统中得到了广泛的应用。

8255A 芯片使用 NMOS 工艺制造，同型号的有 82C55A，是 CHMOS 工艺芯片。二者的功能相同，引脚信号也兼容。

7.1.1　8255A 的内部结构

8255A 内部可以分为 3 部分，其内部结构如图 7-1 所示。

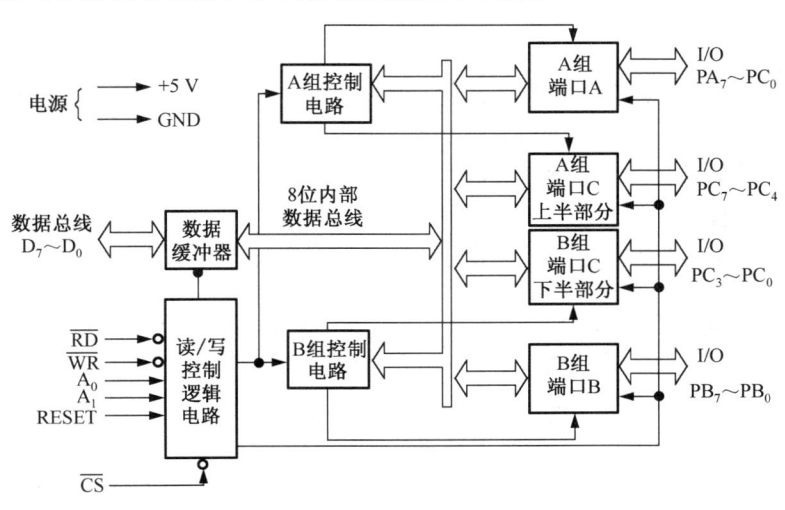

图 7-1　8255A 的内部结构

1) 与 CPU 一侧的接口

8255A 与 CPU 一侧的接口由读/写控制逻辑电路和数据缓冲器两部分组成。

读/写控制逻辑电路接收来自 CPU 一侧的信号，包括读信号 $\overline{RD}$、写信号 $\overline{WR}$、复位信号 RESET、两位地址线及接收地址译码器产生的片选输出信号 $\overline{CS}$。这些信号综合产生对 8255A 的读/写控制，从而控制 8255A 数据的传输过程。

8255A 外部有 8 位数据线（$D_7 \sim D_0$），因此，又称 8255A 是 8 位的接口芯片。CPU 每次与 8255A 传输数据，只能传输 8 位二进制数据。数据缓冲器由 8 位双向三态门等组成，它是 8255A 内部与外部数据相连接的通路，CPU 通过它实现对 8255A 进行数据的输入/输出。

8255A 内部数据总线有 8 位，它是内部各功能单元的公共通路。

2）A 组控制电路和 B 组控制电路

8255A 内部由 A 组控制电路和 B 组控制电路分别进行控制。

A 组控制电路：控制端口 A、端口 C 的上半部分（$PC_7 \sim PC_4$）。

B 组控制电路：控制端口 B、端口 C 的下半部分（$PC_3 \sim PC_0$）。

在使用过程中，通常把端口 A 和端口 B 作为独立的输入/输出端口使用，而端口 C 分为上、下两半部分，分别被用作端口 A、端口 B 的控制和状态信号，在编写控制字时，分两组来定义。CPU 控制 8255A 的读/写控制逻辑电路，A 组和 B 组控制电路接收来自读/写控制逻辑电路的方式控制字，根据它们来定义各个端口的操作方式，并根据读/写控制逻辑电路的命令实现输入/输出操作。

3）3 个 8 位输入/输出端口

8255A 包括 3 个 8 位数据端口（端口 A、端口 B、端口 C），每个端口有 8 条线与外部引脚相连接，可将其定义为输入线或输出线，每个端口都有各自的使用特点。

端口 A：有一个 8 位数据输入锁存器和一个 8 位数据输出锁存器，还有 8 位输入缓冲器和输出缓冲器。

端口 B：有一个 8 位数据输入锁存器和一个 8 位数据输出锁存器，但在输入时可以不锁存，还有 8 位输入缓冲器和输出缓冲器。

端口 C：有一个 8 位数据输出锁存器和一个 8 位数据输出缓冲器，还有一个 8 位数据输入缓冲器。

7.1.2 8255A 的引脚信号及功能

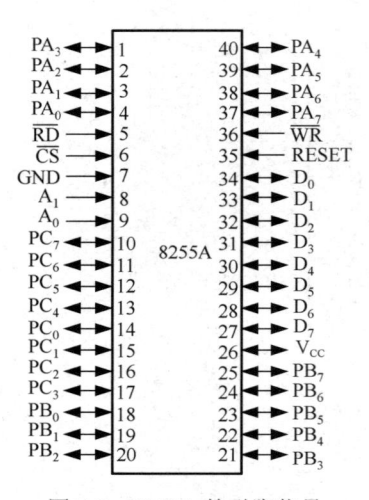

图 7-2 8255A 的引脚信号

8255A 共有 40 条引脚，除电源和地线外，与外设连接的信号线有 24 条，与 CPU 连接的信号线有 14 条，其引脚信号如图 7-2 所示。

1. 与 CPU 连接的信号

复位信号 RESET：高电平有效。当其有效时，内部寄存器均清零，并置端口 A、端口 B、端口 C 为输入方式，为设计者提供确定的初始状态。

8 位数据线 $D_7 \sim D_0$：双向传输，连接系统数据总线。

片选信号 $\overline{CS}$：低电平有效。当 $\overline{CS}=0$ 时，选中 8255A，CPU 才能读/写 8255A；当 $\overline{CS}=1$ 时，8255A 没有被选中。

读信号 $\overline{RD}$：低电平有效。只有当 $\overline{RD}$ 有效时，CPU 才有可能从 8255A 的某一个端口读入数据。

写信号 $\overline{WR}$：低电平有效。只有当 $\overline{WR}$ 有效时，CPU 才有可能对 8255A 进行写操作，包括写入控制字和数据。

选择 8255A 内部端口的地址信号 A_1、A_0：8255A 内部有 3 个数据端口和 1 个控制端口。A_1、A_0 的编码与 4 个端口的对应关系如表 7-1 所示。通常，A_1、A_0 与计算机系统的 A_1、A_0 相连接。

表 7-1 A_1、A_0 的编码与 4 个端口的对应关系

A_1	A_0	端口
0	0	端口 A
0	1	端口 B
1	0	端口 C
1	1	控制端口

从表 7-1 可以看出，当 $A_1A_0=00$ 时，选中端口 A；当 $A_1A_0=11$ 时，选中控制端口。

8255A 的寻址与基本操作如表 7-2 所示。

表 7-2 8255A 的寻址与基本操作

A_1	A_0	$\overline{CS}$	$\overline{RD}$	$\overline{WR}$	操作说明	操作方式
0	0	0	1	0	数据总线→端口 A，CPU 写入 8255A 端口 A	输出操作（写）
0	1	0	1	0	数据总线→端口 B，CPU 写入 8255A 端口 B	
1	0	0	1	0	数据总线→端口 C，CPU 写入 8255A 端口 C	
1	1	0	1	0	数据总线→控制端口，CPU 写入 8255A 控制端口	
0	0	0	0	1	数据总线←端口 A，CPU 读 8255A 端口 A	输入操作（读）
0	1	0	0	1	数据总线←端口 B，CPU 读 8255A 端口 B	
1	0	0	0	1	数据总线←端口 C，CPU 读 8255A 端口 C	
×	×	1	×	×	未选中，数据总线为三态（3-State）	禁用功能
1	1	0	0	1	非法的信号组合，控制端口不允许读操作	
×	×	0	1	1	数据总线为三态（3-State）	

2．与外设连接的信号

8255A 与外设连接的信号线有 24 条，即 A、B、C 三个端口。端口 A 的输入/输出数据线：$PA_7 \sim PA_0$，双向传输。端口 B 的输入/输出数据线：$PB_7 \sim PB_0$，双向传输。端口 C 的输入/输出数据线：$PC_7 \sim PC_0$，双向传输。

7.1.3 8255A 的两个控制字及编程

1. 8255A 的 3 种工作方式

（1）方式 0：A、B、C 三个端口均可以工作在方式 0。它是一种基本输入/输出方式，可以构成无条件输入/输出方式及查询式输入/输出方式。

（2）方式 1：A、B 两个端口可以工作在方式 1。它是一种选通输入/输出方式，计算机系统借助 8255A 的方式 1 可以构成中断控制输入/输出方式。

（3）方式 2：只有端口 A 能工作在方式 2。它是一种双向传输（总线）方式，计算机系统借助 8255A 的方式 2 可以构成中断控制输入/输出方式。

在初始化编程时，通过输出指令向控制端口中写入相应的工作方式控制字，由写入的工作方式控制字来决定每个端口的工作方式。8255A 有两种控制字：第一种是工作方式控制字，第二种是端口 C 的按位置位/复位控制字。

2. 工作方式控制字（$D_7=1$）

8255A 的工作方式控制字格式如图 7-3 所示。从图中可知，A 组有 3 种工作方式（方式 0、方式 1、方式 2），B 组有两种方式（方式 0、方式 1）。端口 C 被分成两部分，高 4 位属于 A

组，低 4 位属于 B 组，根据工作方式控制字来确定输入或输出。

	D_7	D_6 D_5	D_4	D_3	D_2	D_1	D_0
工作方式控制字	特征位	A组方式选择	端口A	$PC_7 \sim PC_4$	B组方式选择	端口B	$PC_3 \sim PC_0$
	1	00：方式0 01：方式1 1×：方式2	0：输出 1：输入	0：输出 1：输入	0：方式0 1：方式1	0：输出 1：输入	0：输出 1：输入

图 7-3 8255A 的工作方式控制字格式

【例 7-1】 设 8255A 的控制端口地址为 283H，要求将其 3 个数据端口设置为基本输入/输出方式，其中，端口 B 和端口 C 的低 4 位为输出，端口 A 和端口 C 的高 4 位为输入。试编程初始化程序段。

解： 根据题意可知，8255A 的工作方式控制字为 10011000B。其初始化程序段如下。

```
MOV  DX，283H    ；8255A 控制端口地址
MOV  AL，98H     ；工作方式控制字为 10011000B
OUT  DX，AL      ；送到控制端口
```

【例 7-2】 设 8255A 的控制端口地址为 203H，要求将其 3 个数据端口设置为基本输入/输出方式，其中，端口 A 和端口 C 均为输出，端口 B 为输入，试编程初始化程序段。

解： 根据题意可知，8255A 的工作方式控制字为 10000010B。其初始化程序段如下。

```
MOV  DX，203H    ；8255A 控制端口地址
MOV  AL，82H     ；工作方式控制字为 10000010B
OUT  DX，AL      ；送到控制端口
```

3. 按位置位/复位控制字（$D_7 = 0$）

通过对 8255A 写入端口 C 按位置位/复位控制字，可以对端口 C 的每一位（$PC_7 \sim PC_0$）进行位操作，使其中的任意一位置 1 或清零。按位置位/复位控制字格式如图 7-4 所示。

	D_7	D_6 D_5 D_4	D_3 D_2 D_1	D_0
按位置位/复位控制字	特征位	任 意 位	位 选 择	置位/复位
	0	写0	000：端口C，PC_0 001：端口C，PC_1 010：端口C，PC_2 ⋮ 111：端口C，PC_7	0：复位（低电平） 1：置位（高电平）

图 7-4 按位置位/复位控制字格式

注意：端口 C 按位置位/复位控制字是对端口 C 进行操作的，不是写入端口 C，仍然需要写入控制端口。

由于两个控制字是用控制字的最高位即 D_7 位来区别的，因此 D_7 位是特征位。当 $D_7 = 1$ 时，内部逻辑电路识别它为 8255A 的工作方式选择控制字；当 $D_7 = 0$ 时，内部逻辑电路识别它为 8255A 端口 C 的按位置位/复位控制字。

【例 7-3】 设 8255A 的控制端口地址为 303H，若把端口 C 中的 PC_3 位置为高电平，则按位置位/复位控制字为 00000111B 或 07H，编程如下。

```
MOV  DX，303H    ；将 8255A 的控制端口地址送入 DX
MOV  AL，07H     ；使 PC_3 = 1 的控制字
OUT  DX，AL      ；送到控制端口
```

若要把端口 C 中的 PC_2 位复位成低电平,则按位置位/复位控制字为 00000100B 或 04H,程序段如下。

```
MOV  DX,303H      ;将 8255A 的控制端口地址送入 DX
MOV  AL,04H       ;使 PC2 = 0 的控制字
OUT  DX,AL
```

7.1.4 8255A 的三种工作方式及其应用

1. 方式 0

方式 0 是基本输入/输出方式。当 8255A 工作在方式 0 时,三个端口中的 24 条线全部作为普通的输入或输出线使用,由于端口 C 的高 4 位和低 4 位可以独立使用,所以有 16 种应用的组合,如表 7-3 所示。

表 7-3 三个端口 16 种应用的组合

序号	端口 A	端口 B	端口 C 高 4 位	端口 C 低 4 位	控制字
0	输入	输入	输入	输入	10011011B(9BH)
1	输入	输入	输入	输出	10011010B(9AH)
2	输入	输入	输出	输入	10010011B(93H)
3	输入	输入	输出	输出	10010010B(92H)
4	输入	输出	输入	输入	10011001B(99H)
5	输入	输出	输入	输出	10011000B(98H)
6	输入	输出	输出	输入	10010001B(91H)
7	输入	输出	输出	输出	10010000B(90H)
8	输出	输入	输入	输入	10001011B(8BH)
9	输出	输入	输入	输出	10001010B(8AH)
10	输出	输入	输出	输入	10000011B(83H)
11	输出	输入	输出	输出	10000010B(82H)
12	输出	输出	输入	输入	10001001B(89H)
13	输出	输出	输入	输出	10001000B(88H)
14	输出	输出	输出	输入	10000001B(81H)
15	输出	输出	输出	输出	10000000B(80H)

在方式 0 下,外设不能采用中断方式和 CPU 交换数据,一般采用无条件输入/输出方式和查询式输入/输出方式。当选用查询式输入/输出方式时,通常选用 A、B、C 三个端口中的任意一位作为外设的状态信息位。

【例 7-4】无条件输入/输出连接图如图 7-5 所示。将 8255A 的 3 个端口设置为基本输入/输出方式,设 8255A 的端口 A、端口 B、端口 C 及控制端口的地址依次为 300H、301H、302H、303H。其中,端口 A 工作在输出方式,控制 8 个 LED 显示灯;端口 B 用作输入,控制 8 个开关 $K_7 \sim K_0$ 的断开与闭合,产生 $PB_7 \sim PB_0$,开关断开为逻辑 1,开关闭合为逻辑 0。试完成下面两项任务:(1)编写 8255A 的初始化程序。(2)

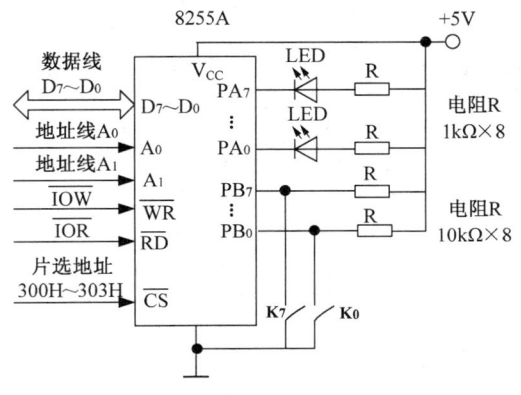

图 7-5 无条件输入/输出连接图

编程实现无条件的输入与输出，即从端口 B 输入，从端口 A 输出。

解：（1）8255A 的初始化程序如下。

```
MOV   DX, 303H          ; 将控制寄存器的地址送给 DX
MOV   AL, 10000010B     ; 将控制字送给 AL，端口 B 用作输入，其他端口用作输出
OUT   DX, AL            ; 写入控制字
```

（2）从端口 B 输入，从端口 A 输出的程序如下。

```
MOV   DX, 301H          ; 将端口 B 的地址送给 DX
IN    AL, DX            ; 从端口 B 读入开关状态
MOV   DX, 300H          ; 将端口 A 的地址送给 DX
OUT   DX, AL            ; 从端口 A 输出，控制 LED，指示开关状态
```

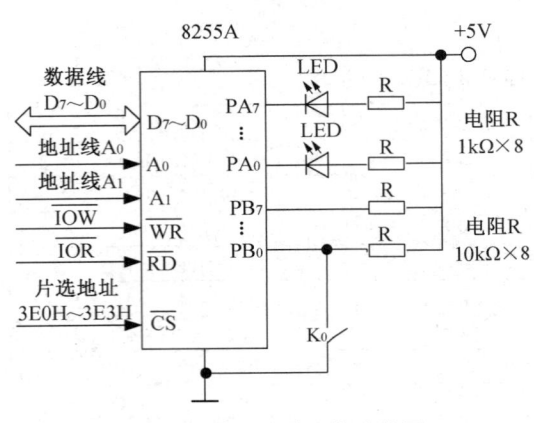

图 7-6 查询式输出的连接图

【**例 7-5**】查询式输出的连接图如图 7-6 所示。设 8255A 的端口 A、端口 B、端口 C 及控制端口的地址为 3E0H~3E3H，将 8255A 的 3 个端口设置为基本输入/输出方式，端口 A 工作在输出方式，控制 8 个 LED 显示灯。端口 B 用作输入，作为状态端口被查询，当 $PB_0=1$ 时，将 0FH 从端口 A 输出，使 PA_7~PA_4 连接的 4 个 LED 点亮，PA_3~PA_0 连接的 4 个 LED 熄灭；当 $PB_0=0$ 时，将 F0H 从端口 A 输出，8 个 LED 的点亮状态改变。然后继续查询，实现循环查询与输出操作。试完成下面两项任务：（1）编写 8255A 的初始化程序。（2）编程实现查询式输入与输出的程序。

解：（1）8255A 的初始化程序如下。

```
MOV   DX, 3E3H          ; 将控制寄存器的地址送给 DX
MOV   AL, 10001011B     ; 将控制字送给 AL，端口 A 用作输出，其他端口用作输入
OUT   DX, AL            ; 写入控制字
```

（2）查询式输入与输出的程序如下。

```
XYZ: MOV   DX, 3E1H     ; 将端口 B 的地址送给 DX
     IN    AL, DX       ; 从端口 B 读入开关状态
     TEST  AL, 01H      ; PB₀ = 1?
     JZ    QWE          ; 若 PB₀ = 0，则转 QWE
     MOV   DX, 3E0H     ; 将端口 A 的地址送给 DX
     MOV   AL, 0FH
     OUT   DX, AL       ; 从端口 A 输出，控制 LED
     JMP   XYZ
QWE: MOV   DX, 3E0H
     MOV   AL, 0F0H
     OUT   DX, AL
     JMP   XYZ
```

【**例 7-6**】查询式输入/输出连接图如图 7-7 所示。设 8255A 的端口 A、端口 B、端口 C 及控制端口的地址为 3E0H~3E3H，将 8255A 的 3 个端口设置为基本输入/输出方式，端口 A 工作在输出方式，控制 8 个 LED 显示灯；端口 B 用作输入，控制 8 个开关 K_7~K_0 的断开与闭

合,产生 PB$_7$～PB$_0$。K$_{C7}$ 的开关与闭合产生 PC$_7$,当 PC$_7$ = 1 时,实现端口 B 输入及端口 A 输出;当 PC$_7$ = 0 时,继续查询。试完成下面两项任务:(1)编写 8255A 的初始化程序。(2)编程实现查询式输入与输出的程序。

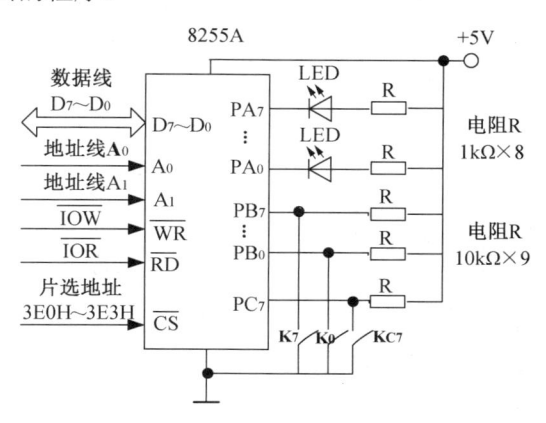

图 7-7 查询式输入/输出连接图

解:(1)8255A 的初始化程序如下。

```
    MOV  DX, 3E3H       ;将控制寄存器的地址送给 DX
    MOV  AL, 10001011B  ;将控制字送给 AL,端口 A 用作输出,其他端口用作输入
    OUT  DX, AL         ;写入控制字
```

(2)查询式输入与输出的程序如下。

```
        MOV   DX, 3E2H   ;将端口 C 的地址送给 DX
ASD:    IN    AL, DX    ;从端口 C 读入开关状态
        TEST  AL, 80H    ;PC₇ = 1?
        JZ    ASD        ;若 PC₇ = 0,则转 ASD,继续查询
        MOV   DX, 3E1H   ;将端口 B 的地址送给 DX
        IN    AL, DX    ;从端口 B 读入开关状态
        MOV   DX, 3E0H   ;将端口 A 的地址送给 DX
        OUT   DX, AL    ;从端口 A 输出,控制 LED,指示开关状态
```

对方式 0 的两点说明如下。

① 端口 A、端口 B 及端口 C 的高、低 4 位均可作为输入或输出信号端使用,且输出均有锁存能力。各端口之间的工作相互独立,没有关联。

② 端口 A、端口 B、端口 C 均为单向输入/输出端口,一旦初始化后,被指定的端口只能作为输入端口或输出端口。由于硬件连接的限定,因此不可以更改端口数据的传输方向。

2. 方式 1

方式 1 也称为选通输入/输出方式。端口 A 和端口 B 工作在方式 1 与工作在方式 0 有较大的区别。端口 C 中确定的几位自动提供选通、应答及中断请求信号,通过 8255A 连接的外部输入/输出设备可以工作在中断方式。

通过编程,分别选通端口 A 和端口 B 都为方式 1 输入端口,或者都为方式 1 输出端口,或者其中一个为方式 1 输入端口,另一个为方式 1 输出端口。每个端口工作在方式 1 作为输入或输出,分别固定占用端口 C 的某些位,用来实现数据传输过程中所需要的联络信号;端口 C 剩余 2 位仍然可以作为一般的输入/输出数据位使用。端口 C 工作在方式 1 的应用情况如

表 7-4 所示。

表 7-4 端口 C 工作在方式 1 的应用情况

端口 A	端口 B	端口 A 占用端口 C	端口 B 占用端口 C	端口 C 剩余 2 位
方式 1 输入	方式 1 输入	PC_3、PC_4、PC_5	PC_0、PC_1、PC_2	PC_6、PC_7
方式 1 输入	方式 1 输出	PC_3、PC_4、PC_5	PC_0、PC_1、PC_2	PC_6、PC_7
方式 1 输出	方式 1 输入	PC_3、PC_6、PC_7	PC_0、PC_1、PC_2	PC_4、PC_5
方式 1 输出	方式 1 输出	PC_3、PC_6、PC_7	PC_0、PC_1、PC_2	PC_4、PC_5

1）方式 1 输入

如果只有端口 A 或只有端口 B 工作在方式 1 输入，占用端口 C 中的 3 位作为联络线，那么端口 C 中其他 5 位可以工作在方式 0 作为输入/输出；如果端口 A 或端口 B 都工作在方式 1 输入，占用端口 C 的 6 位作为联络线，那么剩下的 PC_6、PC_7 可工作在一般输入/输出方式。

图 7-8 所示为端口 A 工作在方式 1 输入时对应的控制字和有关信号的定义。PC_3 作为中断请求信号输出端 $INTR_A$、PC_4 作为选通信号输入端 $\overline{STB_A}$、PC_5 作为输入缓冲器满（Input Buffer Full）信号输出端 IBF_A。

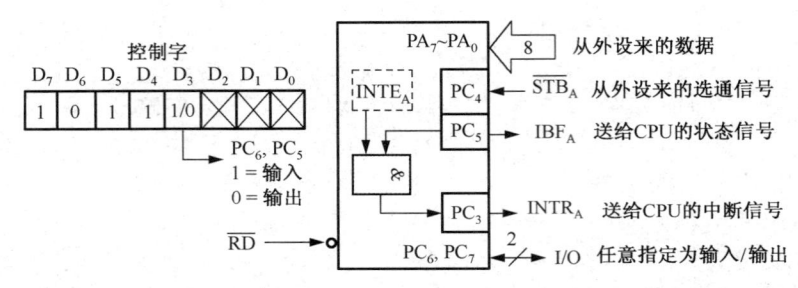

图 7-8 端口 A 工作在方式 1 输入时对应的控制字和有关信号的定义

端口 A 和端口 B 都工作在方式 1 输入的控制字如图 7-9 所示，PC_6、PC_7 可以工作在一般输入/输出方式。

图 7-10 所示为端口 B 工作在方式 1 输入时对应的控制字和有关信号的定义。PC_0 作为中断请求信号输出端 $INTR_B$、PC_2 作为选通信号输入端 $\overline{STB_B}$、PC_3 作为输入缓冲器满信号输出端 IBF_B。

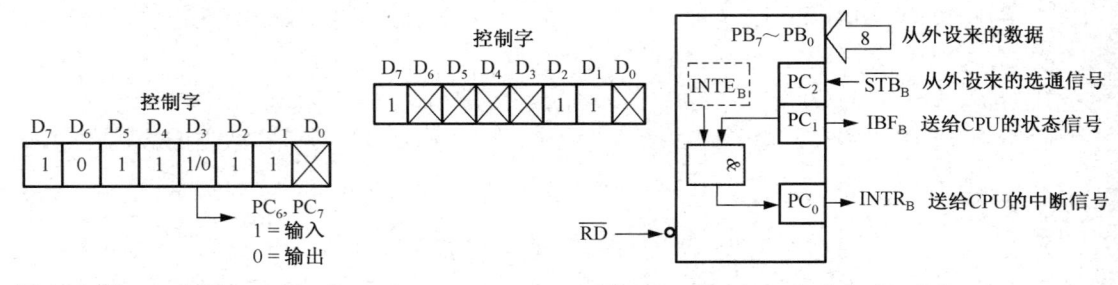

图 7-9 端口 A 和端口 B 都工作在方式 1 输入的控制字

图 7-10 端口 B 工作在方式 1 输入时对应的控制字和有关信号的定义

8255A 工作在方式 1 输入的时序图如图 7-11 所示，当外设准备好数据后，把数据送到 8255A 的端口 A 或端口 B，然后由输入外设发出输入选通信号 $\overline{STB}$（低电平有效），$\overline{STB}$ 的下降沿将外设输入的数据锁存到 8255A 的输入锁存器中，经过少许延时后，使输入缓冲器满信号 IBF 变为高电平。

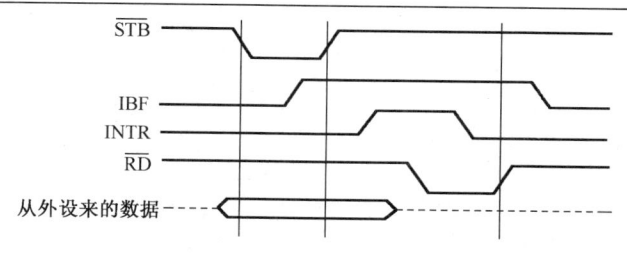

图 7-11 8255A 工作在方式 1 输入的时序图

$\overline{STB}$ 上升沿后，经过少许延时，使中断请求信号 INTR 变高，端口 A 和端口 B 工作在方式 1 产生的中断请求信号 INTR 分别是 $INTR_A$ 和 $INTR_B$，$INTR_A$ 或 $INTR_B$。8255A 可以通过 8259A 向 CPU 发出中断请求信号 INTR。

CPU 响应请求后读取端口 A 或端口 B 中输入锁存器中的数据。在执行读外设接口数据时，$\overline{RD}$ 一定有效，$\overline{RD}$ 下降沿过后经过少许延时，8255A 撤销中断请求信号 $INTR_A$，即 $INTR_A$ 变为低电平。而 $\overline{RD}$ 上升沿过后经过少许延时，输入缓冲器满信号 IBF 变为低电平，标志输入缓冲器中没有数据可以被读取。

如果 CPU 选用查询式输入/输出读取 8255A 的数据，则查询 IBF 信号，当 IBF 为有效的高电平时，CPU 便可以读取端口 A 或端口 B 中的值。

注意：在 8255A 内部有中断允许信号 INTE（高电平有效）。INTE 用来控制 8255A 内部的中断允许或中断屏蔽。对于端口 A，通过对 PC_4 的置位/复位来实现；对于端口 B，通过对 PC_2 的置位/复位来实现。不是对 PC_4 和 PC_2 的引脚置位/复位，而是置位/复位 8255A 内部的中断允许位 $INTE_A$ 及 $INTE_B$。

【例 7-7】 8255A 的端口 A 设置为方式 1 输入（见图 7-12），实现中断方式输入。试分析该方式下的数据传输过程。

解： 整个传输过程大致如下。

① 8255A 的端口 A 被初始化为方式 1 的输入工作状态，中断控制器 8259A 也要初始化，允许从 IR_0 申请中断，CPU 设置为允许可屏蔽申请。

② 输入设备把准备好的数据送到 8255A 的端口 A，并发出负脉冲作为选通信号 $\overline{STB_A}$，把外设数据锁入端口 A。

③ 8255A 把外设送来的数据存入端口 A 后，发出高电平有效的输入缓冲器满信号 IBF_A。

④ $\overline{STB_A}$ 上升沿后，$INTR_A$ 变高，8255A 的中断请求信号 $INTR_A$ 通过 8259A 向 CPU 发出中断请求。

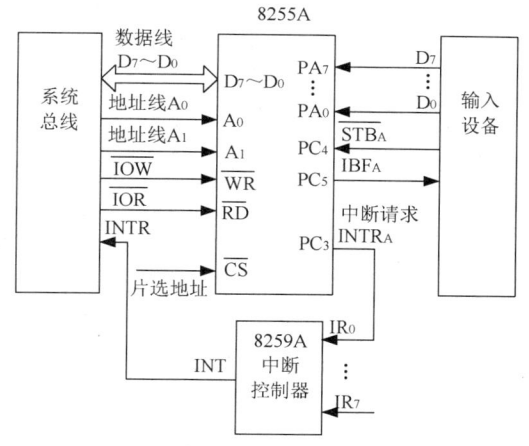

图 7-12 端口 A 设置为方式 1 输入的连接图

⑤ CPU 响应 8259A 的中断请求，并按照 IR_0 申请的中断响应找到中断向量。

⑥ 在中断服务程序中，CPU 读取 8255A 端口 A 的数据，此时，$\overline{RD}$ 有效，在从端口 A 读入数据的同时，8255A 自动撤销中断请求信号 $INTR_A$，即 $INTR_A$ 变为低电平。

⑦ 输入设备再一次准备好数据，重复以上传输过程。

2）方式 1 输出

图 7-13 所示为端口 A 工作在方式 1 输出时对应的控制字及联络信号。PC_7 用作输出缓冲

器满信号 $\overline{OBF}_A$，低电平有效；PC_6 用作外设取走数据后的回答信号 $\overline{ACK}_A$；PC_3 作为中断请求输出信号 $INTR_A$。端口 C 的 PC_4、PC_5 可以用作一般的输入/输出线使用。

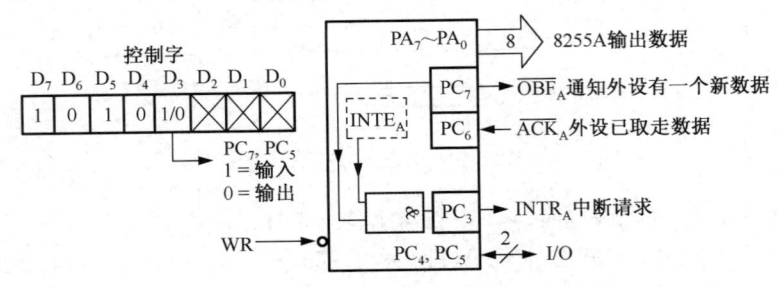

图 7-13　端口 A 工作在方式 1 输出时对应的控制字及联络信号

端口 A 和端口 B 都工作在方式 1 输出的控制字如图 7-14 所示，PC_4、PC_5 可以工作在一般输入/输出方式。

端口 B 工作在方式 1 输出时对应的控制字及联络信号如图 7-15 所示。PC_1 用作输出缓冲器满信号 $\overline{OBF}_B$，低电平有效；PC_2 用作外设取走数据后的回答信号 $\overline{ACK}_B$；PC_0 作为中断请求输出信号 $INTR_B$。

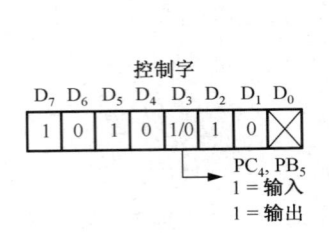

图 7-14　端口 A 和端口 B 都工作在方式 1 输出的控制字

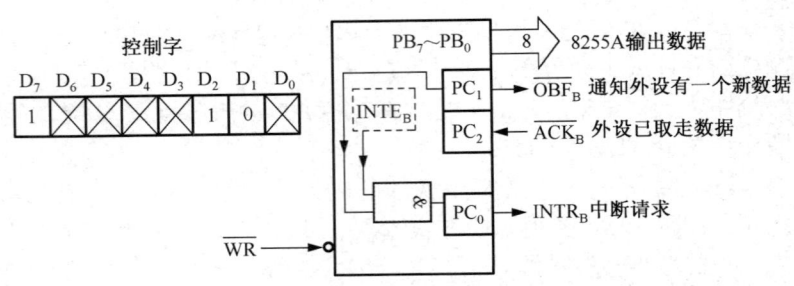

图 7-15　端口 B 工作在方式 1 输出时对应的控制字及联络信号

在图 7-13 和图 7-15 中，输出缓冲器满信号 $\overline{OBF}$ 低电平有效。当 CPU 把数据写入 8255A 的端口 A 或端口 B 时，$\overline{OBF}_A$ 或 $\overline{OBF}_B$ 信号出现有效的低电平，该低电平被用来通知外设可以取走新的数据。

$\overline{ACK}$ 是外设发给 8255A 的回答信号，当外设把数据取走后，外设自动向 8255A 发回一个负脉冲的回答信号。

INTE 用来控制 8255A 内部的中断允许或中断屏蔽，高电平允许中断。$INTE_A$ 和 $INTE_B$ 分别用于控制端口 A 和端口 B 的中断允许或中断屏蔽。对于端口 A，$INTE_A$ 由 PC_6 置位/复位来实现；对于端口 B，$INTE_B$ 由 PC_2 置位/复位来实现。注意：不对 PC_6 和 PC_2 引脚产生操作。

中断请求输出信号 INTR 上升沿或高电平有效。INTR 置位的条件是 $\overline{OBF}=1$、$\overline{ACK}=1$、$INTE=1$。

8255A 方式 1 输出时序如图 7-16 所示。

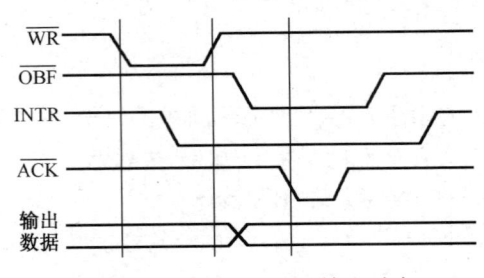

图 7-16　8255A 方式 1 输出时序

【例 7-8】 8255A 的端口 A 设置为方式 1 输出（见图 7-17），实现中断方式输出。试分析该方式下的数据传输过程。

解：整个传输过程大致如下。

① 8255A 的端口 A 被初始化为方式 1 的输出工作状态，8259A 也要初始化，允许从 IR_0 申请中断，CPU 设置为允许可屏蔽中断请求。

② CPU 把数据送到 8255A 的端口 A，$\overline{OBF_A}$ 信号出现有效的低电平，用来通知输出设备可以取走新的数据。

③ 输出设备取走数据后，向 8255A 发出应答信号 $\overline{ACK_A}$，$\overline{ACK_A}$ 是一个负脉冲信号。

④ $\overline{ACK_A}$ 的上升沿使 $INTR_A$ 变高，8255A 的中断请求信号 $INTR_A$ 通过 8259A 向 CPU 发出中断请求。

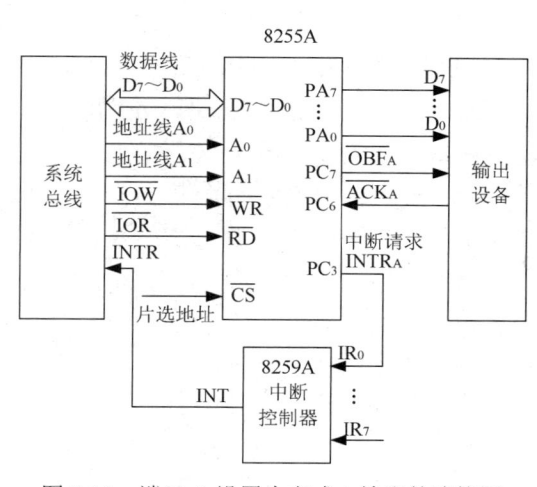

图 7-17 端口 A 设置为方式 1 输出的连接图

⑤ CPU 响应 8259A 的中断请求，并按照 IR_0 申请的中断去响应。

⑥ 在中断服务程序中，CPU 向 8255A 的端口 A 输出数据，此时，$\overline{WR}$ 有效，$\overline{WR}$ 的下降沿使 8255A 自动撤销中断请求信号 $INTR_A$，即 $INTR_A$ 变为低电平。

⑦ 完成一次中断方式数据输出后，当输出设备发回下一个 $\overline{ACK_A}$ 时，其上升沿引起 $INTR_A$ 第二次变为高电平，于是，再次引起中断，重复以上的传输过程。

3．方式 2（双向总线传输方式）

8255A 的方式 2 也称为双向总线传输方式，只有端口 A 可以工作在这种方式。在这种方式下，CPU 与外设交换数据，通过端口 A 既可以把数据从 CPU 传输给外设，也可以把外设数据传输到 CPU，而且输入和输出都具有数据锁存功能，但不可以同时双向传输。在此方式下，既可以采用查询式输入/输出方式又可以采用中断方式实现外设与 CPU 数据的交换。主机与软盘驱动器之间的数据交换就采用了 8255A 的方式 2。

在方式 2 下，端口 A 的 8 条线作为数据线；端口 C 的 5 条线作为联络线，端口 C 余下的 3 条线可作为端口 B 方式 1 工作的联络线，或者用于一般的数据输入/输出。

端口 A 工作在方式 2 时的各控制信号与状态信号如图 7-18 所示。

各信号的意义如下。

（1）中断请求信号 $INTR_A$：高电平有效。

$INTR_A$ 变成有效的条件与方式 1 相同。如果工作在中断方式，那么 CPU 在响应中断后，还必须查询 IBF_A 和 $\overline{OBF_A}$ 的状态才能判断是中断输入还是中断输出。图 7-18 中描述了一个或门的输出，由 PC_3 产生 $INTR_A$。

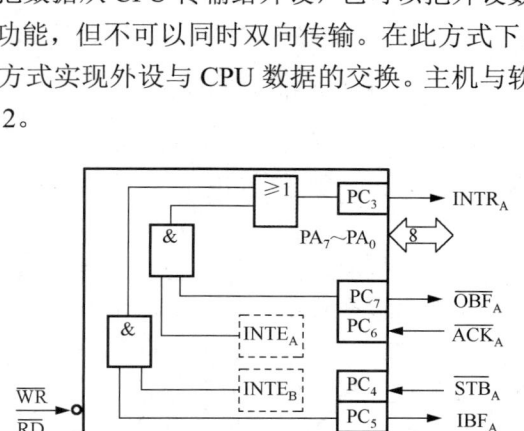

图 7-18 端口 A 工作在方式 2 时的各控制信号与状态信号

（2）中断允许信号 $INTE_A$：端口 A 输出中断允许信号，由 PC_6 置位/复位控制，高电平有效。

（3）中断允许信号 $INTE_B$：端口 A 输入中断允许信号，由 PC_4 置位/复位控制，高电平有效。

（4）外设对 $\overline{OBF_A}$ 的响应信号 $\overline{ACK_A}$：$\overline{ACK_A}$ 和 $\overline{OBF_A}$ 是一对联络信号。当 $\overline{OBF_A}$ 有效时，表示 CPU 已经将数据写到端口 A 的输出数据锁存器中了，用 $\overline{OBF_A}$ 通知外设可以取走数据。当外设取走数据后，用 $\overline{ACK_A}$ 作为应答信号，$\overline{ACK_A}$ 低电平有效。

（5）输入选通信号 $\overline{STB_A}$：负脉冲产生有效的选通信号。当其有效时，它将外设送往 CPU 的数据锁存在端口 A 的输入锁存器中，并且输入缓冲器满信号 IBF_A 输出一个有效的高电平。

8255A 方式 2 的工作时序如图 7-19 所示。方式 2 输入与输出过程的顺序是任意的，输入与输出数据的次数也是任意的。由于端口 A 既有输出锁存，又有输入锁存，所以不会产生数据输入与输出的冲突。注意，图 7-19 中的数据是指外设数据线上的有效数据。

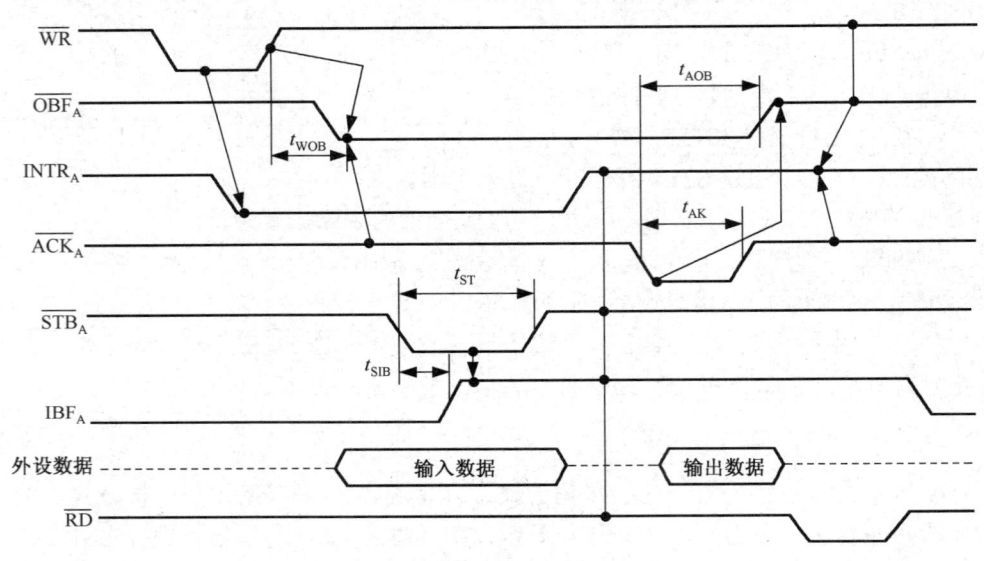

图 7-19 8255A 方式 2 的工作时序

输出数据的过程：CPU 响应输出数据的中断，向端口 A 写入一个字节数据，$\overline{WR}$ 有效，使 $INTR_A$ 变低，撤销中断请求，其后沿使 $\overline{OBF_A}$ 变低，并将 $\overline{OBF_A}$ 送往外设。外设收到 $\overline{OBF_A}$ 信号后，发回应答信号 $\overline{ACK_A}$，并取走数据，同时使 $\overline{OBF_A}$ 变为高电平，一次中断输出过程结束。

输入数据的过程：外设把数据送到端口 A 的外部引脚上，在外部送来的选通信号 $\overline{STB_A}$ 的作用下，将数据锁存在 8255A 的输入锁存器中，输入缓冲器满信号 IBF_A 成为高电平。此时，$INTR_A$ 变成高电平，申请中断输入。CPU 响应中断并读取端口 A 的数据，然后输入缓冲器满信号 IBF_A 变为无效的低电平。

8255A 端口 A 方式 2 和端口 B、端口 C 方式的组合如表 7-5 所示。

表 7-5 8255A 端口 A 方式 2 和端口 B、端口 C 方式的组合

端口 A 方式	端口 B 方式	端口 C 方式
方式 2（占用 $PC_7 \sim PC_3$）	方式 0 输入	$PC_2 \sim PC_0$ 作为一般输入或输出，由方式控制字确定是输入还是输出
方式 2（占用 $PC_7 \sim PC_3$）	方式 0 输出	$PC_2 \sim PC_0$ 作为一般输入或输出，由方式控制字确定是输入还是输出

续表

端口 A 方式	端口 B 方式	端口 C 方式
方式 2（占用 $PC_7 \sim PC_3$）	方式 1 输入（占用 $PC_2 \sim PC_0$）	端口 C 不能用作一般输入/输出
方式 2（占用 $PC_7 \sim PC_3$）	方式 1 输出（占用 $PC_2 \sim PC_0$）	端口 C 不能用作一般输入/输出

端口 A 方式 2 控制字的格式如下。

D_7 D_6 D_5 D_4 D_3 D_2 D_1 D_0

1　1　×　×　×　1/0　1/0　1/0

其中，因为端口 A 为方式 2，所以 D_6D_5 位为"1×"，D_4D_3 位可以任意，D_2D_1 位确定端口 B 的工作方式。在端口 A 方式 2、端口 B 方式 1 的情况下，D_0 位可以任意。

【例 7-9】 设 8255A 控制端口的地址为 3E3H，端口 A 工作在方式 2 输入，端口 B 工作在方式 1 输出，试编写初始化程序段。

解：程序段如下。

```
MOV   DX, 3E3H      ;将 8255A 的控制端口地址送给 DX
MOV   AL, 0B4H      ;控制字 = 11010100B
OUT   DX, AL        ;送到控制端口
```

4．8255A 的应用

交流电机及直流电机在运转过程中，由于其自身结构不可能精确控制转动的步长，而步进电机却能够严格控制步长及启动和停止。例如，想要精确控制打印机中 X、Y 两个方向的运转，就必须使用步进电机。

常见的步进电机中有四相绕阻。8255A 控制步进电机的原理图如图 7-20 所示，如果对步进电机施加一定规则的连续控制的脉冲电压，那么它可以连续不断地转动。对每一相绕阻施加一定的脉冲电压，按照一定的规则对四相绕阻通电，若按照某一相序改变一次绕组的通电状态，则对应转过一定的步距角。当通电状态的改变完成一个循环时，转子转过一个齿距。

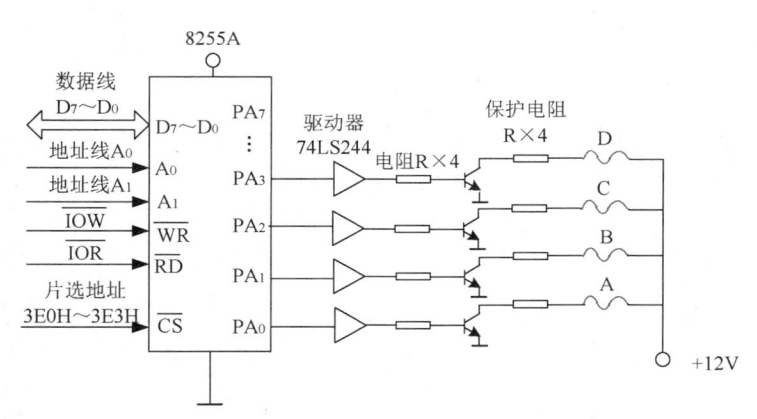

图 7-20　8255A 控制步进电机的原理图

四相步进电机可以在不同的通电方式下运行。常见的通电方式有单（单相绕组通电）四拍（A-B-C-D-A-…）、双（双相绕组通电）四拍（AB-BC-CD-DA-AB-…）、单双八拍（A-AB-B-BC-C-CD-D-DA-A-AB-…）等。若按正序方向送电则正转，若按反序方向送电则反转。

【例 7-10】 8255A 对四相步进电机进行控制的应用示例。

表 7-6　步进电机正转顺序、通电绕组及控制码

正转顺序	通电绕组	控制码
1	A	00000001B（01H）
2	AB	00000011B（03H）
3	B	00000010B（02H）
4	BC	00000110B（06H）
5	C	00000100B（04H）
6	CD	00001100B（0CH）
7	D	00001000B（08H）
8	DA	00001001B（09H）

利用 Intel 8255A 对四相步进电机进行控制，采用单双八拍通电方式，按正序方向转动，连接图如图 7-20 所示。8255A 4 个端口的地址分别为 3E0H、3E1H、3E2H、3E3H，端口 A 工作在方式 0 输出，只需要使用 $PA_3 \sim PA_0$ 4 个引脚。利用 74LS244 小规模驱动集成块的 4 个驱动器分别驱动 4 只三极管。在实现单双八拍时，步进电机正转顺序、通电绕组及控制码如表 7-6 所示。

端口 A 方式 0 输出，工作方式控制字为 10000000B = 80H，主要程序段如下。

```
            MOV   AL, 80H      ;将控制字送给 AL
            MOV   DX, 3E3H     ;将控制端口的地址送给 DX
            OUT   DX, AL       ;写入控制字
            MOV   DX, 3E0H     ;端口 A 地址
    ABC:    MOV   AL, 01H      ;A 相送电
            OUT   DX, AL
            CALL  DELAY        ;调用延迟子程序
            MOV   AL, 03H      ;AB 相送电
            OUT   DX, AL
            CALL  DELAY        ;调用延时子程序
            MOV   AL, 02H      ;B 相送电
            OUT   DX, AL
            CALL  DELAY        ;调用延时子程序
            MOV   AL, 06H      ;BC 相送电
            OUT   DX, AL
            CALL  DELAY        ;调用延迟子程序
            MOV   AL, 04H      ;C 相送电
            OUT   DX, AL
            CALL  DELAY        ;调用延迟子程序
            MOV   AL, 0CH      ;CD 相送电
            OUT   DX, AL
            CALL  DELAY
            MOV   AL, 08H      ;D 相送电
            OUT   DX, AL
            CALL  DELAY
            MOV   AL, 09H      ;DA 相送电
            OUT   DX, AL
            CALL  DELAY
            JMP   ABC
    DELAY:  MOV   CX, 0000H    ;延时
    ZXCV:   LOOP  ZXCV
            RET
```

本例题采用单双八拍通电方式控制步进电机正转运行。通过颠倒通电的顺序，可以实现步进电机反相转动；通过改变延时程序 DELAY 的延时时间，可以改变步进电机的转速。

7.2 微机的并行打印机接口

7.2.1 Centronics 并行打印机接口

以适配卡的形式插在主机板系统总线槽上的并行打印机接口早已过时，当前微机的并行打印机接口已被集成到超大规模芯片中，但是，接口内部寄存器的编程仍然保持了向上的兼容。Centronics 并行打印机接口遵循工业界普遍支持的一种并行接口协议，协议规定了打印机的标准插头是 36 脚簧式插头，并规定了 36 脚信号的功能，包括 8 条数据线、3 条联络线及一些特殊控制线和状态线等。

微型打印机的并行接口往往只需要使用 8 条数据线和 3 条联络线（$\overline{STROBE}$、$\overline{ACK}$ 和 BUSY），因为微型打印机功能简单，仅用这 11 条线就可以编写打印机的驱动程序。Centronics 接口不仅广泛应用于各种打印机中，而且应用于许多绘图仪及数字化仪中。

微机的并行打印机接口信号有 25 条，呈现在微机后面板 25 芯 D 型插座上，微机并行打印机接口与打印机的连接如图 7-21 所示。

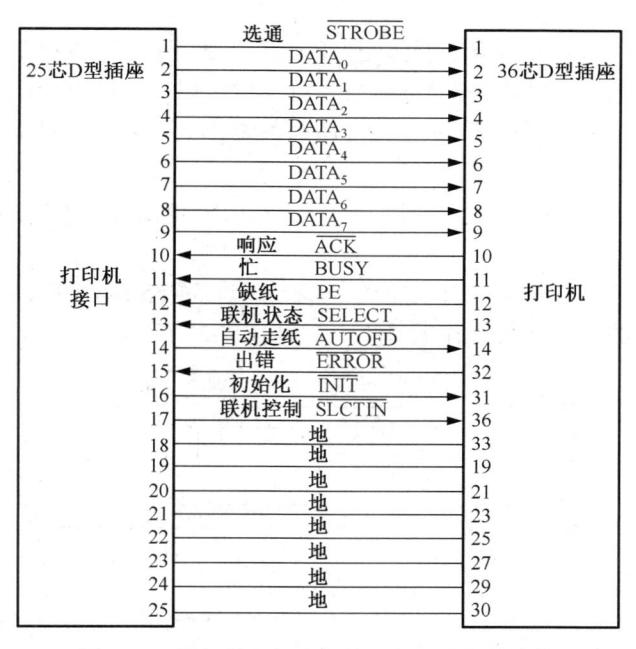

图 7-21 微机并行打印机接口与打印机的连接

25 芯 D 型插座的并行打印机接口引脚信号分为以下 3 类。

（1）8 条数据线。

$DATA_0 \sim DATA_7$：并行输出数据线。写入打印机的数据可以是文本方式的打印字符，也可以是图形方式的位映射字节和控制字符。

（2）4 个控制信号。

控制信号均为输出信号，控制打印机的操作。

$\overline{STROBE}$：选通信号，输出。当该信号为低电平时，打印机开始接收打印机接口中的数据。低电平的宽度在接收端应该大于 0.5μs，这样数据才能可靠地存入打印机的数据缓冲区。

$\overline{\text{SLCTIN}}$：选择（联机）信号，输出。当该信号是低电平时，计算机与打印机联机选中。计算机选中打印机后，才能将数据输出到打印机。

$\overline{\text{INIT}}$：初始信号，输出。当该信号为低电平时，复位打印机为初始状态，清空打印机的数据缓冲区。

$\overline{\text{AUTOFD}}$：自动走纸信号，输出。当该信号为低电平时，打印机打印一行后自动换行。

（3）5个状态信号。

打印机的状态信号均为输入信号，送入 CPU，以便 CPU 判断与控制打印机的操作。

SELECT：输入信号，也称为选择信号。当其为高电平时，打印机处于联机选中状态。

BUSY：输入信号，也称为忙信号，高电平有效。打印机如果处于以下状态之一时，打印机不接收数据，处于忙状态：

- 正在接收数据。
- 正在打印操作。
- 脱机状态。
- 打印机出错状态。

$\overline{\text{ACK}}$：输入信号，也称为响应信号。打印机打印完一个字节数据后，向计算机回答一个负脉冲响应信号，负脉冲宽度约为 0.5μs，表示打印机可以接收待打印的新数据。

PE：输入信号，也称为缺纸信号。当打印机的纸用完时，打印机内部检测器使 PE 为高电平。

$\overline{\text{ERROR}}$：输入信号，也称为错误信号。当打印机处于缺纸、死机或其他错误状态之一时，该信号为低电平。

微机将 8 位数据可靠地输出到打印机的基本原理是通过 $\overline{\text{STROBE}}$、$\overline{\text{ACK}}$ 和 BUSY 三个联络信号的控制来实现的。打印机工作的基本时序如图 7-22 所示。

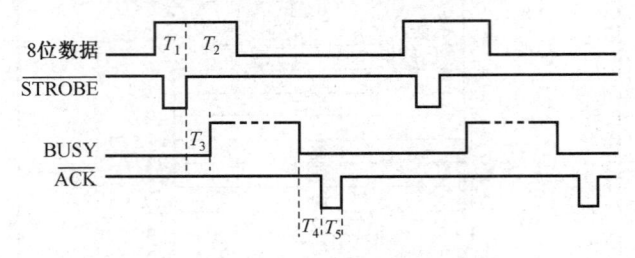

图 7-22 打印机工作的基本时序

在图 7-22 中，$T_1>20\mu s$，$T_2>30\mu s$，$T_3<40\times 10^{-3}\mu s$，$T_4<5\mu s$，$T_5$ 大约为 4μs。

7.2.2 并行打印机接口内部的寄存器

并行打印机接口内部有数据寄存器、控制寄存器和状态寄存器，分别称为数据端口、控制端口及状态端口。打印机接口可以向微机系统提供中断打印方式的联络信号 $\overline{\text{ACK}}$ 及查询式打印方式的联络信号 BUSY，即打印机和主机可以采取中断方式打印和查询方式打印两种形式。并行打印机接口是一个经典的并行接口，因此研究打印机并行接口技术，对于理解计算机的并行接口技术有着重要的意义。

微机曾有两个并行打印机接口：LPT_1 和 LPT_2。保留的 LPT_1 打印机接口内部的数据寄存器的地址是 378H，控制寄存器的地址是 37AH，状态寄存器的地址是 379H。

1. 8位数据端口

在打印机接口中，数据端口的逻辑框图如图 7-23 所示，主要包括一个 8 位数据锁存器和一个 8 位三态缓冲器，逻辑控制由两个或门组成。8 位数据锁存器锁存的 8 位数据一方面可以送往打印机，另一方面通过 8 位三态缓冲器可以读回计算机。公用数据端口地址为 378H 是因为一个端口地址被分为了写端口与读端口。

要检测 LPT_1 打印机接口中的数据端口是否正常，可以先后分别写入 8 个 "1" 和 8 个 "0"，通过读回后比较，判断是否能写成功。只有两种操作都成功才能判断数据端口正常，可以工作，否则，系统检测数据端口失败。

图 7-23 数据端口的逻辑框图

2. 8位控制端口

8 位控制端口用于锁存 CPU 发送给打印机的控制信息。8 位控制端口的格式如图 7-24 所示，控制端口逻辑图如图 7-25 所示，控制端口逻辑图是对 8 位控制端口的具体说明。结合两图可以看出，控制端口只使用了其中的低 5 位（$D_4 \sim D_0$）。其中，D_4 位是打印机接口电路中的中断控制位，若 $D_4=1$，INTE=0，则三态门工作，打印机输出响应信号 $\overline{ACK}$ 的反变量，即负脉冲的 $\overline{ACK}$ 取反后变为正脉冲连接到 IRQ_7，通过 8259A 申请中断，申请主机向打印机输出数据；若 $D_4=0$，INTE=1，则三态门处于高阻状态，禁止中断方式打印。D_3、D_1、D_0 经接口电路中的反相器取反后送到对应的 17 孔、14 孔和 1 孔，只有 D_2 没有反相，直接连接到 16 孔。

$D_7\ D_6\ D_5$	D_4	D_3	D_2	D_1	D_0
× × ×	INTE	SLCTIN	$\overline{INIT}$	AUTOFDXT	STROBE
	$D_4=1$ 允许中断	$D_3=1$ 选择输入	$D_2=0$ 初始化	$D_1=1$ 自动走纸	$D_0=1$ 选通

图 7-24 8 位控制端口的格式

在控制端口逻辑图中还有 5 位输入缓冲器（与数据端口类似），但在图 7-25 中没有画出。控制端口具有与数据端口相同的自校验功能。

3. 8位状态端口

8 位状态端口的格式如图 7-26 所示，8 位状态端口只用了其中的高 5 位。$D_7 \sim D_3$ 位分别对应于 25 芯 D 型插座的 11、10、12、13 和 15 孔。5 位状态端口逻辑图如图 7-27 所示，打印机输出的忙信号 BUSY 经取反后，由 D_7 位被主机读入。若打印机的 BUSY=1，则说明打印机正在打印，处于忙状态。读入主机后，若 BUSY=0，则是忙状态。其他 4 位状态位被主机读入的是原变量。

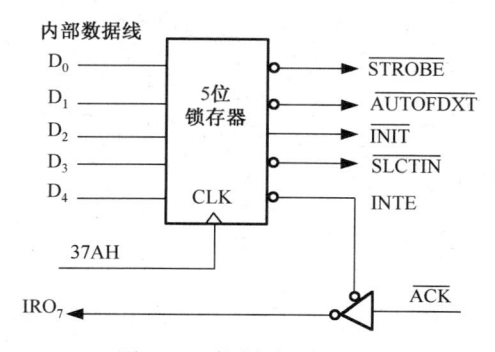

图 7-25 控制端口逻辑图

D_7	D_6	D_5	D_4	D_3	$D_2D_1D_0$
BUSY	$\overline{ACK}$	PE	SLCT	$\overline{ERROR}$	× × ×
$D_7=0$ 打印机忙	$D_6=0$ 应答	$D_5=1$ 无纸	$D_4=1$ 打印机选中	$D_3=0$ 出错	

图 7-26 8 位状态端口的格式

在许多开发打印机接口的应用中，将打印机的状态端口用作数据输入端口，数据端口用作数据输出端口，控制端口用作控制命令端口。例如，可以开发模/数转换和数/模转换接口，分别实现模/数转换和数/模转换，以及发出控制信息等。

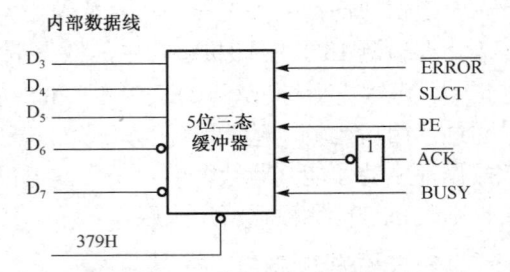

图 7-27 5 位状态端口逻辑图

7.2.3 并行打印机接口编程

在 DOS 下，可以使用查询方式或中断方式直接对端口编程。查询方式需要读入状态寄存器中的值，判断打印机的忙信号，即 D_7 位是否为 0。若打印机忙，则继续查询；否则，可以打印输出。

【例 7-11】 选用查询式打印方式，通过 LPT_1 编写打印 "CHECK!" 的程序。

解： 程序如下。

```
DATA    SEGMENT
BUFFER  DB 'CHECK!', 0DH, 0AH
COUNT   EQU  $-BUFFER
DATA    ENDS
CODE    SEGMENT
        ASSUME  CS:CODE, DS:DATA
START:  MOV  AX, DATA
        MOV  DS, AX
        MOV  SI, OFFSET BUFFER
        MOV  CX, COUNT
ASDFG:  MOV  DX, 379H        ; 将状态端口地址送给 DX
WAIT:   IN   AL, DX          ; 读状态端口
        TEST AL, 80H         ; 查最高位为 0
        JZ   WAIT            ; 若为 0，则转到 WAIT 处
        MOV  AL, [SI]        ; 打印机不忙，取出一个字符
        MOV  DX, 378H        ; 将数据端口地址送给 DX
        OUT  DX, AL          ; 写入数据端口
        MOV  DX, 37AH        ; 将控制端口地址送给 DX
        MOV  AL, 00001101B   ; D0 位反相后为 0，将其送到打印机的选通端，选通有效
        OUT  DX, AL          ; 选通脉冲产生下降沿
        NOP
        NOP
        MOV  AL, 00001100B   ; 产生选通脉冲的上升沿
        OUT  DX, AL
        INC  SI
        LOOP ASDFG
        MOV  AH, 4CH
        INT  21H
```

```
        CODE    ENDS
                END    START
```

打印字符可以利用操作系统提供的功能调用或直接利用 BIOS 来实现。BIOS 关于打印机的软中断类型号是 17H。

（1）发送数据到打印机。

入口参数：DX = 打印机编号（0、1、2）。

功能号：AH = 0。

待打印字符：AL。

BIOS 软中断：INT　17H。

出口参数：AH 寄存器。

AH 中的出口参数与用输入指令读入的状态值相同。另外，增加的状态寄存器 $D_0 = 1$，说明发送到打印机的数据已经超时，字符不能打印。

（2）初始化打印机。

入口参数：DX = 打印机编号（0、1、2）。

功能号：AH = 1。

BIOS 软中断：INT　17H。

出口参数：AH 寄存器，与用输入指令读入的状态值相同。

（3）读取打印机的状态。

入口参数：DX = 打印机编号（0、1、2）。

功能号：AH = 2。

BIOS 软中断：INT　17H。

出口参数：AH 寄存器，与用输入指令读入的状态值相同。

小结

本章主要包括两个方面内容，一是可编程的通用并行接口芯片 8255A 的基本结构、工作原理及编程应用，二是 Centronics 并行打印机接口及其内部寄存器和并行打印机接口编程。

8255A 包括 3 个 8 位数据端口（端口 A、端口 B、端口 C），每个端口都有 8 条线与外部引脚相连接；还包括一个控制端口，通过对控制端口写入相应的 8 位二进制数，可以定义每个端口的工作方式。

8255A 有 3 种工作方式：

方式 0：A、B、C 三个端口均可以工作在方式 0。

方式 1：A、B 两个端口可以工作在方式 1。

方式 2：只有端口 A 能工作在方式 2。

端口 A：有一个 8 位数据输入锁存器和一个 8 位数据输出锁存器，还有 8 位输入缓冲器和输出缓冲器。

端口 B：有一个 8 位数据输入锁存器和一个 8 位数据输出锁存器，但在输入时可以不锁存，还有 8 位输入缓冲器和输出缓冲器。

端口 C：有一个 8 位数据输出锁存器和一个 8 位数据输出缓冲器，还有一个 8 位数据输入缓冲器。

并行接口芯片 8255A 是一种通用的并行接口芯片，有着广泛的应用。

微机的并行打印机接口信号有 25 条，呈现在微机后面板 25 芯 D 型插座上。

打印机的并行接口往往只需要使用 8 条数据线和 3 条联络线。

Centronics 接口不仅广泛应用于各种打印机中，而且应用于许多绘图仪及数字化仪中。

习题与思考题

7.1 问答题

（1）8255A 的端口 A 和端口 B 分别可以工作在哪几种方式？

（2）通过查询程序来读入打印机的状态字，读入的最高位 $D_7 = 0$，请说明打印机是否忙。

7.2 编程应用题

（1）如果 8255A 的端口 A 工作在方式 1 输入，端口 A、B、C 及控制端口的地址分别为 304H、305H、306H 及 307H，编写初始化程序段，要求置位 $INTE_A$。

（2）如果 8255A 的端口 B 工作在方式 1 输出，端口 A、B、C 及控制端口的地址分别为 314H、315H、316H 及 317H，编写初始化程序段，要求置位 $INTE_B$。

（3）设 8255A 4 个端口的地址分别为 270H、271H、272H 和 273H，试编程实现用按位置位/复位控制字使 PC_7 输出方波信号。

（4）将 8255A 接到系统中，端口 A、B、C 及控制端口的地址分别为 304H、305H、306H 及 307H，工作在方式 0，试编程实现将端口 B 的数据输入后，从端口 C 输出，同时，将其取反后，从端口 A 输出。

（5）画出端口 A 工作在方式 1 输入的连接图，并且编写 8255A 的初始化程序，设端口 A、B、C 和控制端口的地址分别是 300H、301H、302H、303H。

（6）将四相步进电机单双八拍正向运转的程序改为单双八拍反向运转的程序。

（7）根据例 7-10，编写四相步进电机双四拍正向运转的程序。

（8）根据例 7-10，编写四相步进电机双四拍反向运转的程序。

（9）如果要检测打印机接口 LPT_1 中控制端口通道的好坏，那么可以对 $D_4 \sim D_0$ 位首先写入 5 个"0"，通过读回后比较，判断是否能写成功；然后写入 5 个"1"，按同样的方法进行检测。试编写自检的程序段。

（10）用汇编语言编程实现利用软中断 INT 17H，发送字符 B 到 1 号打印机并打印。

7.3 设计题

（1）利用一片 8255A 的端口 A 和端口 B 设计一个查询式输出电路，并画出程序的流程图。

（2）选用一片 74LS138 译码器芯片和若干逻辑器芯片，译码产生 8255A 端口 A、端口 B、端口 C 及控制端口的地址分别为 304H、305H、306H 及 307H。将一片 8255A 的端口 A 作为输出端口，端口 B 作为输入端口，设计一个无条件输入/输出电路。

第8章 定时/计数技术

通用的可编程定时器集成芯片从应用的角度上看，第一，它可以用于定时，其实质是对周期性脉冲信号进行计数，在计数器的输出端产生固定周期的输出信号，因此，称为定时器；第二，如果应用的目的是统计脉冲的数量，那么其对周期性或非周期性脉冲信号进行计数，可以在计数器的输出端产生输出信号，表示它已经获得多少计数值，或者直接从动态计数器中读取当前的计数值，以判断已经计得的脉冲的数量，故称为计数器。由此可见，定时器、计数器是同一个物理器件——计数器，于是，我们把集成的计数器芯片8253称为可编程定时器/计数器，后来推出的8254兼容了8253的所有功能，并增加了新的功能，8254称为可编程时间间隔定时器/计数器。本章主要介绍了可编程时间间隔定时器/计数器芯片8254，以及8253在IBM PC/XT中的定时应用。

8.1 8254的功能、内部结构和外部引脚

8.1.1 8254的功能

8254是专为Intel系列微处理器设计的一种可编程时间间隔定时器/计数器，它可以作为通用定时器或计数器使用。在计算机系统中，使用定时信号来产生系统日历时钟的计时、动态存储器的刷新定时，以及不同频率的脉冲作为系统的声源等。

IBM PC和IBM PC/XT采用Intel 8253构成定时器接口，IBM PC/AT则采用Intel 8254构成定时器接口，现在32位微机的芯片组兼容了8253和8254芯片的功能。

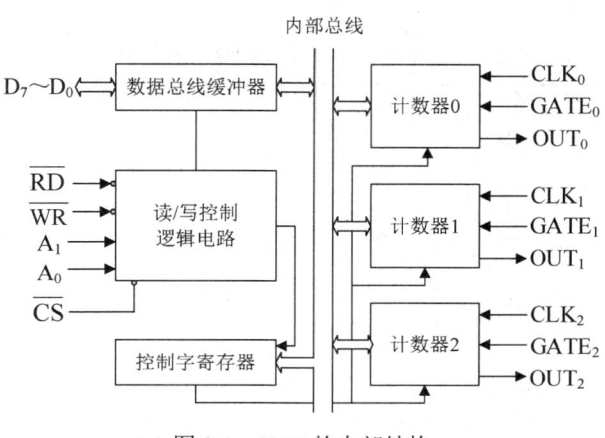

8.1.2 8254的内部结构

8254的内部结构如图8-1所示，该芯片内部由3个独立的计数器、内部总线、数据总线缓冲器、读/写控制逻辑电路和控制字寄存器组成。

图8-1 8254的内部结构

1. 3个独立的计数器

由图8-1可见，8254有3个独立的减计数器，即计数器0、计数器1和计数器2。每个计数器的内部结构完全相同，如图8-2所示。

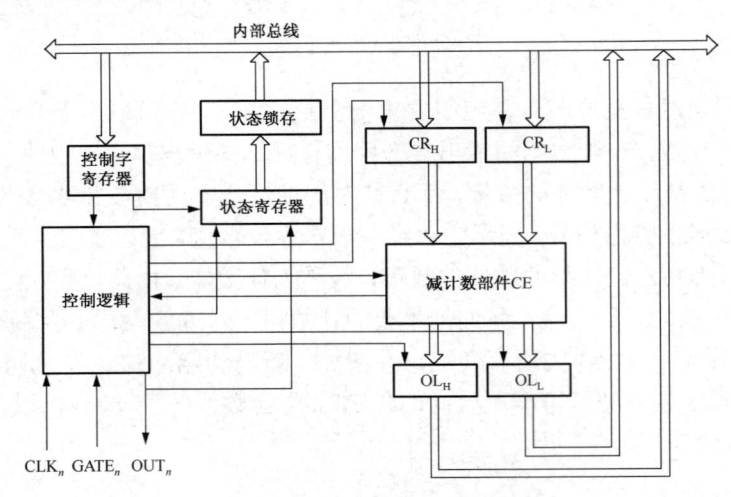

图8-2 计数器的内部结构

每一个计数器主要由以下5个部件组成。

（1）16位减计数部件CE：它可以分成两个8位的同步减计数器。可以只选择高8位的减计数器工作，也可以只选择低8位的减计数器工作。

（2）16位初值寄存器CR：由高8位初值寄存器CR_H和低8位初值寄存器CR_L组成。

（3）16位输出锁存器OL：由高8位输出锁存器OL_H和低8位输出锁存器OL_L组成。

（4）控制字寄存器。

（5）状态寄存器。

各部件的主要功能如下。

（1）初值寄存器CR：在计数开始前，写入的计数初值存于CR中，同时内部自动将初值传输给CE。在计数过程中，CR中的计数初值在计数器计数过程中保持不变，CE中的值不断递减，直到减至0时，CR可将计数初值自动重新装入CE，进行重复计数。CR中存储的值及其对应的计数初值如表8-1所示。

表8-1 CR中存储的值及其对应的计数初值

计数选择	CR_H	CR_L	计数初值	计数制
16位	01H	00H	256	二进制
16位	01H	00H	100	十进制（BCD）
16位	00H	00H	10000	十进制（BCD）
16位	FFH	FFH	65535	二进制
16位	00H	00H	65536	二进制
只用低8位 CR_L	××	10H	16	二进制
只用低8位 CR_L	××	10H	10	十进制（BCD）
只用低8位 CR_L	××	00H	256	二进制
只用高8位 CR_H	00H	××	100	十进制（BCD）
只用高8位 CR_H	64H	××	100	二进制
只用高8位 CR_H	98H	××	98	十进制（BCD）

从表 8-1 可以看出，如果选择 16 位计数，那么最大的计数值是 0000H，相当于 65536，这是由于计数部件做减计数。

（2）输出锁存器 OL：用于锁存计数器的数值。在计数过程中，计数器的数值随着输入计数脉冲在不断地变化，在计数过程中的当前计数值是随机读取的，而且很可能在计数器动态触发过程中读取，不可能在计数器处于静态时同步读取，因此造成读取当前计数器中的值不准确。为此，必须写入锁存命令锁定当前计数值，也就是将当前计数器中静态准确的值输入到 OL 进行锁存，读出操作只是从 OL 中读出，这样能确保读取计数器当前计数值的可靠性。

（3）控制字寄存器：用于寄存计数器初始化的控制信息。

（4）状态寄存器：用于寄存计数器当前的状态。

2．内部总线

内部总线是连接各部件的公共通道，所有命令与数据的传输都必须经过内部总线。它是 8 位的数据通道。

3．数据总线缓冲器

数据总线缓冲器是 8 位的双向三态缓冲器，它位于内部数据总线与外部数据总线之间。一方面，它具有三态功能，使该芯片可以直接连接到 CPU 或计算机系统的数据总线上；另一方面，使数据总线上传输的数据具有双向传输的可能。

由于数据总线缓冲器是外部数据总线与内部数据总线之间的必经之路，所以 CPU 不仅可以通过它向控制字寄存器写入控制字、向计数器写入计数初值；还可以通过它读取计数器的当前计数值及计数器的状态值。

4．控制字寄存器

控制字寄存器接收来自 CPU 的控制字并寄存，由控制字的最高两位 D_7、D_6 的编码（见表 8-2）决定当前控制字应该写入哪一个计数器（计数器 0、计数器 1、计数器 2）的控制字寄存器。

表 8-2　8254 控制字的最高两位 D_7、D_6 的编码

D_7	D_6	操作功能说明
0	0	写入计数器 0 的控制字寄存器
0	1	写入计数器 1 的控制字寄存器
1	0	写入计数器 2 的控制字寄存器
1	1	写入读回命令

5．读/写控制逻辑电路

读/写控制逻辑电路的功能是接收来自 CPU 的控制信号。控制信号有读信号 $\overline{RD}$、写信号 $\overline{WR}$、片选信号 $\overline{CS}$ 和寻址芯片内部寄存器的地址信息 A_1、A_0，它们的组合功能是对 8254 内部各计数器的寻址，从而决定是进行读操作还是进行写操作。8254 控制信号的组合功能如表 8-3 所示。

表 8-3　8254 控制信号的组合功能

$\overline{CS}$	$\overline{WR}$	$\overline{RD}$	A_1	A_0	操作功能说明
0	0	1	0	0	向计数器 0 写入计数初值
0	0	1	0	1	向计数器 1 写入计数初值
0	0	1	1	0	向计数器 2 写入计数初值
0	0	1	1	1	向控制字写入控制字寄存器
0	1	0	0	0	读计数器 0

续表

$\overline{CS}$	$\overline{WR}$	$\overline{RD}$	A_1	A_0	操作功能说明
0	1	0	0	1	读计数器 1
0	1	0	1	0	读计数器 2
1	×	×	×	×	无操作

8.1.3 8254 的外部引脚

8254 为 24 脚 DIP 封装。8254 的引脚信号图如图 8-3 所示。

1. 与 CPU 相连接的引脚信号

（1）地址输入线 A_1、A_0：用于寻址 8254 内部的 3 个计数器和一个控制字。一般与系统的低位地址线相连，其组合功能如表 8-3 所示。

（2）数据线 $D_0 \sim D_7$：三态双向。与计算机系统的数据总线相连，用于向 8254 传输控制信息、计数初始值，以及从 8254 中读取状态信息等。

（3）片选信号 $\overline{CS}$：输入，低电平有效。低电平选中 8254。只有选中 8254 后，才允许 CPU 对其进行读/写操作。若没有选中 8254，则系统对 8254 无操作。

（4）写信号 $\overline{WR}$：输入，低电平有效。如果 $\overline{WR}$=1，那么系统是不可能对 8254 实施写操作的。$\overline{CS}$、$\overline{WR}$ 与 A_1、A_0 信号配合，决定 CPU 是写入控制字还是写入计数初值。

（5）读信号 $\overline{RD}$：输入，低电平有效。用于控制系统对 8254 的读操作。

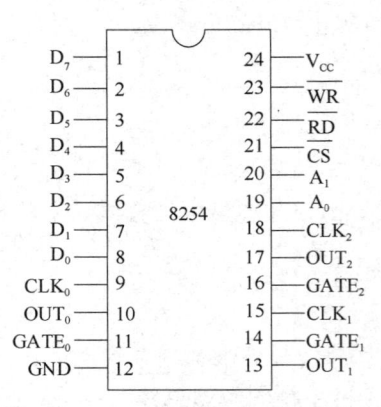

图 8-3 8254 的引脚信号图

2. 与外部设备相连接的引脚信号

（1）计数脉冲输入端 CLK：CLK_0、CLK_1 和 CLK_2 分别是计数器 0、计数器 1 和计数器 2 的计数脉冲输入端，用于输入定时脉冲或计数脉冲信号。

（2）计数输出端 OUT：OUT_0、OUT_1 和 OUT_2 分别是计数器 0、计数器 1 和计数器 2 的计数输出端。当计数器中的计数值减至 0 时，在计数器的 OUT 端输出一个信号，表示定时或计数方式的一次初值已经减至 0。

（3）门控输入端 GATE：$GATE_0$、$GATE_1$ 和 $GATE_2$ 分别是计数器 0、计数器 1 和计数器 2 的门控输入端。每个计数器都有一个门控输入端，其功能示意图如图 8-4 所示。从图中可以看出，只有当 $GATE_i$=1（i=0、1、2）时，外部计数脉冲 CLK_i（i=0、1、2）才能被接通到 8254 内部对应的计数器输入端做减计数；当 $GATE_i$=0 时，与门被封锁，外部计数脉冲 CLK_i 不可能被接通到 8254 内部对应的计数器输入端。因此，$GATE_i$ 可用于外部控制计数器的启动计数和停止计数。

图 8-4 门控输入端 GATE 的功能示意图

8.2 8254 的控制字

8.2.1 8254 的方式控制字

8254 在启动计数之前，由 CPU 对其进行初始化操作，即先写入方式控制字，后写入计数初值。在门控输入端 GATE=1 的情况下，计数器便开始对外来脉冲进行计数。

8254 方式控制字的格式如图 8-5 所示。其中，×表示没有使用该位，通常设置为 0。方式控制字有 4 个主要功能：从 3 个计数器中选择一个；确定计数器数据的读/写格式；确定计数器的工作方式；选择计数器的计数方式。

	$D_7 \quad D_6$	$D_5 \qquad D_4$	$D_3 \quad D_2 \quad D_1$	D_0
8254方式控制字	计数器选择	读/写格式	工作方式	计数方式
	00：计数器0 01：计数器1 10：计数器2 11：读回命令	00：计数器锁存命令 01：只读/写低8位 10：只读/写高8位 11：先读/写低8位，后读/写高8位	000：方式0 001：方式1 ×10：方式2 ×11：方式3 100：方式4 111：方式5	0：二进制计数 1：BCD码计数

图 8-5　8254 方式控制字的格式

计数器选择位 D_7D_6：控制字的最高两位决定该控制字是哪一个计数器的控制字。由于 3 个计数器的工作是完全独立的，所以需要有 3 个控制字寄存器分别规定相应计数器的工作方式。但它们的地址是同一个，即 A_1A_0=11。所以，需要用这两位的编码来确定是哪一个计数器的控制字。

读/写格式位 D_5D_4：CPU 在向计数器写入初值和读取它们的当前状态时，有几种不同的格式。例如，在写数据时，是写入 8 位数据还是 16 位数据。若是低 8 位计数，则令 D_5D_4=01，只写入低 8 位计数器，高 8 位计数器自动置 0；若是高 8 位计数，则令 D_5D_4=10，只写入高 8 位计数器，低 8 位计数器自动置 0；若是 16 位计数，则令 D_5D_4=11，先写入低 8 位计数器，后写入高 8 位计数器。若 D_5D_4=00，则把当前计数器中的 16 位值锁存到输出寄存器中，此时，计数器照常计数，但锁存器中的值不变，以供 CPU 读取。

工作方式位 $D_3D_2D_1$：8254 的每个计数器可以有 6 种不同的工作方式，由 $D_3D_2D_1$ 三位决定。

计数方式位 D_0：若 D_0=1，则用 8421 BCD 码计数；若 D_0 = 0，则用二进制计数。8254 的每个计数器都有二进制和二-十进制（BCD 码）两种计数制。

【例 8-1】　选用计数器 2 计数，计数值为 10000，用方式 2 计数，且选择二-十进制（BCD 码）计数，设 8254 计数器 0、1、2 和控制端口的地址分别为 310H、311H、312H 和 313H。试编写对计数器 2 初始化的程序段。

解：程序段如下。

```
        MOV  DX, 313H
        MOV  AL, 10110101B    ;BCD 码方式计数
        OUT  DX, AL           ;送计数方式控制字
        MOV  DX, 312H
        MOV  AX, 0000H        ;十进制数 10000 送给 AX
        OUT  DX, AL           ;先送低 8 位
        MOV  AL, AH
        OUT  DX, AL           ;后送高 8 位
```

在计数过程中，若需要读出当前的计数值，则要锁存计数器当前的计数值，此时可以利用方式控制字的锁存命令来实现。先发送一条锁存命令锁存当前计数值，即方式控制字的 D_5D_4=00，这样就使计数器的计数值锁存到输出锁存器中，然后执行读操作。

由于方式控制字首先确定了只读/写低 8 位或只读/写高 8 位或先读/写低 8 位后读/写高 8 位这 3 种方式中的某一种，所以送入锁存命令后，就可以按照方式控制字的初始化来读出计数值。

【例 8-2】 选用 8254 计数器 1，高 8 位计数，计数器 0、1、2 和控制端口的地址分别为 200H、201H、202H 和 203H。编写程序段查看 8254 计数器 1 的当前计数值是否为 1，如果为 1，则顺序执行，否则继续查询。

解：程序段如下。

```
WERT:   MOV   DX, 203H
        MOV   AL, 01000000B    ; 计数器 1 的锁存命令
        OUT   DX, AL           ; 将锁存命令写入控制字寄存器
        MOV   DX, 201H          ; 将计数器 1 的端口地址送入 DX
        IN    AL, DX            ; 仅读计数器 1 当前计数值的高 8 位
        CMP   AL, 1             ; 与 1 比较
        JNE   WERT              ; 不是 1，继续读
        …                       ; 是 1，顺序执行程序
```

8.2.2 8254 的锁存命令字和状态字

1. 8254 的锁存命令字

8254 不仅继承了 8253 的读计数器值的功能，而且新增了锁存功能强的专用锁存命令字。将锁存命令字写入控制字寄存器后，该锁存命令字可将 3 个计数器的当前计数值和状态信息单独锁存或同时锁存。锁存命令字的格式如图 8-6 所示。

	A_1A_0=11		$\overline{CS}$=0		$\overline{RD}$=1		$\overline{WR}$=0
D_7	D_6	D_5	D_4	D_3	D_2	D_1	D_0
1	1	$\overline{COUNT}$	$\overline{STATUS}$	CNT_2	CNT_1	CNT_0	0
特征位，必须为11		D_5=0，锁存选中计数器的计数值	D_4=0，锁存选中计数器的状态信息	D_3=1，选择计数器2	D_2=1，选择计数器1	D_1=1，选择计数器0	将来扩充位，必须为0

8254的锁存命令字

图 8-6 锁存命令字的格式

8254 的这种锁存方式也称为读回方式。这种工作方式允许程序用一条命令全部锁存 3 个计数器的当前计数值和状态信息。在锁存命令字中，D_7 位和 D_6 位均为 1，是锁存命令字的识别码，而且 D_0 位必须为 0。D_4 位为 0，表示锁存状态信息，D_5 位为 0，表示锁存计数值。D_1 位（CNT_0）、D_2 位（CNT_1）和 D_3 位（CNT_2）分别对应计数器 0、计数器 1 和计数器 2。若该位为 1，则锁存对应的计数器；若该位为 0，则不锁存对应的计数器，这 3 位可以任意选择 1 或 0。

若锁存命令字为 11011110B，则表示只锁存 3 个计数器的当前计数值，不锁存当前状态信息。表 8-4 所示为锁存命令的举例，表中指出，如果一旦某计数器被锁存且尚未被读出，那么后续对它的锁存是无效的。

表 8-4 锁存命令的举例

命令字								锁存内容
D_7	D_6	D_5	D_4	D_3	D_2	D_1	D_0	
1	1	0	0	0	0	1	0	锁存计数器 0 的计数值和状态信息
1	1	1	0	0	1	0	0	锁存计数器 1 的状态信息
1	1	1	0	1	1	0	0	锁存计数器 2 的状态信息，不锁存计数器 1 的状态信息（前面已经锁存）
1	1	0	1	1	0	0	0	锁存计数器 2 的计数值
1	1	1	0	0	0	1	0	锁存计数器 1 的计数值，不锁存计数器 1 的状态信息（前面已经锁存）
1	1	1	0	0	0	1	0	前面已经锁存计数器 0 的状态信息，命令被忽略

当计数器的当前计数值和状态信息同时被锁存后，便可分时读出。读出的规则如下：
① 将读回命令写入控制端口，状态信息和计数值都是通过各个计数器端口读取的。
② 要想使读回命令的 D_5 和 D_4 位都为 0，即状态信息和计数值被读回，读取的顺序是：先读取状态信息，后读取（1~2 个）8 位的计数值。
③ 当某一计数器的计数值或状态信息被 CPU 读取后，锁存失效。

2．8254 的状态字

8254 读出的 8 位状态寄存器的格式如图 8-7 所示，各位分别代表的意义如下。

D_7	D_6	D_5	D_4	D_3	D_2	D_1	D_0
OUT	NULL COUNT	RW1	RW0	M2	M1	M0	BCD
$D_7=1$，输出引脚为 1；$D_7=0$，输出引脚为 0	$D_6=1$，表示空计数值；$D_6=0$，表示读出的计数值有效	读/写格式		工作方式			计数制
		最后写入方式控制字的低 6 位					

图 8-7 8 位状态寄存器的格式

最高位 D_7 位为 OUT 位，若 $D_7=1$，则表示对应计数器的输出端 OUT 为高电平，否则为低电平。

D_6 位指示初值是否送入计数器。$D_6=0$，表示已经送入计数器，读出的计数值有效；$D_6=1$，表示空计数值，读出无效；

D_5~D_0 位是最后写入方式控制字的低 6 位。

8.3 8254 的工作方式及应用

8.3.1 8254 的 6 种工作方式

8254 的每一个计数器都可以根据方式控制字的规定分为 6 种不同的工作方式，可以通过编程分别选择不同的工作方式。不同工作方式下计数过程的启动不同，OUT 输出端的波形也有区别，自动重复功能及 GATE 的影响等也可能不同。描述不同工作方式的最好方式是采用波形图分析法，下面介绍各种工作方式的波形图。

在本节的计数波形图中，设计数器的计数方式采用二进制计数方式，只用低 8 位计数器计数；8 位控制字用 CW 表示；N 表示计数器初始值。

1. 方式 0

方式 0 称为计数结束中断方式,其工作波形图如图 8-8 所示。

(a) 方式 0 正常计数的工作波形图

(b) 方式 0 门控信号 GATE 的影响

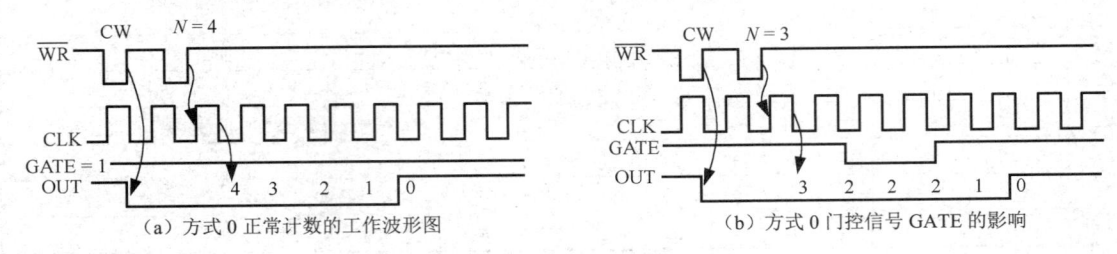

图 8-8　方式 0 的工作波形图

从图 8-8(a)可以看出,在写入方式 0 控制字后,输出端 OUT 立即变为低电平,并且在计数过程中一直维持低电平。写入初值后,经过 CLK 的一个上升沿和一个下降沿,计数初值写入计数器,若此时 GATE=1,便开始计数,随后每经过一个 CLK 脉冲下降沿,计数器减 1。经过完整的 4 个 CLK 脉冲的下降沿后,计数器减至 0,OUT 变为高电平,并且一直保持高电平。例如,将 OUT 连接至 8259A 的某一个 IR 端,OUT 的上升沿置 8259A 内部的中断请求触发器为"1"状态,申请中断服务,所以方式 0 称为计数结束中断方式。

在整个计数过程中,GATE 应始终保持高电平,若中途变为低电平,则暂停计数,GATE 信号恢复为高电平后的第一个时钟下降沿,计数器继续往下减 1。在图 8-8(b)中计数器由 3 减到 2 后,GATE 变为低电平,接着经过两个 CLK 的下降沿都没有计数,而在 GATE 变为高电平后,计数器在连续两个 CLK 脉冲的下降沿做减计数,并且减到了 0,OUT 变为高电平。

2. 方式 1

方式 1 称为可编程单稳态触发器,其正常计数的工作波形图如图 8-9 所示。

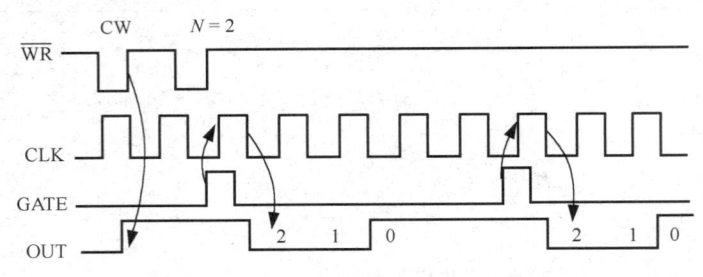

图 8-9　方式 1 正常计数的工作波形图

在写入方式 1 控制字后,OUT 输出为高电平。在写入计数初值后,计数器并不立即开始计数,而是在 GATE 上升沿后的下一个 CLK 输入脉冲的下降沿,OUT 输出变为低电平,计数器才开始计数。当计数结束时,OUT 输出变为高电平,从而产生一个宽度为 2 个 CLK 周期的负脉冲。

这种方式是由门控信号 GATE 的上升沿触发的,产生一个单拍负脉冲信号,脉冲宽度由计数初值决定。它和单稳态触发器被触发后的工作情形类似,所以方式 1 称为可编程单稳态触发器。

3. 方式 2

方式 2 称为脉冲波发生器或分频器,其工作波形图如图 8-10 所示。

图 8-10　方式 2 的工作波形图

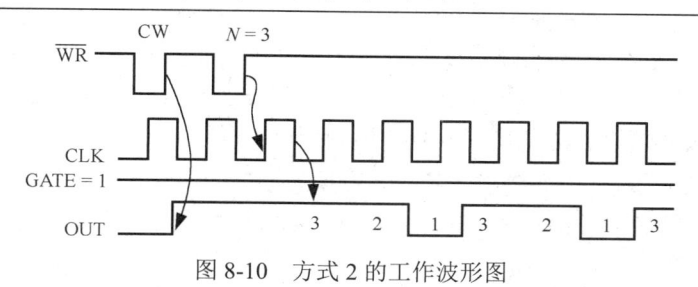

在写入方式 2 控制字后 OUT 变成高电平。若 GATE=1，则从图 8-10 中可以看出，写入计数初值后，经过 CLK 的一个上升沿和一个下降沿，计数初值才写入计数器开始计数，即在第一个完整时钟周期的下降沿计数。当计数初值装入计数器后，接着两个脉冲计数有效，OUT 变为低电平，经过第 3 个 CLK 的下降沿，计数器减至 0，OUT 变为高电平。8254 自动将初值装入减计数器，重新从初值开始计数，并重复计数过程。因此，方式 2 能够自动重装初值，输出固定频率的脉冲波。

方式 2 输出波形的高电平占 2 个 CLK 周期，低电平仅占 1 个 CLK 周期，无论初值是多少，其输出波形的低电平仅占 1 个 CLK 周期，占空比是 $(N-1):1$，因此方式 2 称为脉冲波发生器而不是方波发生器。

在计数过程中，GATE 变为低电平，立即停止计数，当 GATE 变为高电平后，计数器重新写入初值并开始计数。

4. 方式 3

方式 3 称为方波发生器，其工作波形图如图 8-11 所示。

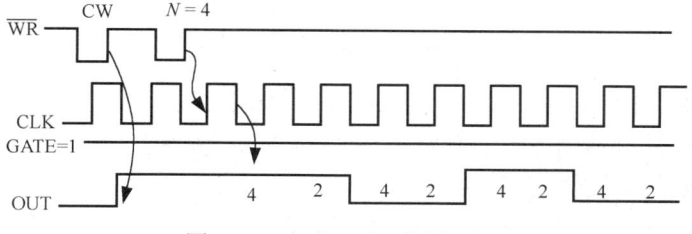

图 8-11　方式 3 的工作波形图

方式 3 的工作波形图分为计数初值为偶数和计数初值为奇数两种情况。

图 8-11 中的计数初值为偶数 4，在写入控制字后 OUT 立即变成高电平。写入计数初值后，经过 CLK 的一个上升沿和一个下降沿，计数初值装入计数器，若此时 GATE=1，则计数器开始计数，即在第一个完整时钟周期的下降沿计数。每个脉冲的下降沿减 2 个数，当减到 0 时，OUT 变为低电平，并自动重新写入计数初值，重新按减 2 操作，当再次减到 0 时，OUT 变成高电平，并重新装入初值，一个输出周期完成，继续重复上述过程。为什么对应每个 CLK 要减 2 呢？因为利用一个输出周期信号 OUT 两次自动装入初值，共有两倍的初值，也就要求对应每个 CLK 必须减去 2。输出端 OUT 的波形是连续的方波，故方式 3 称为方波发生器，占空比是 $(N/2):(N/2)$。

如果计数初值为奇数，那么 OUT 的高电平宽度是 $(N+1)/2$，当低电平宽度是 $(N-1)/2$ 时，输出的高电平宽度比低电平宽度多一个计数脉冲周期，这时输出的波形近似为方波。

在写入计数初值后，若 GATE 为低电平，则不开始计数，只有当 GATE 变为高电平后，才开始计数。在计数过程中，若 GATE 变为低电平，则不仅中止计数，而且 OUT 立即变为高电平。待 GATE 恢复为高电平后，硬件启动计数器重新装入初值并开始计数。

【例 8-3】 用计数器工作在方式 3 产生方波输出。要求用计数器 0 计数，CLK 的输入频率是 1MHz，二进制方式计数，产生频率是 200kHz 的方波脉冲信号输出，设实验装置上计数器 0、1、2 和控制端口的地址分别为 340H、341H、342H 和 343H。编写对计数器 0 初始化的程序段。

解：程序段如下。

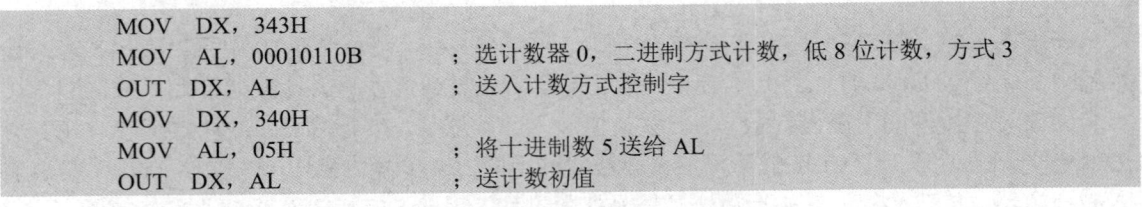

```
    MOV  DX, 343H
    MOV  AL, 00010110B    ;选计数器 0，二进制方式计数，低 8 位计数，方式 3
    OUT  DX, AL           ;送入计数方式控制字
    MOV  DX, 340H
    MOV  AL, 05H          ;将十进制数 5 送给 AL
    OUT  DX, AL           ;送计数初值
```

可以使用双踪示波器同时观察 CLK_0 端与 OUT_0 端的频率信号，二者周期比是 5∶1。

5．方式 4

方式 4 称为软件触发选通方式，其正常计数的工作波形图如图 8-12 所示。

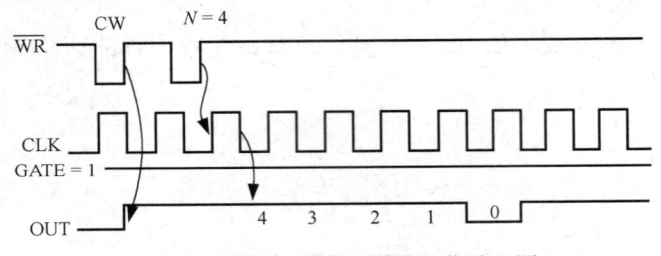

图 8-12 方式 4 正常计数的工作波形图

由图 8-12 可见，在写入方式 4 控制字后，OUT 输出高电平。若 GATE=1，则在写入初值后的下一个完整 CLK 脉冲的下降沿开始减 1 计数，当减到 0 时，OUT 输出为低电平，持续一个 CLK 脉冲周期后恢复到高电平，并停止工作。

6．方式 5

方式 5 称为硬件触发选通方式，其正常计数的工作波形图如图 8-13 所示。

由图 8-13 可见，在开始时 GATE 为低电平，在写入控制字后，输出 OUT 变为高电平。写入计数初值 3 后，计数器并不立即开始计数，只有当门控脉冲的上升沿触发后，对应一个 CLK 的上升沿和下降沿，在下一个 CLK 的下降沿开始计数，当计数器减到 0 时计数结束，在输出一个持续时间为 1 个 CLK 时钟周期的负脉冲后，OUT 上升为高电平。

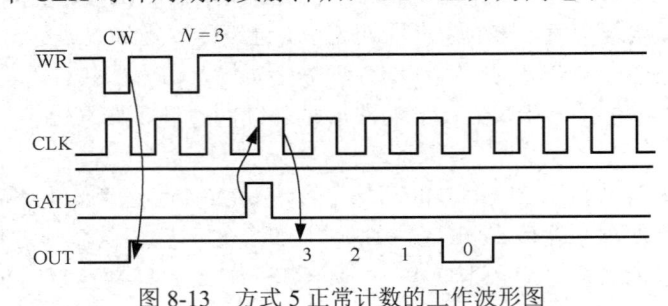

图 8-13 方式 5 正常计数的工作波形图

可以看出，输出的负脉冲是通过硬件电路产生的门控信号触发后得到的，该门控信号是一个脉冲信号，且上升沿触发，输出的负脉冲常用作电路的选通信号，所以，方式5称为硬件触发选通方式。GATE脉冲信号可以重复触发，不断产生选通信号。

8.3.2 8254的应用举例

1. 用作计数器

应用计数器的目的是统计输入脉冲的个数。8254用作计数器的电路连接如图8-14所示，图中可以同时应用计数器0和计数器1分别进行计数，计数脉冲来自单脉冲产生器，单脉冲产生器由两个与非门、两只电阻及按钮开关K组成。当按下按钮开关时，与非门2的一个输入端接地，于是与非门2输出高电平，一旦放开按钮开关，按钮开关和与非门1接通，与非门1的一个输入端接地。因此，与非门1输出逻辑1，与非门2输出逻辑0，实现了按钮开关每次按下并放开后，有一个脉冲信号送至CLK_0及CLK_1进行计数，故称为单脉冲产生器。

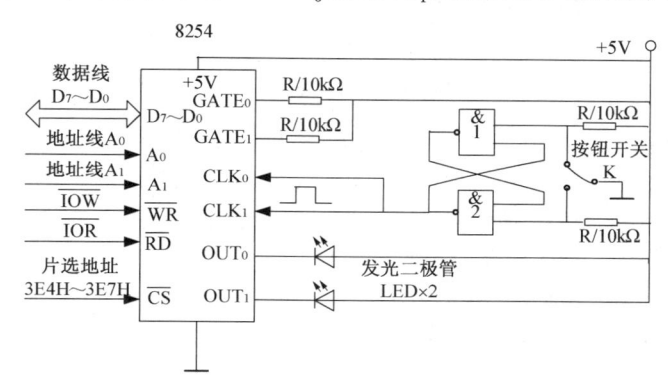

图8-14 8254用作计数器的电路连接

由于需要使用计数器0和计数器1进行计数，所以，$GATE_0$和$GATE_1$都必须接高电平。

【例8-4】 在图8-14中，计数器0、1、2及控制端口的地址分别为3E4H、3E5H、3E6H及3E7H，编程要求如下。

（1）每按两次按钮开关，计数器0的OUT输出电平有一次改变，用LED指示结果。

（2）每按4次按钮开关，计数器1的OUT输出电平有一次改变，用LED指示结果。

解：根据题意，将计数器0和计数器1的工作方式都设置成方式3，计数初值分别设置为4和8，根据8254方式3的工作波形图可以知道，其OUT输出端产生的是方波。

（1）对于计数器0，计数初值等于4，每按两次按钮开关后，所连接的LED的状态改变一次，因此对应的LED熄灭两个单次脉冲时间，接着点亮两个单次脉冲时间，交替工作。

编写初始化程序如下。

```
      ；计数器0初始化程序
      MOV   DX, 3E7H              ；将控制端口地址给DX
      MOV   AL, 00010110B         ；计数器0用低8位计数，方式3，二进制计数
      OUT   DX, AL
      MOV   AL, 4
      MOV   DX, 3E4H
      OUT   DX, AL                ；送计数初值4
```

（2）对于计数器1，计数初值等于8，每按4次按钮开关后，所连接的LED的状态改变一

次，因此对应的 LED 熄灭 4 个单次脉冲时间，接着点亮 4 个单次脉冲时间，交替工作。

编写初始化程序如下。

```
        ；计数器 1 初始化程序
        MOV   DX, 3E7H              ；将控制端口地址给 DX
        MOV   AL, 01010110B         ；计数器 1 用低 8 位计数，方式 3，二进制计数
        OUT   DX, AL
        MOV   AL, 8
        MOV   DX, 3E5H
        OUT   DX, AL                ；送计数初值 8
```

2. 用作定时器

当 8254 用作定时器时，计数脉冲输入端输入脉冲的频率是精确且稳定的，计数脉冲一般是由具有晶体振荡器的脉冲产生电路提供的。根据输入端输入脉冲的频率和输出时间间隔，可以计算定时器的初值，然后选用计数器来实现定时。

假如 CLK 输入频率 $f = 1\text{MHz}$，周期 $t = 1\mu\text{s}$，要求定时时间间隔为 1s，那么计数初值为

$$1000\text{ms} \div 1\mu\text{s} = 1000000$$

由于一个计数器按照二进制计数，计数范围是 65536，小于 1000000，所以可以使用两个计数器级联，即将两个计数器串联，那么，可将计数初值分配为 1000×1000。例如，选用计数器 0 与计数器 1，分别送计数初值 1000，可以实现定时 1s 的目的，计数器的工作方式选方式 2 或方式 3。

那如何实现定时 1min 呢？可以把计数器 2 也级联起来，将 1s 的脉冲信号作为计数器 2 的计数输入，计数器 2 的计数初值设为 60，工作方式也选择方式 2 或方式 3。那么，在 OUT_2 可以产生 1min 的时间间隔。

【例 8-5】根据以上分析，选择计数器 0、计数器 1、计数器 2，编程分别产生 0.001s、1s、1min 的输出。设计出的 3 个计数器级联产生 0.001s、1s、1min 时间间隔的连接图如图 8-15 所示。

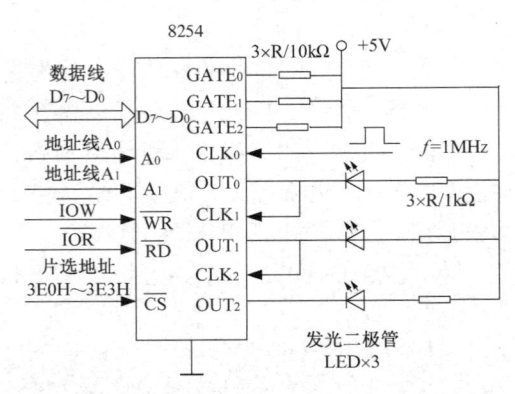

图 8-15 3 个计数器级联产生 0.001s、1s、1min 时间间隔的连接图

解：从图 8-15 中可以看出，3 个计数器级联，原始计数脉冲频率是 1MHz。

设计数器 0、计数器 1、计数器 2 及控制端口的地址分别为 3E0H、3E1H、3E2H 及 3E3H，编写初始化程序如下。

```
        ；计数器 0 初始化程序
```

```
        MOV  DX, 3E3H              ; 将控制端口地址给 DX
        MOV  AL, 00110110B         ; 计数器 0 用 16 位计数, 方式 3, 二进制计数
        OUT  DX, AL
        MOV  AX, 1000
        MOV  DX, 3E0H
        OUT  DX, AL                ; 送低 8 位初值
        MOV  AL, AH
        OUT  DX, AL                ; 送高 8 位初值
; 计数器 1 初始化程序
        MOV  DX, 3E3H              ; 将控制端口地址给 DX
        MOV  AL, 01110110B         ; 计数器 1 用 16 位计数, 方式 3, 二进制计数
        OUT  DX, AL
        MOV  AX, 1000
        MOV  DX, 3E1H
        OUT  DX, AL                ; 送低 8 位初值
        MOV  AL, AH
        OUT  DX, AL                ; 送高 8 位初值
; 计数器 2 初始化程序
        MOV  DX, 3E3H              ; 将控制端口地址给 DX
        MOV  AL, 10010110B         ; 计数器 2 用低 8 位计数, 方式 3, 二进制计数
        OUT  DX, AL
        MOV  AL, 60
        MOV  DX, 3E2H
        OUT  DX, AL                ; 送低 8 位初值
```

【例 8-6】 在例 8-5 中, 计数器 0 和计数器 1 级联, 产生周期为 1000ms (1s) 的方波输出, 利用 OUT_1 输出的方波作为计数器 2 的计数输入 CLK_2, 在 OUT_2 输出端产生周期为 1min 的方波。

现要求将计数器 2 的输出时间间隔从 1min 扩充到 1h, 且 3 个计数器都采用 BCD 码计数, 编写初始化程序。

解: 程序如下。

```
; 计数器 0 初始化程序
        MOV  DX, 3E3H              ; 将控制端口地址给 DX
        MOV  AL, 00110111B         ; 计数器 0 用 16 位计数, 方式 3, BCD 码计数
        OUT  DX, AL
        MOV  AX, 1000H
        MOV  DX, 3E0H
        OUT  DX, AL                ; 送低 8 位初值
        MOV  AL, AH
        OUT  DX, AL                ; 送高 8 位初值
; 计数器 1 初始化程序
        MOV  DX, 3E3H              ; 将控制端口地址给 DX
        MOV  AL, 01110111B         ; 计数器 1 用 16 位计数, 方式 3, BCD 码计数
        OUT  DX, AL
        MOV  AX, 1000H
        MOV  DX, 3E1H
        OUT  DX, AL                ; 送低 8 位初值
        MOV  AL, AH
        OUT  DX, AL                ; 送高 8 位初值
; 计数器 2 初始化程序
```

```
        MOV   DX, 3E3H              ;将控制端口地址给 DX
        MOV   AL, 10110111B         ;计数器 2 用 16 位计数,方式 3,BCD 码计数
        OUT   DX, AL
        MOV   AX, 3600H
        MOV   DX, 3E2H
        OUT   DX, AL                ;送低 8 位初值
        MOV   AL, AH
        OUT   DX, AL                ;送高 8 位初值
```

8.4　定时器/计数器 8253

　　8253 芯片是 Intel 公司为了解决微机系统中的时间控制问题而开发的可编程定时器/计数器,它用于早期的 IBM PC/XT 中,作为一种通用的定时器/计数器使用。

8.4.1　8254 与 8253 的比较

1. 相同部分

　　① 8254 与 8253 的外形均为 24 脚 DIP 封装,二者的引脚及其功能完全兼容,并且都与 TTL 电平兼容。
　　② 二者都有 3 个相互独立的 16 位计数器,并且都具有 6 种可编程计数模式。
　　③ 8254 与 8253 都可以选择按二进制方式或十进制(BCD 码)方式进行计数。
　　④ 8254 兼容了 8253 的所有功能,因此 8254 可以替换原系统中的 8253。
　　⑤ 8254 与 8253 都可以应用于 Intel 及其他大多数微处理器中。

2. 主要区别

　　① 相对于 8253,8254 新增了锁存命令字,即读回命令字。
　　② 8254 的最高工作频率可达 10MHz,8253 的最高工作频率为 2MHz。
　　③ 8254 芯片除了具有 24 脚 DIP 封装,还具有 28 脚 PLCC 封装。
　　④ 8254 芯片采用 CHMOS 工艺,有很低的功耗,按照 8MHz 频率计数,电流 I_{CC} 仅 10mA。

8.4.2　8253-5 的应用举例

　　8253-5 是 8253 芯片系列中的一种,本节以 8253-5 的应用为例介绍计数器的工作原理。8253-5 在 IBM PC/XT 中的连接如图 8-16 所示,从图中可以看出,8253-5 的一侧与微机总线连接,3 个计数器使用相同频率的脉冲计数,$CLK_0 \sim CLK_2$ 输入脉冲的频率都来自 PCLK(2.3863632MHz),其频率值是 PCLK 的 1/2(1.1931816MHz),经 D 触发器构成的除 2 电路分频后产生。计算机主板安排 8253-5 中 3 个计数器端口地址的顺序分别是 40H、41H、42H,其控制端口的地址是 43H。8253-5 另一侧的 3 个输出端分别送至 IR_0、刷新电路及功放与低通滤波电路。

1. 计数器 0

　　计数器 0 的定时输出向计算机系统的日时钟提供定时中断信号。
　　计数器 0 工作在方式 3,初始化的控制字为 36H,计数初值预置为 0000H,即 65536。OUT_0 输出时钟频率为 1.1931816MHz/65536≈18.207Hz。OUT_0 输出端直接连接到中断控制器 8259A

的中断请求端 IR₀，即 8259A 的 8 个中断请求中优先级别的最高级，类型号为 08H，每秒中断 18.2 次，即中断间隔为 54.925ms。在 OUT₀ 输出脉冲的每一个上升沿产生一次中断，程序记录 18 次中断后，增加 1s。图 8-16 中的 GATE₀ 恒接+5V，允许计数器 0 计数。

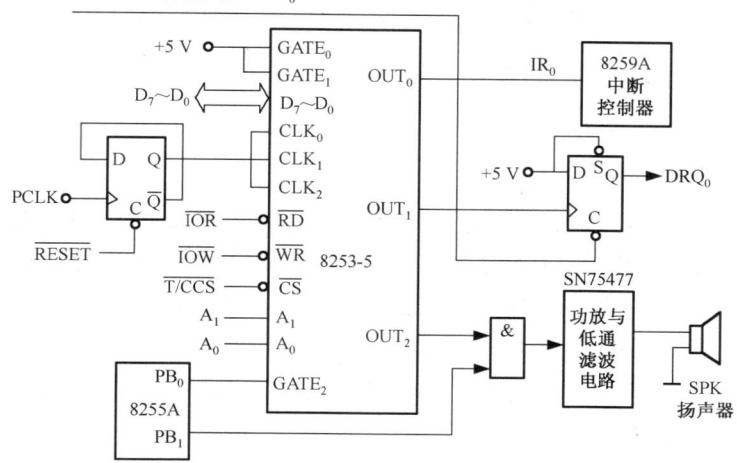

图 8-16 8253-5 在 IBM PC/XT 中的连接

ROM-BIOS 中关于计数器 0 的初始化程序段如下。

```
TC0:    MOV   AL, 36H      ; 选择计数器 0, 16 位计数, 方式 3, 二进制计数
        OUT   43H, AL      ; 写控制字
        MOV   AL, 0        ; 预置计数初值 65536
        OUT   40H, AL      ; 先送低 8 位
        OUT   40H, AL      ; 后送高 8 位
```

2. 计数器 1

通过计数器 1 的定时计数，OUT₁ 的输出向 DMAC 定时提供动态存储器的定时刷新请求信号。

计数器 1 工作在方式 2，初始化的控制字为 54H，计数初值预置为 18。OUT₁ 输出时钟频率为 1.1931816MHz/18≈66.288kHz，其周期为 15.084μs，即每隔 15.084μs 经 D 触发器输出一次 DMA 请求信号。图 8-16 中的 GATE₁ 恒接+5V，允许计数器 1 计数。

计数器 1 的初始化程序段如下。

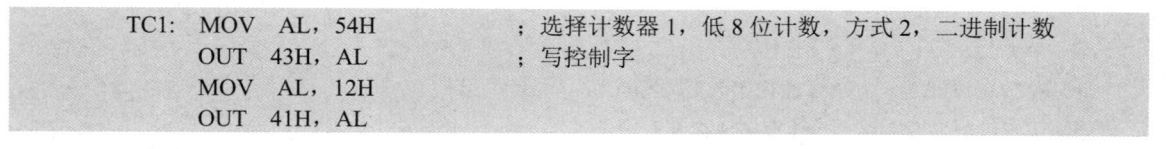

```
TC1:    MOV   AL, 54H      ; 选择计数器 1, 低 8 位计数, 方式 2, 二进制计数
        OUT   43H, AL      ; 写控制字
        MOV   AL, 12H
        OUT   41H, AL
```

3. 计数器 2

通过计数器 2 的定时计数，OUT₂ 的输出脉冲被转换成与其频率相同的正弦波信号，驱动扬声器发出声音。

计数器 2 工作在方式 3，初始化的控制字为 B6H，计数初值预置为 533H，即 1331。OUT₂ 输出时钟频率为 1.1931816MHz/1331≈896.455Hz。在图 8-16 中，主板上 8255A 的 PB₀ 控制 GATE₂ 输入端，即控制计数器 2 是否允许计数，PB₁ 控制发音时间。

计数器2的初始化程序如下：

```
TC2:    MOV   AL, 0B6H    ;选择计数器2，16位计数，方式3，二进制计数
        OUT   43H, AL     ;写控制字
        MOV   AX, 533H
        OUT   42H, AL
        MOV   AL, AH
        OUT   42H, AL
```

小结

  IBM PC 和 IBM PC/XT 采用 Intel 8253 构成定时器接口，IBM PC/AT 则采用 Intel 8254 构成定时器接口，现在 32 位微机使用芯片组兼容了其功能，因而取代了 8253 和 8254 芯片。

  8254 芯片内部由 3 个独立的计数器（计数器 0、计数器 1 和计数器 2）、内部总线、数据总线缓冲器、读/写控制逻辑电路和控制字寄存器等组成。

  8254 芯片有 6 种不同的工作方式，可以通过编程分别选择不同的工作方式：

方式 0 称为计数结束中断方式。
方式 1 称为可编程单稳态触发器。
方式 2 称为脉冲波发生器或分频器。
方式 3 称为方波发生器。
方式 4 称为软件触发选通方式。
方式 5 称为硬件触发选通方式。

  8254 的方式控制字有 4 个主要功能：从 3 个计数器中选择一个；确定计数器数据的读/写格式；确定计数器的工作方式；选择计数器的计数方式。8254 方式控制字的格式如图 8-5 所示。

  8253 和 8254 的主要区别：

① 相对于 8253，8254 新增了锁存命令字，即读回命令字。
② 8254 的最高工作频率可达 10MHz，8253 的最高工作频率为 2MHz。
③ 8254 芯片除了具有 24 脚 DIP 封装，还具有 28 脚 PLCC 封装。
④ 8254 芯片采用 CHMOS 工艺，有很低的功耗，按照 8MHz 频率计数，电流 I_{CC} 仅 10mA。

习题与思考题

8.1 问答题

（1）8254 的方式 2 与方式 3 各有什么工作特点？
（2）从应用上分析，定时与计数有什么区别？
（3）8254 每个计数通道与外设接口之间有哪些信号线？每个信号线的作用分别是什么？

8.2 计算题

（1）假如一片 8254 的 3 个计数器全部级联起来，外部计数脉冲的频率为 2MHz，都采用二进制方式计数，求各个计数器输出端 OUT 能够产生的最长定时间隔。

（2）假如一片 8254 的 3 个计数器全部级联起来，外部计数脉冲的频率为 2MHz，都采用 BCD 码方式计数，求各个计数器输出端 OUT 能够产生的最长定时间隔。

8.3 编程题

（1）已知 8253 的计数器 0、计数器 1、计数器 2 和控制端口的地址依次为 310H、311H、312H 和 313H，试按如下要求分别编写 8253 的初始化程序：

① 使计数器 0 工作在方式 1，按 BCD 码计数，计数初值为 3000；

② 使计数器 1 工作在方式 3，仅用低 8 位作为二进制计数，计数初值为 100；

③ 使计数器 2 工作在方式 2，按二进制计数，计数初值为 0EF0H；

④ 如果使用 8254 代替 8253，那么要完成上述相同的功能，所编写的初始化程序还需要变动吗？

（2）设 8254 的计数器 0、计数器 1、计数器 2 和控制端口的地址依次为 200H、201H、202H 和 203H。选用计数器 0 的低 8 位计数，试编写程序。要求：使用 8254 的锁存命令字锁存计数器 0 的计数值及状态信息，并读回 8 位的计数值及状态信息。

（3）将一片 8253 的 3 个计数器级联起来计数，外部计数脉冲的频率是 1MHz，现要求定时 1h 后产生定时中断请求信号，然后关闭计数器的工作，应怎样设计与编程？

（4）如果选用 8253 的计数器 1 作为分频器，对频率是 1MHz 的信号进行 10 分频，试用方式 3 编程实现。

第9章 串行通信接口技术

并行通信适用于两台设备在较短距离之间的通信，当两台设备的通信距离为几十米到几千米或更远时，并行通信并不可取，此时可使用串行通信来实现。

在串行通信系统中，数据通信设备和数据终端设备在一条线上以数据位（Data Bit）为单位进行信息传输。在这条传输线上既传输数据信息，又传输控制信息。数据位占有一个固定的时间宽度，通信双方通过约定相同的比特率来保障正常通信，受比特率上限的约束，串行通信的速度是有限度的。

本章主要介绍了微型计算机典型的 RS-232-C 串行通信接口及其应用、通用串行总线 USB，以及相应的串行接口设备等。

9.1 串行通信基础

1. 传输方式

在进行串行通信时，数据在两个站之间进行传输。例如，微机与微机之间、微机与终端之间。根据数据传输的方向可分为3种传输方式：单工方式、半双工方式和全双工方式。

单工方式只允许数据按照一个固定的方向传输。即一方作为发送站，另一方只能作为接收站。

半双工方式能使数据从 A 站传输到 B 站，也能从 B 站传输到 A 站，但是每次只允许一个站发送，另一个站接收，任意一个站都不能同时进行收、发，但通信双方可以交替地进行发送和接收数据。

全双工方式的发送和接收由两条不同的通信线传输，允许通信双方同时进行发送和接收，即 A、B 两站在发送数据的同时，还可以接收数据。因此，通信系统的每一端都设置了发送器和接收器，能控制数据同时在两个方向上进行传输，没有方向切换中的时间延迟，通信效率高，目前得到了广泛的应用。例如，微机 RS-232-C 串口的通信、普及运用的手机通信等采用的都是全双工方式。

2. 比特率与发送/接收时钟脉冲

1）串行通信的比特率

串行通信包括异步通信（Asynchronous Communication）和同步通信两种方式，通常，同步通信的比特率高于异步通信的比特率。微机采用异步通信方式，本章均以异步通信方式进行讨论。

串行通信的比特率指每秒钟传输二进制数的位数。位数又称比特数。例如，数据传输速率在 0～2000bit/s。

2）发送/接收时钟脉冲

待发送和接收的序列二进制数在异步串行通信中，是以若干字符的形式传输的，这些连续字符信号的定时发送和接收必须在发送/接收时钟脉冲的控制下进行。在发送数据时，发送器在发送时钟脉冲的下降沿将数据串行移位输出；在接收数据时，接收器在接收时钟脉冲的上升沿对接收数据进行采样。

发送/接收时钟频率与比特率的关系为

$$发送/接收时钟频率 = n \times 发送/接收比特率$$

式中，n 称为波特因子，波特因子指发送或接收 1 位数据所需要的时钟脉冲的个数，一般 $n = $ 1、16、32、64。对于异步通信，常取波特因子为 16；对于同步通信，常取波特因子为 1。

如果要求传输速率为 4800bps，$n = 16$，那么发送/接收时钟频率=4800×16=76.8（kHz）。

3. 异步通信及其协议

异步通信以一个字符为传输单位，用起始位表示一个字符的开始，用停止位表示一个字符的结束，一个字符一个字符地传输。异步通信传输一个字符（一帧）的格式如图 9-1 所示。

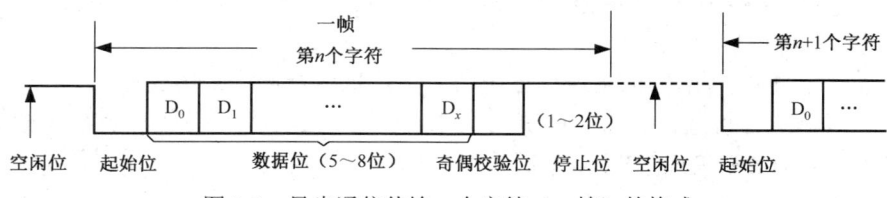

图 9-1 异步通信传输一个字符（一帧）的格式

从图 9-1 中可以看出，异步通信的帧格式包括起始位、数据位、奇偶校验位、停止位，以及处于休停状态的空闲位。

起始位：必须发出一个逻辑 0 信号，表示传输一个字符的开始。

数据位：紧跟在起始位之后的传输数据位，数据位可为 5~8 位，先传输最低有效位（LSB），再传输最高有效位（MSB）。

奇偶校验位：奇偶校验位为 1 位，通过编程可以设定为偶校验、奇校验或无校验。数据位加上奇偶校验位后，若"1"的位数为偶数个，则称为偶校验；若"1"的位数为奇数个，则称为奇校验。

停止位：停止位是必须的，它是一个字符传输结束的标志，可以是 1 位、1.5 位、2 位的逻辑 1 电平。

空闲位：处于逻辑 1 状态，表示当前线路上没有数据传输。

字符内部位与位之间的传输是同步的。一旦字符传输开始，收/发双方则以预先约定的传输速率，在时钟脉冲的作用下传输该字符的每一位。即要求位与位之间有严格而精确的定时，也就是说，异步通信在传输同一个字符的每一位时都是同步的。

如何解释异步通信方式的"异步"呢？这是由于在字符与字符之间的传输没有严格的定时要求，传输一个字符（一帧）之后可以休停，休停时间是随机的，也可能是一个字符接着一个字符地传输，因此，字符与字符之间的传输是异步的。

【例 9-1】 一个异步通信的串行字符由 1 位起始位、7 位数据位、1 位奇偶校验位和 1 位停止位共 10 位构成，每秒钟传输 480 个字符，求传输数据的比特率。

解：比特率 = 10 位/字符×480 字符/秒 = 4800 位/秒 = 4800bps = 4800 波特。

关于串行异步通信的比特率，国际上规定了一个标准的比特率系列，常用的比特率为 4800bps、9600bps、19200bps 和 38400bps。

4．传输电平

在有线串行通信中，没有调制与解调器的情况下，根据实际通信的距离，传输电平通常有3种：TTL电平，RS-232-C电平，RS-485电平。

TTL电平：逻辑1，3.6V左右；逻辑0，0.3V以下。

RS-232-C电平：逻辑1，−15~−3V；逻辑0，+3~+15V。

RS-485电平：两线传输的差动信号，分为A端和B端，$(U_A-U_B)\geqslant 0.2$~5V，代表逻辑1；$(U_A-U_B)\leqslant -0.2$V，代表逻辑0。该电平的最大特点是传输距离远，抗共模干扰能力强。

微机采用RS-232-C电平实现异步通信，通常传输电平的处理方式有三种：

第一，近距离两台微机相互通信，直接采用RS-232-C电平通信，传输最远距离大约为15m。

第二，如果传输距离较远，如大约在15~2000m的范围内，可以将RS-232-C电平转换成RS-485电平。借助RS-485电平传输，通信双方必须具有电平转换与逆转换的部件，转换部件可以购买，也可以自己设计。

第三，微机可能要与单片机实现串行通信，单片机串行通信采用的是TTL电平，二者电平不匹配，一般是单片机通信方将TTL电平转换成RS-232-C电平后发送到个人微机，而接收到的RS-232-C电平在转换成TTL电平后才能被单片机接收。

5．调制解调器

异步通信的RS-232-C传输的是高、低逻辑电平，脉冲信号是具有宽频带的数字信号，不能长距离传输。解决的办法是：在发送端将数字信号转换成音频信号，通过电话线进行传输；在接收端将收到的音频信号还原成数字信号，前者称为调制，后者称为解调。在双工通信中，收、发两方都需要接收与发送，所以，通常将调制与解调装配在一起，称为调制解调器，即MODEM（Modulator-Demodulator）。

典型的调制方式有振幅键控调制（ASK）和移频键控调制（FSK），分别如图9-2和图9-3所示。

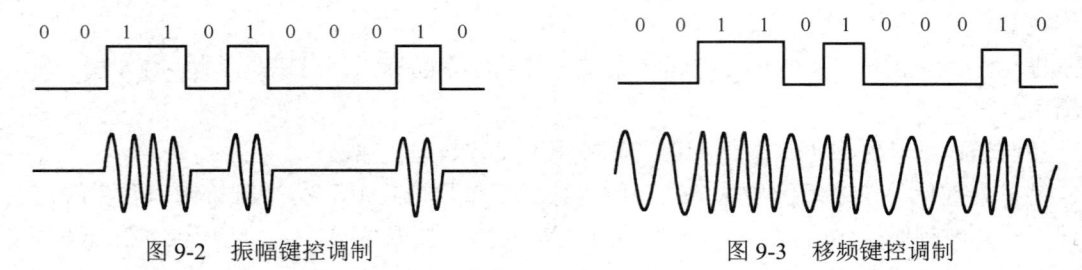

图9-2 振幅键控调制　　　　　图9-3 移频键控调制

（1）振幅键控调制。

在振幅键控调制方式下，载波幅度是随着基带信号的变化而变化的，用载波幅度的有或无来表示信号中的1或0，图9-2所示为振幅键控调制。

（2）移频键控调制。

移频键控调制将逻辑1和逻辑0调制为两种不同频率的正弦波。例如，逻辑1的频率是逻辑0对应频率的两倍。所调制信号的频率应该在音频信号范围内，以便在电话线上传输。

值得注意的是，MODEM调制过的信号只适合电话线传输。但是，随着电子技术、通信及无线网络的发展，将音频信号再进行载波调制、将RS-232-C信号通过无线网络进行传输已经得到了广泛的应用。

9.2 可编程异步通信接口芯片 8250

通用异步接收/发送设备（Universal Asynchronous Receiver/Transmitter，UART）的硬件电路中有典型的集成芯片 8250、16550 等。在 CPU 的控制下，通过编程可以实现异步通信。

通用同步、异步接收/发送设备（Universal Synchronous Asynchronous Receiver/Transmitter，USART）的硬件电路中有典型的集成芯片 8251。在 CPU 的控制下，通过编程既能选择异步通信，又能选择同步通信。

微型计算机的 RS-232-C 串行通信接口使用了通用异步接收/发送技术。在 IBM PC/XT 上，使用 INS 8250 作为 UART 的接口芯片，8250 芯片的一侧与微处理器连接，另一侧通过 TTL 电平和 RS-232-C 电平转换电路，把 TTL 电平转换成 RS-232-C 电平构成了微机的 RS-232-C 串行通信接口。

在 32 位 PC 中，使用 NS 16550 替代了 INS 8250，NS 16550 兼容 INS 8250 的软、硬件功能，将 8250 的传输速率（50～9600bps）提高到 115200bps，而且 16550 新增了 FIFO 工作模式。现在的 32 位 PC 芯片组中使用了与 NS 16550 兼容的技术。

本节以 8250 异步接收/发送芯片为例来介绍微机的 RS-232-C 串行通信技术。

9.2.1 8250 的基本功能、内部结构和引脚功能

1. 8250 的基本功能

8250 的基本功能包括以下几个方面：

（1）8250 支持单工通信、半双工通信和全双工通信，一般情况下使用全双工通信。

（2）8250 内部的发送器和接收器对数据都具有两级缓冲存储的能力。

（3）8250 通过对除数锁存器编程，可以灵活选择数据的比特率。比特率可以是 50bps、300bps、600bps、1200bps、4800bps、9600bps 等，最高为 9600bps。

（4）传输字符数据的位数可以选择 5～8 位，停止位为 1 位、1.5 位或 2 位，可进行奇校验、偶校验，也可以选择无奇偶校验。

（5）通过编程，8250 允许自动检测并接收奇偶错、数据的帧格式错、重叠错等，在设置中断允许的情况下，能自动显示接收/发送过程中出现的错误。

（6）通过编程，在设置中断允许的情况下，8250 既可以实现中断方式下的接收与发送，也可以实现查询式接收与发送。注意，在处理中断源的申请时，8250 具有中断控制和优先权判决的能力。

设计 8250 的一个重要目的是实现基本的接收与发送，另一个重要的目的是与 MODEM 连接，通过 MODEM 实现发送与接收。因此，8250 无论是在硬件接口方面，还是在软件编程方面，都具有完整的控制 MODEM 的功能。

2. 8250 的内部结构

8250 的内部结构如图 9-4 所示。其基本组成如下。

（1）8 位数据总线。8 位数据总线连接各内部寄存器和其他部件，是内部所有传输信息的公用通路。

（2）数据总线缓冲器。数据总线缓冲器是 8 位双向三态缓冲器，它位于内部与外部数据总线之间。一方面，它具有三态功能，使 8250 芯片可以直接连接到 CPU 或计算机系统的数据总

线上；另一方面，它使数据总线上传输的数据具有双向传输的可能。

（3）读/写控制逻辑电路。读/写控制逻辑电路的功能是接收来自 CPU 的控制信号，包括读数据选通信号 DISTR、写数据选通信号 DOSTR、几条片选信号（CS_0、CS_1、$\overline{CS_2}$）及芯片内部寄存器的寻址信号 A_2、A_1、A_0 等，以便 CPU 完成对 8250 内部各寄存器的寻址、读操作或写操作等。

（4）接收数据寄存器、发送保持寄存器等 10 个可编程的寄存器，如表 9-1 所示。

（5）接收移位寄存器与发送移位寄存器。接收数据寄存器和接收移位寄存器组成双缓冲结构的接收器，将接收到的串行数据转换为并行数据。接收移位寄存器将接收到的串行数据逐位移入接收数据寄存器。

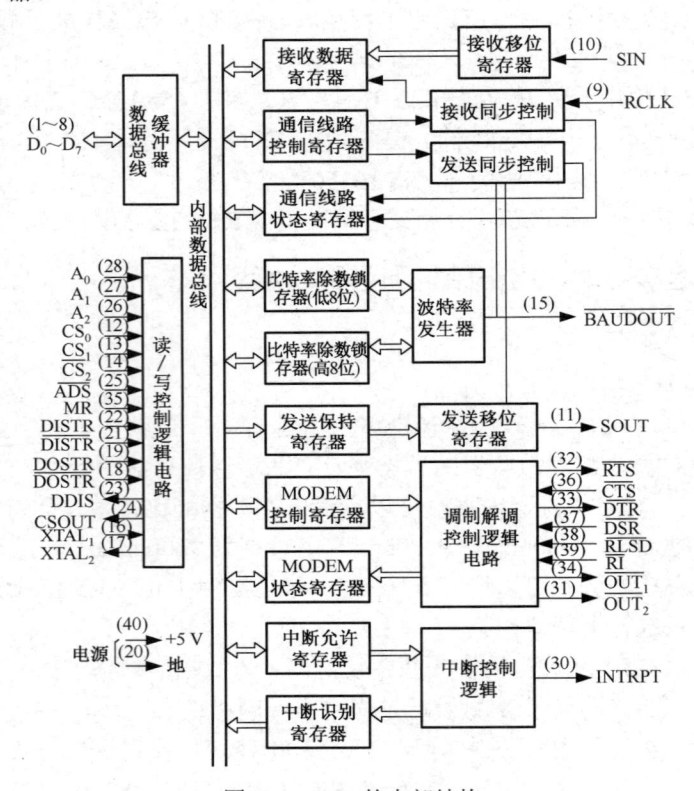

图 9-4　8250 的内部结构

表 9-1　10 个可编程的寄存器

序号	寄存器名称	只读寄存器	只写寄存器
1	接收数据寄存器（RDR）	只读	—
2	发送保持寄存器（THR）	—	只写
3	中断允许寄存器（IER）	—	只写
4	比特率除数锁存器（BRDL）（低字节）	—	只写
5	比特率除数锁存器（BRDH）（高字节）	—	只写
6	中断识别寄存器（IIR）	只读	—
7	通信线路控制寄存器（LCR）	—	只写
8	MODEM 控制寄存器（MCR）	—	只写
9	通信线路状态寄存器（LSR）	可读	可写（以便自查中断系统）
10	MODEM 状态寄存器（MSR）	只读	—

芯片内部由发送保持寄存器和发送移位寄存器组成双缓冲结构的发送器，实现并行数据转换为串行数据，发送移位寄存器将发送保持寄存器中存储的待发送的数据，逐位移出到 SOUT 输出端。发送移位寄存器和接收移位寄存器的时钟脉冲都由同步控制电路提供。

（6）调制解调控制逻辑电路等部件。通过这些部件的引出信号线多数是面向 RS-232-C 一侧的。在同步控制（信号）的作用下，调制解调控制逻辑电路实现与外部 MODEM 的连接及数据传输。

（7）中断控制逻辑。中断控制逻辑实现中断控制和优先级的判断。

3．8250 的引脚功能

图 9-5 所示为 8250 引脚信号图，其外部有 40 条引脚，除 40 号引脚 V_{CC}、20 号引脚 GND 和 29 号引脚空出外，其余 37 条引脚的功能如下。

1）涉及并行数据输入/输出的引脚信号

地址信号线 $A_2 \sim A_0$：当片选有效时，$A_2 \sim A_0$ 组成的编码用于选择 8250 内部的寄存器。

数据线 $D_7 \sim D_0$：双向，与系统数据总线相连接。其包括两方面的数据：一是由外部传输到 8250 内部的数据，如写入控制字、写入待发送的数据等；二是从 8250 内部读出接收到的数据及 8250 在工作过程中的状态字等。

芯片选择信号 CS_0、CS_1、$\overline{CS_2}$ 和 CSOUT：8250 设计了 3 个片选输入信号和一个片选输出信号 CSOUT。只有当 $CS_0=1$、$CS_1=1$ 及 $\overline{CS_2}=0$ 时，才能够选中 8250 芯片，同时，CSOUT 输出有效的高电平。

地址选通信号 $\overline{ADS}$：当 $\overline{ADS}$ 接地时，8250 接收更新的地址信息和片选信号（CS_0、CS_1、$\overline{CS_2}$）；当 $\overline{ADS}$ 为高电平时，8250 锁存地址信息和片选信号，保证读/写期间的地址稳定。

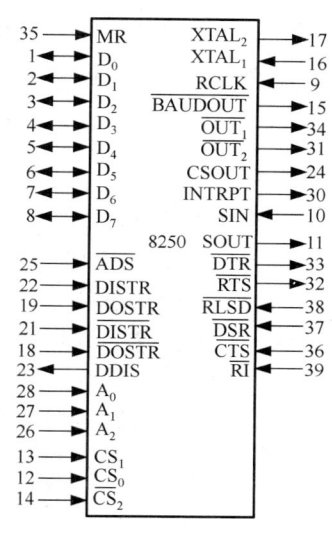

图 9-5　8250 引脚信号图

读数据选通信号 DISTR、$\overline{DISTR}$：当 8250 被选中时，只要 DISTR（高电平有效）和 $\overline{DISTR}$（低电平有效）有一个输入信号有效，CPU 就从被选中的内部寄存器中读出数据。一般将 $\overline{IOR}$ 连接到 $\overline{DISTR}$ 上，将 DISTR 接地（使其无效）。

写数据选通信号 DOSTR、$\overline{DOSTR}$：当 8250 被选中时，只要 DOSTR（高电平有效）和 $\overline{DOSTR}$（低电平有效）有一个输入信号有效，CPU 就将数据写入被选择的内部寄存器。一般将 $\overline{IOW}$ 连接到 $\overline{DOSTR}$ 上，将 DOSTR 接地（使其无效）。

数据总线驱动器禁止输出信号 DDIS：输出。当 CPU 从 8250 中读数据时，DDIS 输出为低电平，用来禁止外部收发器对系统总线的驱动，其余时间 DDIS 输出高电平。

2）涉及串行数据输入/输出的引脚信号

串行数据输入信号 SIN：8250 通过它接收其他系统传输的串行数据。

串行数据输出信号 SOUT：8250 发出的串行数据经 SOUT 线传输到其他系统。

SIN 和 SOUT 都是 TTL 电平。将 SOUT 端的 TTL 电平转换成 RS-232-C 电平后，使其连接到微机 RS-232-C 串行接口的数据发送端 TxD。微机的串行接口将数据接收端 RxD 的 RS-232-C 电平转换成 TTL 电平后，使其连接至 SIN 端。

XTAL$_1$：8250 外部时钟信号的输入引脚。

XTAL$_2$：8250 内部基准时钟信号的输出引脚。

外部晶体振荡器电路产生的时钟信号被送到时钟信号输入引脚 XTAL$_1$，作为 8250 的基准工作时钟信号。8250 内部将外部输入的基准时钟信号除以比特率除数锁存器中存放的除数值，产生 8250 内部的工作时钟信号，即 8250 内部的发送时钟信号。

8250 内部有一个 16 位的比特率除数锁存器，分为高 8 位锁存器和低 8 位锁存器，专门用来存放编程所输入的除数值，以便 8250 内部确定编程所设定的通信比特率。

$$发送时钟频率 = 基准时钟频率 \div 比特率除数锁存器值 \quad (9-1)$$

【例 9-2】设基准时钟频率为 1.8432MHz，比特率除数锁存器值为 12，试计算发送时钟频率。

解：发送时钟频率 = 1.8432MHz/12 = 153.6kHz。

发送时钟频率与比特率的关系为

$$发送时钟频率 = 波特因子 \times 比特率 \quad (9-2)$$

在发送时钟频率恒定的情况下，波特因子不同，产生的比特率也就不同。如果波特因子取 16，则例 9-2 中的比特率=153.6kHz/16=9600bps。

RCLK：接收时钟输入端。

比特率输出信号 $\overline{BAUDOUT}$：如果将 $\overline{BAUDOUT}$ 引脚直接连接到接收时钟引脚 RCLK 上，则接收时钟与发送时钟相同。

3）与通信设备联络的引脚信号

具有 RS-232-C 串口的计算机称为数据终端设备（DTE），与 RS-232-C 串口相连接的 MODEM 称为数据通信设备（DCE），DTE 和 DCE 如图 9-6 所示。

计算机 ↔ MODEM

数据终端设备（DTE）　数据通信设备（DCE）

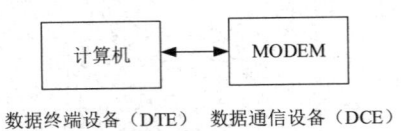

图 9-6　DTE 和 DCE

通信设备联络信号有 6 个。其中，4 个输入联络信号 $\overline{DSR}$、$\overline{CTS}$、$\overline{RI}$、$\overline{RLSD}$ 均为低电平有效，在 MODEM 状态寄存器（MSR）中，都有相应的状态位，以便 CPU 读入计算机进行查询；2 个输出联络信号 $\overline{RTS}$ 和 $\overline{DTR}$ 也是低电平有效。

数据装置准备好信号 $\overline{DSR}$：当其为低电平时，表明 DCE 已准备好，允许使用 DCE 进行通信。

清除发送信号 $\overline{CTS}$：当其为低电平时，表明 DCE 已经准备好接收 DTE 的传输数据。

振铃指示信号 $\overline{RI}$：由 MODEM 输入 8250。当其为低电平时，表明 MODEM 已经收到电话交换台的拨号呼叫。

接收线路检测信号 $\overline{RLSD}$：它对应载波检测信号 $\overline{DCD}$。当其为低电平时，表明 DCE 已经收到数据载波，8250 应立即开始接收解调后的数据。

请求发送信号 $\overline{RTS}$：当其为低电平时，表示 8250 请求向 MODEM 发送数据。$\overline{RTS}$ 和 $\overline{CTS}$ 是在发送数据时使用的一对联络信号。

数据终端准备好信号 $\overline{DTR}$：当其为低电平时，表示 8250（DTE）已经做好了通信准备，通知 DCE（MODEM）可以进行通信。

2 个输出联络信号 $\overline{RTS}$ 和 $\overline{DTR}$ 在 MODEM 控制寄存器（MCR）中有其相应的控制输出位。

4）中断请求及其他信号

主复位线 MR：该引脚一旦输入高电平，8250 便进入复位状态。8250 被复位后，除发送保持寄存器、接收数据寄存器和比特率除数锁存器外，其余内部寄存器被清除，输出引脚 SOUT、$\overline{OUT}_1$、$\overline{OUT}_2$、$\overline{DTR}$、$\overline{RTS}$ 均为无效的高电平，中断请求输出信号 INTRPT 也无效（低电平）。

中断请求输出信号 INTRPT：高电平有效。8250 的中断优先级分为 4 级：接收出错、接收数据寄存器满、发送保持寄存器空和 MODEM 的状态改变。当 8250 的中断开放时，如果满足任意中断条件，那么 8250 内部将自动产生高电平并将其从 INTRPT 引脚输出，通过中断控制器 82C59A 向 CPU 请求中断。

两个输出信号 $\overline{OUT}_1$ 和 $\overline{OUT}_2$：它们都是逻辑 0 电平有效。用户可以通过对 MODEM 控制寄存器（MCR）编程，使 MCR 的第 2 位（OUT$_1$）和第 3 位（OUT$_2$）为 1 状态，从而使 8250 的这两条引脚输出 OUT$_1$ 和 OUT$_2$ 的非信号，即低电平。使用这两个低电平信号可以控制两个三态门处于接通状态，而不是高阻状态。中断请求输出信号 INTRPT 是经过一个三态门到 82C59A 的，因此 $\overline{OUT}_1$ 或 $\overline{OUT}_2$ 可以用来禁止或允许中断请求输出信号 INTRPT 的输出。

4. 8250 和 RS-232-C 接口之间电平的转换

8250 和系统总线连接的接口都是 TTL 电平，所以不需要转换。但是，在 8250 和 RS-232-C 接口之间要有一个双向电平转换的电路：若从 8250 到 RS-232-C 方向传输，则要把 TTL 电平转换成 RS-232-C 电平；若要反方向传输，则要把 RS-232-C 电平转换为 TTL 电平。

TTL 电平和 RS-232-C 电平的比较如表 9-2 所示。从表 9-2 中可以看出，RS-232-C 电平比 TTL 电平的抗干扰容限大得多，因此其适应于计算机外部数据的传输，传输距离一般可达 15m 左右。

表 9-2　TTL 电平和 RS-232-C 电平的比较

逻辑值	TTL 电平	RS-232-C 电平	备注
0	0V	+3～+15V	PC 的 RS-232-C 接口一般是+10V
1	3.6V 左右	−3～−15V	PC 的 RS-232-C 接口一般是−10V

目前流行的使 TTL 电平和 RS-232-C 电平相互转换的集成芯片有 MAX232 等。仅一片 MAX232 芯片就能实现两种电平的相互转换，而且电平的相互转换都设计有两个通道，MAX232 芯片只需一组+5V 电源供电。图 9-7 所示为 MAX232 的内部逻辑结构及引脚信号图。

从图 9-7 中可以看出：

（1）由于对 MAX232 芯片供电仅需+5V，而转换电路实际要产生双极性电压输出，且电压幅值比+5V 大，所以内部设有电压倍增器和电压变换器，但是，要外加 5 个 1μF 的电容。

（2）两路 RS-232-C 电平输入 R$_1$IN 和 R$_2$IN 分别转换成两路 TTL 电平输出，即 R$_1$OUT 和 R$_2$OUT。内部的反相器说明对电压的转换能使输入和输出的逻辑值保持一致。

（3）两路 TTL 电平输入 T$_1$IN 和 T$_2$IN 分别转换成两路 RS-232-C 电平输出，即 T$_1$OUT 和 T$_2$OUT。同样可以使输入和输出的逻辑值保持一致。

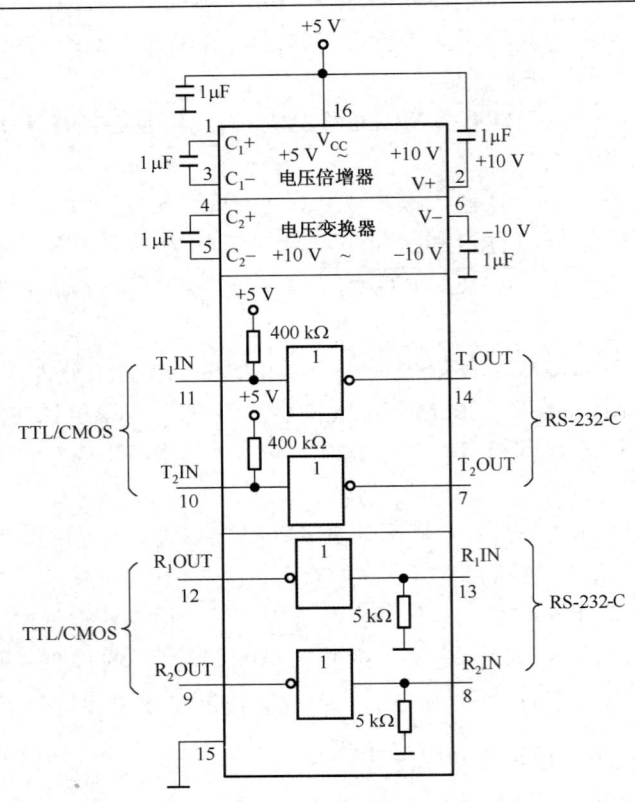

图 9-7　MAX232 的内部逻辑结构及引脚信号图

9.2.2　8250 编程

1. 8250 的寻址

8250 在片选信号 $CS_0=1$、$CS_1=1$、$\overline{CS_2}=0$ 时被 CPU 选中，由芯片的寄存器选择输入端 $A_2\sim A_0$ 来确定访问 10 个寄存器中的哪一个寄存器，由于 3 位地址只能寻址 8 个寄存器，所以 8250 采用了两种方法来解决 10 个寄存器寻址的问题。

第一种方法，将计算机系统的读、写信号和端口地址 3F8H 进行第二次译码，即将 3F8H 分成读端口地址和写端口地址，使接收数据寄存器和发送保持寄存器共享 3F8H 这一个端口地址。表 9-3 所示为 8250 内部寄存器的端口地址。

第二种方法，利用 8250 通信线路控制寄存器最高位（DLAB 位）的 1 状态和 0 状态增加寻址范围。首先，使 DLAB 位处于 1 状态，此时写 3F8H 端口和 3F9H 端口，即写比特率除数锁存器低 8 位和高 8 位；然后，在设置正式的通信线路控制寄存器时，将 DLAB 位改成 0 状态，再通过 3F8H 和 3F9H 来寻址其他 3 个寄存器。

表 9-3　8250 内部寄存器的端口地址

适配器地址	DLAB	A_2	A_1	A_0	访问寄存器名称
3F8H	1	0	0	0	比特率除数锁存器（低字节）
3F9H	1	0	0	1	比特率除数锁存器（高字节）
3F8H	0	0	0	0	接收数据寄存器 发送保持寄存器
3F9H	0	0	0	1	中断允许寄存器

续表

适配器地址	DLAB	A₂	A₁	A₀	访问寄存器名称
3FAH	×	0	1	0	中断识别寄存器
3FBH	×	0	1	1	通信线路控制寄存器
3FCH	×	1	0	0	MODEM 控制寄存器
3FDH	×	1	0	1	通信线路状态寄存器
3FEH	×	1	1	0	MODEM 状态寄存器
3FFH	×	1	1	1	保留

2. 8250 的寄存器组

8250 可编程初始化的寄存器有 5 个：通信线路控制寄存器、比特率除数锁存器（低字节）、比特率除数锁存器（高字节）、中断允许寄存器和 MODEM 控制寄存器。

供计算机读取的有 3 个状态寄存器，在通信过程中，供程序查询并做出相应处理。它们分别是通信线路状态寄存器、MODEM 状态寄存器和中断识别寄存器。

在通信过程中，频繁用于读/写操作的寄存器是接收数据寄存器和发送保持寄存器。

1）通信线路控制寄存器（LCR）

LCR 的端口地址是 3FBH。该寄存器中的值规定了串行异步通信的字符格式，包括数据位的个数、停止位的个数、是否进行奇偶校验及何种校验等，其格式及定义如图 9-8 所示。

	D₇	D₆	D₅	D₄	D₃	D₂	D₁	D₀
LCR	DLAB	SBRK	SPB	EPS	PEN	STB	WLS₁	WLS₀
	比特率除数锁存器访问允许；1表示允许；0表示正常通信	中止字符控制：1表示发送中止字符；0表示正常通信	××0：无校验位 001：设置奇校验 011：设置偶校验 101：设置附加校验位为1 111：设置附加校验位为0			设置停止位的位数： 0：1位 1：1.5位（当数据位为5位时） 1：2位（数据位为6~8位）	数据位的长度： 00：5位 01：6位 10：7位 11：8位	

图 9-8 LCR 的格式及定义

D₇ 位：比特率除数锁存器访问允许位（DLAB）。D₇=1，表示允许访问比特率除数锁存器；D₇=0，表示允许访问接收数据寄存器、发送保持寄存器及中断允许寄存器等。

D₆ 位：中止设定位（SBRK）。D₆=0，表示正常通信工作；D₆=1，表示中止发送。当 D₆=1 时，若发送端连续发送逻辑 0（空号），则当发送空号的时间超过一个完整的字符传输时间时，接收端就自动识别出发送端已经中止了发送，于是，接收端产生接收数据出错中断，即数据出错中断中的"中止中断"，由 CPU 进行中止处理。

D₅ 位：附加奇偶校验位（SPB）。D₅=0，表示不附加奇偶校验位；D₅=1，表示附加一位奇偶校验位，即在已有的奇校验或偶校验的情况下，再加上一位校验位。如果已有偶校验，则该附加的校验位为 0；如果已有奇校验，则该附加的校验位为 1。

D₄D₃ 位：确定无校验或奇校验或偶校验。

D₂ 位：停止位选择位（STB）。指定发送和接收的一帧信息中停止位的位数，可以是 1 位、1.5 位和 2 位。

D₁D₀ 位：字长选择位。指定发送和接收的一帧信息中数据位的长度，可以选择 5 位、6 位、7 位或 8 位。

【例 9-3】 LCR 的编程示例。设置发送数据位为 7 位，1 位停止位，1 位偶校验位，其程序段如下。

```
        MOV  DX, 3FBH           ; LCR 的地址
        MOV  AL, 00011010B      ; LCR 内容数据格式参数
        OUT  DX, AL
```

2）比特率除数锁存器 [低 8 位（BRDL）和高 8 位（BRDH）]

比特率除数锁存器低 8 位和高 8 位的端口地址分别是 3F8H 和 3F9H。

8250 的接收器时钟和发送器时钟均由时钟输入引脚（XTAL$_1$）输入的时钟脉冲分频得到，收/发时钟频率是比特率的 16 倍。8250 芯片规定当 LCR 的 D$_7$ 位写入 1 时，对端口地址 3F8H、3F9H 可分别写入比特率的低字节和高字节。

综合式（9-1）和式（9-2）可得：

$$发送时钟频率 = 基准时钟频率 \div 比特率除数锁存器值 = 波特因子 \times 比特率$$

设波特因子=16，则

$$基准时钟频率 \div 比特率除数锁存器值 = 16 \times 比特率$$

进一步整理得

$$比特率除数锁存器值 BRD = \frac{基准时钟频率}{16 \times 比特率} \quad (9\text{-}3)$$

【例 9-4】 8250 外部提供的基准时钟频率为 1.8432MHz（由外部通过 XTAL$_1$ 引脚输入），计算当比特率为 9600bps 时的比特率除数锁存器值 BRD。

解：　　　　　　　　BRD=1843200/(16×9600) = 000CH

在 PC 中，基于 1.8432MHz 的基本时钟频率，并根据式（9-3），计算所得的比特率与比特率除数锁存器值的对应关系如表 9-4 所示。

表 9-4　比特率与比特率除数锁存器值的对应关系

比特率/bps	比特率除数锁存器值		比特率/bps	比特率除数锁存器值	
	BRDH	BRDL		BRDH	BRDL
50	09H	00H	1800	00H	40H
75	06H	00H	2000	00H	3AH
110	04H	17H	2400	00H	30H
150	03H	00H	3600	00H	20H
300	01H	80H	4800	00H	18H
600	00H	C0H	7200	00H	10H
1200	00H	60H	9600	00H	0CH

【例 9-5】 若比特率是 9600bps，则从表 9-4 中可查得相应的高 8 位比特率除数锁存器值为 00H，低 8 位比特率除数锁存器值为 0CH，按照先送比特率除数锁存器低字节，后送比特率除数锁存器高字节的顺序，分别装入比特率除数锁存器。

解：编程如下。

```
        MOV  DX, 3FBH           ; 置 LCR 的地址
        MOV  AL, 80H            ; 置 D$_7$=1，表示允许访问 BRD
        OUT  DX, AL
        MOV  DX, 3F8H           ; 比特率除数锁存器低字节的地址
        MOV  AL, 0CH
        OUT  DX, AL             ; 写入比特率除数锁存器的低字节
```

```
        MOV   DX, 3F9H          ; 比特率除数锁存器高字节的地址
        MOV   AL, 00H
        OUT   DX, AL            ; 写入比特率除数锁存器的高字节
```

3）中断允许寄存器（IER）

IER 的端口地址是 3F9H，IER 的格式及意义如图 9-9 所示。IER 的低 4 位可以控制 8250 所有中断源提出的中断请求，这些中断可以开放，也可以禁止。低 4 位代表中断允许控制位，若将低 4 位置 1，则允许相应的中断源请求中断，否则禁止中断。

	D_7 D_6 D_5 D_4	D_3	D_2	D_1	D_0
IER	0 0 0 0	EDSI	ELSI	ETBEI	ERBFI
	未用，写0	置1允许调制解调状态改变中断	置1允许接收线路状态中断	置1允许发送保持寄存器空，中断	置1允许接收数据准备好，中断

图 9-9 IER 的格式及意义

4）MODEM 控制寄存器（MCR）

MCR 的端口地址是 3FCH，它用来设置与调制解调器相关的联络信号，以及与 8250 有关的工作信号。MCR 的格式及定义如图 9-10 所示。

	D_7 D_6 D_5	D_4	D_3	D_2	D_1	D_0
MCR	0 0 0	LOOP	OUT_2	OUT_1	RTS	DTR
	未用，写0	置1，表示允许自检，8250自发自收；置0，表示正常通信	置1，表示 $\overline{OUT_2}$ 引脚为0；否则为1	置1，表示 $\overline{OUT_1}$ 引脚为0；否则为1	置1，表示 $\overline{RTS}$ 引脚为0；否则为1	置1，表示 $\overline{DTR}$ 引脚为0；否则为1

图 9-10 MCR 的格式及定义

D_4 位：循环检测位（LOOP）。当 D_4=0 时，8250 开环正常通信；当 D_4=1 时，8250 构成自发自收的闭环工作状态，在此状态下，计算机进行自诊断，发送端 SOUT 与接收端 SIN 在内部接通，且均与外部断开。

D_3、D_2 位：输出 2（OUT_2）和输出 1（OUT_1）。若 D_3、D_2 位都为 1，则 8250 的两个引脚信号 $\overline{OUT_1}$ 和 $\overline{OUT_2}$ 均为低电平。因此，可以设置 $\overline{OUT_1}$ 和 $\overline{OUT_2}$ 均为高电平或低电平。

D_1 位：请求发送位（RTS）。D_1=1，即 RTS=1，也就是 8250 的引脚 $\overline{RTS}$ 为低电平。当 $\overline{RTS}$ 为低电平时，计算机（DTE）请求向 MODEM（DCE）发送信息。

D_0 位：数据终端准备好位（DTR）。D_0=1，即 DTR=1，也就是 8250 的引脚 $\overline{DTR}$ 为低电平。此时，计算机告诉 MODEM，计算机已准备好接收来自 MODEM 的信息。

【例 9-6】 如果要使引脚信号 $\overline{DTR}$、$\overline{RTS}$ 有效，$\overline{OUT_1}$、$\overline{OUT_2}$ 和 LOOP 无效，则对 MCR 编程如下。

```
        MOV   DX, 3FCH          ; MCR 的地址
        MOV   AL, 00000011B     ; MCR 的控制字
        OUT   DX, AL
```

【例 9-7】 通过 8250 的自发自收，实现串行通信接口自诊断的主要程序段如下。

```
        MOV   DX, 3FCH          ; MCR 的地址
        MOV   AL, 00010011B     ; LOOP 位置 1
        OUT   DX, AL
```

5）通信线路状态寄存器（LSR）

LSR 的端口地址是 3FDH。LSR 提供串行异步通信接口的当前状态，供 CPU 读取和判断，LSR 各位的定义如图 9-11 所示。

	D_7	D_6	D_5	D_4	D_3	D_2	D_1	D_0
LSR		TSRE	THRE	BI	FE	PE	OE	DR
	0	$D_6=1$，表示发送移位寄存器空，数据已经移出到发送线路上	$D_5=1$，表示发送保持寄存器空，数据已经移出到发送移位寄存器中	$D_4=1$，表示正在传输中止符	$D_3=1$，表示出现帧格式错	$D_2=1$，表示出现奇偶错误	$D_1=1$，表示出现溢出错	$D_0=1$，表示已经接收到一个数据，CPU 读取数据后清0

图 9-11　LSR 各位的定义

D_6 位：发送移位寄存器空（TSRE）。当发送移位寄存器中的数据都送到发送线路上后，$D_6=1$，表示发送移位寄存器空，一旦发送保持寄存器的数据被送入发送移位寄存器，$D_6=0$。

D_5 位：发送保持寄存器空（THRE）。$D_5=1$，表示发送保持寄存器中的数据已经移入发送移位寄存器了。当 CPU 查询到 $D_5=1$ 时，一旦 CPU 写入新数据到发送保持寄存器后，D_5 位清零。

$D_4 \sim D_1$ 位：错误状态指示位。

D_4 位：中止识别指示位（BI）。$D_4=0$，表示发送端是正常工作的；$D_4=1$，表示发送端已经进入中止状态。

$D_3=1$，表示接收到的一帧信息中停止位有错，称为帧格式错。

$D_2=1$，表示接收到的数据有奇偶错误。

$D_1=1$，表示接收数据寄存器中收到的字符尚未被取走，8250 又接收到新的数据，造成前面接收的数据被丢失出错，即出现溢出错。

$D_0=1$，表示接收数据寄存器已经收到一个完整的字符。当 CPU 查询到 $D_0=1$ 时，一旦 CPU 从接收数据寄存器中读取数据，该位清零。因此，可以采取查询的方式编写异步通信的收发程序。

在中断允许的情况下，只要 $D_4 \sim D_1$ 中有一位为 1 状态，就会产生错误中断，当 CPU 读取 LSR 后，这 4 位自动清零。CPU 在读取 LSR 时，可以逐一判断每位的状态，识别 4 个中断源中是哪一个或哪几个产生了错误中断。

LSR 还可以写入数据（除 D_6 位外），通过编程设置某些错误，以便系统自检。

6）MODEM 状态寄存器（MSR）

MSR 的端口地址是 3FEH，其格式如图 9-12 所示。

	D_7	D_6	D_5	D_4	D_3	D_2	D_1	D_0
MSR	RLSD	RI	DSR	CTS	$\overline{RLSD}$	$\overline{RI}$	$\overline{DSR}$	$\overline{CTS}$
	$D_7=1$，表示 $\overline{RLSD}$ 引脚为0；否则为1	$D_6=1$，表示 $\overline{RI}$ 引脚为0；否则为1	$D_5=1$，表示 $\overline{DSR}$ 引脚为0；否则为1	$D_4=1$，表示 $\overline{CTS}$ 引脚为0；否则为1	$D_3=1$，表示自上次读此寄存器后，RLSD 引脚由接通变为断开	$D_2=1$，表示自上次读此寄存器后，RI 引脚已改变状态	$D_1=1$，表示自上次读此寄存器后，DSR 引脚已改变状态	$D_0=1$，表示自上次读此寄存器后，CTS 引脚已改变状态

图 9-12　MSR 的格式

MSR 的高 4 位 RLSD、RI、DSR、CTS 分别是 8250 的 4 个输入信号（$\overline{RLSD}$、$\overline{RI}$、$\overline{DSR}$、$\overline{CTS}$）的逻辑非状态，CPU 通过读取 MSR 并查询这高 4 位，便可以知道 MODEM 的这 4 个联络控制信号的状态值。

MSR 的低 4 位是 MODEM 的 4 个联络控制信号 $\overline{RLSD}$、$\overline{RI}$、$\overline{DSR}$、$\overline{CTS}$ 的状态标志。CPU 在读 MSR 时把这 4 位清零，若某一位变成了 1 状态，则说明 CPU 在上次读取 MSR 后，MSR 相应位对应的联络控制信号有改变，这种改变可能由无效变为有效，也可能由有效变为无效。

当中断允许，即 IER 中 D_3=1 时，状态的改变会产生 MODEM 的状态改变中断。在中断处理中，通过查询 MSR 的高 4 位，便可得知 4 个联络控制信号状态的改变情况。

7）中断识别寄存器（IIR）

IIR 的端口地址是 3FAH，该寄存器的格式如图 9-13 所示。

	D_7	D_6	D_5	D_4	D_3	D_2	D_1	D_0
IIR						ID_2	ID_1	IP
	0	0	0	0	0	中断类型编码		D_0=1，表示无中断请求；D_0=0，表示有尚未处理的中断

图 9-13 IIR 的格式

8250 内部含有 4 级中断，但在硬件上，只有一条中断请求输出线。当 8250 的 4 级中断中有一级或多级申请中断时，CPU 需要辨别是哪一级中断源在申请中断。IIR 提供了中断的优先级及其中断的类别，当 CPU 响应中断时，通过查询 IIR 来辨别中断类型，并转移到相应的中断处理程序中去执行中断服务程序。

D_0 位：D_0=1，表示无中断请求；D_0=0，表示有尚未处理的中断。

D_2D_1 位：中断类型编码。

中断源的中断类型编码及其中断优先级如表 9-5 所示。从表 9-5 中可以看到，8250 可以提供 4 级中断优先级和 10 个中断源。

表 9-5 中断源的中断类型编码及其中断优先级

中断类型编码		中断源	中断优先级
ID_2	ID_1		
0	0	MODEM 的状态改变（包括 $\overline{CTS}$=1、$\overline{DSR}$=1、$\overline{RI}$=1 及 $\overline{RLSD}$=1）	4
0	1	发送保持寄存器空（THRE=1）	3
1	0	接收数据寄存器满（DR=1）	2
1	1	接收数据出错（包括 OE=1、PE=1、FE=1 及中止操作 BI=1）	1

8）接收数据寄存器（RDR）

RDR 的端口地址是 3F8H。当 8250 接收到完整的一帧信息时，便自动将其中的数据位由接收移位寄存器传输到 8 位的 RDR 中，CPU 通过读取 RDR 中的值，实现一帧数据的接收。

9）发送保持寄存器（THR）

THR 的端口地址是 3F8H。在发送数据时，由 CPU 将 8 位数据写入该寄存器。一旦发送移位寄存器发送完毕，THR 便由 8250 内部硬件自动将数据并行传输到发送移位寄存器中。

3. 8250 的初始化编程

在串行通信之前，必须要对 8250 进行初始化编程，一般写入 5 个控制字。8250 初始化流程如图 9-14 所示。

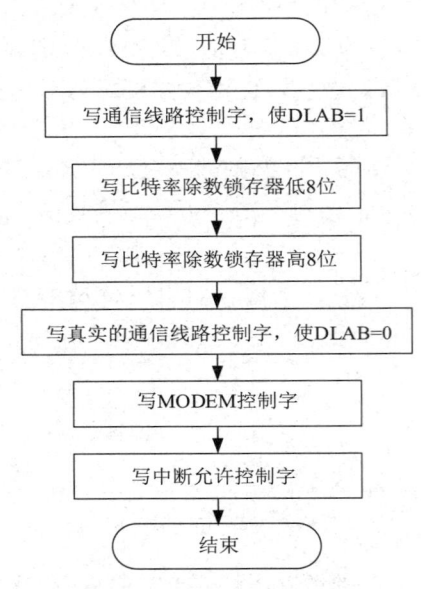

图 9-14　8250 初始化流程

编程初始化之后，可采用程序查询方式或中断方式编写通信程序。

【例 9-8】 假设在 RS-232-C 串口中，8250 的 8 个端口地址是 2F8H～2FFH，8250 选择 4800bps 的比特率进行异步通信，每字符 8 位数据位，1 位停止位，采用偶校验，选用查询方式通信，禁止所有中断。要求初始化程序按照子程序的结构编写。

解：设子程序名为 QWER，属性为 NEAR。初始化 8250 的子程序如下。

```
QWER    PROC    NEAR                ;定义子程序开始
        PUSH    AX                  ;AX 值入堆栈，保护寄存器 AX 值
        PUSH    DX
        MOV     DX,  2FBH           ;将 8250 通信线路控制寄存器的地址送入 DX
        MOV     AL,  80H            ;置 DLAB=1，以便设置比特率除数锁存器
        OUT     DX,  AL             ;写入通信线路控制寄存器
        MOV     DX,  2F8H           ;将低 8 位比特率除数锁存器的地址送入 DX
        MOV     AL,  18H
        OUT     DX,  AL             ;送除数低 8 位
        INC     DX                  ;DX+1→DX，DX=2F9H
        MOV     AL,  00H
        OUT     DX,  AL             ;送除数高 8 位
        MOV     DX,  2FBH           ;将 8250 通信线路控制寄存器的地址送入 DX
        MOV     AL,  1BH            ;设置 8 位数据位，偶校验，1 位停止位
        OUT     DX,  AL             ;送真实的通信线路控制字
        MOV     DX,  2F9H           ;将中断允许寄存器的地址送入 DX
        MOV     AL,  00H
        OUT     DX,  AL             ;送中断允许控制字，禁止所有的中断
        MOV     DX,  2FCH           ;将 MODEM 控制字的地址送入 DX
        MOV     AL,  03H            ;设置 MODEM 控制字，RTS=1，DTR=1
```

```
            OUT    DX，AL          ；送 MODEM 控制字
            POP    DX
            POP    AX             ；恢复 AX 的值
            RET
    QWER    ENDP                   ；子程序结束
```

9.3　RS-232-C 串行通信接口

RS-232-C 是 DTE 与 DCE 之间的接口标准，全称为 EIA-RS-232-C 接口标准，通常称为 RS-232-C 接口标准。对于不同类型的设备，只要它们都具备 RS-232-C 标准接口，就可以直接连接并进行串行通信。

1．RS-232-C 串行通信接口的信号线

在 286 以上微机的机箱上看到的串行通信接口是 9 针"D"型连接器，又称 DB-9"D"型连接器，如图 9-15 所示。现在计算机 RS-232-C 串行通信接口一般只使用 9 条信号线，包括发送和接收两条信号线、6 条控制信号线和 1 条地线。DB-9"D"型插座引脚号的定义如表 9-6 所示。

早期微机除了支持美国电子工业协会电压接口，还支持 20mA 电流环接口。如果支持电流环接口，那么另外需要 4 条电流信号线，即发送电流（+）、发送电流（-）、接收电流（+）及接收电流（-），并且分为主、辅两个信道。DB-25"D"型连接器如图 9-16 所示。

表 9-6　DB-9"D"型插座引脚号的定义

引脚号	信号名	缩写名	方向与功能说明
1	数据载体检出	DCD	DTE←DCE，DCE 正在接收通信链路的信号，并将信息发送给 DTE
2	接收数据	RxD	DTE←DCE，DTE 接收串行数据
3	发送数据	TxD	DTE→DCE，DTE 发送串行数据
4	数据终端就绪	DTR	DTE→DCE，DTE 就绪
5	信号地	GND	无方向信号地，所有信号的公共地端
6	数据通信设备就绪	DSR	DTE←DCE，DCE 应答 DTE，DCE 准备就绪
7	请求发送	RTS	DTE→DCE，DTE 请求 DCE 切换到发送方向
8	清除发送	CTS	DTE←DCE，DCE 应答 DTE，DCE 已切换到发送方向
9	振铃指示器	RI	DTE←DCE，DCE 通知 DTE，通信链路有振铃，DTE 已被呼叫

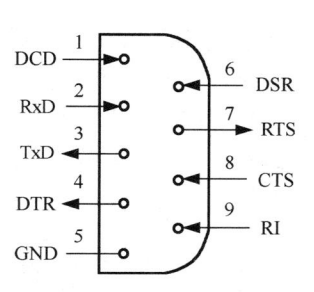

图 9-15　DB-9"D"型连接器

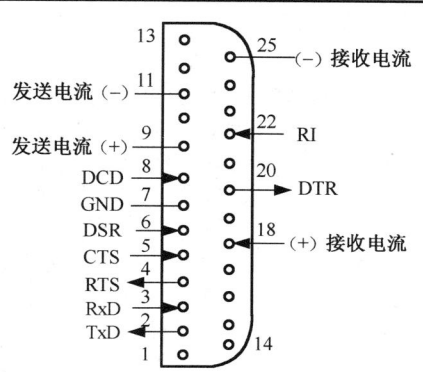

图 9-16　DB-25"D"型连接器

2. RS-232-C 串行通信接口的电气特性

（1）发送端。

在 TxD 数据线上，规定 –15～–3V 表示逻辑 1（MARK 信号），+3～+15V 表示逻辑 0（SPACE 信号），内阻为几百欧姆，可以带 2500pF 的电容负载。当负载开路时电压不得超过±25V。

（2）接收端。

在 RxD 数据线上，电压低于 –3V 表示逻辑 1，高于 +3V 表示逻辑 0。负载的输入阻抗为 3～7kΩ，当接口短路时其不应被损坏。

（3）控制线。

在 RTS、CTS、DSR、DTR 和 DCD 等控制线上，信号有效称为 ON 状态，电压为 +3～+15V；信号无效称为 OFF 状态，电压为 –15～–3V。

3. RS-232-C 串行通信接口的机械特性

RS-232-C 串行通信接口标准不仅规定了 RS-232-C 串行通信接口的电气特性，而且规定了其机械特性。微机的 RS-232-C 接口通向外部的连接器，从机械特性上看，它是一种标准的"D"型插针，分为 25 针和 9 针两种，针与针的间距及外形尺寸均有固定的大小，分别如图 9-15 和图 9-16 所示。

9.4　通用串行总线 USB

9.4.1　USB 概述

1. USB 的简介

PC 上原有键盘接口、并行打印接口、串行通信接口等连接相应的外设，但它们相互之间不能通用，且不支持热插拔，性能也不同。为了统一外设接口，满足新型外设的需要，通用串行总线（Universal Serial Bus，USB）应运而生，USB 是一种流行的外设接口标准，又称外设总线。

USB 对在总线上传输的信息格式、应答方式等都有严格的规定，即总线协议，USB 上的所有设备都必须根据 USB 总线协议进行操作。USB 总线协议主要包括 USB 的数据传输方式和 USB 的格式。

2. USB 的特点

1）支持即插即用，连接简单快捷

即插即用（Plug and Play，PnP）指在 Windows 操作系统和外部设备的支持下，不需要用户设置，由操作系统自动检测、安装和配置驱动程序，从而实现热插拔操作，连接简单快捷。当 USB 设备首次被插入微机系统时，操作系统便自动检测到 USB 设备的插入，并为其加载对应的设备驱动程序，还为所插入的 USB 设备进行配置，用户不必做出其他的任何操作就可以使用该设备。例如，U 盘、USB 鼠标、USB 接口的打印机都可以直接插入微机中的某一个 USB 接口进行工作，且不需要另外安装驱动程序。

2）扩充外设能力强，可支持多达 127 个外设

USB 采用星型层式结构和 Hub 技术，允许一个 USB 主控机可以连接多达 127 个外设，用户不用担心要连接的设备数目受到限制。两个外设间的距离可达 5m，扩充方便。

对微机系统而言，USB 接口就算连接高达 127 个外设，也只需要占用一个中断类型号，这大大节省了系统资源。尽管 USB 可以与多达 127 个外设相连接，但它们共享一个 USB 的带宽，也就是说，一个 USB 挂接的 USB 外设越多，每个 USB 外设的传输速率就越小。

3）传输速率大，支持多种操作速率

USB 1.0 版本的传输速率有低速 1.5Mbps 和全速 12Mbps 两种模式。低速的 USB 支持低速设备，如调制解调器、键盘、鼠标、U 盘、移动硬盘、光驱、USB 网卡、扫描仪、手机、数码相机等。USB 全速 12Mbps 的数据传输速率比 RS-232-C 串口的 9600bps 大 1000 多倍。

USB 2.0 版本是高速 USB，其数据传输速率可以高达 480Mbps。全速和高速 USB 可用于大范围的多媒体设备，如大容量移动硬盘、光盘驱动器和进行视频传输的高速外部设备等。

4）通用连接器

USB 使用一种通用的连接器，可以连接多种类型的外设，其接口为标准的 4 针插头。

5）无须外接电源

USB 能够为外部 USB 设备提供+5V/500mA 的电源，如 USB 键盘、USB 鼠标和 U 盘等。

9.4.2 USB 的物理接口、USB 设备的供电及 USB 的信号

1. USB 的物理接口

USB 在 USB 主机上是 USB 插座，而在 USB 设备上是 USB 插头，图 9-17 所示为 USB 电缆和连接器的示意图。USB 采用 4 线电缆实现上游集线器与下游 USB 设备的点到点连接，USB 接口包含 4 条信号线，用来传输信号和提供电源，4 条信号线的排列完全一致。其中，1 脚是电源 V_{BUS}，红色；4 脚是 GND，黑色；2 脚是信号负端 D−，白色；3 脚是信号正端 D+，绿色。D−和 D+是一对双绞线，由于在这两条信号线上传输的是差动信号，所以 USB 的抗共模干扰信号能力很强，传输距离可以达 5m。其外形分为 A 型和 B 型两种。

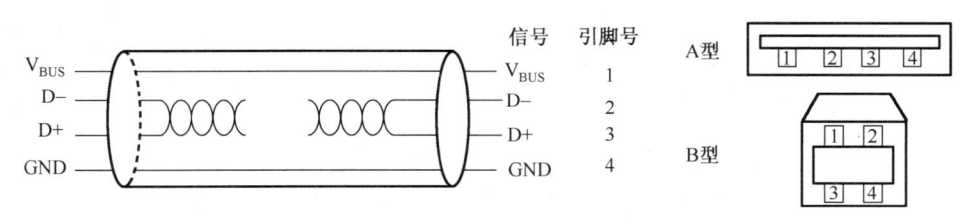

图 9-17 USB 电缆和连接器的示意图

2. USB 设备的供电

USB 设备的电源供给方式有两种：总线供给方式和设备自带电源自给方式。

1）总线供给方式

在 USB 总线系统中，总线供给方式下的 USB 接口通过 V_{BUS} 和 GND 对设备提供的电源是有限的，USB 主机或 USB 集线器（Hub）对 USB 设备提供的对地电源电压为 4.75～5.25V，最大电流值为 500mA，并且电流可以受程序控制。当 USB 设备第一次被 USB 主机检测到时，设备从 USB 集线器中吸入的电流值应小于 100mA。

USB 接口根据其最大输出电流的不同，可以分为高输出功率 USB 端口和低输出功率 USB 端口两种。高输出功率 USB 端口的最大输出电流为 500mA，低输出功率 USB 端口的最大输出电流为 100mA。大部分计算机的 USB 接口都是高输出功率 USB 端口，低输出功率 USB 端口主要用于 USB 集线器的下游端口中。

2）设备自带电源自给方式

对于功率消耗比较大的 USB 设备，应该采用单独供电的方式，如扫描仪等需要自带电源。否则，会造成 USB 系统工作的不稳定。也可以采用两个 USB 接口同时向一个 USB 设备供电的方式。

USB 集线器用于扩展主机 USB 接口，两种供电方式都可以采用。对于总线供电的 USB 集线器，它只能从主机获得 400mA 左右的电流，这是因为 USB 接口内部可能会产生一定的电功率消耗，因此，总线供电的 USB 集线器最多可以扩展 4 个下游端口，而且要求每个下游端口都必须是低输出功率 USB 端口。

由于 USB 集线器的下游端口不一定是低输出功率 USB 端口，因此，USB 集线器的供电方式一般都采用设备自带电源自给方式。

USB 总线协议包含了完善的电源管理系统，USB 主机采用先进的电源管理（Advanced Power Management，APM）技术，可以有效地节省电源功耗。主机电源管理系统可以将 USB 设备置为挂起、唤醒等状态。对于暂时不使用的 USB 设备，主机电源管理系统将其置为挂起状态，当有数据传输时，再唤醒设备操作。USB 设备的这种省电模式是通过供电保持来实现的，供电保持采用一种软件控制的方式使 USB 设备进入挂起状态，在挂起状态下，USB 设备的电流消耗最低。

3. USB 的信号

USB 数据收发器包含发送数据用的差模输出驱动器和接收数据用的差模输入接收器。USB 的信号电平及其对应的状态如表 9-7 所示。

表 9-7 USB 的信号电平及其对应的状态

总线状态	信号电平	
	输出驱动器端	接收器端
差模"1"	D+>2.8V，并且 D−<0.3V	[(D+)−(D−)]>200mV 并且 D+>2V
差模"0"	D+<0.3V，并且 D−>2.8V	[(D+)−(D−)]<−200mV 并且 D−>2V
空闲状态	低速率设备：差模"0"，并且 D−>2.0V、D+<0.8V	
	高速率设备：差模"1"，并且 D+>2.0V、D−<0.8V	
重新开始状态	低速率设备：差模"1"，并且 D+>2.0V、D−<0.8V	
	高速率设备：差模"0"，并且 D+<0.8V、D−>2.0V	
数据 J 状态	低速率设备：差模"1"；高速率设备：差模"0"	
数据 K 状态	低速率设备：差模"0"；高速率设备：差模"1"	
包开始（SOP）	数据线由空闲状态变为 K 状态	
包结束（EOP）	D+、D−小于 0.8V 应持续 2 个比特周期，再加一个比特空闲状态	D+、D−小于 0.8V 应至少持续 1 个比特周期，再加一个 J 状态
断开（仅对上游方向而言）	—	D+、D−小于 0.8V 应至少持续 1 个 2.5μs
连接（仅对上游方向而言）	—	D+或 D−大于 2.0V 应至少持续 1 个 2.5μs
复位（仅对上游方向而言）	D+、D−小于 0.8V 应至少持续 10ms	D+、D−小于 0.8V 应至少持续 1 个 2.5μs，识别时间为 5.5μs

（1）USB 输出信号。

差模输出驱动器向 USB 电缆传输 USB 输出信号，在数据线 D+和 D−之间传输的是一种差模信号。当 D+比 D−高时，信号被定义为差模"1"；当 D−比 D+高时，信号被定义为差模"0"。差模信号的抗共模干扰能力强，接收器检测到两条数据线之间电压差的灵敏度高，使得信号传输的可靠性大大提高。

USB 输出信号的低输出状态要求在 1.5 kΩ 负载、外加 3.6V 电源灌电流的情况下，稳态输出值必须小于 0.3V；高输出状态要求在 1.5 kΩ 负载接到地的拉电流的情况下，驱动器稳态输出值必须大于 2.8V。

输出驱动器具有三态输出功能，可以保证双向半双工通信；还具有高阻抗特性，将那些正在进行热插入操作或已经连接但电源却没有接通的下游设备与端口隔离开来。

（2）USB 输入信号。

在接收 USB 数据信号时，利用差模输入接收器进行接收。如果数据线的 D+至少比 D−高 200mV，则表示一个差模"1"；一个差模"0"由 D−至少比 D+高 200mV 来表示。但信号的交叉点必须在 1.3～2.0V 之间。

以本地地电位为参考，接收器所能承受的稳态输入电压是−0.5～3.8V。每一条信号线都必须有一个单端接收器，该接收器必须有一个 0.8～2.0V 的开关阈值电压，即接收器阈值电压 V_{SE}。

表 9-7 中指出的数据 J 状态和数据 K 状态是 USB 系统中数据传输的两个逻辑电平。差模信号是在数据线的信号交叉点（1.3～2.0V 之间）进行测量的。只要信号的交叉电平位于共模范围内，差模数据信号就与信号的交叉电平无关。

高速率的 J 状态和 K 状态正好与低速率的 J 状态和 K 状态相反。空闲状态和重新开始状态在逻辑上分别等同于 J 状态和 K 状态。

9.4.3　USB 主控器/根集线器、设备、集线器及其拓扑结构

1．USB 主控器/根集线器

USB 主控器与 PCI 总线的连接如图 9-18 所示。图 9-18 是一个完整的微机硬件系统，在该系统中，有接口适配器、IDE 接口适配器、以太网适配器、显示适配器、USB 主控器/根集线器等，微机系统上各部件都以 PCI 总线为通道进行通信与联络。

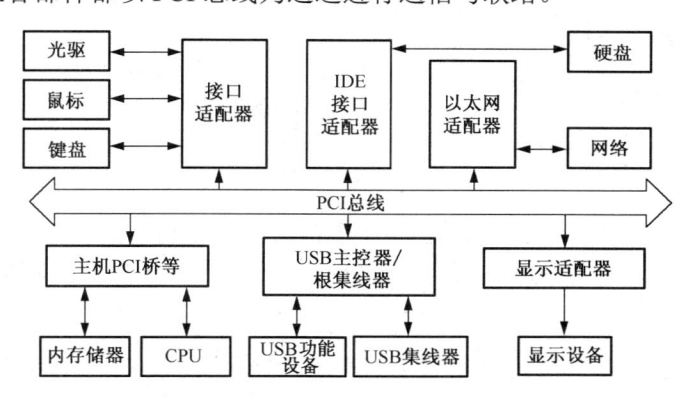

图 9-18　USB 主控器与 PCI 总线的连接

微机中设有 USB 主控器/根集线器，它由 USB 主控芯片、USB 集线器芯片、USB 端口连接件和控制外围电路等组成。它的一侧通过 PCI 总线接收 CPU 的控制，另一侧连接 USB 设备，USB 设备包括 USB 功能设备和 USB 集线器。

在 USB 总线系统中最重要的就是 USB 主机，其包括 USB 主控器。能够控制完成主机与 USB 设备之间进行数据传输的设备称为 USB 主机。从广义上讲，具有 USB 接口的微机也可以称为 USB 主机，凡是具有 USB 主控芯片的设备都称为 USB 主机。

在 USB 数据通信中，USB 主机处于主导地位，USB 主机启动数据和命令的传输，USB 设备被动地响应 USB 主机的请求，遵照 USB 数据传输的协议，进行数据的快速传输。在一个 USB 系统中，只能允许有一个 USB 主机，不可能有多个 USB 主机的存在。

微机内部含有一个主机控制器和一个根集线器，主机控制器负责完成对传输的初始化，并负责产生由主机软件调度的传输，随后传给根集线器。

根集线器有一个或多个接口来连接 USB 设备，负责检测外设的连接和断开，执行主机控制器发出的请求并在设备和主机控制器之间传输数据。

微机上的 USB 主机是由 USB 主控器/根集线器、USB 系统软件、用户软件和 USB 设备驱动程序三部分组成的，如图 9-19 所示。

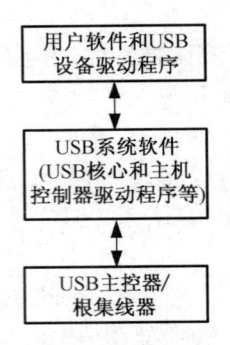

图 9-19 微机上的 USB 主机

2. USB 设备

一个完整的 USB 应用系统由 USB 主机、USB 电缆和 USB 设备组成，如图 9-20 所示。

图 9-20 一个完整的 USB 应用系统

USB 设备分为 Hub 设备和功能设备两种。Hub 设备即集线器，是 USB 即插即用技术中的核心部分，完成 USB 设备的添加、插拔检测和电源管理等功能。Hub 设备不仅能向下层设备提供电源和设置速度类型，而且能为其他 USB 设备提供扩展端口。功能设备能在总线上发送和接收数据或控制信息，它是完成某项具体功能的硬件设备。

在 USB 数据传输过程中，由 USB 设备向 USB 主机传输数据称为上游通信，反之则称为下游通信。

3. USB 集线器

USB 主控器/根集线器除了可以连接 USB 设备，还可以连接 USB 集线器。每个 USB 集线器有一个端口或连线器，USB 集线器通过它连接到其上游（通往计算机）方向，上游方向上可以是主机的根集线器，也可以是另一个集线器；每个 USB 集线器还有一个或多个端口，用于连接其下游 USB 设备。图 9-21 所示为 4 端口 USB 集线器和一个复合设备的连接。

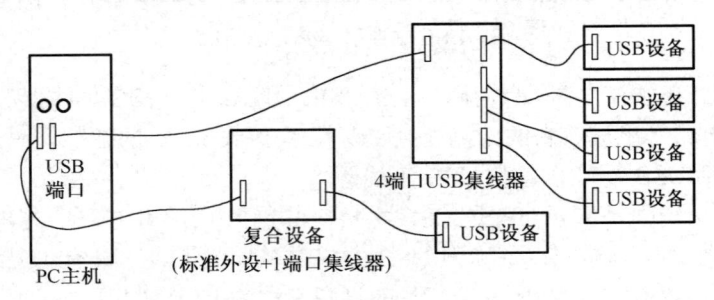

图 9-21 4 端口 USB 集线器和一个复合设备的连接

每个 USB 集线器都有以下两个主要组件：

一个是集线器转发器，其功能包括：负责在主机的根集线器或另一个上游集线器与任何已连接并使能了的下游设备间传输 USB 流通量；检测设备什么时候被连接和移走；建立设备和总线间的连接；检测过流等总线错误及管理对下属设备的供电等。

另一个是集线器控制器，它管理主机和集线器转发器之间的通信。集线器根据需要把它接收到的包重新发送到其上游或下游设备，如果有低速（1.5Mbps）设备连接，那么集线器必须检测从上游设备收到的低速数据并且只将这个数据重复送给该低速设备。集线器还可能要发送低速包到它的全速（12Mbps）下游设备，因为它们中的任何一个可能是连接有包含低速设备的集线器。另外，集线器还要在低速和高速边缘速率与信号极性之间双向转换。当然，它也要重新发送所有从上游设备接收到的全速包给所有被使能的全速下游端口。这些下游端口包括所有已连接的准备从集线器接收通信的设备端口。

4. USB 的拓扑结构

USB 的基本组成是一台主机和若干台 USB 设备。USB 设备都连接在 USB 总线上。在 USB 设备较多，即在主机上与根集线器连接的 USB 接口不满足需要的情况下，需要在主机的 USB 接口上连接机外的集线器。

USB 的拓扑连线构成一个层叠星型结构，其物理拓扑结构和逻辑拓扑结构分别如图 9-22 和图 9-23 所示。

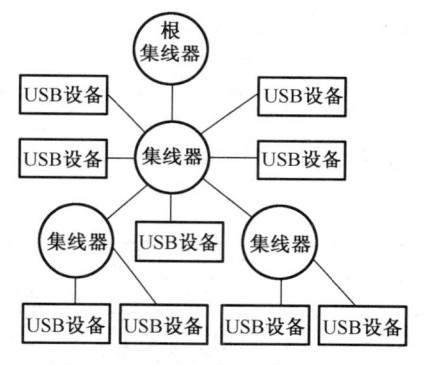

图 9-22　USB 的物理拓扑结构 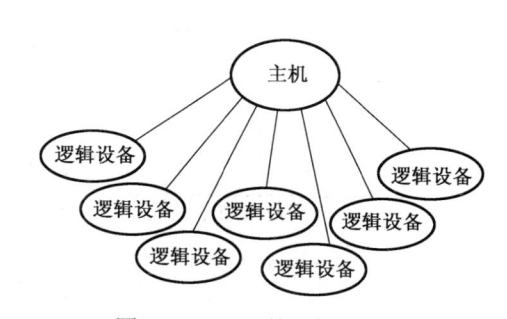　　　　图 9-23　USB 的逻辑拓扑结构

图 9-22 所示的物理拓扑结构只反映 USB 的物理连接关系。在编程应用时，对所有连接设备而言都属于逻辑连接，即主机与每一个逻辑设备之间的通信，就好像与直接在根集线器上相连的设备一样，如图 9-23 所示。当主机与一个 USB 设备通信时，主机和 USB 设备无论一次通信必须通过多少个集线器，集线器都会自动管理这些过程。此时总线上的所有设备共享一条通往主机的数据通道，但一次只能有一个 USB 设备可以与主机通信。

在传输大量数据需要更大带宽的情形下，须通过安装一个带有另一个主机控制器和根集线器的扩展卡来增加 USB 设备，构成另一个数据通道来增大数据传输的带宽与速度。

9.5　键盘接口技术

键盘（Keyboard）是微机中主要的一种标准输入设备，键盘由外壳、键和带有微处理器的电路板组成。

9.5.1 键盘的分类与接口

从键盘的结构、外形及其与计算机的连接方式等角度看，键盘可以从 3 个方面进行分类，但无论键盘如何进行分类，其工作原理基本上都是相同的。

1. 键盘的分类

1）按键的个数分类

键盘的发展经历了 83 键（适用于 PC/XT）、84 键（适用于 PC/AT）、101 键和 102 键（适用于 386、486 等 32 位微机），以及 104 键（适用于 Pentium 系列微机）。而笔记本电脑键的数量一般是 84 键或 87 键等。

2）按键盘与微机的连接方式分类

按键盘与微机的连接方式分类，键盘分为有线键盘和无线键盘。有线键盘由主机提供电源，抗干扰能力强。无线键盘使用灵活，但常需要更换干电池，容易受干扰。无线键盘传输的方式分为红外线传输、蓝牙传输、无线电传输等。

3）按键盘的接口标准分类

键盘接口按标准可以分为 AT 接口、PS/2 接口和 USB 接口，3 种键盘接口引线图如图 9-24 所示，各键盘接口引线的定义对照表如表 9-8 所示。

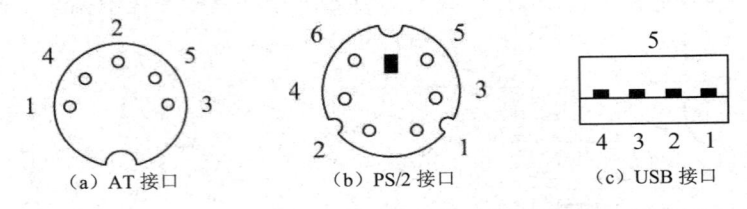

图 9-24　3 种键盘接口引线图

表 9-8　3 种键盘接口引线的定义对照表

引线号	AT 接口 定义	AT 接口 符号	PS/2 接口 定义	PS/2 接口 符号	USB 接口 定义	USB 接口 符号
1	时钟信号	CLK	数据信号	DATA	+5V 电源	V_{CC}
2	数据信号	DATA	空	NC	负数据信号	−DATA
3	空/复位	—	地	GND	正数据信号	+DATA
4	地	GND	+5V 电源	V_{CC}	地	GND
5	+5V 电源	V_{CC}	时钟信号	CLK	屏蔽	—
6	—	—	空	NC	—	—

（1）AT 接口。

AT 接口是早期的键盘接口。在圆形 5 芯插头的 2 号引线的正对面有一个用于定位的内凹缺口，圆形插头的直径为 13mm。AT 接口的 1 号引线是键盘时钟信号（CLK），2 号引线是键盘数据信号（DATA），计算机主板上的键盘接口电路与键盘接口运用这两条信号线串行传输数据。当主机读取键盘扫描码时，键盘时钟信号变低；当主机取走键盘扫描码后，键盘时钟信号变为高电平。圆形 5 芯插头的 3 号引线是复位线或没有使用（NC），4 号引线是地线（GND），5 号引线接+5V 电源（V_{CC}）。

（2）PS/2 接口。

PS/2 接口是一个 6 芯的插头，有 3 个用于定位的内凹缺口，而且在插头内的上方有一个用于定位的凸起物，圆形插头的直径为 8mm。

计算机底层硬件对 PS/2 接口的支持是很完善的，因此，PS/2 接口键盘的兼容性比较好。

（3）USB 接口。

USB 接口的键盘采用一种新型的键盘接口技术，它作为一个 USB 设备直接与计算机主板上的 USB 接口相连接。

USB 接口键盘和 PS/2 接口键盘都有各自的优点。

2．键盘的接口

1) 键盘接口的主要功能

键盘接口的主要功能如下。

（1）键盘接口能接收主机发来的命令，以串行传输方式传输给键盘，并等候键盘的响应。

（2）在计算机启动自检时，键盘接口需要判断键盘是否能正常工作。

（3）键盘接口能接收键盘送来的键被按下、释放后的扫描码（行、列位置码），并且能将接收到的串行数据转换成并行数据，同时进行暂存。

（4）键盘接口能在收到一个键的扫描码后，立即向主机发出中断请求信号。

（5）主机响应键盘接口的中断请求后，在键盘接口的中断服务程序中读取扫描码，并转换成相应的 ASCII 码后再存入键盘缓冲区。

2) 键盘硬件系统

通常键盘硬件系统包括键盘和键盘接口两部分，图 9-25 所示为一种键盘和键盘接口的逻辑结构图。

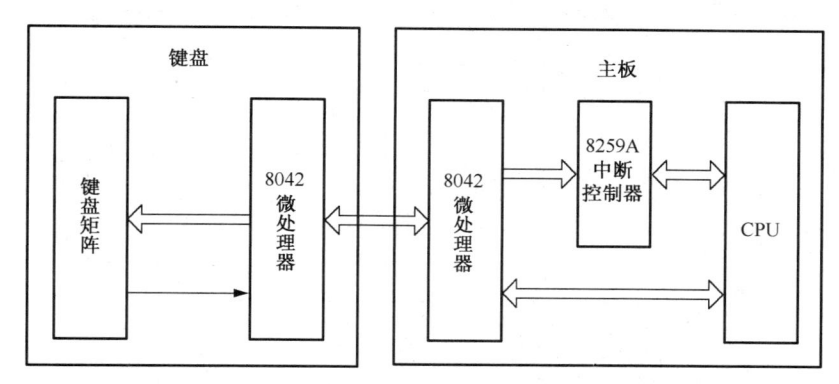

图 9-25　键盘和键盘接口的逻辑结构图

（1）键盘接口的逻辑结构。

图 9-25 所示的键盘接口以 Intel 8042 微处理器（单片机）为核心。它接收键盘传输来的串行扫描码，且将其转换为并行扫描码，并通过中断控制器 8259A 向 CPU 发出中断请求，若 CPU 响应键盘接口的该中断请求，则中断 CPU 正在执行的程序，转到键盘中断服务程序中执行该中断服务程序，在该中断服务程序中从键盘接口电路读取键扫描码，并将键扫描码转换为相应的二进制编码（ASCII 码或扩展码），再将其送入计算机 BIOS 数据区中的键盘缓冲区存放。

（2）键盘的组成。

键盘由许多键组成的键盘矩阵和专用微处理器（如 8048）等组成，在逻辑上将各个键排列成 16 行×8 列的矩阵，对每个键编有一个与其他键不同的二进制位置码。8048 微处理器采用行、列扫描法识别所按键的位置，并以串行方式向键盘接口电路输入按键位置的扫描码。

键盘内微处理器芯片的主要功能包括：检索来自键盘矩阵中每一个键被按下或松开（释放）等操作所产生的扫描码，并以串行通信方式与8042微处理器通信，从而将扫描码送给主机进行处理；配备有缓存多个键扫描码的功能；具有出错情况下的自动重发能力及自身的控制功能等。

（3）键盘矩阵。

通常，键盘是一种矩阵式键盘，所谓矩阵式键盘，是指将键盘上的所有键按行和列排列成矩阵形式，图9-26所示为一个8×8=64个键的键盘矩阵示意图。矩阵式结构使用的引线较少，图9-26中的键盘矩阵仅需要8行和8列，即16条引线，但需要一个行并行输出端口和一个列并行输入端口。引线、键、+5V电源和两个端口共同构成了矩阵式键盘。

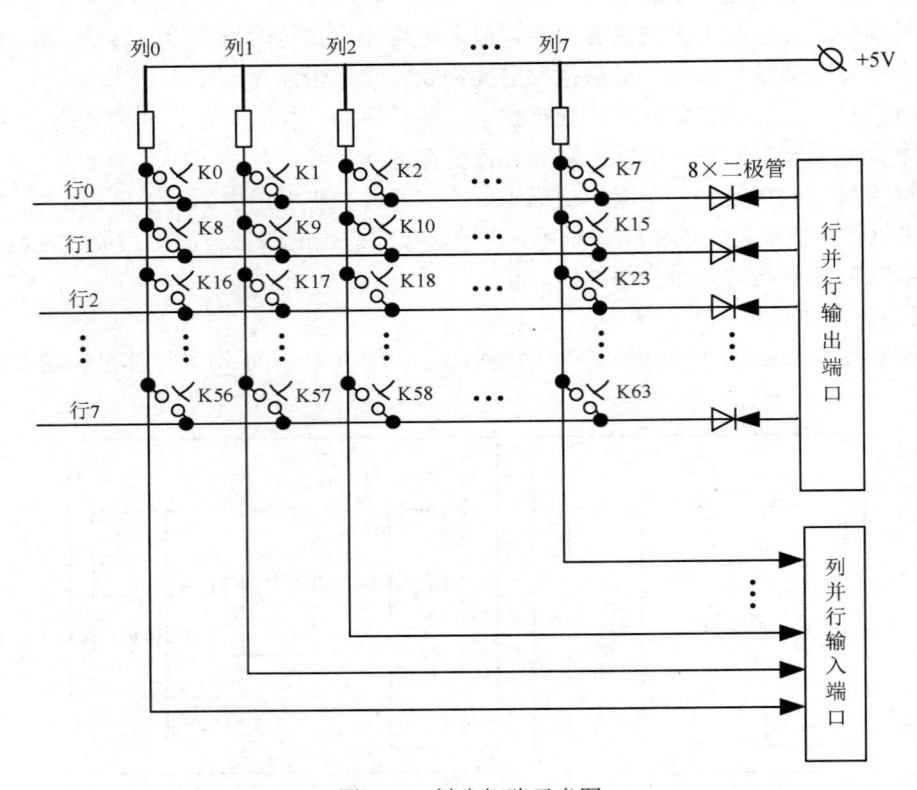

图9-26 键盘矩阵示意图

行并行端口是输出端口，列并行端口是输入端口。识别按键的主要原理：首先，从行并行端口输出8位二进制数，每次仅输出一位为低电平，并且从列并行端口读入8位二进制数，根据读入8位二进制数中的一位低电平，结合行并行端口输出的8位二进制数中为低电平的行，就可以判断是哪一个键被按下。

例如，行并行端口输出的8位二进制数是01111111B，即行7为低电平，如果从列并行端口读入的8位二进制数是11111110B，即列0为低电平，那么第7行线和第0列线接通而形成通路，此时可以识别出K56已经接通，即键K56被按下。

9.5.2 键盘中断处理程序

键盘中断处理程序包括两个软中断调用和一个硬件中断。

1. 键盘软中断调用 DOS

DOS 中提供的键盘操作功能调用有 7 个，如表 9-9 所示。通过对 AH 寄存器中设置的功能调用号进行选择。

表 9-9　DOS 中提供的键盘操作功能调用

功能调用号	功能	调用参数	返回参数
1	从键盘输入 1 个字符，并回显在屏幕上	—	AL=字符，即 AL=键的 ASCII 码
6	读键盘字符，不回显	DL=0FFH	若有字符可取，则 AL=字符，ZF=0；若无字符可取，则 AL=0，ZF=1
7	从键盘输入 1 个字符，不回显在屏幕上	—	AL=字符
8	从键盘输入 1 个字符，不回显，检测 Ctrl+Break	—	AL=字符
0AH	输入字符到缓冲区	DS:DX=缓冲区首地址	—
0BH	读键盘状态	—	AL=0FFH 表示有输入，AL=00H 表示无输入
0CH	清除键盘缓冲区，并调用一种键盘功能	AL=键盘功能号（1，6，7，8，0AH，0BH）	—

2. 键盘软中断调用中断指令 INT 16H

INT 16H 指令提供的键盘操作功能调用共有 4 个，如表 9-10 所示。通过对 AH 寄存器中设置的功能调用号进行选择。INT 16H 指令的功能是对键盘进行检测和设置，并读取键盘缓冲区中的键码。

表 9-10　INT 16H 指令提供的键盘操作功能调用

功能调用号	功能	返回参数
0	从键盘缓冲区读取 1 个字符的键码并送到 AX 中	AH=系统扫描码或扩展码 AL=字符的 ASCII 码或 0
1	检测键盘缓冲区中是否有键码	ZF=0 表示有键码并将其读入 AX ZF=1 表示无键码
2	读取特殊键的状态标志	AL 中为 8 个特殊键对应的 8 位状态值
3	设置键盘速率和延迟时间 BL=要设置的速率，BH=延迟时间	—

表 9-10 中的 2 号功能调用是读取 8 个特殊键对应的 8 位状态值，它们分别是左 Shift、右 Shift、Ctrl、Alt、Caps Lock、Num Lock、Scroll Lock、Insert 8 个键。实际上，这些特殊键又分两类，一类是 Shift 这样的换挡键，它们要和别的键组合才有效；一类是 Caps Lock 这样的双态键，它们被按下奇数次和偶数次产生的效果不同。这些键都不具有相应的 ASCII 码，但当它们被按下时，会改变其他键所产生的代码，这些键通常被称为变换键。通过 INT 16H 的 2 号功能调用会把这些键的状态回送到 AL 寄存器中。AL 寄存器中键盘状态字节各位的含义如表 9-11 所示。

表 9-11　AL 寄存器中键盘状态字节各位的含义

键盘状态字节	含义	键盘状态字节	含义
$D_7=1$	Insert 状态改变	$D_3=1$	按下 Alt 键
$D_6=1$	Caps Lock 状态改变	$D_2=1$	按下 Ctrl 键
$D_5=1$	Num Lock 状态改变	$D_1=1$	按下左 Shift 键
$D_4=1$	Scroll Lock 状态改变	$D_0=1$	按下右 Shift 键

在 3 号功能调用中设置的键盘速率指每秒最多允许输入字符的数量，默认值为 10 字符/秒，可通过设置来改变。BL 寄存器中的值可以设置成 1FH～00H，对应的速率为 2～30 字符/秒。

【例 9-9】 利用 INT 16H 指令设置键盘速率为 29 字符/秒的示例。

```
MOV    AH, 3
MOV    BL, 01H
INT    16H
```

在 3 号功能调用中设置的键盘延迟时间指键被按下后允许的最长时间，若超过该时间，则认为是重复按压此键。对应 BH 寄存器中的值 0、1、2、3，将延迟时间设置为 250ms、500ms、750ms、1000ms。

3. 键盘硬件中断 09H

09H 中断程序是通过键盘硬件中断进入的程序，每按一次键，就会产生一个键盘扫描码并将其送到主机键盘接口，接口中的单片机 8042 完成数字量的串/并行转换，再转换为系统扫描码，最后单片机输出一个中断请求信号到系统中断控制器的 IR_1 端，产生 09H 号中断。在中断类型号为 09H 的中断服务程序中，CPU 读取系统扫描码，然后做相应处理。键盘扫描码的分类如下。

（1）8 个特殊功能键。

对于 8 个特殊功能键设置标志位的操作，与 INT 16H 的 2 号功能调用处理相同。

（2）第一类 ASCII 码键。

第一类 ASCII 码键指 ASCII 码在 00H～7FH 范围内的键。当第一类 ASCII 码键被按下时，执行 09H 功能调用，将系统扫描码转换为 ASCII 码。当将其存入键盘缓冲区时，低位字节为 ASCII 码，高位字节为系统扫描码。

（3）第二类 ASCII 码键。

第二类 ASCII 码键指 ASCII 码在 80H～FFH 范围内的键。当第二类 ASCII 码键被按下时，执行 09H 功能调用，直接将其 ASCII 码存入键盘缓冲区的低位字节，高位字节为 0。

（4）不能用 ASCII 码表示的组合键和功能键。

对于一些组合键和一部分功能键，包括 Ctrl+Home 键、上、下、左、右箭头键和 Del 键等，它们不能显示，也不能打印，而只起控制作用。当中断处理将其存入键盘缓冲区时，低位字节为 0，高位字节为扩展码。

（5）特殊命令键。

计算机对按下特殊命令键的处理是直接完成相应操作，并不形成代码。

在遇到一些特殊命令键时，09H 号中断会直接转入 BIOS 中的命令处理程序，完成相应命令键的处理功能。特殊命令键包括以下 4 个命令：

① Ctrl+Num Lock 键或 Pause 键：暂停命令。暂时停止操作，一旦按下任意其他键后，将

继续执行程序。

② Print Screen 键：打印屏幕命令。执行 INT 05H 指令，进入中断处理程序去打印屏幕内容。

③ Ctrl+Alt+Del 键：系统复位并启动命令。与加电时冷启动的区别是不需要测试 RAM 和 VRAM。

④ Ctrl+Break 键：终止程序命令。执行终止当前程序运行的 INT 1BH 指令。

9.6 鼠标接口技术

9.6.1 鼠标接口

1. 鼠标的分类

（1）按鼠标（Mouse）与微机接口连接的方式分，鼠标可分为 RS-232-C 串口鼠标、PS/2 接口鼠标和 USB 接口鼠标 3 种。

（2）按鼠标的组成结构分，鼠标可分为机械式鼠标、光电鼠标和光机式鼠标等。机械式鼠标与光电鼠标最大的不同之处在于定位方式。

光机式鼠标取机械式鼠标和光电鼠标之所长，底部装有可滚动的小球，从而不需要特制的鼠标垫；由于光机式鼠标采用了光电检测技术，从而灵敏度和准确度大大提高。

（3）按鼠标的外观分，鼠标可分为两键鼠标、三键鼠标及多键鼠标。

各类鼠标的操作和使用方法基本相同，目前使用较多的是三键鼠标。

2. 鼠标与主机连接的方式

（1）通过 USB 接口连接。

USB 为通用串行总线，用扁平 4 芯插头与鼠标相连，包括 2 芯串行传输信号线，2 芯电源线（+5V 和地线）。

（2）通过 RS-232-C 串行接口连接。

鼠标与 RS-232-C 的 9 针引脚相连，但只用了其中的 4 针，具体如下。

TxD：数据发送端，3 号引脚，由鼠标发送数据到主机。

$\overline{\text{DTR}}$：数据终端准备好信号，4 号引脚，主机送往鼠标的应答信号，表示主机已经做好接收鼠标数据的准备。

$\overline{\text{RTS}}$：原为请求发送端，7 号引脚，现作为主机对鼠标电路的供电电源。

SGND：信号地。

（3）通过 PS/2 接口连接。

鼠标与计算机的 PS/2 接口连接，采用 TTL 电平传输，用 6 芯圆形连接器相连。6 芯引脚的定义如下。1——数据，5——时钟，3——电源+，4——地，2、6 未用。

3. 鼠标的灵敏度和数据格式

灵敏度是鼠标的主要性能，用鼠标移动 1 英寸对应于屏幕像素的数目来描述，单位是 PPI（Pixel Per Inch）。对于一般灵敏度为 300~400PPI 的鼠标，鼠标前后左右移动的范围不超过 2 英寸就可使光标到达 640 像素×480 像素屏幕的每一个位置。

鼠标和主机之间的数据传输采用数据成组传输的方式。对于普通的两键鼠标，鼠标移动的距离以 3 字节为一组数据，并以此来计算其在 X 和 Y 方向上移动的长度。

3 字节的最高位 D_7 是任意位，可为 1 也可为 0。D_6 为字节标识位，$D_6=1$ 表示这是第 0 字节，接着读入的 2 字节依次为第 1 字节和第 2 字节，其中，D_6=0。3 字节数据格式如表 9-12 所示。

表 9-12　3 字节数据格式

字节	D_7	D_6	D_5	D_4	D_3	D_2	D_1	D_0
第 0 字节	×	1	LB	RB	Y_7	Y_6	X_7	X_6
第 1 字节	×	0	X_5	X_4	X_3	X_2	X_1	X_0
第 2 字节	×	0	Y_5	Y_4	Y_3	Y_2	Y_1	Y_0

在第 0 字节中，LB=1 对应左键，RB=1 对应右键，LB 和 RB 二者不会同时为 1。鼠标在 X 方向和 Y 方向上的位移量（$X_7 \sim X_0$ 和 $Y_7 \sim Y_0$）与左、右键标识符 LB、RB 合在一起，分别确定 X 方向和 Y 方向上的位移值。$X_7 \sim X_0$ 和 $Y_7 \sim Y_0$ 的最高位是该数的符号位，位移量以米基为单位，1 米基= 1/200 英寸。

【例 9-10】 当鼠标左键被按下时，读入计算机的 3 字节分别是 64H、3EH 和 27H，计算横向位移量和纵向位移量分别是多少。

解：根据表 9-12 及读入计算机的 3 字节，求得横向位移量 $X_7 \sim X_0$=00111110B，纵向位移量 $Y_7 \sim Y_0$=01100111B。

横向位移和纵向位移的 D_7（X_7 和 Y_7）=0。

主机接收到 3 字节的数据后，调用鼠标驱动程序进行分析，根据 3 字节数据的格式，确认当前鼠标的左键和右键是被按下的还是放开的，并计算出鼠标在两个方向上移动的位移量，最终执行鼠标移动到某位置处的处理程序。

9.6.2　鼠标驱动程序及其功能调用

1. 鼠标驱动程序及其功能调用的管理

在微机的操作系统中配置了鼠标驱动程序 MOUSE.SYS 或 MOUSE.COM。MOUSE.SYS 是设备驱动程序形式，MOUSE.COM 是命令文件形式，二者功能相同。鼠标驱动程序的核心功能是硬件中断处理，同时以软件中断形式提供功能调用，实现对鼠标操作的管理。

2. 鼠标驱动程序的功能调用及鼠标操作方式

鼠标驱动程序通过 INT 33H 指令提供了几十个功能调用，来实现对鼠标的初始化、调整与控制等一系列操作。INT 33H 指令的功能号放在 AL 或 AX 中，本节介绍几个基本的功能调用。

1）初始化鼠标程序，AX=00

```
MOV    AX，0000H
INT    33H
```

对鼠标驱动程序重新进行初始化处理，将鼠标驱动程序中的所有内部变量都设置初值，并将鼠标光标位于屏幕的中央隐藏。此时，可以检查鼠标的状况，若没有安装鼠标，则返回 AX=00；若安装了鼠标，则返回 AX=FFFFH（−1），并在 BX 中返回鼠标的键数（2 或 3 等）。

2）显示鼠标光标，AX=01

```
MOV    AX，0001H
INT    33H
```

显示鼠标的光标有两种情况：在文本方式下，鼠标对应的光为闪光的方块；在图形方式下，鼠标是箭头。这两种情况下的鼠标驱动程序都会一直跟踪鼠标的移动。

3）关闭鼠标光标，AX=02

```
MOV     AX, 0002H
INT     33H
```

鼠标光标被隐藏。

4）读取光标的坐标和键的状态，AX=03

```
MOV     AX, 0003H
INT     33H
```

读取光标的坐标并将其存放在寄存器中：CX=水平坐标像素序号，DX=垂直坐标像素序号。键的状态存放在 BX 中，第 0 位对应左键，第 1 位对应右键，第 2 位对应中键，0 为放开，1 为按下。

读取（AX=03）和设置（AX=04）的光标水平坐标和垂直坐标均以像素序号表示。

【例 9-11】 读取光标位置的行值和列值，并分别存入 MOUSE-X 和 MOUSE-Y 两个字存储单元的示例。

```
MOV     AX, 0003H
INT     33H
MOV     BX, CX          ;将水平坐标存于 BX 中
MOV     CL, 3           ;准备置换
SHR     BX, CL          ;将像素序号换算为列值
SHR     DX, CL          ;将像素序号换算为行值
MOV     MOUSE-X, BX     ;保存列值
MOV     MOUSE-Y, DX     ;保存行值
```

小结

串行通信是在一条线上以数据位为单位，数据通信设备和数据终端设备之间进行的信息传输。在这条传输线上既传输数据信息，又传输控制信息。

在进行串行通信时，数据在两个站之间进行传输。根据数据传输的方向，数据传输的方式可分为单工方式、半双工方式和全双工方式。

异步通信以一个字符为传输单位，用起始位表示一个字符的开始，用停止位表示一个字符的结束，逐个字符传输。

微型计算机的 RS-232-C 串行通信接口使用了通用异步接收/发送技术。在 IBM PC/XT 上，使用 INS 8250 接口芯片；在 32 位 PC 中，使用 NS 16550 替代了 INS 8250，NS 16550 兼容 INS 8250 的软、硬件功能。

8250 支持单工通信、半双工通信和全双工通信，一般情况下使用全双工通信。

8250 一侧与系统总线连接，均为 TTL 电平，不存在电平转换问题。另一侧把 TTL 电平转换成 RS-232-C 电平后，才能连接至 DB-9"D"型连接器。

8250 可编程的寄存器包括 5 个可编程初始化的寄存器：通信线路控制寄存器、比特率除数锁存器（低字节）、比特率除数锁存器（高字节）、中断允许寄存器和 MODEM 控制寄存器；3 个状态寄存器：通信线路状态寄存器、MODEM 状态寄存器和中断识别寄存器；发送保持寄存器和接收数据寄存器，共 10 个。

通用串行总线 USB 已经成为一种流行的外设接口标准，USB 对在总线上传输的信息格式、应

答方式等都有严格的规定，即总线协议，USB 上的所有设备都必须根据 USB 总线协议进行操作。

USB 是一个通过 4 线连接的串行接口，该总线采用的是层叠星型拓扑结构。USB 最多可以支持 127 个 USB 接口的外部设备，并且全部在扩展的集线器上，集线器可以是一个独立的集线器盒，也可以处在 PC 中任意一个 USB 外设中。

USB 的主要特点：支持即插即用、扩充外设能力强、传输速率快并支持多种操作速率、为通用连接器、无须外接电源。

低速 USB 支持调制解调器、键盘、鼠标、U 盘、移动硬盘、光驱、USB 网卡、扫描仪、手机、数码相机等。USB 全速 12Mbps 的数据传输速率比 RS-232-C 串口的 9600bps 大 1000 多倍。USB 2.0 版本的高速 USB，其数据传输速率可以高达 480Mbps。

键盘和键盘接口中均使用专用微处理器芯片实现对键值的处理与通信。

按鼠标与微机接口连接的方式，鼠标可分为 RS-232-C 串口鼠标、PS/2 接口鼠标、USB 接口鼠标 3 种。

习题与思考题

9.1　问答题

（1）串行通信有什么特点？
（2）什么叫异步通信方式？异步通信字符传输的帧格式是怎样的？
（3）什么是调制？
（4）什么是解调？
（5）什么叫波特因子？什么叫比特率？
（6）在 RS-232-C 串行通信中，调制解调器是数据终端设备（DTE）还是数据通信设备（DCE）？
（7）RS-232-C 标准规定逻辑 1 和逻辑 0 的电压范围分别是多少？
（8）在 RS-232-C 串行通信接口中，为什么要实现 RS-232-C 电平与 TTL 电平的相互转换？
（9）USB 主要有哪些特点？
（10）USB 支持哪几种传输速率？
（11）USB 最多可以连接多少个 USB 设备？
（12）什么是 USB 主机？
（13）RS-232-C 电平和 TTL 电平的抗干扰容限各是多少？
（14）鼠标与计算机的 PS/2 接口之间的连线有哪些？

9.2　计算题

（1）设波特因子为 64，比特率为 1200bps，发送时钟频率是多少？
（2）在异步传输时，一帧信息包括 1 位起始位、7 位数据位、1 位奇偶校验位和 1 位停止位，如果比特率为 9600bps，则理论上每秒钟能传输多少个字符？

9.3　编程题

两台 PC 采用异步串行通信方式传输数据。设 8250 接在系统中，其 8 个端口地址为 2F8H～2FFH，若 8250 以 2400bps 的比特率进行异步通信，一帧信息包括 1 位起始位、7 位数据位、1 位奇校验位和 1 位停止位，禁止所有中断，选用查询方式通信。试编写发送和接收的初始化程序段。

9.4　思考题

（1）总结 USB 主机中 USB 主控器和根集线器的主要功能。
（2）如何理解键盘的软中断 INT 16H 和键盘硬件中断（09H）的区别？

第 10 章 模/数和数/模转换技术

模/数（Analog to Digit，A/D）和数/模（Digit to Analog，D/A）转换技术是微机与监测设备、控制对象之间的一种重要的接口技术，也是实现信号监测、过程控制的两个重要组成部分。

本章重点介绍模拟量输入与输出通道的组成、数/模转换器及其应用和模/数转换器及其应用。

10.1 模拟量输入与输出通道的组成

在工业生产和现实生活中，许多待测量与控制的非电物理量及模拟电压、电流通常都是连续变化的模拟量，如压力、温度、密度、位移和流量等。为了利用计算机实现对模拟量的监测和对生产过程的自动调节与控制，必须首先将连续变化的物理量变换成连续变化的电信号，其模拟电信号的大小与极性要满足具体模/数转换器的规范，然后经过模/数转换器变换成计算机所能接收的数字量。

模拟量输入与输出通道的一般结构如图 10-1 所示，图 10-1 描述了一个含有 A/D 转换器与 D/A 转换器的监控系统。

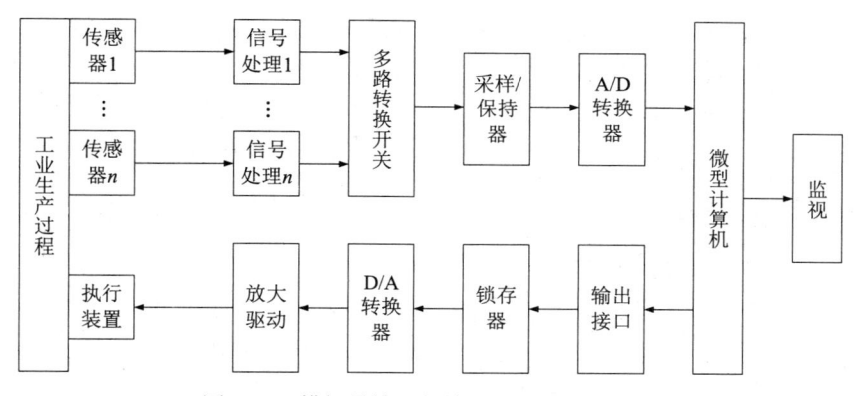

图 10-1 模拟量输入与输出通道的一般结构

计算机对所采集的数据大多要经过运算处理后才送至输出设备显示输出。在实时监控系统中，如果需要对生产过程进行调节与控制，那么还需要经过 PID 调节运算，微机将运算结果的数字量输出到数/模转换器，将数字量转换成模拟电信号，并经驱动放大后送往执行装置，实现对工业生产过程的自动控制。

10.1.1 模拟量输入通道的组成

一般模拟量输入通道由传感器、信号处理、多路转换开关、采样/保持器和 A/D 转换器组成。

1. 传感器

能够把非电物理量按照一定的比例转换成电量（电流或电压）的器件称为传感器。一般传感器由电容、电阻、电感或敏感材料组成。在外加激励电流或电压的驱动下，不同类型的传感器会由不同非电物理量的变化引起传感器敏感材料的值发生改变，使输出的连续变化的电流或电压与非电物理量的变化成比例。

传感器组成材料发生改变引起输出电流或电压的变化是十分微弱的，且传感器与信号处理之间传输的弱信号容易受外界干扰，因此，传感器厂家将十分微弱的电信号处理成 0~10mA 或 4~20mA 的电流，或者 0~5V 或 0~10V 的电压等，以便传输或直接送入 A/D 转换器进行 A/D 转换。

2. 信号处理

设置信号处理电路的主要原因有两方面：

① 传感器输出信号与 A/D 转换器输入电信号的大小不匹配，要进行电压调整。

② 传感器输出信号与 A/D 转换器输入电信号的极性不匹配。A/D 转换器输入的待转换电压有两种极性电压，分别为双极性电压和单极性电压。双极性电压一般有±2.5V、±5V 和±10V，单极性电压一般有 0~5V、0~10V 和 0~20V 三种，传感器输出不可能满足需要。

信号处理电路通常采用 RC 低通滤波器，滤除叠加在传感器输出信号上的高频干扰信号，提高测量的精确度。

对于输出 0~10mA 或 4~20mA 电流的传感器，还需要将电流转换成电压量，然后送入 A/D 转换器进行转换。

3. 多路转换开关

在应用系统中，往往要监测或控制的模拟量不单是一个，一个数据采集系统往往要采集多路模拟信号。如果被采集的物理量是缓慢变化的，那么可以只用一片 A/D 转换芯片轮流选择输入信号进行采集。这不仅节省了硬件开销，简化了系统设计，而且不会影响监测与控制的质量。

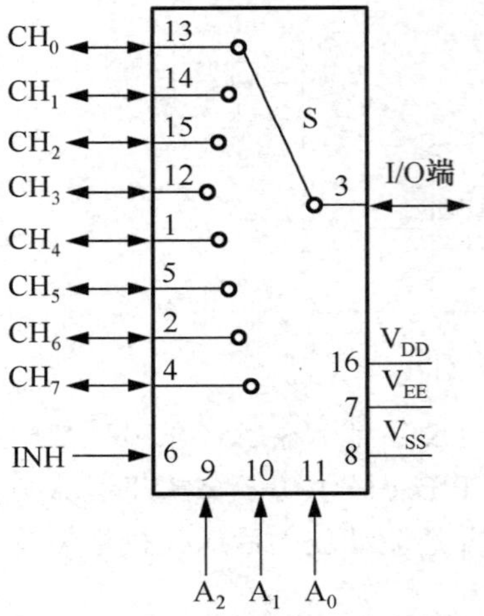

许多 A/D 转换芯片（包括并行和串行 A/D 转换芯片）内部自带多路转换开关。若不具有多路转换开关，则需要外加多路转换开关。

CD4051B 集成芯片自带一个八选一模拟多路转换开关。CD4051B 模拟开关逻辑图如图 10-2 所示，其功能表如表 10-1 所示。

当 6 号引脚使能端 INH 为高电平时，CD4051B 被禁止，输出处于高阻状态；当 INH 为低电平，即逻辑 0 状态时，CD4051B 才能被选择导通，由选择输入端 $A_2A_1A_0$ 三位二进制编码来控制 8 个输入通道（CH_0~CH_7）的通断。从图 10-2 中可以看出，该芯片能实现双向传输，即可以实现多传一或一传多两个方向的传输。

图 10-2 CD4051B 模拟开关逻辑图

4. 采样/保持器

在 A/D 转换器进行采样期间，保持被转换的输入信号不变的电路称为采样保持电路。A/D 转换器完成一次转换所需要的时间称为转换时间。不同的 A/D 转换芯片，其转换时间也不同，对连续变化较快的模拟信号必须采取采样保持措施，否则将会引起转换误差。

表 10-1 CD4051B 模拟开关功能表

输入				开关导通位置
INH	A_2	A_1	A_0	
0	0	0	0	$CH_0 \leftrightarrow$ I/O 端
0	0	0	1	$CH_1 \leftrightarrow$ I/O 端
0	0	1	0	$CH_2 \leftrightarrow$ I/O 端
0	0	1	1	$CH_3 \leftrightarrow$ I/O 端
0	1	0	0	$CH_4 \leftrightarrow$ I/O 端
0	1	0	1	$CH_5 \leftrightarrow$ I/O 端
0	1	1	0	$CH_6 \leftrightarrow$ I/O 端
0	1	1	1	$CH_7 \leftrightarrow$ I/O 端
1	×	×	×	高阻状态

图 10-3 所示为采样/保持器的基本原理图，它由模拟开关 S、保持电容 C_H 和运算放大器 OA 等组成，V_i 是待采样的模拟电压，V_C 为模拟开关的逻辑输入信号。在 V_C 的控制下，模拟开关 S 接通，V_i 对 C_H 充电，由于运算放大器接同相输入方式的射极跟随器，所以 V_o 跟随 V_i 变化。射极跟随器的输入阻抗趋于无穷大，C_H 与输入电阻构成的放电回路的时间常数很大，当模拟开关 S 断开时，电容 C_H 两端充电后的电压短时间内保持不变，使得采样/保持器为 A/D 转换器提供了稳定的电压。

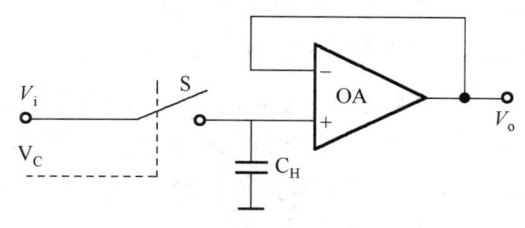

图 10-3 采样/保持器的基本原理图

采样/保持器按照性能高低可分为四类：通用采样/保持器、高速采样/保持器、高分辨率采样/保持器及超高速采样/保持器。例如，通用采样/保持器 LF398 的原理框图和典型接法分别如图 10-4 和图 10-5 所示，电源电压为±5～±18V。LF398 外接保持电容 C_H，其大小取决于所采样的脉冲电压需要维持时间的长短，当 C_H=0.01μF 时，信号达 0.01%精度的获取时间为 25μs，采样/保持器的电压下降率为 3mV/s。如果 A/D 转换时间是 100μs，则采样/保持器的电压下降值约为 300μV，保持性能好。

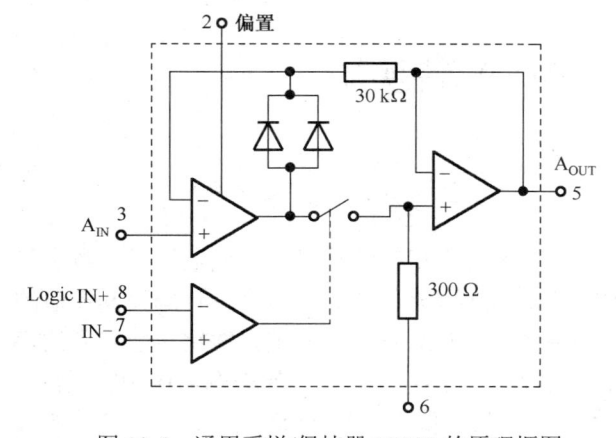

图 10-4 通用采样/保持器 LF398 的原理框图

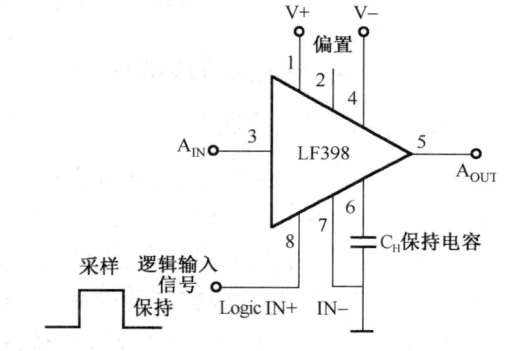

图 10-5 通用采样/保持器 LF398 的典型接法

在图 10-5 中，Logic IN+（8 脚）的输入电平与 TTL 逻辑电平相匹配。
当 Logic IN+的控制电压大于 1.4V 且 IN–（7 脚）接地时，LF398 处于采样模式；当 Logic

IN+和 IN−都等于 0 时，LF398 处于保存状态。当 IN−等于 0，Logic IN+由 0 跳变到 1 时，LF398 转到采样模式。

5. A/D 转换器

A/D 转换器是模拟输入通道的核心环节，其功能是将模拟输入电信号转换成数字量（二进制数或 BCD 码等），以便计算机对其进行读取、分析处理，并根据它发出对生产过程的控制信号。

10.1.2 模拟量输出通道的组成

1. 输出接口及锁存器

计算机输出的数字信号是经过指定的端口输出的，所以必须具有输出接口。而输出的数字信息还需要有数据锁存器将其锁存，以便提供给后续部件进一步处理。

2. D/A 转换器

有的执行单元要求提供模拟的电流或电压，以便控制执行装置，故必须要将计算机输出的数字量转换成模拟电流或模拟电压。常用数/模转换器（DAC）的芯片从工作方式上分，有并行 DAC 芯片和串行 DAC 芯片；从转换精度上分，有 8 位、10 位、12 位等 DAC 芯片。

3. 放大驱动

D/A 转换器输出的电流或电压信号一般不足以驱动执行装置，因此，还需要有功率放大电路。功率放大电路将 D/A 转换器输出的电流或电压放大，使其足以驱动执行装置。

有的系统可能需要数字信号去控制开关，所以有时还需要对数字信号进行驱动。如果应用数字信号去驱动执行装置，那么数模转换的过程可以省略。

4. 执行装置

执行装置就是按照电信号的指令，将来自电、液压和气压等各种能源的能量转换成旋转运动、直线运动等方式的机械能的装置。例如，直流电机、交流电机、步进电机、直接驱动电动机等。

10.2 数/模（D/A）转换器

10.2.1 D/A 转换器的基本结构

1. D/A 转换器的原理

D/A 转换器的作用是将二进制的数字量按比例转换为相应的模拟电流或电压量。数字量指一组二进制代码。要将数字量转换成模拟量，在转换网络中，首先把每一位代码按其权值的大小转换成相应的模拟分量，然后将各模拟分量相加，模拟分量的总和就是数字量所对应的模拟量。D/A 转换器的结构有多种形式，常见的是 T 型电阻网络形式，其原理图如图 10-6 所示。

在图 10-6 中，以一个 4 位 D/A 转换器为例，二进制的数字量 $D=D_3D_2D_1D_0$，每一位代码分别控制一个模拟开关，当某一位为 1 时，对应开关倒向右边，产生相应的电流输入运算放大器的输入端，电阻网络构成了运算放大器的输入阻抗，且电阻网络接至虚地，为运算放大器提供输入电流。

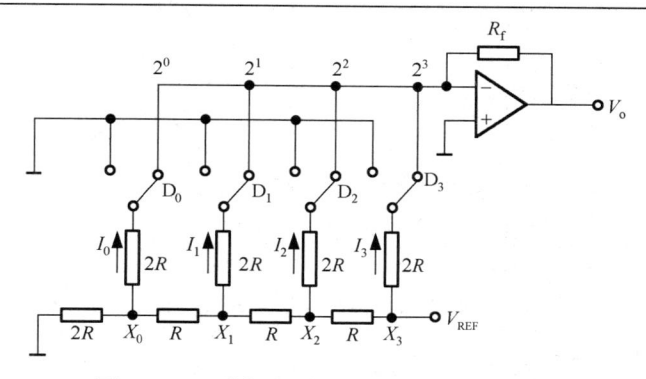

图 10-6　T 型电阻网络 D/A 转换器的原理图

当某一位为 0 时，对应开关倒向左边，电阻网络接到真正的地端，对应的位不会产生运算放大器的输入电流。

由于电阻网络中的电阻只有 R 和 2R 两种阻值，所以 $X_3 \sim X_0$ 各点的电压分别固定为 V_{REF}、$V_{REF}/2$、$V_{REF}/4$、$V_{REF}/8$（注意：电压与各开关的方向无关），产生的电流为

$$\sum I = \frac{V_{X_3}}{2R} \cdot D_3 + \frac{V_{X_2}}{2R} \cdot D_2 + \frac{V_{X_1}}{2R} \cdot D_1 + \frac{V_{X_0}}{2R} \cdot D_0$$
$$= \frac{V_{REF}}{2R \cdot 2^3}(D_3 \cdot 2^3 + D_2 \cdot 2^2 + D_1 \cdot 2^1 + D_0 \cdot 2^0) \tag{10-1}$$

$$V_o = -R_f \cdot \sum I \tag{10-2}$$

从式（10-1）可以看出，4 位代码控制电流开关，电流开关的电流信号通过电阻网络进行加权，合成一个与输入二进制数成正比例的模拟电流或电压信号。

输出电压正比于输入二进制数按权展开的十进制值数。式（10-1）中的 V_{REF} 是标准电压（参考电压），其通常具有较高的精度和稳定性。可以看出，对于电压型 D/A 转换器，最后有一级由运算放大器构成的电压放大器。

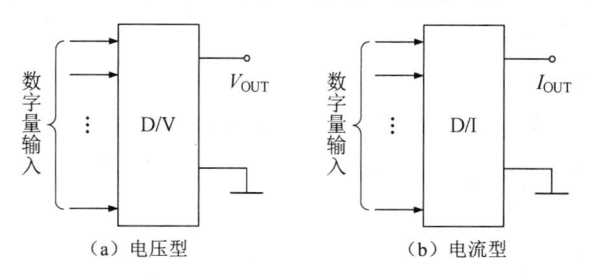

2．D/A 转换器的输出类型

D/A 转换器的输出类型分为电压型和电流型两种，分别如图 10-7（a）和图 10-7（b）所示。

（a）电压型　　　　（b）电流型

图 10-7　D/A 转换器的输出类型

电压型 D/A 转换器的输出内阻很小，相当于一个电压源。
电流型 D/A 转换器的输出内阻较大，相当于一个电流源。

3．电流型 D/A 转换器的使用

电流型 D/A 转换器在具体应用中必须外接运算放大器变换成电压输出（见图 10-8），选择

合适的放大系数，按比例输出电压信号。

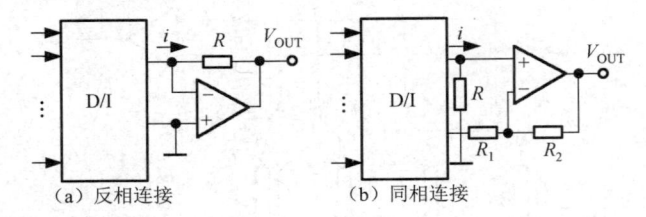

图 10-8　电流型 D/A 转换器外接运算放大器变换成电压输出

图 10-8（a）所示为反相连接，输出电压为 $V_{\text{OUT}} = -iR$。

图 10-8（b）所示为同相连接，输出电压为 $V_{\text{OUT}} = iR\left(1 + \dfrac{R_2}{R_1}\right)$。

10.2.2　D/A 转换器的主要技术指标

1. 分辨率

分辨率指 D/A 转换器所能分辨的被测量的最小值，通常用数字量的位数来表示。如 8 位 D/A 转换器通常指其分辨率为 8 位；反之，分辨率为 10 位的 D/A 转换器指 10 位 D/A 转换器。例如，一个 D/A 转换器能够转换 8 位二进制数，转换后的电压满量程是 5V，则它能分辨的最小电压是 $5\text{V}/(2^8-1) \approx 19.6078\text{mV}$。

2. 转换时间

转换时间指从 D/A 转换器的输入端输入数字量，到输出端达到最终值并稳定所需的时间。

3. 转换输出

电压型 D/A 转换器的输出电压一般为 5V 或 10V。电流型 D/A 转换器的输出电流一般为毫安级。

4. 绝对精度

绝对精度对应于给定的满刻度数字量，指 D/A 转换器的实际输出与理论值之间的误差，用最低位（LSB）的倍数来表示，如±1/2LSB 或±1LSB 等。误差值一般低于 1/2LSB。

5. 相对精度

相对精度指在已校准满刻度的情况下，在整个范围内对应于任意一个输入二进制数的模拟输出与理论值之差。相对精度用两种方法表示：一种是用数字量的最低位（LSB）的倍数来表示；另一种是用其相对满刻度的百分比表示。

6. 线性误差

在满刻度范围内，相邻两个数字输入量的差应该是 1LSB，理想的 D/A 转换器的输出特性应该是线性的，但实际上有误差，模拟输出偏离理想输出的最大值称为线性误差。

10.2.3　D/A 转换芯片 DAC0832

DAC 芯片种类繁多，有通用廉价的 DAC 芯片，也有高速高精度及高分辨率的 DAC 芯片。从前面的分析可以看出，模拟量输出端有两种类型：电压输出及电流输出。数字量输入端有以下几种类型：
① 无数据锁存器；
② 带单数据锁存器；
③ 带双数据锁存器；
④ 只能接收并行数字输入；
⑤ 只能接收串行数字输入。

第①种在与系统总线接口时，要外加锁存器；第②种和第③种可直接与系统总线接口；第④种与并行总线相连接；第⑤种与串行数据线相连接，虽然接收数据较慢，但适用于远距离现场控制的场合。

各种类型的 DAC 芯片都具有数字量输入端、模拟量输出端及基准电压端。本节重点介绍 8 位 D/A 转换芯片 DAC0832。

1. DAC0832 的内部结构

DAC0832 的内部结构与引脚图如图 10-9 所示。

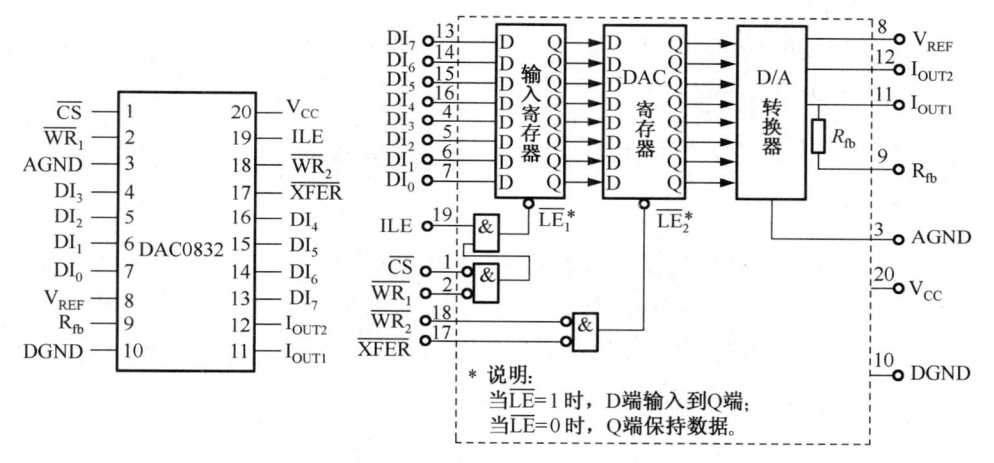

图 10-9　DAC0832 的内部结构与引脚图

DAC0832 是采用先进的 CMOS 工艺制成的双列直插式单片 8 位 D/A 转换器，可以直接与微机连接。DAC0832 内有两个 8 位数据缓冲寄存器，即 8 位输入寄存器和 8 位 DAC 寄存器。8 位输入寄存器的输入端 $DI_7 \sim DI_0$ 可以直接与 CPU 的数据线相连接，其逻辑电平与 TTL 电平相兼容；8 位 DAC 寄存器为 8 位 D/A 转换器提供稳定的数据。两个 8 位数据缓冲寄存器的工作状态分别受各自 $\overline{LE}$ 的控制。当 $\overline{LE}$ 为高电平时，两个 8 位数据缓冲寄存器接收数据；当 $\overline{LE}$ 由高电平跳变到低电平时，两个 8 位数据缓冲寄存器锁存所接收到的数据。DAC0832 采用 8 位输入寄存器和 8 位 DAC 寄存器二级缓冲方式，能够在 D/A 输出的同时，接收下一个待转换的二进制数据，提高转换速度，并且可以控制多个 DAC0832 的 8 位 DAC 寄存器同步操作。

8 位 D/A 转换器由 R-2R 结构的 T 型电阻网络组成，对参考电压提供的两条回路分别产生两个输出电流 I_{OUT1} 和 I_{OUT2}，I_{OUT1} 和 I_{OUT2} 是一组差动电流。

DAC0832 的引脚功能定义如下。

$DI_7 \sim DI_0$：8 位输入数据线。

$\overline{CS}$：片选信号，低电平有效。

ILE：输入寄存器选通信号，高电平有效。

$\overline{WR_1}$：写 8 位输入寄存器信号，低电平有效。

$\overline{WR_2}$：写 8 位 DAC 寄存器信号，低电平有效。

$\overline{XFER}$：允许将 8 位 DAC 寄存器的数据送到 8 位 D/A 转换器。

I_{OUT1}：DAC 输出电流 1。当 8 位 DAC 寄存器为全 1 时，输出电流最大；当 8 位 DAC 寄存器为全 0 时，输出电流最小。

I_{OUT2}：DAC 输出电流 2。I_{OUT2}=常数 $-I_{OUT1}$。

R_{fb}：反馈电阻引出端。DAC0832 芯片内部在 R_{fb} 与 I_{OUT1} 之间制作了一个反馈电阻。

V_{REF}：参考电压输入端。该端连至 DAC0832 芯片内 R-2R 结构的 T 型电阻网络，由外部提供一个准确的参考电压。该电压的精度直接影响 D/A 转换器的精度。

V_{CC}：电源电压，可接+5～+15V。

AGND：模拟地。

DGND：数字地。

DAC0832 转换器的输出为电流，通常需要通过运算放大器将电流输出转变成电压输出。

2. DAC0832 的工作方式

DAC0832 有 3 种工作方式，分别为双缓冲工作方式、单缓冲工作方式和无缓冲（直通）工作方式。

1）双缓冲工作方式

在此工作方式下，微处理器要对 DAC0832 芯片进行两步操作，首先将数据写入 8 位输入寄存器，然后把 8 位输入寄存器的二进制数传到 8 位 DAC 寄存器中锁存。控制信号的一般连接方式是：ILE 固定接高电平；$\overline{WR_1}$、$\overline{WR_2}$ 均接至计算机系统中的 $\overline{IOW}$；$\overline{CS}$ 和 $\overline{XFER}$ 分别接至一个片选。

2）单缓冲工作方式

在单缓冲工作方式下，两个 8 位数据缓冲寄存器中的任意一个处于直通状态，另一个工作于可控的锁存器状态。例如，把 $\overline{WR_2}$ 和 $\overline{XFER}$ 均接至数字地，使 8 位 DAC 寄存器处于直通状态，然后只需要通过 $\overline{CS}$ 和 $\overline{WR_1}$ 对 8 位输入寄存器进行写操作即可。

3）无缓冲工作方式

将 ILE 固定接高电平，$\overline{CS}$、$\overline{WR_1}$、$\overline{WR_2}$ 和 $\overline{XFER}$ 都接数字地，使 DAC0832 芯片处于直通状态。一旦 8 位数据到达 8 位输入寄存器的输入端，便立即将其传输到 8 位 D/A 转换器的输入端，8 位数据直接通过两级寄存器，到达 8 位 D/A 转换器并进行 D/A 转换。在此工作方式下，DAC0832 不适合与计算机系统连接使用。

3. DAC0832 的应用

DAC0832 与 PC 构成单缓冲工作方式的连接如图 10-10 所示，图中 $\overline{XFER}$ 和 $\overline{WR_2}$ 接地，即 DAC0832 内部的 8 位 D/A 寄存器被接成直通式，只控制 8 位输入寄存器的数据输入。当 $\overline{CS}$ 与 $\overline{WR_1}$ 同时为低电平时，8 位 D/A 寄存器接收数据；当 $\overline{CS}$ 与 $\overline{WR_1}$ 上升为高电平时，8 位 D/A 寄存器锁存数据，$DI_7～DI_0$ 的数据被送入其内部的 D/A 转换电路进行转换。

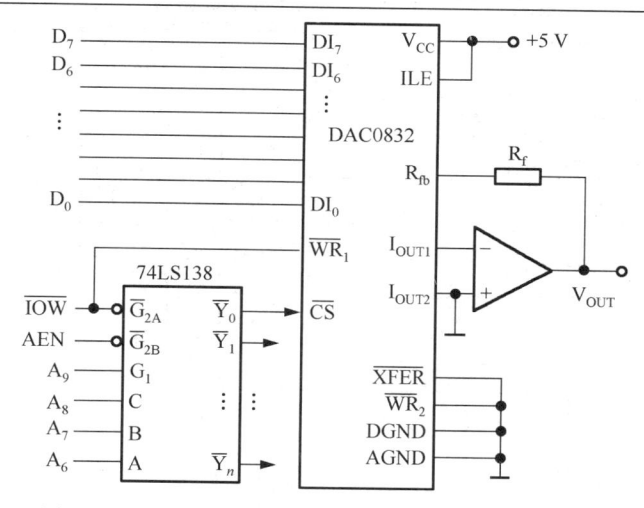

图 10-10 DAC0832 与 PC 构成单缓冲工作方式的连接

【例 10-1】 在图 10-10 中，DAC0832 片选 $\overline{Y}_0$ 的地址范围是 200H～23FH，要求在 V_{OUT} 输出端输出方波，编写主要程序段。

解：主要程序段如下。

```
        MOV    DX, 200H      ; Y̅₀ 端口地址
ABCD:   MOV    AL, 00H
        OUT    DX, AL        ; 对 DAC0832 输入 8 个 0
        CALL   DELAY         ; 调用延时子程序 DELAY（忽略）
        MOV    AL, 0FFH
        OUT    DX, AL        ; 对 DAC0832 输入 8 个 1
        CALL   DELAY
        JMP    ABCD
```

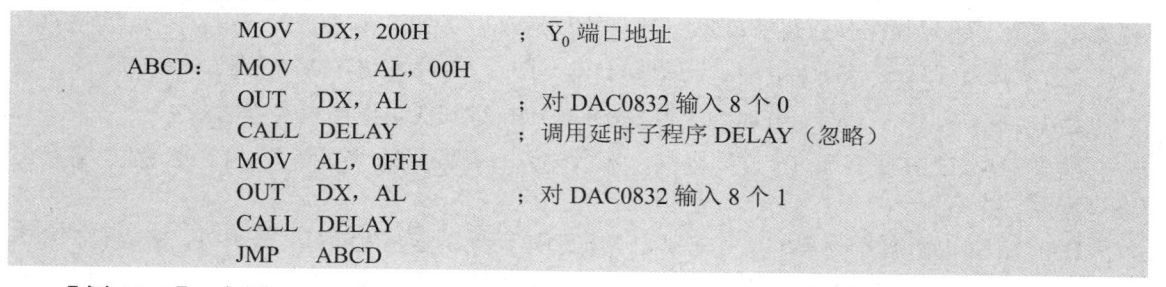

【例 10-2】 在图 10-10 中，要求在 V_{OUT} 输出端输出连续的锯齿波，编写主要程序段。

解：主要程序段如下。

```
START:  MOV    DX, 200H      ; 将端口地址送给 DX
        MOV    AL, 00H       ; 锯齿波从最低处开始产生
BB:     OUT    DX, AL
        NOP                  ; 延时
        NOP
        ADD    AL, 01H       ; FFH+01H=100H, 当 AL 中的值加上 FFH 时, 再加 1 回到 00H
        JMP    BB
```

10.2.4　D/A 转换芯片 DAC1210

1. DAC1210 的内部结构

DAC1210 是 12 位的 D/A 转换芯片，有 24 条引脚，双列直插式，其内部结构及引脚描述如图 10-11 所示。

DAC1210 与 DAC0832 的主体结构相似，都有一级输入寄存器、一级 DAC 寄存器和 D/A 转换器。但是，DAC1210 的输入寄存器由高 8 位和低 4 位两个输入寄存器组成，DAC 寄存器是 12 位的，D/A 转换器也是 12 位的。

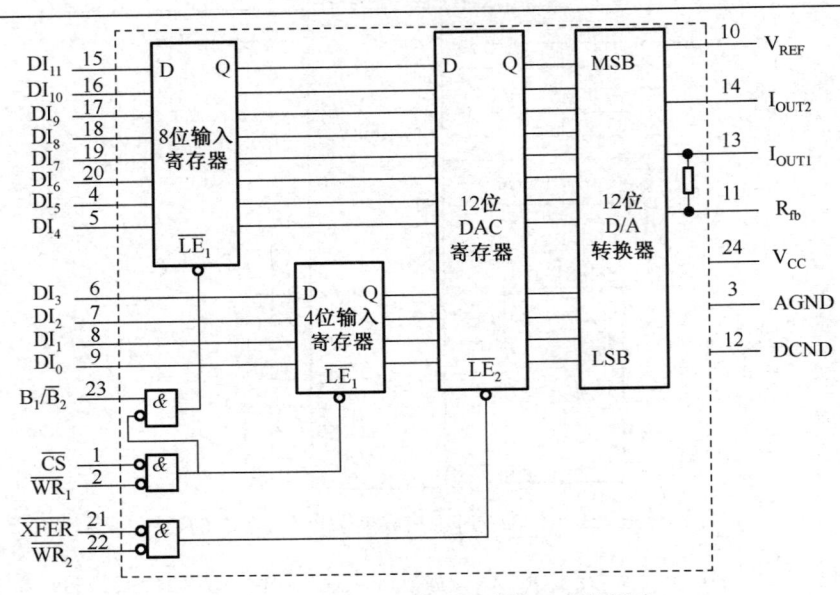

图 10-11 DAC1210 的内部结构及引脚描述

如果 DAC1210 受控于 8 位计算机，那么 $DI_3 \sim DI_0$ 需要并接到 $DI_{11} \sim DI_4$ 的低 4 位或高 4 位数据线上，输入寄存器分两次写入：

当 $B_1/\overline{B_2}=1$，$\overline{CS}=\overline{WR_1}=0$ 时，把数据 $DI_{11} \sim DI_4$ 写入高 8 位输入寄存器。

当 $B_1/\overline{B_2}=0$，$\overline{CS}=\overline{WR_1}=0$ 时，把数据 $DI_{11} \sim DI_4$ 写入低 4 位输入寄存器。

如果 DAC1210 受控于 16 位计算机，那么输入寄存器只需一次写入。12 位 DAC 寄存器也只需要一次写入。

DAC1210 内所有寄存器的工作方式都相同，即当控制信号 $\overline{LE}$ 为高电平时，接收数据；当其跳变到低电平时，锁存数据。

DAC1210 也有 3 种工作方式，分别为双缓冲工作方式、单缓冲工作方式和无缓冲（直通）工作方式。

2. DAC1210 的引脚功能

DAC1210 的 24 条引脚编号如图 10-11 所示，各引脚的功能定义如下。

$DI_{11} \sim DI_0$：12 位输入数据线。

$B_1/\overline{B_2}$：高/低字节控制。当 $B_1/\overline{B_2}$ 为高电平时，12 位输入数据可以同时写入高 8 位和低 4 位输入寄存器，当 DAC1210 接 8 位计算机时，仅高 8 位数据写入高 8 位输入寄存器。当 $B_1/\overline{B_2}$ 为低电平时，只将 12 位输入数据中的低 4 位数据写入低 4 位寄存器。

$\overline{CS}$：片选信号，低电平有效。

$\overline{WR_1}$：写输入寄存器信号，低电平有效。

$\overline{WR_2}$：写 DAC 寄存器信号，低电平有效。

$\overline{XFER}$：允许将 12 位 DAC 寄存器的数据送到 12 位 D/A 转换器中。

I_{OUT1}：DAC 输出电流 1。当 12 位 DAC 寄存器为全 1 时，输出电流最大；当 12 位 DAC 寄存器为全 0 时，输出电流最小。

I_{OUT2}：DAC 输出电流 2。I_{OUT2} = 常数 − I_{OUT1}。

R_{fb}：反馈电阻引出端。DAC1210 芯片内部在 R_{fb} 与 I_{OUT1} 之间制作了一个反馈电阻。

V_{REF}：参考电压输入端。DAC1210 芯片外部会提供一个准确的参考电压，该电压的精度直接影响 D/A 转换器的精度。

V_{CC}：电源电压，单一，+5～+15V。

AGND：模拟地。

DGND：数字地。

3．DAC1210 的主要技术指标

输入：12 位数字量。

输出：模拟量电流 I_{OUT1} 和 I_{OUT2}。

输入逻辑电平：与 TTL 电平兼容。

参考电压：−10～+10V。

3 种输入方式：双缓冲、单缓冲和无缓冲（直通）。

工作环境温度：−40～+85℃。

稳定电流时间：1μs。

功耗：20mW。

4．DAC1210 的应用

图 10-12 所示为 DAC1210 与 8 位计算机的连接示意图。DAC1210 输入数据线的高 8 位 DI_{11}～DI_4 与数据总线的 D_7～D_0 相连接，按照左对齐的方式，低 4 位 DI_3～DI_0 接至数据总线的 D_7～D_4。选用 74LS138 译码产生片选，高/低字节控制信号 $B_1/\overline{B}_2$ 的端口地址范围分别是 300H～30FH 和 200H～20FH，第二缓存锁存器（12 位 DAC 寄存器）的选通信号 $\overline{XFER}$ 的端口地址范围是 310H～31FH，各片选的地址及功能如表 10-2 所示。写信号 $\overline{WR}_1$ 和 $\overline{WR}_2$ 直接连接到系统的 $\overline{IOW}$。

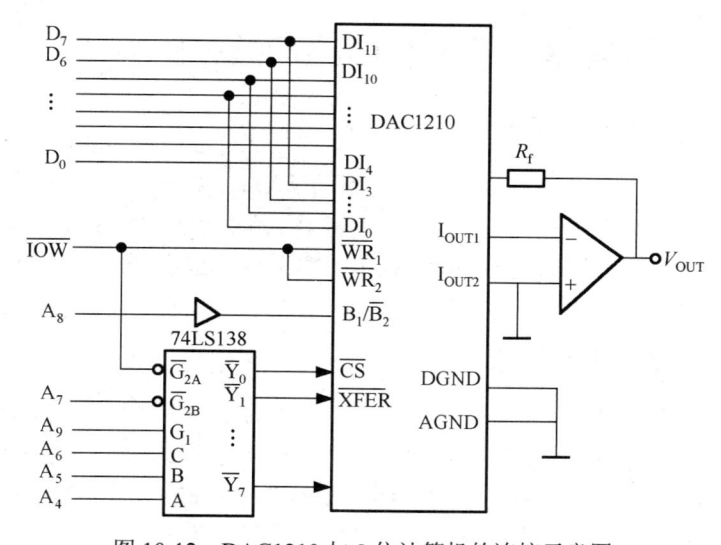

图 10-12　DAC1210 与 8 位计算机的连接示意图

表 10-2 各片选的地址及功能

A_9	A_8	A_7	A_6	A_5	A_4	$A_3 A_2 A_1 A_0$	地址范围	片选	功能
1	1	0	0	0	0	0 0 0 0 从全 0 到全 1	300H～30FH	$\overline{Y}_0$	写高 8 位输入寄存器
1	0	0	0	0	0	0 0 0 0 从全 0 到全 1	200H～20FH	$\overline{Y}_0$	写低 4 位输入寄存器
1	×	0	0	0	1	0 0 0 0 从全 0 到全 1	310H～31FH	$\overline{Y}_1$	写 12 位 DAC 寄存器

【例 10-3】 设待转换的 12 位二进制数存放在 BX 中的低 12 位，根据图 10-12，编写转换一次 12 位二进制数的子程序，BX 中的值为调用子程序的入口参数。

解：程序如下。

```
ZHUANH  PROC  NEAR      ;定义近的子程序 ZHUANH
        PUSH  AX        ;AX 的值入栈
        PUSH  DX        ;DX 的值入栈
        PUSH  CX        ;CX 的值入栈
        MOV   DX, 300H  ;将高 8 位输入寄存器的地址传输给 DX
        MOV   CL, 04H   ;将计数值传输给 CL
        SHL   BX, CL    ;将 BX 中的值左移 4 次
        MOV   AL, BH    ;将高 8 位传输给 AL
        OUT   DX, AL    ;写高 8 位
        MOV   AL, BL    ;将低 4 位传输给 AL 的高 4 位
        MOV   DX, 200H  ;将低 4 位输入寄存器的地址传输给 DX
        OUT   DX, AL    ;输出低 4 位
        MOV   DX, 310H  ;将 12 位 DAC 寄存器的地址传输给 DX
        OUT   DX, AL    ;写入 12 位 DAC 寄存器
        POP   CX        ;恢复现场
        POP   DX
        POP   AX
        RET
ZHUANH  ENDP
```

10.3 模/数（A/D）转换器

10.3.1 A/D 转换器的工作原理

集成 A/D 转换芯片内部转换的方式较多，不同 A/D 转换芯片有各自的转换方式，常用的有逐次逼近型、双积分型及电压频率转换型等。其中，逐次逼近型应用最广，常用的 8 位 A/D 转换芯片 ADC0809 和 12 位 A/D 转换芯片 AD574 都采用了逐次逼近型，本节重点介绍逐次逼近型 A/D 转换器的原理。

1. 逐次逼近型 A/D 转换器的基本原理

逐次逼近型 A/D 转换器又称逐位比较式 A/D 转换器，其工作原理图如图 10-13 所示。逐次逼近型 A/D 转换器主要由逐次逼近寄存器、D/A 转换器、比较器、缓冲寄存器及控制电路组成。把设定的逐次逼近寄存器中的数字量经 D/A 转换得到的电压与待转换模拟电压进行比较，在比较时，先从逐次逼近寄存器的最高位开始，顺序比较，直到最低位比较结束，逐次试探，确定各位的数码是留下（为 1）还是舍弃（为 0）。

该方式下的转换过程是在控制电路的控制下完成的。首先，在转换前，先将逐次逼近寄存器的各位清零，在转换时，控制电路先设定逐次逼近寄存器的最高位为1，其余位为0，将其送入D/A转换器，再将经D/A转换后生成的模拟量（V_o）送入电压比较器与输入电压（V_i）进行比较，若$V_o \leq V_i$，则说明最高位1应该被保留，否则，应被清除。然后，置逐次逼近寄存器的次高位为1，将逐次逼近寄存器中新的数据送入D/A转换器，同样地，将输出的V_o与V_i进行比较，若$V_o \leq V_i$，则该位的1被保留，否则被清除。重复此过程，直至逐次逼近寄存器中的最低位完成比较，转换结束，将逐次逼近寄存器中的数字量送入缓冲寄存器，得到最终的输出数字量。

逐次逼近型A/D转换器的转换速度快，转换时间固定，不受输入信号电压幅度的影响，转换时间为1～100μs，分辨率高达18位。

2. 电压频率转换型A/D转换器的基本原理

电压频率转换型A/D转换器由V/F转换芯片、计数器、定时器及相应的门控电路组成，其工作原理图如图10-14所示。其工作原理大致如下。V/F转换芯片（如LM331）把输入的模拟电压V转换成频率F与模拟电压成正比的脉冲信号。定时器定时输出，由定时器输出的时间间隔控制计数器计数，在规定的时间内，计数器统计到的脉冲个数与输入模拟电压量成正比例，计数器输出最终的数字量。

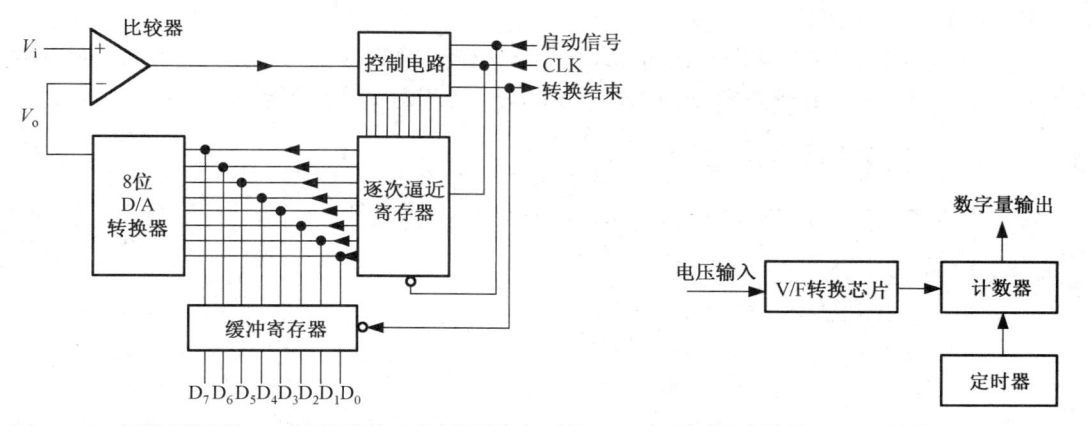

图10-13 逐次逼近型A/D转换器的工作原理图　　图10-14 电压频率转换型A/D转换器的工作原理图

通常情况下，A/D转换器一般都需要微处理器或计算机系统来控制，图10-14中的定时、计数及数字量的读取就是通过计算机控制来实现的。

10.3.2 A/D转换器的主要技术指标

1. 分辨率

分辨率指A/D转换器所能分辨的最小模拟输入量，通常用输出二进制代码的位数来表示。例如，8位A/D转换器的分辨率为8位，对于8位A/D转换器，当输入满量程为5V，即范围是0～5V时，输出数字量的变化范围是00H～FFH，转换电路对输入模拟电压的分辨能力为5V/255≈19.607mV，即1位对应19.607mV，或者称最小有效位的量化单位Δ=19.607mV，而19.607mV以下的电压被当作0处理，即无法分辨出。A/D转换器的位数越多，分辨率越高，能分辨出的电压值越小。

2. 转换时间

从启动转换到转换出稳定的二进制代码所需的时间称为转换时间。转换时间与 A/D 转换器的工作原理及其位数有关。相同转换工作原理的 A/D 转换器，通常位数越多，其转换时间越长。

目前常用的 A/D 转换芯片的转换时间在几微秒到 200 微秒之间。

3. 量程

量程指允许输入模拟电压的变化范围，分为单极性与双极性两种类型。例如，某转换器具有 0～10V 单极性模拟输入电压的范围，其量程为 0～10V。如果输入模拟电压的范围是-5～+5V，那么其量程为-5～+5V。

4. 精度

精度指转换的结果相对于实际的偏差，精度有两种表示方法。

（1）绝对精度：在转换器中，对应于一个数字量的实际模拟输入电压和其理想的模拟输入电压之差往往不是一个常数，把所有差值中的最大值称为绝对误差或绝对精度。绝对精度用最低位（LSB）的倍数来表示，如±1/2LSB 或±1LSB 等。绝对误差包括量化误差及其他所有的误差。

（2）相对精度：用绝对精度除以 A/D 转换器满量程输出值的百分数来表示。

【例 10-4】 精度计算分析示例。

一个 10 位 A/D 转换器满量程输出为 10V，若其绝对精度为±1/2LSB，则其最小有效位的量化单位 $\Delta = 9.77$ mV，其绝对精度为 $1/2 \Delta \approx 4.88$ mV，相对精度为 4.88 mV /10V = 0.048%。

10.3.3 A/D 转换芯片 ADC0809

ADC0809 的功能结构与引脚图如图 10-15 所示。

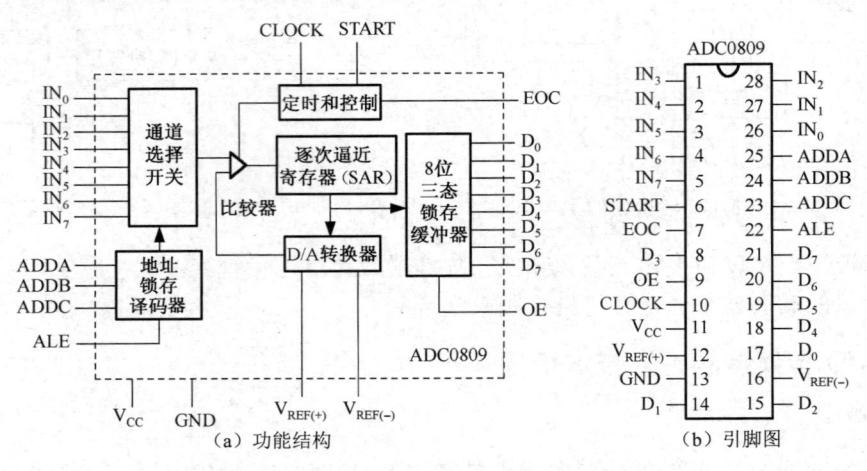

图 10-15 ADC0809 的功能结构与引脚图

1. ADC0809 的功能结构

ADC0809 是典型的 8 位 A/D 转换器，采用逐次逼近式进行 A/D 转换，其功能结构如图 10-15（a）所示。ADC0809 内部由地址锁存译码器、D/A 转换器、逐次逼近寄存器、比较器及定时和控制等部件组成。输出端带有 8 个三态门，输出允许信号 OE 高电平有效。ADC0809 的主要技术指标如下。

① 8 位分辨率。
② 转换时间为 100μs。
③ 模拟输入电压范围是 0～+5V，不需要调零和满刻度校准。
④ 电源电压上限值是 6.5V。
⑤ 功耗约为 15mW。
⑥ 转换最大误差为 1LSB。

2．ADC0809 的引脚

ADC0809 的引脚图如图 10-15（b）所示，主要引脚介绍如下。

$IN_0 \sim IN_7$：8 路模拟量输入端。

ADDA、ADDB、ADDC：地址输入端，用于选通 8 路模拟量输入中的一路。地址编码与被选中的模拟输入通道的关系如表 10-3 所示。

表 10-3 地址编码与被选中的模拟输入通道的关系

被选中的模拟输入通道	ADDA	ADDB	ADDC
IN_0	0	0	0
IN_1	0	0	1
IN_2	0	1	0
IN_3	0	1	1
IN_4	1	0	0
IN_5	1	0	1
IN_6	1	1	0
IN_7	1	1	1

ALE：地址锁存允许信号，输入。当 ALE 为低电平时，接通某一路的模拟输入信号；当 ALE 为高电平时，锁存该路的模拟信号。

$D_0 \sim D_7$：8 位数字量输出。

START：A/D 转换启动信号，输入，高电平有效。

EOC：A/D 转换结束信号，输出，高电平有效。

OE：输出允许信号，输入，高电平有效。

CLOCK：时钟脉冲输入信号，最高频率为 640kHz。

$V_{REF(+)}$、$V_{REF(-)}$：基准电压信号。$V_{REF(+)}$ 为+5V 或 0V，$V_{REF(-)}$ 为 0V 或-5V。

3．ADC0809 的工作时序

ADC0809 的工作时序如图 10-16 所示。在启动转换之前，A/D 转换结束信号 EOC 为高电平，正在转换时其输出为低电平。外部提供的输出允许信号 OE 应该为无效的低电平。当启动转换时，首先由外部提供 3 位地址信号，在地址锁存允许信号 ALE 由低电平跳变到高电平时，3 位地址被锁存，选中模拟输入通道。然后由 START 信号启动转换，START 信号的正脉冲有效，高脉冲的宽度不小于 200ns。START 信号的上升沿将内部逐次逼近寄存器复位，下降沿启动 A/D 转换，当转换结束时 EOC 上升到高电平。

在实际应用中，START 和 ALE 并接在一起，使用同一个脉冲信号，其上升沿用于锁存地址，下降沿用于启动转换。

图 10-16 ADC0809 的工作时序

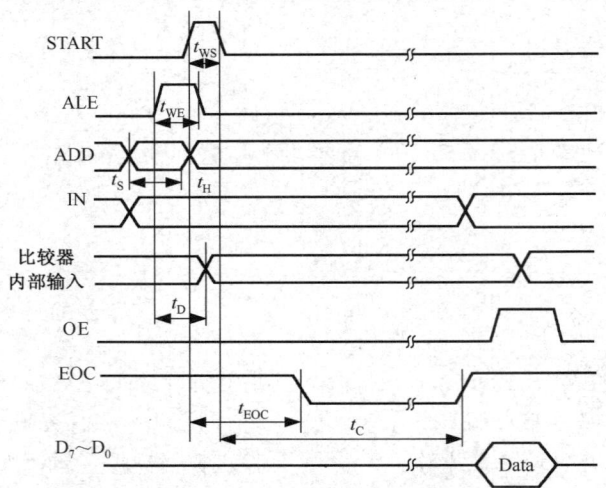

注：t_{WS} 为启动脉冲宽度，最小为 100ns，最大为 200ns。t_S 为地址设置时间，典型值为 100ns，最大值为 200ns。t_C 为转换时间，大小为 100μs。t_{EOC} 为启动转换延迟时间，即 2μs+8 个时钟周期。

ADC0809 将转换后的数字量锁存于 8 位三态锁存缓冲器中，当 OE 端输入高电平时，8 位三态锁存缓冲器中的数字量从 $D_0 \sim D_7$ 输出。

在实际应用中，通常把 $V_{REF(+)}$ 接到 V_{CC}（+5V）电源上，把 $V_{REF(-)}$ 接 GND（地）。$V_{REF(+)}$ 和 $V_{REF(-)}$ 分别可以不连接到 V_{CC} 和 GND 上，但加到 $V_{REF(+)}$ 和 $V_{REF(-)}$ 上的电压必须满足以下要求：

$$0 \leqslant V_{REF(-)} < V_{REF(+)} \leqslant V_{CC}$$

且

$$\frac{V_{REF(+)} + V_{REF(-)}}{2} = \frac{V_{CC}}{2}$$

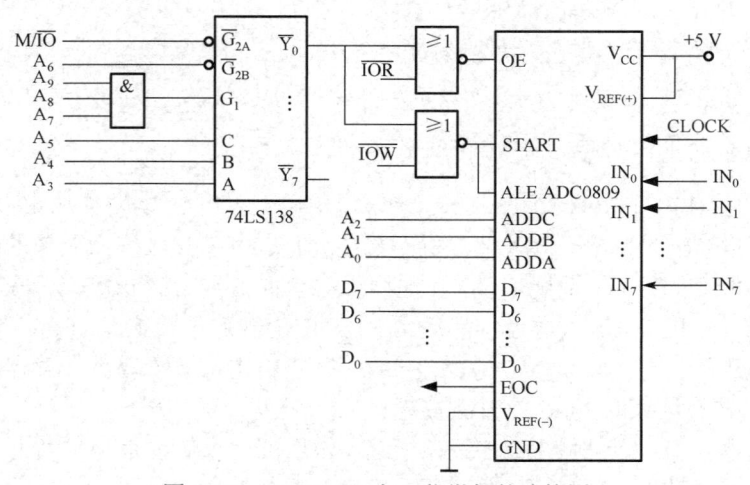

4. ADC0809 的应用

ADC0809 与 8 位微机的连接图如图 10-17 所示。$V_{REF(+)}$ 连接 V_{CC}，并接至+5V；$V_{REF(-)}$ 接地；CLOCK 一般接 500kHz 的脉冲源；ADDC、ADDB 和 ADDA 分别连接 CPU 地址总线的 A_2、A_1 和 A_0，用以选通 $IN_0 \sim IN_7$。

图 10-17 ADC0809 与 8 位微机的连接图

74LS138 能够译码的选通条件是：$\overline{G_{2A}} = \overline{G_{2B}} =$ 低电平，$G_1=$ 高电平，因此，M/$\overline{IO}$ =低电平，$A_6=0$，$A_9=A_8=A_7=1$，所以 $\overline{Y_0}$ =380H～387H，其地址范围及功能如表 10-4 所示。该地址范围只适合于 CPU 执行 I/O 指令，即当 CPU 访问输入/输出设备时才有效，因为在执行 I/O 指令时 M/$\overline{IO}$ 是低电平。$\overline{IOR}$ 和 $\overline{IOW}$ 参与二次译码，分别产生 $\overline{Y_0}$ 的读操作片选及写操作片选。

```
        MOV  DX, 380H    ; A2=A1=A0=0，IN0 的选通地址
        OUT  DX, AL      ; IOW=低电平，Y0=低电平，或者非门输出使 START 及 ALE 为高电平，
                           A2=A1=A0=0，所以启动选通模拟电压 IN0 转换
        MOV  DX, 380H
        IN   AL, DX      ; IOR=低电平，Y0=低电平，所以 OE=高电平，A/D 转换器 8 位三态锁存
                           缓冲器输出三态门打开，读转换结果
```

表 10-4 $\overline{Y_0}$ 的地址范围及功能

M/$\overline{IO}$	A_9	A_8	A_7	A_6	A_5	A_4	A_3	A_2	A_1	A_0	$\overline{IOR}$	$\overline{IOW}$	地址范围	片选	功能
0	1	1	1	0	0	0	0	×	×	×	1	0	380H～387H	$\overline{Y_0}$	仅写端口地址有效
0	1	1	1	0	0	0	0	×	×	×	0	1	380H～387H	$\overline{Y_0}$	仅读端口地址有效

ADC0809 与计算机连接构成的 A/D 转换接口有 3 种输入方式：查询输入、中断输入和延时等待输入。延时等待输入指启动转换并延时一定时间后读取转换的结果。

【例 10-5】 采用延时等待输入方式，顺序采集 8 路模拟信号，将采集到的数字量存入内存，编写的程序如下。

```
       DATA     SEGMENT
       SHUJU    DB   8   DUP(?)
       DATA     ENDS
       XSTART   EQU  380H
       DWORD    EQU  380H
       CODE     SEGMENT
       ASSUME   CS:CODE, DS:DATA
START: MOV      AX, DATA          ; 将程序段的段值传输给 AX 寄存器
       MOV      DS, AX            ; 再传输给 DS 寄存器
       MOV      CL, 8             ; 将采集次数 8 传输给 CL 寄存器
       LED      SI, SHUJU         ; 将数据段的偏移地址传输给 SI 寄存器
       MOV      BL, 0FFH
BG:    INC      BL
       MOV      DX, XSTART        ; 将启动转换地址传输给 DX 寄存器
       MOV      AL, BL
       OUT      DX, AL            ; 启动转换
       CALL     DELAY             ; 调用延时
       MOV      DX, DWORD         ; 读取转换结果的地址，并将其传输给 DX 寄存器
       IN       AL, DX            ; 读取转换结果
       MOV      [SI], AL          ; 将结果存入内存
       INC      SI                ; 地址指针加 1
       DEC      CL                ; CL 计数器减 1
       JNZ      BG                ; 若不是 0，则转到标号地址 BG 处
       DELAY PROC NEAR            ; 延时子程序，大于 100μs
       PUSH     CX
       MOV      CX, 0F00H
       LOOP     $
```

```
            POP    CX
            RET
            DELAY  ENDP
    CODE    ENDS
    END     START
```

如果采用查询输入方式,那么可以将 A/D 转换结束信号 EOC 经过 8255A 并行输入接口送入计算机。一旦采集程序启动转换,便查询 EOC 是否为高电平,若是高电平,则读取转换的结果,否则继续查询。

如果选用中断输入方式,将 82C59A 设置成边沿触发方式,那么可将 EOC 直接连接到 82C59A 的某一个中断请求输入端,利用 EOC 的上升沿产生中断。在主程序中启动 A/D 转换,在中断服务程序中读取转换的结果。

10.3.4 A/D 转换芯片 AD574

1. AD574 的引脚功能

AD574 也是一种逐次逼近型 A/D 转换芯片,其分辨率是 12 位,可用作 8 位 A/D 转换器,转换时间为 15~35μs。若转换成 12 位二进制数,则可以一次读出,便于与 16 位数据总线连接;也可以分成两次读出,即先读出高 8 位,后读出低 4 位,这种读出方式适合与 8 位数据总线连接。AD574 内部能自动提供基准电压,并具有三态输出缓冲器。

图 10-18 所示为 AD574 的引脚图,它共有 28 条引脚,各引脚含义如下。

REFOUT:内部基准电压输出端(+10V)。

REFIN:基准电压输入端。REFIN 与 REFOUT 配合用于满刻度校准。

BIP:偏置电压输入端,用于调零。

DB_{11}~DB_0:12 位二进制数的输出端。

STS:"忙"信号输出端,高电平有效。当其有效时,表示正在进行 A/D 转换。

$12/\overline{8}$:用于控制输出字长的选择输入端。当其为高电平时,允许转换的 12 位二进制数并行输出;当其为低电平时,只允许输出高 8 位或低 4 位二进制数。

$R/\overline{C}$:数据读出与启动模/数转换信号。当其为高电平时,允许读 A/D 转换器输出的转换结果;当其为低电平时,启动 A/D 转换。

A_0:字节地址控制输入端。当启动 A/D 转换时,若 $A_0=1$,则表示只进行 8 位 A/D 转换;若 $A_0=0$,则表示进行 12 位 A/D 转换。当进行 12 位 A/D 转换并按 8 位输出时,在读入 A/D 转换值时,若 $A_0=0$,则表示读高 8 位 A/D 转换值;若 $A_0=1$,则表示读低 4 位 A/D 转换值。

CE:工作允许输入端,高电平有效。

$\overline{CS}$:片选输入信号,低电平有效。

$10V_{IN}$:模拟信号输入端,允许输入的电压范围为 -5~+5V 或 0~10V。

$20V_{IN}$:模拟量信号输入端,允许输入的电压范围为 -10~10V 或 0~20V。

+15V,-15V:电源输入端。

DGND:数字地。

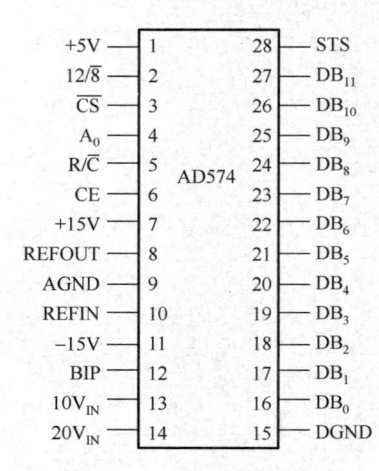

图 10-18 AD574 的引脚图

AGND：模拟地。

AD574 控制信号的组合功能描述如表 10-5 所示。从表中可以看出，当 CE=1，$\overline{CS}$=0，R/$\overline{C}$=0 时，AD574 的转换过程将被启动。在启动转换时，若 A_0=1，则实现 8 位数据转换，转换后的数据从 DB_{11}～DB_4 输出，低 4 位 DB_3～DB_0 被忽略；若 A_0=0，则实现 12 位数据转换，转换后的数据从 DB_{11}～DB_0 输出。

表 10-5　AD574 控制信号的组合功能描述

CE	$\overline{CS}$	R/$\overline{C}$	12/$\overline{8}$	A_0	操作
0	×	×	×	×	无操作
×	1	×	×	×	无操作
1	0	0	×	0	启动 12 位 A/D 转换
1	0	0	×	1	启动 8 位 A/D 转换
1	0	1	+5V	×	允许 12 位并行输出
1	0	1	地	0	仅允许高 8 位输出
1	0	1	地	1	仅允许低 4 位输出

12/$\overline{8}$ 是用于控制输出长度的输入端。当 12/$\overline{8}$=高电平时，在 CE=1，$\overline{CS}$=0，R/$\overline{C}$=1 的情况下，12 位数据从 DB_{11}～DB_0 同时输出。当 12/$\overline{8}$=低电平时，在 CE=1，R/$\overline{C}$=1，$\overline{CS}$=0 的情况下，若 A_0=0，则转换结果的高 8 位从 DB_{11}～DB_4 输出；若 A_0=1，则转换结果的低 4 位从 DB_3～DB_0 输出。

2．AD574 模拟输出电路的极性选择

从图 10-18 可以看出，AD574 有两条模拟输入电压引脚 $10V_{IN}$ 和 $20V_{IN}$，模拟输入电压可以是单极性电压，也可以是双极性电压，其动态范围分别是 10V 和 20V。通过改变 AD574 有关引脚的接法来实现对单极性模拟电压或双极性模拟电压的转换。AD574 单极性与双极性电压输入的连接方法如图 10-19 所示。

（a）单极性电压输入　　　（b）双极性电压输入

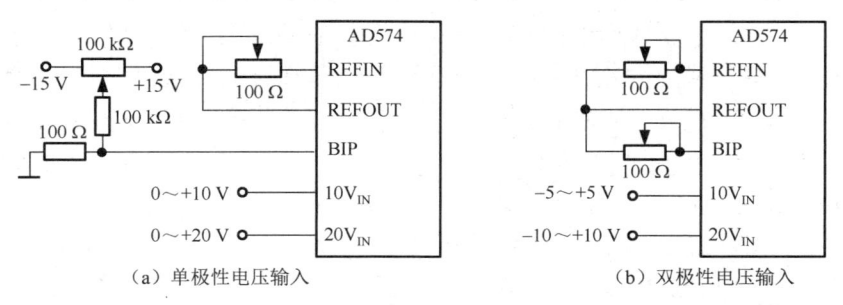

图 10-19　AD574 单极性与双极性电压输入的连接方法

启动 AD574 进行 8 位和 12 位 A/D 转换，转换后的输出数字量与模拟输入电压的对应关系各有 4 种情况，如表 10-6 所示。在实际应用中，一般将 AD574 用作 12 位 A/D 转换器。

表 10-6　转换后的输出数字量与模拟输入电压的对应关系

模拟输入电压	8 位分辨率输出数字量	12 位分辨率输出数字量
−5～+5V	00H～FFH	000H～FFFH
0～+10V	00H～FFH	000H～FFFH
−10～+10V	00H～FFH	000H～FFFH
0～+20V	00H～FFH	000H～FFFH

3. 12 位 A/D 转换器与 8 位数据总线的连接

12 位 A/D 转换器与 8 位数据总线的连接如图 10-20 所示。

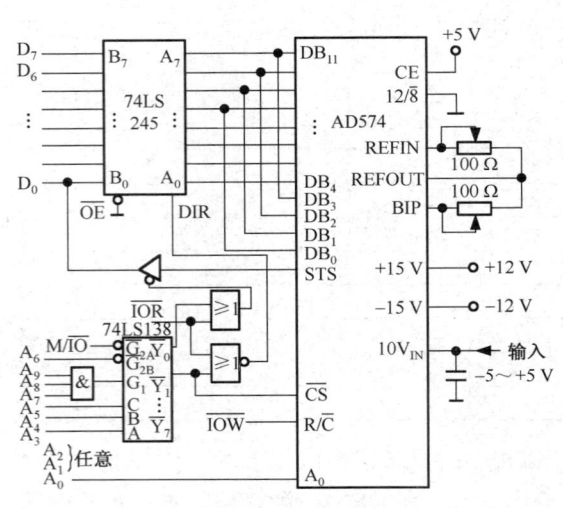

图 10-20 12 位 A/D 转换器与 8 位数据总线的连接

针对图 10-20 的连接示意图，有以下三点说明：

第一，CPU 的数据总线接有双向驱动的 74LS245 芯片，它分为 A 边（$A_7 \sim A_0$）和 B 边（$B_7 \sim B_0$）。当输出允许信号 $\overline{OE}$=高电平时，A 边和 B 边的输出都处于高阻状态。当 $\overline{OE}$=低电平时，若方向控制信号 DIR=高电平，则数据由 A 边传输到 B 边；若 DIR=低电平，则数据由 B 边传输到 A 边。由于图 10-20 中的 $\overline{OE}$ 接地，因此当 CPU 以 $\overline{Y_1}$ 为端口地址执行输入指令时，若 $\overline{Y_1}$=低电平，$\overline{IOR}$=低电平，则 DIR=高电平，AD574 输出的数据从 A 边传输到 B 边，满足 CPU 读数据的需要；若 $\overline{IOR}$=高电平，则 DIR=低电平，数据从 B 边传输到 A 边。

第二，3 线-8 线译码器 74LS138 配合与门、或门及或非门构成了端口译码电路。$\overline{Y_0}$ 和 $\overline{Y_1}$ 片选地址的计算如表 10-7 所示。

表 10-7 $\overline{Y_0}$ 和 $\overline{Y_1}$ 片选地址的计算

M/$\overline{IO}$	A_9	A_8	A_7	A_6	A_5	A_4	A_3	A_2	A_1	A_0	地址范围	片选
0	1	1	1	0	0	0	0	×	×	×	380H～387H	$\overline{Y_0}$
0	1	1	1	0	0	0	1	×	×	×	388H～38FH	$\overline{Y_1}$

第三，AD574 连接成双极性模拟输入（$-5 \sim +5V$），+15V 端和-15V 端分别外接+12V 和-12V 电源。12/$\overline{8}$ 接地，转换成的 12 位数字量分两次读入计算机，注意，低 4 位二进制数从数据总线的高 4 位读入。启动转换及读转换结果都使用 $\overline{Y_1}$ 片选，$\overline{Y_0}$ 片选用于查询转换是否结束。

将 $\overline{IOW}$ 直接连至 R/$\overline{C}$，因为在执行输出指令时，$\overline{IOW}$=0，满足启动转换 R/$\overline{C}$=0 的逻辑需要；在执行输入指令时，$\overline{IOW}$=1，满足读转换结果 R/$\overline{C}$=1 的逻辑值。

【例 10-6】 在图 10-20 中，将 AD574 用作 12 位 A/D 转换器，数据输出与 8 位计算机连接，因此，转换后的 12 位数据分两次被读入计算机，双极性输入连接，输入模拟电压是-5～+5V。参考表 10-7，用地址线 A_0 配合 $\overline{Y_1}$ 分别产生 AD574 所需要的奇地址和偶地址。采用查询式的方法，编写实现 12 位 A/D 转换的程序段，并将转换结果存入 AX 寄存器。

解：查询式采集程序段如下：

```
         MOV   DX, 388H      ; A0=0, 片选 Y1
         OUT   DX, AL        ; 输出指令产生启动 12 位 A/D 转换的各控制信号, 不需要输出
                             ;   数据锁存
         MOV   DX, 380H      ; 片选 Y0
  POI:   IN    AL, DX        ; 读转换结束信号 STS
         TEST  AL, 01H       ; 假定查询位从 D0 位读入
         JNZ   POI           ; 若 STS 不等于 0, 则转 POI
```

	MOV	DX，388H	；片选 $\overline{Y}_1$，通过偶地址片选读高 8 位
	IN	AL，DX	；读高 8 位
	MOV	AH，AL	
	MOV	DX，389H	；片选 $\overline{Y}_1$，通过奇地址片选读低 4 位
	IN	AL，DX	；从数据总线 $D_7 \sim D_4$ 位读入低 4 位
	MOV	CL，4	
	SHR	AX	；逻辑右移 4 位

4．12 位 A/D 转换器与 16 位数据总线的连接

具有 16 位数据总线的计算机易与 12 位的 AD574 连接构成 12 位数据采集系统。12 位 A/D 转换器与 16 位数据总线的连接如图 10-21 所示，AD574 的 12 位数据输出线经过两片三态八缓冲器 74LS244 与计算机数据总线相连接，当片选 $\overline{Y}_1$ 有效时，同时读取 12 位转换结果，注意，12/$\overline{8}$ 要接+5V，允许 12 位数据一次性读出。

另外，由于模拟电压接到 10V$_{IN}$ 输入端，模拟输入电压范围是 0～+10V，所以 AD574 连接成单极性输入。$\overline{Y}_0$ 为查询端口，$\overline{Y}_1$ 是 AD574 的片选，同样用地址线 A_0 配合 $\overline{Y}_1$ 分别产生 AD574 所需的奇地址和偶地址。

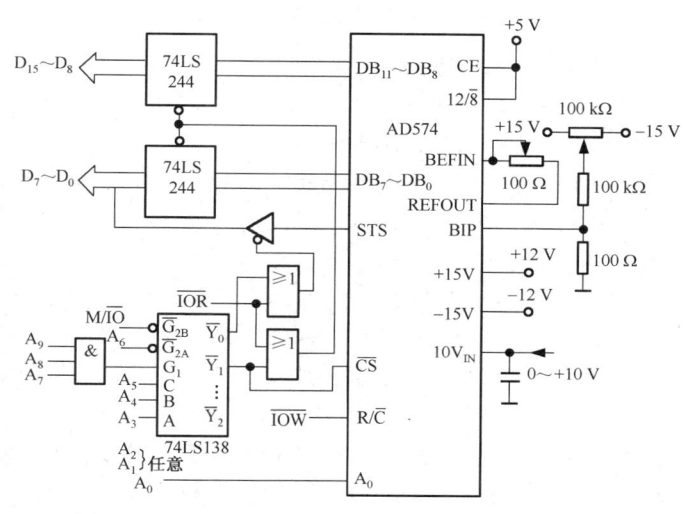

图 10-21　12 位 A/D 转换器与 16 位数据总线的连接

【**例 10-7**】 在图 10-21 中，将 AD574 用作 12 位 A/D 转换器，数据输出与 16 位计算机连接，转换后的 12 位数据被读入计算机只需要执行一次读操作。参考表 10-7，采用查询式的方法，编写实现 12 位 A/D 转换的程序段，并将转换结果存入 AX 寄存器。

解：查询式采集程序段如下。

	MOV	DX，388H	；A_0=0，使用片选 $\overline{Y}_1$ 的偶地址启动转换
	OUT	DX，AL	；输出指令产生启动 12 位 A/D 转换的各控制信号，不需要输出数据锁存
	MOV	DX，380H	；片选 $\overline{Y}_0$
POI:	IN	AL，DX	；读转换结束信号 STS
	TEST	AL，80H	；设 STS 从数据总线 D_7 位读入
	JNZ	POI	；若 STS 不等于 0，则转 POI
	MOV	DX，388H	；将片选 $\overline{Y}_1$ 传输给 DX
	IN	AX，DX	；从数据总线 $D_{11} \sim D_0$ 一次性读入 12 位二进制数

综上所述，A/D 转换器的功能是将模拟输入电压量转换为与其成比例的数字量，按其工作原理，A/D 转换器可分为逐次逼近式、积分式和电压-频率转换式等。

不同的 ADC 芯片具有不同的连接方式，主要是输入、输出和控制信号的连接方式有区别。

从输入端来看，有单极性输入和双极性输入。

从输出方式来看，主要有两种：①在 ADC 芯片内部，数据输出寄存器具有可控的输出三态门，这类芯片的数据输出线可以和计算机系统的数据总线直接相连。②在 ADC 芯片内部没有可控的输出三态门，数据输出寄存器是直接与芯片数据输出引脚相连接的，这种芯片的数据输出引脚必须通过外加的三态缓冲器才能连接到计算机系统的数据总线上。

A/D 转换器通常具有转换结束信号引脚，该引脚的高低电平反映了转换芯片所处的状态，可以为计算机提供转换是否结束的信息，并使计算机以查询或中断方式读取转换后的数字量。

小结

模/数（A/D）转换和数/模（D/A）转换技术是微机与监测设备、控制对象之间的一种重要的接口技术，也是实现信号监测、过程控制的两个重要组成部分。

一般模拟量输入通道由传感器、信号处理、多路转换开关、采样/保持器和 A/D 转换器组成。

一般模拟量输出通道有输出接口及锁存器、D/A 转换器、放大驱动及执行装置等。

常用的 DAC 芯片从工作方式上分，有并行 DAC 芯片和串行 DAC 芯片；从转换精度上分，有 8 位、10 位、12 位等 DAC 芯片。

D/A 转换器的主要技术指标包括分辨率、转换时间、转换输出、绝对精度、相对精度及线性误差等。

A/D 转换器的主要技术指标包括分辨率、转换时间、量程和精度等。

A/D 转换芯片和 D/A 转换芯片的设计，本来就是能够被微机或微处理器（如单片机）控制的，也就是说，A/D 转换芯片和 D/A 转换芯片能够与计算机或微处理器连接。它们与以往讨论的接口芯片的相同之处是：A/D 转换芯片和 D/A 转换芯片的数据线与计算机或微处理器的数据线相连接，二者都具有片选信号等。但不同的 A/D 转换芯片和不同的 D/A 转换芯片所需要的控制信号线是不同的。

本章所讨论的 D/A 转换和 A/D 转换的应用举例，是应用 8 位微机和 16 微机的局部总线来进行讨论的。

习题与思考题

10.1 问答题

（1）模拟量输入与输出通道分别由哪些部分组成？

（2）采样/保持器的作用是什么？

（3）在 T 型电阻网络 DAC 原理图（见图 10-6）中，R-2R 结构的意义是什么？

（4）DAC0832 内部采用两级寄存器锁存待转换的二进制数有什么特殊用途？

（5）如果 A/D 转换芯片的数据输出端不带三态输出，那么该芯片的输出端应该怎样与 CPU 的数据总线连接？

10.2 编程题

（1）根据图 10-10，编程产生三角波输出。

（2）根据图 10-12，编程产生脉冲波输出。

（3）根据图 10-20，启动转换后，采用延时等待输入方式，编写 A/D 转换程序。

（4）根据图 10-21，启动转换后，采用延时等待输入方式，编写 A/D 转换程序。

10.3 计算题

设 10 位 A/D 转换器输入模拟电压的范围是 0～10V，其能分辨模拟电压的最小值是多少？若采用 12 位 A/D 转换器，则其能分辨模拟电压的最小值是多少？

第11章 总线技术

总线是计算机各部件之间使用的一组公共通信干线。在计算机系统中，各部件之间的信息传输是通过总线结构和时序的配合来完成的，总线结构实现了计算机各部件之间的互联和协作，完成了信息在各部件之间的流通。在某条通路上传输微机系统运行程序所需要的地址、数据及控制等信息，传输信息的载体是一组传输线，统称总线。

本章介绍了总线及局部总线，主要介绍了 VESA、PCI、PCI-Ex、AGP、IDE 及 SATA 总线。

11.1　总线概述

11.1.1　总线的 5 个特性

总线标准指国际工业界正式公布或推荐的，当把各种不同的模块组成微机系统时必须遵守的规范。它是芯片之间、插件板之间及微机系统之间，在通过总线进行连接和传输信息时应遵守的一些协议和规范。总线标准包括总线的物理特性、功能特性、电气规范、传输特性、时间特性等。不同总线有不同的总线标准。实际上，总线标准简称总线，如 ISA 总线的全称是工业标准结构（Industry Standard Architecture）。

1．物理特性

物理特性指总线物理连接的方式，包括总线的数量、总线插头的形状和大小，以及引脚的排列等。不同总线的物理特性是不同的。

2．功能特性

功能特性指总线上每条线的功能。根据功能特性，总线一般由数据线、地址线和控制线组成。数据线的宽度决定了总线一次能够与存储器或外部设备交换数据的宽度（位数）；地址线指明了系统访问存储器的地址范围，确定了系统访问存储器的最大容量；控制线包括各种控制命令线、同步信号线、中断信号线、DMA 信号线及其他联络信号线等。

3．电气规范

电气规范定义了总线上的每条信号线上信号传输的方向、有效电平的允许值等。

4．传输特性

传输特性包括数据总线的并/串行传输、总线宽度、总线频率和传输速率等。总线宽度通常指总线上数据线的位数，有 8 位、16 位、32 位、64 位。总线频率指用于控制总线操作的时钟信号的频率，它指明总线在每秒钟内能够传输数据的次数。例如，ISA 的总线频率是 8MHz，PCI-X 2.0 的总线频率是 133MHz，PCI-Ex 2X 的总线频率是 2.5GHz。

总线并行传输的速率指每秒钟内能够传输的最多字节数，单位为 MB/s，其计算公式为

$$传输速率 = (总线宽度/8) \times 总线频率 \tag{11-1}$$

总线宽度越宽，总线频率越高，总线传输速率越高。

总线串行传输速率用每秒钟内能够传输多少比特（bit）来描述，通常使用的单位是波特（bps）。

5. 时间特性

时间特性定义了总线上每条信号线有效的时间顺序。

11.1.2 总线的分类

总线的分类较多，从总线传输信号的功能和总线所处的位置来看，主要分为以下 4 类。

1. 芯片总线

芯片总线是大规模或超大规模集成芯片之间互连的信号线。微处理器芯片总线指其连接其他大规模集成芯片（功能模块）的一组信号线。例如，CPU 芯片上的引脚信号与主板上相应的芯片组或存储器相连接等。在第 3 章介绍典型微处理器结构的同时，介绍了微处理器芯片引脚信号及微处理器访问存储器的几种重要的时序图，因此本章不再介绍微处理器芯片总线。

2. 主板局部总线

主板局部总线是在微机主板上连接各插件板的公共通路。主板上并排的多个插槽就是局部总线的扩展槽。局部总线发展很快，典型的主板局部总线有 ISA、EISA、VESA、PCI、AGP，以及最新的 PCI-Ex 等。

3. 系统总线

系统总线是多微处理器系统中连接各 CPU 插件板的信息通路，用来支持多个 CPU 的并行处理。在微机中一般不使用系统总线，但在高性能的计算机系统中，系统总线是系统设计的关键。典型的系统总线有 MULTIBUS 和 STDBUS 等。

4. 外部总线

外部总线又称通信总线，是微机系统与通信设备（外设）之间进行通信的一组信号线。常用的通信总线有：

（1）串行通信 RS-232-C 总线。
（2）通用串行总线 USB。
（3）鼠标、键盘接口（PS/2）。
（4）并行打印机的 Centronics 总线。
（5）硬盘接口 IDE 总线。

其中，前 3 种总线属于串行通信总线，在第 9 章中已经详细介绍，本章不予赘述。并行打印机的 Centronics 总线属于并行通信接口，在第 7 章中已经详细介绍，本章也不予赘述。

本章重点介绍主板上的局部总线，并介绍专用于与硬盘连接的 IDE 等总线。

11.1.3 总线传输的操作过程

1. 总线操作

在微机系统中，凡是通过总线进行的信息交换，统称总线操作。微机系统中的各种操作，包括把数据从 CPU 写入存储器、从存储器读到 CPU、从 CPU 写入输出端口、从输入端口读到 CPU、CPU 通过 RS-232-C 与外设通信、CPU 通过 USB 与 USB 设备交换信息、CPU 中断操作、CPU 内部寄存器之间的数据传输等，都属于总线操作。

总线上往往连接有多个模块，在某一时刻，总线上只能允许一对模块进行信息交换。由于多个模块共享同一总线进行信息传输，因此只能采用分时方式，即将总线时间分成很多段，每段时间可以完成模块之间一次完整的信息交换，完成一次完整的信息交换所经历的时间称为一个数据传输周期或一个总线操作周期（习惯称为总线周期）。完成一个总线操作周期，一般要分成 4 个阶段。

（1）总线请求和仲裁阶段——总线的主模块提出请求，由总线仲裁机构确定把下一个总线操作周期的总线使用权分配给哪一个请求主模块。

（2）寻址阶段——取得使用权的主模块通过总线发出本次要访问的从模块的存储器地址或 I/O 端口地址及命令信息，选中参与本次传输的从模块，并启动从模块。

（3）传输阶段——主模块和从模块之间进行数据交换。在主模块发出的控制信号作用下，数据由源模块发出，经数据总线输送到目的模块。

（4）结束阶段——主、从模块的有关信息均从系统总线上撤除，让出总线，以便其他主模块占用总线进行另外的总线数据传输。

为了保证这 4 个阶段的正确实现，必须施加总线操作控制。对于包含中断控制器、DMA 控制器和多微处理器的系统，必须有某种总线管理机构来控制总线的分配和撤除。但对于只有一个主模块的单微处理器系统，则不存在总线的请求、分配和撤除问题，总线始终归单一主模块占用，数据传输周期也只有寻址和传输两个阶段。

总线操作控制包括两方面的控制：一是总线仲裁，二是总线握手。

2．总线仲裁

总线仲裁的作用是合理地控制和管理系统中需要占用总线的请求源，确保在任何时刻同一总线上最多只有一个模块控制和占用总线，防止总线冲突。

总线仲裁方法又称总线仲裁协定。基本的仲裁方法有两种，即菊花链仲裁和并行仲裁。菊花链仲裁又称串行仲裁；并行仲裁又称独立请求仲裁。

在菊花链仲裁中，为了判定总线在互连设备间的优先级，使用 3 条控制线：总线请求线 BR、总线允许线 BG 和总线忙线 BB。BG 线按照从高到低的优先顺序，对同一时刻提出总线请求的主设备进行判优，BG 信号是通过在菊花链路上的传输来实现的。

在并行仲裁中，每个主控器有各自独立的 BR 线、BG 线与总线仲裁器相连，其相互之间没有任何控制关系。总线仲裁器直接识别所有设备的请求，并根据一定的优先级仲裁算法选中一个设备 C_i，向它直接发出总线允许信号 BG_i。

3．总线握手

总线握手的作用是在主模块取得总线占用权后，通过控制三大总线中与数据传输有关的基本信号线的时序关系，来确保主-从模块间的正确寻址和数据的可靠传输。

总线握手的方法通常有同步总线握手、异步总线握手和半同步总线握手。

1）同步总线握手

总线上的所有模块都在同一时钟源的控制下，严格遵守约定的规定，按照统一步调操作实现整个系统工作的同步。这种总线握手方法实际上未用握手联络线，主模块发出地址码和读/写命令，经过一段原先约定好的时间后，主模块就认为已从其他模块接收到所传输的信息，或者已经按时将数据放到了总线上，模块之间数据传输的周期是固定的。

例如，微处理器读/写存储器的操作采用固定的周期，作为主设备的微处理器认定存储器总是做好了准备，传输周期固定。

2）异步总线握手

异步总线握手为全互锁异步握手方式，是一种普遍的总线握手方法，总线上的主控器和受控器完全采用一问一答的方式工作，传输可靠。

例如，RS-232-C 异步通信采用帧格式传输数据，其中的起始位起到了握手信号的作用。

3）半同步总线握手

半同步总线握手方法综合了同步总线握手和异步总线握手的优点，形成了一种混合式总线握手方法。按这种方法设计出来的总线兼具同步总线的速度和异步总线的可靠性与适应性。

半同步总线握手从宏观上看与异步总线握手十分相似，靠时钟和等待两个信号的握手来控制总线周期的长短；从微观上看，它按同步总线握手的方式工作，真正的总线操作过程只在时钟脉冲一个信号控制下完成，使传输操作保持与时钟同步。对于快速受控设备，它不需要发出等待信号，只由时钟信号单独控制，在标准周期内即可实现主、从模块之间的数据传输；对于慢速受控设备，当其不能在规定的时钟周期内完成传输操作时，它可以通过发送等待信号来通知主设备延长时钟周期，实现速度快、慢不一致的正确配合与数据传输。

11.2 局部总线 ISA 和 EISA

11.2.1 局部总线 ISA

1984 年 IBM 公司推出了 16 位微机 PC/AT，其总线称为 AT 总线。后来为了统一标准，便将 8 位和 8 位/16 位兼容的 AT 总线命名为 ISA 总线，ISA 总线曾得到了广泛的应用，后来扩展为 32 位的 EISA 总线，如今其在 Pentium 4 系统中还留有一席之地。

ISA 总线由主槽和附加槽两部分组成，每个槽都有正、反两面引脚。主板上的 ISA 总线和 PCI 总线插槽如图 11-1 所示。ISA 总线的主槽有 $A_{31} \sim A_1$、$B_{31} \sim B_1$ 共 62 条引脚；附加槽有 $C_{18} \sim C_1$、$D_{18} \sim D_1$ 共 36 条引脚。两个槽一共有 98 条引脚。A 侧和 C 侧主要连接数据线和地址线；B 侧和 D 侧主要连接其他信号线，包括+12V 和+5V 电源、地、中断输入线及 DMA 信号线等。

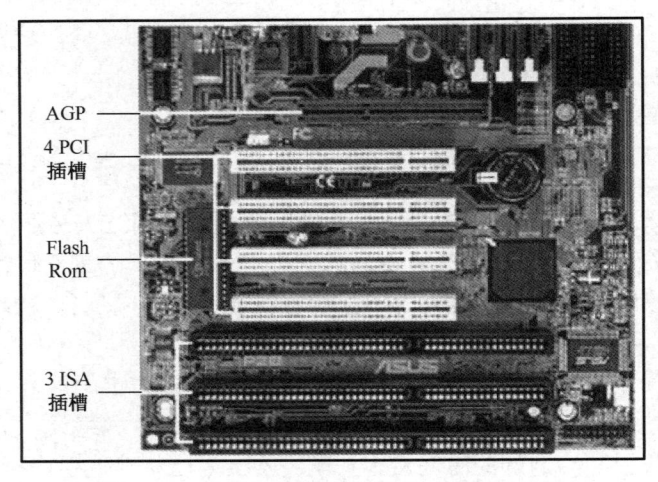

图 11-1 主板上的 ISA 总线和 PCI 总线插槽

ISA 引脚信号分布图如图 11-2 所示，其按功能可分为 5 类。

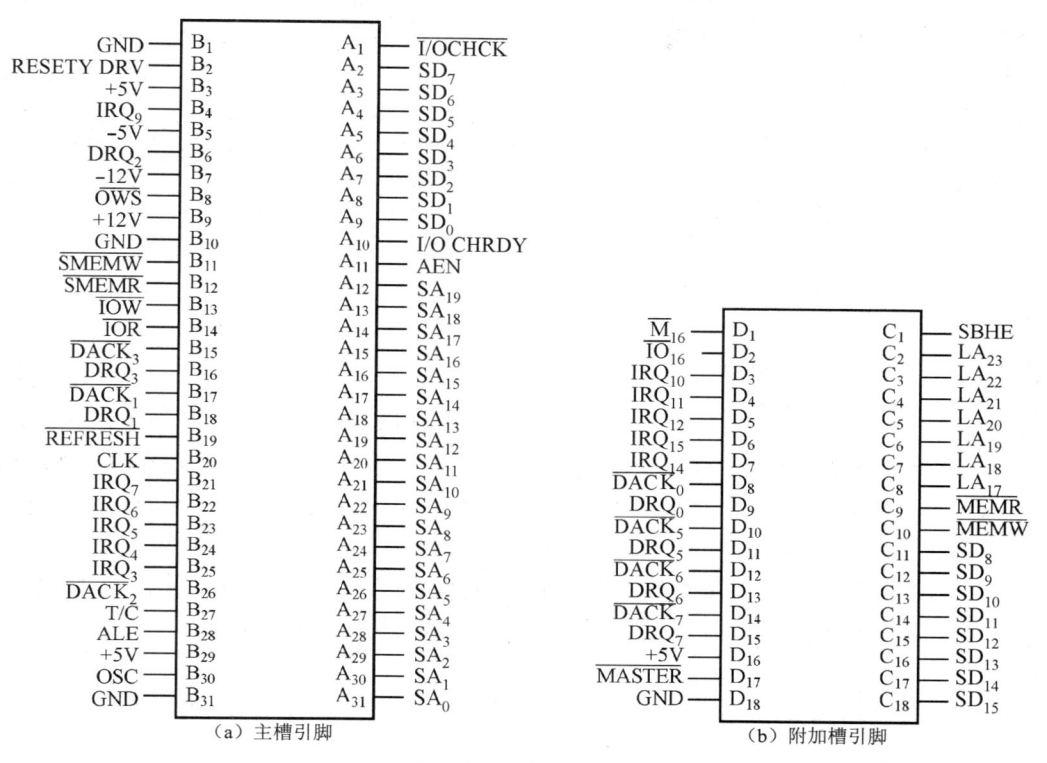

图 11-2 ISA 引脚信号分布图

（1）16 位数据线。

附加槽上的 $C_{18} \sim C_{11}$ 引脚为高 8 位数据线 $SD_{15} \sim SD_8$，主槽上的 $A_9 \sim A_2$ 引脚为低 8 位数据线 $SD_7 \sim SD_0$。

（2）24 位地址线。

附加槽上的 $C_2 \sim C_5$ 引脚为高 4 位地址线 $LA_{23} \sim LA_{20}$，与主槽上的 $SA_{19} \sim SA_0$ 构成 24 位地址线，直接寻址范围达 16MB。

（3）主要控制线。

ALE：地址锁存允许信号。

$IRQ_{15} \sim IRQ_0$：中断请求信号。图 11-2 中缺少的中断请求信号已被主板上的定时芯片、数值协处理器等占用，各信号线具体的应用情况可参考表 6-7。

$\overline{IOR}$ 和 $\overline{IOW}$：I/O 读命令和 I/O 写命令。

$\overline{MEMR}$ 和 $\overline{MEMW}$：存储器读命令和存储器写命令。

$DRQ_7 \sim DRQ_0$：DMA 请求信号。由主板上两片主、从式 8237A 产生，对应 8 个通道，DRQ_0 的优先级最高，DRQ_7 的优先级最低。在微机系统的 DMA 传输中，使用了两片 8237A 芯片级联，其中，从片的 HRQ 接至主片的 DRQ_4，所以在 ISA 槽上没有必要分配 DRQ_4 引脚。相应地，$\overline{DACK_4}$ 信号连接在主板上，也不需要占用插槽上的引脚。

$\overline{DACK_7} \sim \overline{DACK_0}$：DMA 响应信号。对应于 $DRQ_7 \sim DRQ_0$ 的回答信号。

AEN：地址允许信号。

RESET DRV：系统复位信号。该信号使系统各部件复位。
SBHE：数据总线高字节允许信号。

（4）状态线。

$\overline{\text{I/OCHCK}}$：I/O 通道奇/偶校验信号。

I/O CHRDY：I/O 通道准备好信号。较慢的设备可通过设置此信号为低电平使 CPU 或 DMA 控制器插入等待状态，从而延长访问周期。

（5）辅助线和电源线。

OSC：晶体振荡信号。

CLK：系统时钟信号。

11.2.2 局部总线 EISA

随着 386 以上 32 位 CPU 的推出，ISA 总线由于数据总线和地址总线宽度的限制，对具有 32 位地址和数据宽度的微机系统来说，影响了其 32 位微处理器性能的发挥。因此，1988 年推出了为 32 位微机设计的扩展工业标准结构（Extended Industry Standard Architecture），即 EISA 总线。

EISA 总线在结构上与 ISA 总线有良好的兼容性，同时充分发挥和利用了 32 位微处理器的功能，使之在图形技术、光存储器、分布处理、网络、数据处理等需要高速处理能力的场合发挥着作用。

1. EISA 总线的主要特点

（1）EISA 总线可支持 80486 及以前的 x86 CPU，但不支持 Pentium 及以后的各类新型 64 位微处理器。

（2）EISA 总线采用开放式总线结构，与 ISA 总线兼容。EISA 总线有 32 位地址宽度，直接寻址范围为 4GB，并有 32 位数据线。其最大时钟频率为 8.3MHz，最大传输率为 8.3×4≈33（MB/s）。

（3）EISA 总线可支持 CPU 等总线主控器的 32 位寻址能力和 16 位、32 位的数据传输能力，对数据宽度具有变换功能。

（4）EISA 总线扩展和增强了 DMA 仲裁和传输能力，使 DMA 的数据传输率最高可达 33MB/s。EISA 总线与系统主板交换数据的速率是 ISA 总线与系统主板交换数据速率的 4 倍。

（5）EISA 总线可通过软件实现系统主板和扩充板的自动配置功能，无须借助 DIP 开关。

（6）EISA 总线可管理多个总线主控器，并使用突发方式对系统存储器进行读/写访问。两个总线主控器之间通过 EISA 总线也可以进行数据交换。另外，EISA 总线可以不对总线主控器占用 DMA 通道，而 ISA 总线对每一个总线主控器都要使用一个 DMA 通道。

（7）EISA 总线可采用边沿触发或电平触发方式用程序来控制中断请求。

2. EISA 总线的扩展功能

EISA 总线主要从提高寻址能力、增加总线宽度和增加控制信号 3 方面对 ISA 总线进行了扩展和提高。EISA 总线的数据宽度为 32 位，能根据需要自动进行 8 位、16 位、32 位数据转换，从而使主机能访问不同总线宽度的存储器和外设。

EISA 总线共有 198 条信号线，其中 98 条是 ISA 总线原有的。和 ISA 总线相比，EISA 总线增加的主要引脚信号如下。

（1）$LA_{31} \sim LA_{24}$、$LA_{16} \sim LA_2$：地址线。这些地址线与 $LA_{23} \sim LA_{17}$ 及 $\overline{BE_3} \sim \overline{BE_0}$ 共同对 4GB 的地址空间实现寻址。其与 $A_{31} \sim A_2$ 的不同之处在于，这些地址线不经过锁存，所以速度较快。

（2）$\overline{BE_3} \sim \overline{BE_0}$：字节允许信号。通常作为存储体的选择信号。

（3）$SD_{31} \sim SD_{16}$：高 16 位数据线。它们与 $SD_{15} \sim SD_0$ 共同组成 32 位数据线。

（4）$\overline{CMD}$：命令信号。表示结束一个总线周期。

（5）$\overline{START}$：起始信号。表示开始一个总线周期。

（6）$\overline{MREQn}$：总线主模块请求信号，n 为相应的插槽号。当插槽上含总线主模块的插件板，并要求获得总线控制权时，此信号有效。

（7）$\overline{MACKn}$：总线确认信号，n 为相应的插槽号。此信号有效表示该插槽上的总线主模块获得总线控制权。

（8）$\overline{MSBURST}$：主模块突发传输信号。当此信号有效时，表示主设备可进行突发传输。

（9）$\overline{SLBURST}$：从模块突发传输信号。当此信号有效时，表示从设备可进行突发传输。

（10）$M/\overline{IO}$：存储器/外设选择信号。

（11）读/写信号 $W/\overline{R}$、总线锁定信号 $\overline{LOCK}$ 及准备好信号 EXRDY 等。

为做到扩展板的完全兼容，EISA 总线插座在物理结构上把 EISA 总线的所有信号分成深度不同的上、下两层。上层包含 ISA 总线的全部信号，这些引脚信号的排列、引脚间的距离及信号的定义规约与 ISA 总线完全一致。下层包含全部新增加的 EISA 信号，这些信号在横向位置上与 ISA 信号错开。这样既保证了 ISA 总线的适配板只能和上层 ISA 信号相连接，又保证了 EISA 总线的适配板能畅通无阻地插到深处层，和上、下两层信号相连接。

11.3 局部总线 VESA 和 PCI

11.3.1 VESA 总线

CPU 的主频提高、数据宽度的增大及处理能力的增强使系统的性能迅速提高，而系统总线虽然从 XT 总线、AT 总线发展到 EISA 总线、MCA 总线，但仍然不能充分利用 CPU 的强大处理能力、跟不上软件和 CPU 的发展速度。在大部分时间内，CPU 都处于等待状态，特别是在日益强大的 CPU 处理能力和存储器容量的支持和激励下，操作系统和应用程序变得越来越复杂。尤其是显示卡和硬盘控制器位于 8 位或 16 位系统的输入/输出总线上，相对 CPU 极快的速度，反而突显慢的数据传输速率，严重影响了系统的整体工作效率。因此，为提高系统的整体性能，解决总线传输的关键问题，将外设直接挂在 CPU 局部总线上并以 CPU 的运行速度运行。这能够极大地提高外设的运行速度，同时成本只略微上浮。

VESA（Video Electronics Standard Association）总线是 1992 年由 60 家附件卡制造商联合推出的一种局部总线，它是针对视频显示的高数据传输率要求而产生的，因此又称视频局部总线（VL Bus），简称 VL。

VESA 总线关键的改进为微机系统总线体系结构的革新奠定了基础。系统总线考虑到把 CPU 与内存及 Cache 都直接相连，通常这部分总线称为 CPU 总线或主总线，而其他设备通过 VL 总线与 CPU 总线相连，所以 VL 总线被称为局部总线。

VESA 局部总线设计的特点：

（1）VESA 总线定义了 32 位数据线，且可通过扩展槽扩展到 64 位，使用 33MHz 时钟频率，最大传输率为 128~132MB/s，可与 CPU 同步工作。

（2）VESA 总线是一种高速、高效的局部总线，可支持 386SX、386DX、486SX、486DX 及奔腾微处理器。

（3）VESA 总线代表着 PC/AT 结构的一次基本变化。VESA 总线提供了一个 PC/AT 结构无法获得的高性能，VESA 总线的高带宽将更容易支持 Windows 操作系统、网络和 DOS 程序，同时为多媒体应用提供了广阔的发展空间。

VESA 总线是一个 32 位标准的计算机局部总线，是针对多媒体 PC 要求高速传输活动图像的大量数据应运而生的，尽管它的数据传输率最高可达 132MB/s，但是，它的许多引线引自 CPU，因而负载能力相对较差。随着 Pentium 系列计算机的不断普及，PCI 总线产品所占的市场份额日渐提高，VESA 总线逐渐被 PCI 总线所替代。

11.3.2 PCI 总线

1992 年 Intel 公司推出了局部总线——PCI 1.0（Peripheral Component Interconnect，周边元件扩展接口），即第一代产品，其时钟频率为 33MHz，传输数据宽度为 32 位。第二代产品是 1993 年推出的 PCI 2.0，其时钟频率仍然为 33MHz，而传输数据宽度增为 64 位。第三代产品是 1995 年推出并一直应用至今的 PCI 2.1，其传输数据宽度为 64 位，时钟频率增为 66MHz。

PCI 总线比 VESA 总线定义严格，而且保证了良好的兼容性。PCI 总线主要是为奔腾系列微处理器的开发使用而设计的，但它也支持 80386/80486 微处理器系统。

PCI 总线结构中的关键部件是 PCI 总线控制器，它是一个复杂的管理部件，用来协调 CPU 与各种外设之间的数据传输，并提供统一的接口信号。

1. PCI 总线的特征

（1）PCI 总线有 32 位和 64 位两种数据传输通道。当用 64 位数据宽度传输时，以 66MHz 的频率运行，最高传输率达 528MB/s。

（2）PCI 总线支持高传输率的多媒体传输和高速网络传输。

（3）PCI 总线支持奔腾微处理器通常采用的 2-1-1-1 形式的成组数据传输方式。PCI 总线控制器中集成了高速缓冲器，PCI 总线控制器支持突发数据传输模式，当 CPU 要访问 PCI 总线上的设备时，可把一批数据快速写入 PCI 缓冲器，此后，当 PCI 缓冲器中的数据写入外设时，CPU 可执行其他操作，从而使外设和 CPU 并发运行，效率得到很大提高。

（4）PCI 总线支持总线主控方式，允许多微处理器系统中的任意一个微处理器成为总线的主设备，占有总线并对其进行控制。

（5）PCI 总线规范中指出了三类"桥"的设计：主 CPU 至 PCI 总线的"桥"（主桥）；PCI 总线至标准总线（如 ISA、EISA）的"标准总线桥"；PCI 总线至 PCI 总线的"桥"。通过 PCI 总线到 ISA 总线转换控制、PCI 总线到 EISA 总线转换控制等，组成慢速的 ISA 总线、EISA 总线，并保持良好的兼容性。微处理器快速地将数据写入转换控制电路"桥"的缓冲器，以便 ISA 总线等设备读取。

PCI 总线到 SCSI 总线转换控制变换成 SCSI 接口，可以连接微机的外部存储器等。

（6）PCI 总线支持 5V 和 3.3V 两种扩充插件卡。

（7）PCI 总线支持多达 10 个 PCI 设备。

（8）PCI 总线具有即插即用功能。PCI 总线最先引入了即插即用功能，使得任何适配器插入系统就能工作而不必设置开关或跳线。这是由系统和适配器配合，并通过自动配置功能来实现的。按 PCI 总线规范，每个 PCI 总线适配器上都有 256 字节的配置存储器，用来存放自动配置信息，一旦将其插入系统，系统 BIOS 将能根据读到的关于该适配器的信息，结合系统实际情况，为适配器分配存储地址、端口地址、中断级和某些定时信息，实现即插即用。

（9）PCI 总线独立于 CPU。把 PCI 局部总线（包括"桥"）看作一个独立的微处理器，由于 PCI 总线机制完全独立于 CPU，因此 PCI 总线支持当前的和未来的各种 CPU，即使在 80x86 微机更新换代时，也不会淘汰 PCI 总线。

（10）PCI 总线负载能力强、易扩展。PCI 总线的负载能力比较强，而且 PCI 总线上还可以连接 PCI 控制器，从而形成多级 PCI 总线，每级 PCI 总线可以连接多个设备。

2. PCI 总线的应用

PCI 插槽是基于 PCI 局部总线的扩展插槽，其颜色一般为乳白色，在早期主板上，位于主板上 AGP 插槽的下方，ISA 插槽的上方。其位宽为 32 位或 64 位，工作频率为 33MHz，最大数据传输率为 133MB/s（32 位）和 266MB/s（64 位），可插接显卡、声卡、网卡、内置 Modem、内置 ADSL Modem、USB 2.0 卡、IEEE 1394 卡、IDE 接口卡、RAID 卡、电视卡、视频采集卡及其他各种扩展卡。PCI 插槽是主板的主要扩展插槽，通过插接不同的扩展卡可以获得电脑能实现的几乎所有的外扩功能。

3. PCI 桥

PCI 桥的引入使 PCI 总线极具扩展性，也极大地增加了 PCI 总线的复杂性。PCI 总线的电气特性决定了在一条 PCI 总线上挂接负载的容限，当与 PCI 总线连接的 PCI 设备超过了许可的范围时，需要使用 PCI 桥来扩展 PCI 总线，增加其挂接 PCI 设备的能力，包括挂接 PCI 桥。在一棵 PCI 总线树上最多可以挂接 256 个 PCI 设备，包括 PCI 桥。图 11-3 所示为使用 PCI 桥扩展 PCI 总线的示意图。

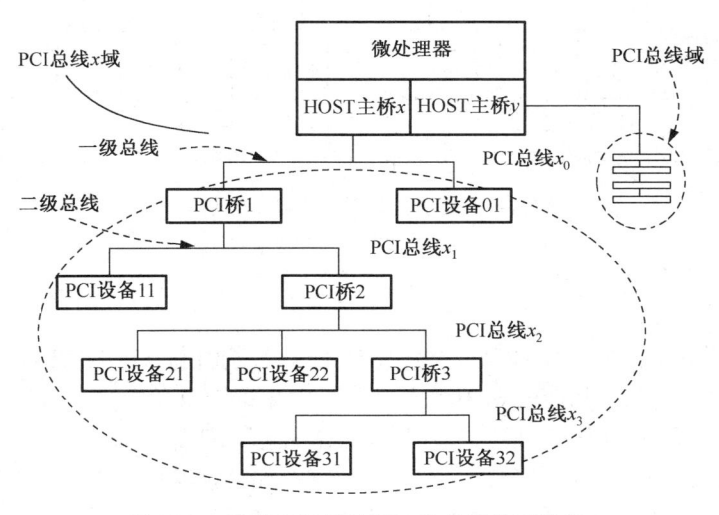

图 11-3 使用 PCI 桥扩展 PCI 总线的示意图

在图 11-3 中，从 CPU 接入的是 HOST 主桥 x，HOST 主桥 x 挂接了 3 层 PCI 桥，分别是 PCI 桥 1、PCI 桥 2、PCI 桥 3，构成了 PCI 总线 $x_0 \sim x_3$，共有 4 层 PCI 桥。大虚线圈内的所有 PCI 桥和 PCI 设备都属于 PCI 总线 x 域，PCI 总线 x 域是由 HOST 主桥 x 扩展出来的 PCI 域，它们共享

4GB 的地址空间（PCI 总线 x 域的 PCI 地址总线空间），与 PCI 总线 y 域没有直接联系。

PCI 桥作为特殊的 PCI 设备，具有独立的配置空间。PCI 桥的配置空间可以管理 PCI 总线子树的 PCI 设备，并可以优化这些 PCI 设备通过 PCI 桥的数据访问。PCI 桥的配置空间是在系统软件遍历 PCI 总线树时配置的，系统软件不需要专门的驱动程序设置 PCI 桥的使用方法，因此，PCI 桥又称透明桥。

4．基于 PCI 总线的微处理器系统

基于 PCI 总线的微处理器系统如图 11-4 所示，从图中可以看出：

（1）微处理器、存储器子系统、PCI 总线及扩展总线之间是各自独立的，没有耦合关系；

（2）所有 PCI 总线上的部件都与 PCI 总线相连接，再由 PCI 桥依次与微处理器相连；

（3）PCI 总线桥是一种智能型的设备，它能将单一的数据传输请求归结成成组的数据传输请求，然后用成组传输方式实现 I/O 接口和存储器之间的数据传输，减少数据总线的传输时间，提高数据传输的速率。

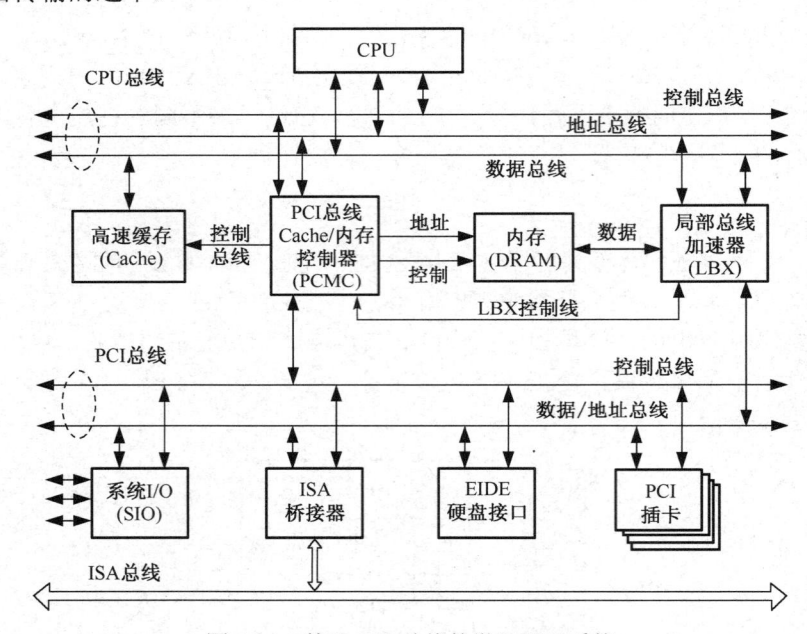

图 11-4 基于 PCI 总线的微处理器系统

5．PCI 总线信号

1）概述

PCI 总线有两种不同的供电插槽，一种是 3.3V，另一种是 5V。PCI 板也分为两种，一种 PCI 板对应两种供电插槽，相应有两种供电方式，3.3V 的 PCI 板不能插到 5V 的插槽内，反之亦然。另一种 PCI 板是通用 PCI 板，在两种类型的插槽上都能工作。

每一个 PCI 适配器都配备一个 256 字节的配置存储器，其中，前 64 字节为一个标准标题内容简介，包括 PCI 适配器类型、制造厂家、版本、适配器的当前状态、Cache 行大小、PCI 总线操作延迟时间等信息。其他 192 字节的信息则视不同卡而定，有许多适配器把它们设置成寄存器的基地址，可以把 PCI 适配器内 RAM、ROM 及 I/O 端口的内容映射到内存储器及 I/O 空间内指定的专用地址范围内。

第 11 章 总线技术

　　计算机通电后，系统就会对 PCI 总线上所有设备的配置存储器进行扫描，然后给每个设备都分配一个唯一的基地址和中断级。

　　PCI 总线上的设备分为主设备和从设备，主设备是能取得总线控制权的设备，从设备是被主设备选中进行数据传输的设备。有的设备可能在某个时间段是主设备，而在另一个时间段是从设备。

　　PCI 总线中有 49 个信号和主设备相关，有 47 个信号和从设备相关。PCI 总线信号中的 51 个信号可选，用于 64 位扩展及中断请求等。

　　PCI 总线信号可分为必要信号和可选信号，如图 11-5 所示。

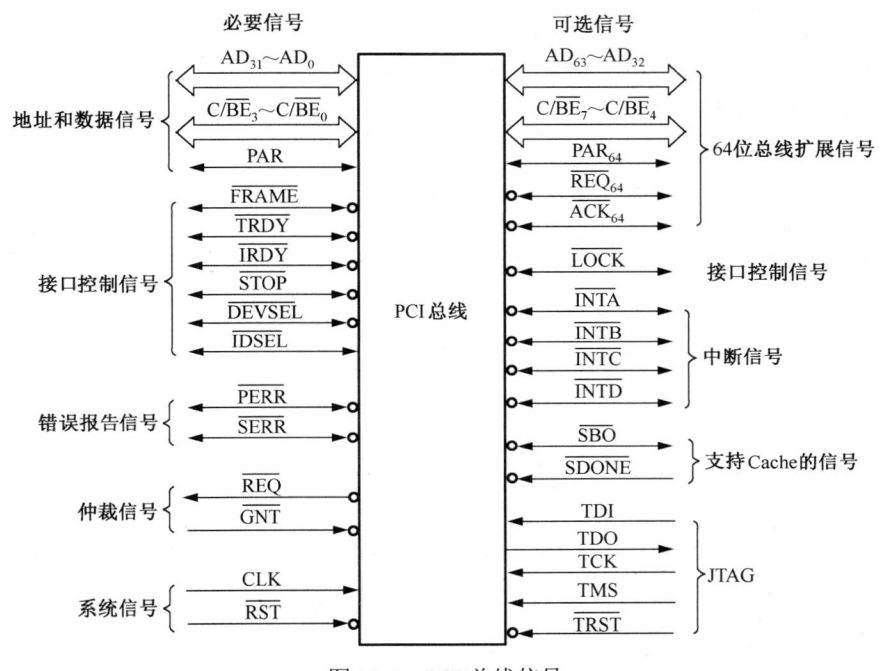

图 11-5　PCI 总线信号

　　在下面的信号介绍中，对所用的符号说明如下。

in——单向输入。

out——单向输出。

t/s——双向、三态 I/O。

s/t/s——每次只能由一个拥有总线使用权的设备驱动的持续三态信号。

o/d——集电极开路，允许多个设备通过"线或"连接。

\#——低电平有效。

2）必要信号

按照功能分类，PCI 总线的必要信号可分为以下 5 组。

① 系统信号：包括时钟信号和复位信号。

② 地址和数据信号：包括 32 条分时复用的地址/数据线。

③ 接口控制信号：用来控制数据交换时的操作时序，并在主设备和从设备之间提供协调服务。

④ 仲裁信号：它们是非共享的信号。每个 PCI 主设备都有自己的仲裁线，且直接连到 PCI

总线仲裁设备上。

⑤ 错误报告信号：用于报告奇/偶校验错误及其他一些错误。

必要信号的主要信号如下。

(1) $AD_{31} \sim AD_0$：地址/数据线信号（t/s），即32位地址和数据复用信号。在PCI总线上传输时，包含一个地址传输节拍和一个（或多个）数据传输节拍，当$\overline{FRAME}$有效时为地址传输节拍；当$\overline{IRDY}$和$\overline{TRDY}$同时有效时为数据传输节拍。

(2) $C/\overline{BE}_3 \sim C/\overline{BE}_0$：命令/字节允许信号（t/s）。复用的总线命令和字节允许信号。

在一个总线周期的数据时间段内，字节允许信号是4字节的允许信号。

在一个总线周期的地址时间段内，CPU等主设备除传输地址外，还向从设备传输各种命令。4位总线命令确定主设备和从设备之间的传输类型，通过$C/\overline{BE}_3 \sim C/\overline{BE}_0$线传输命令。PCI总线命令编码及功能如表11-1所示。

表11-1 PCI总线命令编码及功能

$C/\overline{BE}_3 \sim C/\overline{BE}_0$	功能	$C/\overline{BE}_3 \sim C/\overline{BE}_0$	功能
0000	中断识别和响应	1000	保留
0001	特殊周期命令	1001	保留
0010	I/O读命令	1010	读配置空间命令
0011	I/O写命令	1011	写配置空间命令
0100	保留	1100	存储器重复读
0101	保留	1101	双地址周期命令
0110	读存储器命令	1110	读高速缓存
0111	写存储器命令	1111	写高速缓存

(3) PAR (Parity)：奇偶校验信号（t/s）。对$AD_{31} \sim AD_0$和$C/\overline{BE}_3 \sim C/\overline{BE}_0$来说为偶校验，在时间上比$AD_{31} \sim AD_0$和$C/\overline{BE}_3 \sim C/\overline{BE}_0$延后一个时钟周期。主设备在写数据时驱动PAR；从设备在读数据时驱动PAR。

(4) CLK：时钟信号（in）。PCI总线的时钟信号是所有时钟的基准，所有的输入都从其上升沿采样，它支持的最高时钟频率为33MHz。

(5) $\overline{RST}$：复位信号（in/#）。对连到PCI总线上的所有PCI专用的寄存器及所有设备等复位。

(6) $\overline{DEVSEL}$：设备选择信号（in）。如果一个PCI设备把自己标识成一次PCI传输的目标，那么由PCI设备将这个信号置成低电平。该信号是由从设备驱动的，在识别出有效地址有效时，向当前的主设备表示接收设备已经被选中。

(7) $\overline{FRAME}$：帧数据有效信号（s/t/s）。在每一个数据传输周期的开始，由现役的PCI总线主设备将该信号置成低电平。主设备用它指示本次传输的开始并在整个传输过程中保持有效。当所有的数据传输完毕或传输被中断时，撤销$\overline{FRAME}$信号。

(8) $\overline{IRDY}$：主设备准备就绪信号（s/t/s，#）。此信号由当前总线主设备驱动，表示总线主设备已经将有效数据放在总线上，或者已准备好从总线上读取数据。在读操作周期，若$\overline{IRDY}$有效，则表示主设备准备好接收数据；在写操作周期，若$\overline{IRDY}$有效，则表示有效数据已放到地址/数据总线上。

(9) $\overline{IDSEL}$：预置设备选择信号（in、#）。用来选择配置存储器。对被选择的设备进行初始化，在进行读/写操作时常作为片选信号。

（10）$\overline{\text{STOP}}$：停止信号（s/t/s）。低电平指示主设备停止当前的操作。

（11）$\overline{\text{TRDY}}$：从设备准备就绪信号（s/t/s）。该信号由被选中的从设备驱动，表明 PCI 总线的从设备可以接收写数据，或者现在已经准备好去读数据。在读操作时，若 $\overline{\text{TRDY}}$ 有效（低电平），则表示有效数据已放在地址/数据总线上；在写操作时，若 $\overline{\text{TRDY}}$ 有效（低电平），则表示从设备已准备好接收数据。

（12）$\overline{\text{REQ}}$(Request)：请求信号（t/s、#）。低电平有效，表示向仲裁设备申请使用总线，申请作为主设备对 PCI 总线进行控制。它是一条供仲裁设备使用的专用直接连接信号线。

（13）$\overline{\text{GNT}}$：许可信号（t/s），低电平有效。每一台 PCI 总线主设备都有各自的 $\overline{\text{GNT}}$ 输入线。当其为低电平时，仲裁部件向正在请求总线使用权的 PCI 部件表明：它现在可以作为主设备使用 PCI 总线。

（14）$\overline{\text{PERR}}$：奇偶校验错（s/t/s）。低电平有效，表示出现了一次奇偶校验错。或在写数据时接收部件检测到一个数据的奇偶校验错，或在读数据时由发出部件检测到奇偶校验错。

（15）$\overline{\text{SERR}}$：系统错误（o/d）。通过一台总线主设备将其置成低电平，用以表示一个地址奇偶校验错，或者其他严重的系统错误。

3）可选信号

PCI 总线规范定义的 51 个可选信号按照其功能可分为以下 5 组。

① 中断信号。同仲裁信号一样，它们是非共享的。PCI 设备有各自的仲裁线或连接到中断控制器的线。

② 支持 Cache 的信号。支持 Cache 的信号支持在微处理器或其他设备中进行高速缓冲操作的 PCI 上的存储器，并且支持高速缓存的监视协议。

③ 64 位总线扩展信号。64 位总线扩展信号包含 32 位分时复用的地址/数据线，它们与地址/数据线一起形成 64 位地址/数据总线；还包含请求 64 位传输和响应 64 位传输等信号。

④ 测试数据输入信号 TDI、测试数据输出信号 TDO 及测试方式选择信号 TMS 等。

⑤ 接口控制信号：锁定信号 $\overline{\text{LOCK}}$。

可选信号的主要信号如下。

（1）$\overline{\text{INTA}}$：中断请求 A（o/d）。用于中断请求。

（2）$\overline{\text{INTB}}$：中断请求 B（o/d）。用于中断请求，仅对多功能设备有意义。

（3）$\overline{\text{INTC}}$：中断请求 C（o/d）。用于中断请求，仅对多功能设备有意义。

（4）$\overline{\text{INTD}}$：中断请求 D（o/d）。用于中断请求，仅对多功能设备有意义。

在 $\overline{\text{INTA}} \sim \overline{\text{INTD}}$ 4 条信号线中，信号 $\overline{\text{INTA}}$ 被分配给了单功能的 PCI 设备，多功能的 PCI 设备可以使用 $\overline{\text{INTB}} \sim \overline{\text{INTD}}$。

（5）$\overline{\text{SBO}}$：监视补偿（in/out）。由总线主设备将其置成低电平，表示已经命中已修改的 Cache 行，用以支持写贯穿或写回操作。

（6）$\overline{\text{SDONE}}$：监视完成（in/out）。通过一台总线主设备将其置成高电平，表示当前查询状态，用以表示当前的查询周期已经完成，在当前查询完成时该信号为有效的低电平。

（7）TCK：测试时钟（in）。用于系统测试。在边界扫描阶段用 TCK 为状态信息和测试数据等提供时钟。

（8）TDI（Test Data In）：测试数据输入（in）。以串行方式将数据和指令移入设备。

（9）TDO（Test Data Out）：测试数据输出（out）。以串行方式将数据和指令移出设备。

（10）TMS（Test Mode Select）：测试方式选择（in）。对访问端口控制器的状态进行控制测试。

（11）$\overline{\text{TRST}}$：测试复位（in）。对访问端口控制器在进行初始化时的测试。

（12）$AD_{63} \sim AD_{32}$：多路复用地址和数据线（t/s）。将总线扩展成 64 位的地址/数据复用信号，成为 64 位数据总线和地址总线的高位部分。

（13）$C/\overline{BE}_7 \sim C/\overline{BE}_4$：扩展的多路复用命令/字节允许信号（t/s）。在一个总线周期的数据时间段内，该信号表明总线周期的类型在一个总线周期的地址时间段内。当该信号是低电平时，表明在数据传输时会涉及 32 位数据总线上的哪些字节。在地址阶段，该信号提供的是额外的总线命令。在数据阶段，该信号用于指示 4 个扩展的字节通道中哪几个有效。

（14）PAR_{64}：64 位的奇偶校验（t/s）。高或低电平，完成 $AD_{63} \sim AD_{32}$ 地址线上和 $C/\overline{BE}_7 \sim C/\overline{BE}_4$ 的偶检验。该信号比 AD 和 $C/\overline{BE}$ 信号延后一个时钟周期，先提供 64 位的偶校验。

（15）$\overline{REQ}_{64}$：请求 64 位传输（s/t/s）。由当前的总线主设备将其置成低电平，表明希望进行 64 位的数据传输。

（16）$\overline{ACK}_{64}$：响应 64 位传输（s/t/s）。接收端用以表明希望进行 64 位的数据接收操作。

（17）$\overline{LOCK}$：锁定信号（in/out，#）。低电平有效，表明到指定 PCI 设备的访问被封锁，但是到其他 PCI 设备的访问仍然可以执行。

11.4　高速图形加速接口 AGP

1. AGP 的特点及应用

在 AGP 出现以前，当 CPU 和外部设备交换数据时，几乎所有的数据都必须通过 PCI 总线。而在处理 3D 图形和动态视频时，数据传输的速率可以高达每秒几百兆字节，数据量相当大，如果仍然经过 PCI 总线传输图形数据，PCI 总线 133Mbps 的带宽显然不满足需求，而且 PCI 总线上还有其他 PCI 设备要共享总线，那么用于图形显示的速度达不到 133Mbps 带宽。同时，显卡的存储器容量达不到要求，也会严重影响显示器的效果。为此，提出了高速图形加速接口 AGP（Accelerated Graphics Port），它是一种基于 PCI 总线，专为提高视频带宽而设计的总线规范。图 11-6 所示为 AGP 接口的系统结构图。AGP 从逻辑上独立于 PCI 总线，它可以直接访问系统内存，解决了显卡中缓存容量不够的问题，同时解决了显示 3D 图形速度不够的瓶颈，还能够适应 PC 将来完全移动视频的速度需求。

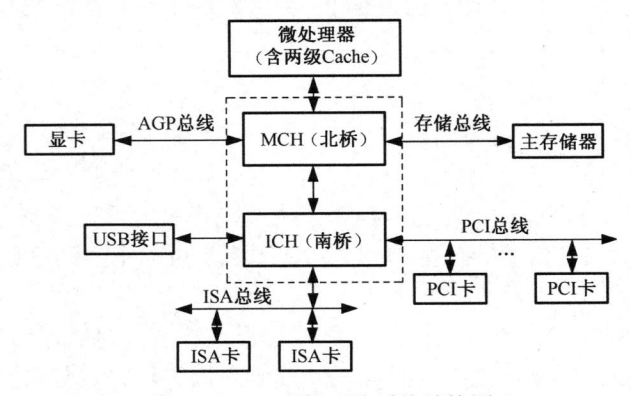

图 11-6　AGP 接口的系统结构图

1996 年 7 月，Intel 发布了 AGP 1.0 规范，其工作频率为 66MHz，工作电压为 3.3V，传输速率分为 266MB/s（×1 模式）和 532MB/s（×2 模式）两种。

1998 年 5 月，Intel 发布了 AGP 2.0 规范，其工作频率为 66MHz，工作电压为 1.5V，传输速率为 1.0GB/s（×4 模式）。

1998 年 8 月，Intel 又发布了一种新规范，称为 AGP Pro 1.0，1999 年将其修改为 AGP Pro 1.1a，定义了比 AGP ×4 模式的物理插槽略长一些的接口，加长的插槽两端增加了电源引脚，可以驱动功耗更大的 AGP 显卡。所有标准的 AGP 显卡都可以插入这种插槽。

目前，AGP 3.0 规范使 AGP 显卡的传输速率可以达到 2.1GB/s（×8 模式）。

2．AGP 和 PCI 的比较

AGP 是一种专用于图形加速的接口，严格地讲，它不属于真正的总线，不可能像 PCI 总线那样挂接许多 PCI 设备。AGP 和 PCI 都可以连接显卡，但后者传输速率低，不能满足图形与视频信号的传输。AGP 接口技术是基于 PCI 总线技术所构建的，在电气特性上，AGP 标准完全兼容 PCI 标准。一个 AGP 设备既可以通过 AGP 规范，还可以通过 PCI 规范与内存交换数据，但是，PCI 插槽和 AGP 插槽的物理结构不同，不能交叉使用。

AGP 为了对高速图形进行处理，对 PCI 总线进行了多方面的改进，主要包括：

（1）AGP 将地址与数据信息分离之后，可以充分利用数据传输之间的空闲和读/写请求来传输数据，大大提高了总线操作的效率；还可以有效地分配确定的资源，最大限度地利用总线。

（2）从 PCI 总线上读内存的速度通常是写内存速度的 1/2，通过 AGP 读取内存采用了流水线技术，充分利用等待时间，使得读内存的时间与写内存的时间相当。

（3）AGP 专为视频显卡设计，使用 AGP 可以直接访问内存。

（4）PCI 总线使用了 DMA 模式，可以控制大量数据从内存传输到显存，系统中内存的数据只有调入显卡内存后才能被图形加速芯片寻址访问。而 AGP 新增了一种执行模式（Execute Mode），它将系统内存与显卡内存视作同一空间，保证加速芯片可以直接从系统内存读取数据。

（5）AGP 采用内存直接存取（DIME）技术，使本来在显存中进行的函数被扩展到系统内存中运算，减轻了对显存的压力，提高了显示处理的速度。

11.5 PCI-Ex 总线

11.5.1 PCI-Ex 技术

PCI Express 是新一代的外设部件互连标准接口（总线接口），简称 PCIe 或 PCI-Ex，是 PCI 电脑的一种最新总线，又称 PCI-Ex 总线。早在 2001 年的春季，Intel 公司就提出了要用新一代的技术取代 PCI 总线和多种芯片的内部连接，并将该技术称为第三代 I/O 总线（3GIO）技术。在 2001 年底，包括 Intel、AMD、DELL、IBM 在内的 20 多家业界主导公司开始起草新技术的规范，并在 2002 年完成，新技术规范正式命名为 PCI Express。

1．技术特点

与 PCI 总线及更早期的计算机总线的共享并行结构相比，PCI-Ex 采用目前业内流行的点对点串行连接，每个设备都有自己的专用连接，不需要向整个总线请求带宽，而且可以把数据传输率提高到一个很高的频率，达到 PCI 总线所不能提供的高带宽。相对于传统 PCI 总线在单一时间周期内只能实现单向传输，PCI-Ex 的双单工连接能提供更高的传输速率和质量，它们之间的差异相当于半双工和全双工的差异。

2．兼容性

在兼容性方面，PCI-Ex 在软件层面上兼容目前的 PCI 技术和设备，支持 PCI 设备和内存模组的初始化，也就是说，过去的驱动程序、操作系统无须推倒重来就可以支持 PCI-Ex 设备。目前 PCI-Ex 已经成为显卡接口的主流，不过早期有些芯片组虽然将 PCI-Ex 作为显卡接口，但是其速度是×4 的，而不是×16 的，例如，VIA PT880 Pro 和 VIA PT880 Ultra，当然这种情况极少。

PCI-Ex 基于现有的 PCI 系统，只需修改物理层而无须修改软件就可将现有 PCI 系统转换为 PCI-Ex。PCI-Ex 拥有更快的传输速率，以取代几乎全部的内部总线（包括 AGP 总线和 PCI 总线）。

3．PCI 和 PCI-Ex 插槽的主要区别

（1）PCI 和 PCI-Ex 插槽的主要区别在于宽带传输速率不同，PCI 插槽的传输速率比 PCI-Ex 的传输速率要低 4 倍左右。

（2）在主板上，两种插槽的长度不等。PCI 插槽分两段，而 PCI-Ex 插槽的长度长一些，分为三段。PCI 插槽的颜色是白色，PCI-Ex 插槽带颜色。

由于 PCI-Ex 设备工作速度快，因此目前 PCI-Ex 已经成为显卡接口的主流。在今后很长的一段时间内，PCI 主板和 PCI-Ex 主板并存，而且，在目前的主板上既有 PCI 插槽也有 PCI-Ex 插槽，该种主板已经被广泛推广使用。

11.5.2　PCI-Ex 的应用

由于 PCI-Ex 比 AGP 的传输速率更快，所以现在可以说是 PCI-Ex 和 AGP 转换的时期。

PCI-Ex 设备能够支持热插拔及热交换特性，支持+3.3V 及+12V 工作电压。考虑到现在显卡功耗的日益上涨，PCI-Ex ×16 的插槽提供的最大功率达到了 70W，比 AGP ×8 接口有了很大的提高，基本可以满足未来中、高端显卡的需求。

PCI-Ex 分为 PCI-Ex ×1/ ×2/ ×4/ ×8/ ×16。其中，PCI-Ex ×8/×16 插槽主要用来插入高速设备卡，如显卡，用来替代 AGP 插槽。PCI-Ex ×4 主要用来扩展磁盘阵列卡等中速设备。PCI-Ex ×1/×2 主要用来扩展声卡、网卡等低速设备。

PCI、AGP、PCI-Ex 三种总线的传输速率如表 11-2 所示。

表 11-2　PCI、AGP、PCI-Ex 三种总线的传输速率

规格	总线带宽	工作频率	传输速率
PCI 1.0	64 位	66/100/133MHz	533/800/1066MB/s
PCI 2.0（二数据率，DDR）	64 位	133MHz	2.1GB/s
PCI 2.0（四数据率，QDR）	64 位	133MHz	4.2GB/s
AGP ×2	32 位	66MHz	532MB/s
AGP ×4	32 位	66MHz	1.0GB/s
AGP ×8	32 位	66MHz	2.1GB/s
PCI-Ex ×1	8 位	2.5GHz	512MB/s
PCI-Ex ×2	8 位	2.5GHz	1.0GB/s（双工）
PCI-Ex ×4	8 位	2.5GHz	2.0GB/s（双工）
PCI-Ex ×8	8 位	2.5GHz	4.0GB/s（双工）
PCI-Ex ×16	8 位	2.5GHz	8.0GB/s（双工）

11.6 外部总线 IDE

11.6.1 IDE 简介

IDE（Integrated Drive Electronic）称为集成驱动器电路，IDE 接口最早由 Taxan 和 Compaq 公司提出。IDE 的最大特点是把硬盘控制器和硬盘驱动器集成到一起，使硬盘接口的电缆数目与长度减少，从而使数据传输稳定可靠。IDE 可以准许多个硬盘驱动器连接到主机系统中，无须担忧会出现总线冲突或控制器冲突。IDE 接口通常还包含至少 256KB~2MB 的 Cache，可加速磁盘数据传输的速度，IDE 驱动器的存取时间一般小于 8ms。IDE 接口作为一种接口标准被广泛推广和应用，光驱和磁带机等设备与主机的连接也使用了 IDE 接口。

IDE 采用 40 线的单组电缆进行连接，用户使用方便。1993 年发表的 IDE 标准的 3.1 版本成为正式的 ANSI 标准，并将其命名为 ATA（AT Attachment）接口，它是一种并行接口，常称为 IDE 接口，有时也称为 PATA 接口。

IDE 接口技术标准在不断地发展，共推出了 7 个不同的版本，分别是 ATA-1（传输速率为 3.3MB/s）、ATA-2（传输速率为 16.6MB/s）、ATA-3（传输速率为 16.6MB/s）、ATA-4（传输速率为 33MB/s）、ATA-5（传输速率为 66.6 MB/s）、ATA-6（传输速率为 100MB/s）、ATA-7（传输速率为 133 MB/s）。

11.6.2 IDE 接口的引脚

IDE 接口实际上是对 ISA 总线输入/输出通道的扩充，40 针扁平线连接硬盘驱动器和主机 IDE 接口，IDE 接口的信号与 TTL 电平兼容。系统总线与 IDE 接口的硬盘驱动器通信的程序存放在 ROM BIOS 中。

通用并行 IDE 接口（见图 11-7）采用 40 针的连接器，针脚间距为 2.54mm，在主板和硬盘驱动器两端是 40 针的插座，电缆两端及其中间是 40 孔的插头。

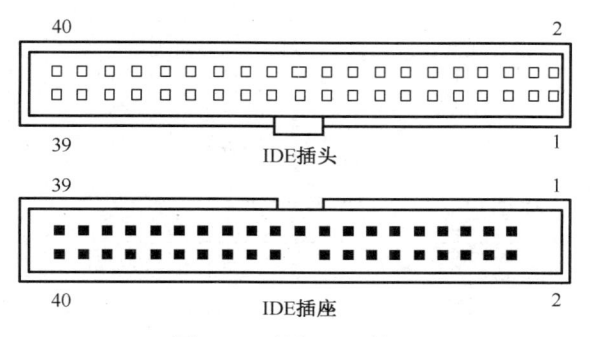

图 11-7 并行 IDE 接口

IDE 接口的 40 针引脚含义如下。

（1）Pin1（$\overline{\text{RESET}}$）：该信号是主机发送给主、从驱动器，并对主、从驱动器进行复位的信号。

（2）Pin37、Pin38（$\overline{\text{CS}_0}$ 和 $\overline{\text{CS}_1}$）：两个选通信号。

（3）Pin33、Pin35、Pin36（$DA_0 \sim DA_2$）：来自 ISA 总线中的地址信息。它们可以用于选通硬盘控制器中的某一个寄存器。

（4）Pin3~Pin18（$DD_0 \sim DD_{15}$）：来自 ISA 总线的数据线，是主机系统与硬盘驱动器之间的数据传输线。

(5) Pin23、Pin25（$\overline{IOW}$ 和 $\overline{IOR}$）：分别对磁盘驱动器进行写与读的控制信号。

(6) Pin27（IORDY）：输入/输出准备好信号。该信号的使用是可选择的。

(7) Pin31（IRQR）：中断请求触发信号。

(8) Pin32（$\overline{IOCS16}$）：低电平有效。当该信号有效时，将对一个 16 位的数据进行传输。

(9) Pin39（$\overline{DASP}$）：驱动器激活/从设备存在指示，属于同步多路复用信号。该信号在上电初始化时指示其接口上是否存在从驱动器，每个驱动器维持该信号以说明自己是已被激活的。

(10) Pin28（ALE）：地址锁存允许。

表 11-3 所示为 IDE 接口的引脚定义表。为防止在安装时反相连接，通常用接口中的 KEY（20 号引脚）来控制。一般从凸出的连接器上移去并阻塞内孔电缆连接器的第 20 针，以防止用户在安装电缆时插反。表 11-3 中的第 20 号引脚为"key"，就是保留作为键控。有些电缆还在上部装了一个凸起，以匹配设备连接上的凹槽。

表 11-3 IDE 接口的引脚定义表

引脚	名称	描述	引脚	名称	描述
1	$\overline{RESET}$	复位信号	21	n/c	空
2	GND	—	22	GND	地
3	DD_7	地	23	$\overline{IOW}$	写选通
4	DD_8	D7	24	GND	地
5	DD_6	D8	25	$\overline{IOR}$	读选通
6	DD_9	D6	26	GND	地
7	DD_5	D9	27	IORDY	输入/输出准备好信号
8	DD_{10}	D5	28	ALE	地址锁存允许
9	DD_4	D10	29	n/c	空
10	DD_{11}	D4	30	GND	地
11	DD_3	D3	31	IRQR	中断请求触发信号
12	DD_{12}	D12	32	$\overline{IOCS16}$	输入/输出片选 16
13	DD_2	D2	33	DA_1	A1
14	DD_{13}	D13	34	n/c	空
15	DD_1	D1	35	DA_0	A0
16	DD_{14}	D14	36	DA_2	A2
17	DD_0	D0	37	$\overline{CS_0}$	1F0-1F7
18	DD_{15}	D15	38	$\overline{CS_1}$	3F6-3F7
19	GND	地	39	$\overline{DASP}$	指示灯驱动
20	KEY	key	40	GND	地

11.6.3 IDE 接口的传输模式

随着计算机技术的发展及计算机系统对硬盘数据传输速率要求的提高，IDE 接口硬盘的数据传输模式经历了 3 个不同的技术变化发展过程。由最初的 PIO 模式，到 DMA 模式，再到 Ultra DMA 模式。它们都支持硬盘驱动器的高速传输。

1. PIO 模式

PIO（Programming Input/Output）模式是一种通过 CPU 执行 I/O 端口指令来进行数据读/写的数据交换模式。PIO 是最早的硬盘数据传输模式，数据传输速率低，CPU 占有率高，当大量传输数据时会因为占用过多的 CPU 资源而导致系统停顿，无法进行其他的操作。PIO 模式又分为 PIO mode 0、PIO mode 1、PIO mode 2、PIO mode 3、PIO mode 4 五种模式，数据传输速率从 3.3MB/s 到 16.6MB/s 不等。受限于较低的传输速率和极高的 CPU 占有率，PIO 模式很快被淘汰。

PIO 模式及其传输速率如表 11-4 所示。表中给出的比较参数是在一个总线周期内、16 位数据传输的条件下所提供的。

表 11-4　PIO 模式及其传输速率

PIO 模式	总线周期/ns	总线速率/MHz	传输速率/（MB/s）	ATA 规范
0	600	1.67	3.33	ATA-1
1	383	2.61	5.22	ATA-1
2	240	4.17	8.33	ATA-1
3	180	5.56	11.11	ATA-2
4	120	8.33	16.67	ATA-2

2．DMA 模式

DMA（Direct Memory Access）模式即直接存储器访问模式，它是一种不经过 CPU 而直接从内存存取数据的数据交换模式。在 PIO 模式下，硬盘和内存之间的数据传输是由 CPU 来控制的，而在 DMA 模式下，CPU 只需向 DMA 控制器下达指令，让 DMA 控制器来处理数据的传输，数据传输完毕再把信息反馈给 CPU，这样在很大程度上减轻了 CPU 的资源占有率。DMA 模式与 PIO 模式的区别在于，DMA 模式不过分依赖 CPU，可以大大节省系统资源，二者在传输速率上的差异并不十分明显。

DMA 模式分为单字传输和多字传输两种方式。单字 DMA 模式的最高传输速率达 8.3MB/s，多字 DMA 模式的最高传输速率达 16.7MB/s。DMA 模式及其传输速率如表 11-5 所示。

表 11-5　DMA 模式及其传输速率

传输字数	8 位 DMA 模式	处理周期/ns	传输速率/（MB/s）	ATA 标准
单字	0	960	2.1	ATA
单字	1	480	4.2	ATA
单字	2	240	8.3	Fast ATA/ATA-2
多字	0	480	4.2	ATA
多字	1	150	13.3	Fast-ATA/ATA-2
多字	2	120	16.7	Fast-ATA-2/ATA-2

3．Ultra DMA 模式

Ultra DMA（Ultra Direct Memory Access）模式简称 UDMA 模式，指高级直接内存访问。UDMA 模式以 16 位多字节 DMA 模式为基准，其可以理解为 DMA 模式的增强版本，它在 DMA 模式的基础上，增加了循环冗余码校验（Cyclic Redundancy Check，CRC）技术，提高了数据传输过程中的准确性与可靠性。在以往的硬盘数据传输模式下，一个时钟周期只传输一次数据，而在 UDMA 模式下，应用了双倍数据传输技术，即在时钟的上升沿和下降沿各进行一次数据传输，使得数据传输速率成倍增长。

UDMA 模式发展到 UDMA 133 之后，由于 IDE 接口技术规范的限制，无论是连接器、连接电缆，还是信号协议都表现出了很大的技术瓶颈，而且其支持的最高数据传输率也有限。在

IDE 接口传输速率提高，也就是工作频率提高的情形下，带来了 IDE 接口信号的交叉干扰，因此，出现了传输速率更高的串行 ATA 接口。

UDMA 模式 0 至 5 的传输速率及 ATA 标准如表 11-6 所示。

表 11-6　UDMA 模式 0 至 5 的传输速率及 ATA 标准

UDMA 模式	处理周期/ns	传输速率/（MB/s）	ATA 标准
0	240	16.67	ATA-4
1	160	25.00	ATA-4
2	120	33.33	ATA-4
3	90	44.44	ATA-5
4	60	66.67	ATA-5
5	40	133.00	ATA-6

11.6.4　串行 ATA 接口

2001 年，由 Intel、APT、DELL、IBM、希捷、迈拓等几大厂商组成的 Serial ATA（SATA）委员会正式确立了 Serial ATA 1.0 规范。2002 年，虽然串行 ATA 的相关设备还未正式上市，但 Serial ATA 委员会已抢先确立了 Serial ATA 2.0 规范。

SATA 规范将硬盘外部传输速率的理论值提高到了 150MB/s，比 PATA 标准下的 ATA（100MB/s）高出 50%，比 ATA（133MB/s）高出约 13%。SATA 接口的传输速率可扩展到 2X（300MB/s）和 4X（600MB/s），未来的 SATA 接口也将通过提升时钟频率来提高其传输速率，从而使硬盘进一步超频。使用 SATA 接口的硬盘称为串口硬盘，该名称代表了 PC 硬盘发展的趋势。

1. SATA 接口的相关问题

SATA 接口必须有主板上硬件芯片的支持。例如，Intel ICH6 系列南桥芯片支持的 SATA 接口从 2 个增加到了 4 个，而并行 ATA 接口则由 2 个减少到了 1 个；ICH7 系列南桥芯片支持 4 个 SATA 2.0 接口；下一代的 ICH8 系列南桥芯片将支持 6 个 SATA 2.0 接口，并将完全抛弃并行 ATA 接口；其他主板芯片组厂商也已经开始支持 SATA 2.0 接口。目前 SATA 2.0 接口的硬盘逐渐成为主流，其他采用 SATA 接口的设备（如 SATA 光驱）已经出现。

2. 硬盘的选择

目前硬盘性能的瓶颈集中在由硬盘内部机械机构和硬盘存储技术、磁盘转速所决定的硬盘内部数据传输率上，就算是目前顶级的 15000rad SCSI 硬盘，其内部数据传输率也才 80MB/s 左右，7200rad 桌面计算机硬盘的数据传输率更小。因此，目前的硬盘采用 ATA 100MB/s 的接口已经完全够用了。

为了充分发挥 SATA 和 SATA 2.0 接口数据的高传输速率，配合 SATA 接口的硬盘一般选用固态硬盘，其实质是由半导体材料构成的硬盘，半导体存储器的读/写时间与机械硬盘的读/写时间相比，二者无疑是数量级的差别。

3. SATA 接口技术特征

（1）传输速率。

SATA 硬盘接口比 IDE 硬盘接口的传输速率高。SATA 1.0 可以提供 150MB/s 的高峰传输速率，SATA 2.0 可达到 300MB/s，SATA 3.0 更是可以提高到 600MB/s。

(2）线缆。

IDE 硬盘接口需要 PATA 40 针的数据线，而 SATA 的线缆仅由 4 针构成：第 1 针为输出信号、第 2 针为输入信号、第 3 针为电源正端、第 4 针为地线。SATA 的线缆结构简单，少而细，有利于机箱内部的空气流通，在某种程度上提高了整个系统的稳定性，并且传输距离远，可延伸至 1 米，使安装设备和机内布线更加容易。

（3）自动纠错。

SATA 总线使用了嵌入式时钟频率信号，具备比以往更强的纠错能力，能自动对传输的指令和数据进行检查，并且能够自动纠正错误，提高了数据传输的可靠性。

（4）兼容性。

SATA 规范不仅立足于未来，而且保留了多种向后兼容方式，在使用上不存在兼容性的问题。在硬件方面，SATA 标准允许使用转换器提供同并行 ATA 设备的兼容性，转换器能把来自主板的并行 ATA 信号转换成 SATA 硬盘能够使用的串行信号，目前已经有多种此类转换接口卡上市，这在某种程度上保护了原有的投资，减少了升级成本；在软件方面，SATA 标准与 PATA 标准保持了软件兼容性，这意味着厂商不必为使用 SATA 接口而重写任何驱动程序和操作系统代码。

（5）设置简单。

SATA 接口不需要通过跳线来设置主、从驱动器。在 BIOS 中为 SATA 设备设置了 1、2、3 共 3 个顺序编号，方便选择。

（6）热插拔。

SATA 接口支持热插拔，IDE 接口是不支持热插拔功能的。

（7）功耗。

SATA 硬盘接口的工作电流为 500mA，相对于 IDE 硬盘系统，功耗有所减少。

小结

总线标准包括总线的物理特性、功能特性、电气规范、传输特性、时间特性等。不同总线有不同的总线标准。实际上，总线标准简称总线。

从总线传输信号的功能和总线所处的位置来看，总线主要分为 4 类：芯片总线；主板局部总线，典型的有 ISA、EISA、VESA、PCI 及 PCI-Ex 等；系统总线是多微处理器系统中连接各 CPU 插件板的信息通路，用来支持多个 CPU 的并行处理；外部总线又称通信总线，常用的有串行通信 RS-232-C 总线、USB、键盘接口（PS/2）、并行打印机的 Centronics 总线、硬盘接口的 IDE 和 SATA 总线等。

工业标准结构称为 ISA 总线，其用于 16 位微机 IBM PC/AT。其扩展为的 32 位 EISA 总线被广泛应用于 32 位微机。

VESA 总线是针对视频显示的高数据传输率要求而产生的，因此又称视频局部总线，简称 VL。

VESA 总线关键的改进为微机总线体系结构的革新奠定了基础。系统总线考虑到把 CPU 与内存及 Cache 都直接相连，通常这部分总线称为 CPU 总线或主总线，而其他设备通过 VL 总线与 CPU 总线相连，所以 VL 总线被称为局部总线。

局部总线 PCI 1.0（第一代产品）的时钟频率为 33MHz，传输数据宽度为 32 位，PCI 总线比 VESA 总线定义严格，而且保证了良好的兼容性。PCI 总线主要是为奔腾系列微处理器的开发使用而设计的，但它也支持 80386/80486 微处理器系统。第二代产品 PCI 2.0 的时钟频率为 33MHz，传输数据宽度增为 64 位。第三代产品是一直应用至今的 PCI 2.1，其传输数据宽度为 64 位，时钟频率增为 66MHz。

在处理 3D 图形和动态视频时，数据传输的速率可以高达每秒几百兆字节，PCI 总线传输图形数据无法满足要求，为此，开发出了高速图形加速接口 AGP，解决了显示 3D 图形速度不够的瓶颈，同时，适应 PC 将来完全移动视频的速度需求。

PCI Express 是新一代的外设部件互连标准接口（总线接口），简称 PCIe 或 PCI-Ex。Intel 公司首次提出了要用新一代的技术取代 PCI 总线和多种芯片的内部连接，并将该技术称为第三代 I/O 总线（3GIO）技术，该技术规范在 2002 年完成，并正式命名为 PCI Express。

PCI-Ex 采用点对点串行连接，每个设备都有自己的专用连接，不需要向整个总线请求带宽，而且可以把数据传输率提高，达到 PCI 总线所不能提供的高带宽。

IDE 接口实际上是对 ISA 总线输入/输出通道的扩充，40 针扁平线连接硬盘驱动器和主机 IDE 接口，IDE 接口的信号与 TTL 电平兼容。系统总线与 IDE 接口的硬盘驱动器通信的程序存放在 ROM BIOS 中。

通用并行 IDE 接口采用 40 针的连接器，针脚间距为 2.54mm，在主板和硬盘驱动器两端是 40 针的插座，电缆两端及其中间是 40 孔的插头。

SATA 硬盘接口比 IDE 硬盘接口的传输速率高。SATA 1.0 的传输速率为 150MB/s，SATA 2.0 的传输速率为 300MB/s。

思考题与习题

11.1 问答题

（1）什么是总线？
（2）总线标准有哪 5 个？
（3）AGP 接口对 PCI 总线进行了哪些改进？
（4）总线分为哪几类？
（5）PCI 桥有哪些技术特性？
（6）IDE 接口分为哪 3 种传输模式？
（7）IDE 接口的最高传输速率是多少？
（8）UDMA 模式发展到 UDMA133 之后的技术瓶颈有哪些？

11.2 计算题

（1）PCI 总线的时钟频率为 66MHz，传输数据宽度为 64 位，求 PCI 总线的传输速率。
（2）设总线传输数据宽度 32 位，总线时钟频率为 16MHz，求总线并行传输的速率。

11.3 思考题

（1）比较 AGP 接口和 PCI 总线。
（2）比较 PCI 总线和 PCI-Ex 总线。

第 12 章　提高微处理器性能的技术

随着微机的发展与广泛应用，人们对计算机的速度和性能要求越来越高，包括不能满足现代科学技术研究的需求。高性能计算机的核心取决于高性能的微处理器，由于半导体集成电路制造工艺水平的不断提升，使得微处理器的结构得到不断改进，因而微机的性能逐步得到提高。本章在前面各章内容的基础上，专门介绍与讨论在高性能微处理器设计中所采用的先进技术及其相关概念。

12.1　CISC 与 RISC 技术

复杂指令集计算机（Complex Instruction Set Computer，CISC）和精简指令集计算机（Reduced Instruction Set Computer，RISC）是当前 CPU 的两种基本结构。各种微处理器就是按照这两种结构的设计理念和方法发展而成的。

12.1.1　CISC 技术

每一种微处理器都有属于它自己的指令系统。微处理器通过执行一系列特定的指令来实现应用程序的某种功能。如 80x86 系列，一方面为了增加新的功能，就必须增加新的指令；另一方面为了保持向上兼容，又必须保留原有的指令。每条指令有若干不同的操作字段，用来说明要操作的数据类型，以及数据存放的位置。这就意味着需要一个较大的指令系统和复杂的寻址方式。以这样的微处理器为平台的计算机系统就是复杂指令集计算机，即 CISC。

CISC 技术应用于较早的微处理器的设计中，如 Intel 80x86 系列微处理器中的 8086/8088、80286 等。相对 RISC 而言，CISC 的主要不足之处是指令种类多、寻址方式复杂，复杂的寻址方式会使计算有效地址的时间较长，有的指令需要多次访问内存储器，所以执行程序的速度受到了一定的限制。

CISC 技术的具体特征如下。

（1）庞大的指令系统。

典型的 CISC 指令系统有 100~250 条指令。指令系统丰富，操作直接，汇编语言编程相对简单，可以减轻程序员的负担。同时，有专用指令来完成特定的功能，因此 CISC 指令系统处理特殊任务的效率较高。

（2）采用可变长度的指令格式。

如果操作数采用寄存器寻址，那么指令长度可能只有 2 字节。若操作数采用存储器寻址，则指令长度就可能达到 5 字节，甚至更长。

（3）指令使用的寻址方式繁多。

多种寻址方式的应用有利于简化高级语言的编译，但计算机中包含的指令和寻址方式越多，就需要越多的硬件逻辑来实现和支持，这将导致计算机运行速度的下降。

（4）CISC 指令系统中包含一些具有特殊用途的指令。

复杂的指令系统必然增加微处理器的复杂性，使微处理器的研制时间长、成本高。复杂指令需要复杂的操作，从而降低计算机的运行速度。

12.1.2 RISC 技术

统计研究表明，计算机在大部分时间里在执行简单指令，复杂指令的使用频率较低，大约占整个程序的 20%，于是提出一种设想：如果设计一种指令系统很简单的计算机，那么微处理器内部的硬件也会相应简单一些，方便实现优化，同时减少指令执行的时间，达到每个时钟周期完成一条指令的执行，并提高时钟频率，从而计算机的总体性能也会提高，且总体性能可能会超过复杂指令集计算机，这就是精简指令集计算机（RISC）。

精简指令集计算机理论从 20 世纪 80 年代开始，逐渐发展成为一种微处理器的体系结构。从 80286 到 80386 的设计过程中就开始显示出这种变化，此后推出的 80486、Pentium 与 Pentium Pro（P6）等微处理器，更加重了 RISC 化的趋势。到了 PentiumⅡ、PentiumⅢ以后，虽然仍属于 CISC 的结构范围，但它们的内核已采用了 RISC 结构。现代计算机硬件技术是采用 CISC 和 RISC 融合的结果。

RISC 的核心思想是通过简化指令来使计算机的结构更加简单、合理，从而提高 CPU 的运算速度。解决途径就是减少微处理器的指令总数和减少指令操作的时钟周期数。

1. 技术特点

RISC 技术采用硬布线控制逻辑进行了译码优化，使大多数指令能够在一个时钟周期内执行完成，因而减少了解释指令的时间。

RISC 技术简化了指令集。指令集简化后，常用指令均可用硬件执行。但要注重提高流水线的执行效率，尽量减少流水线断流。

RISC 技术减少了指令的种类，且指令格式固定。微处理器采用大量的寄存器，使大部分指令操作在寄存器之间进行，并不会涉及存储器的读/写操作，从而提高了处理速度。

RISC 技术采用高速缓存、内存、外存三级存储器结构。第一，微处理器尽可能多地访问 Cache，减少了访问内存和外存的时间；第二，由于使用了 Cache，因此取数与存数指令分开执行。总体上提高了微处理器运行的效率。

2. 运行特点

RISC 芯片的工作频率一般在 400MHz，时钟频率低，功率消耗少，温升少，计算机不易发生故障和老化，提高了系统的可靠性。

单一指令周期容纳多步并行操作。在 RISC 微处理器发展过程中，曾产生了超长指令字（Very Long Instruction Word，VLIW）微处理器，其把许多条指令连在一起，组合成为非常长的指令，以能并行执行。有些 RISC 微处理器采用少数 VLIW 指令来提高处理速度。

由于 RISC 微处理器指令简单、采用硬布线控制逻辑、处理能力强、速度快，因此 Pentium 4 微处理器完全采用了 RISC 体系结构，世界上绝大部分的 UNIX 工作站和服务器中的微处理器均采用 RISC 芯片。

3. CISC 和 RISC 主要特征的对比

CISC 和 RISC 主要特征的对比如表 12-1 所示。

表 12-1 CISC 和 RISC 主要特征的对比

比较内容	CISI	RISI
指令系统	复杂、庞大	精简
指令数目	一般多于 200 条	一般少于 100 条
指令格式	一般多于 4 种	一般少于 4 种
寻址方式	一般多于 4 种	一般少于 4 种
指令字长	不固定	等长
可访存指令	不加限制	只有存数和取数指令
各种指令执行时间	相差很大	绝大多数在一个时钟周期内完成
各种指令使用频率	相差很大	相差不大
优化编译实现	很难	较容易
程序源代码长度	较短	较长
控制器实现的方式	绝大多数是微程序控制器	绝大多数是硬布线控制器
软件系统开发时间	较短	较长

12.2 微处理器中的超标量流水线技术

指令流水线技术是多条指令重叠执行的一种技术，实现了指令级的并行操作，是提高微处理器执行速度的一种关键技术。

从 80486 微处理器开始，使用一条整数指令流水线技术；从 Pentium 微处理器开始，使用两条整数指令流水线技术，即超标量流水线技术。一条整数指令流水线称为标量流水线，超过一条整数指令流水线的指令流水线，称为超标量流水线。Pentium 微处理器的超标度为 2，Pentium Pro、Pentium II、Pentium III微处理器的超标度为 3。

12.2.1 指令流水线技术

构建指令流水线的思想类似于构建现代工业化的生产流水线。把生产一个产品分成若干子过程，每个子过程都安排同样多的时间，例如，把生产一个产品分成 5 个子过程，每个子过程需要 10s（时钟周期），那么，在统一时钟脉冲命令的控制下，工件顺序流入流水线，经过 5 个时钟周期，即 5×10=50（s）后，5 个子过程都装满了待安装的工件，并完成了各自的装备任务，流水线上生产出了第一个产品，以后，每经过 10s 就生产出一个产品。

虽然生产一个产品在流水线上经历的总时间是 50s，但是，经过流水线的连续运行，只需要一个时钟周期（10s）就能生产出一个产品，这大大提高了生产产品的速度。

从 80486 微处理器开始，在执行程序的过程中使用了指令流水线技术，具有一条整数指令流水线。把执行一条指令的过程分成 5 个子过程段，分别是指令预取、指令译码 1、指令译码 2、指令执行和写回，这 5 个子过程段称为 5 级流水线。

12.2.2 超标量流水线技术

Pentium 微处理器中的两条整数指令流水线分别称为 U 流水线和 V 流水线，取名"U" "V"有先后顺序及相邻之意。两条整数指令流水线同时执行先、后两条相邻的指令，前一条在 U 流水线中执行，后一条在 V 流水线中执行。U 流水线能执行指令系统中的所有指令，而 V 流水线只能执行简单的整数指令和少数浮点数指令。

U、V 流水线工作的基本原理如图 12-1 所示，图中列举的 4 对指令都是简单指令，U、V

两条流水线中整数指令流水线均由 5 级组成，分别为指令预取（PF）、指令译码 1（D1）、指令译码 2（地址生成）（D2）、指令执行（EX）和写回（WB），每条整数指令流水线都有各自的 ALU、地址形成电路，以及与数据 Cache 的接口等。

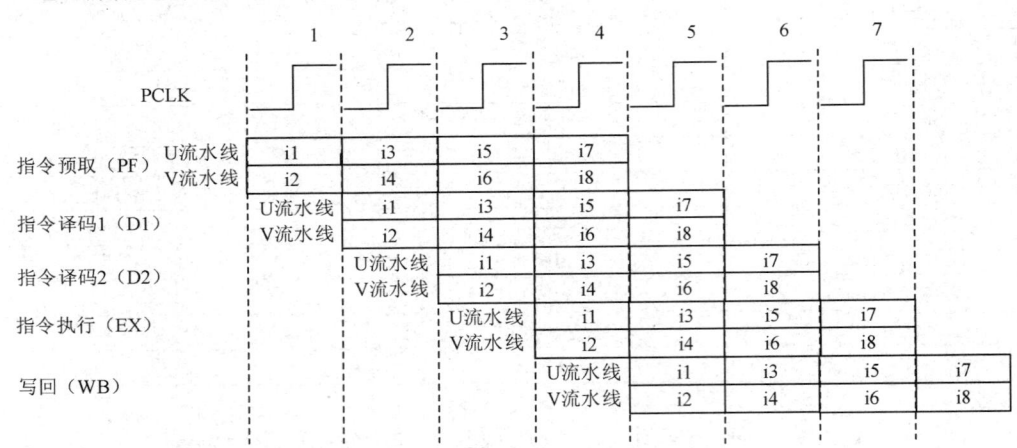

图 12-1　U、V 流水线工作的基本原理

第一段是指令预取段。在每个时钟周期内要从指令 Cache 中取出两条指令，并将取出的两条指令存入预取缓冲器。例如，在第 1 个 PCLK 内，取出 i1 和 i2 两条指令。

第二段是指令译码 1 段。在这一段，要确认指令的操作码、寻址方式，以及完成指令的配对检查和转移指令的预测，前后连续的两条指令 i1 和 i2 都要被译码完成，最终要判断这两条指令能否并行发送到下一段。

注意，在第 2 个 PCLK 内完成对 i1 和 i2 指令的译码 1 过程，同时预取部件预取出 i3 和 i4 两条指令。

第三段是指令译码 2 段。计算并产生存储器操作数的地址。不是所有指令都要计算存储器操作数的地址，但每条指令都必须流经这一段。

在第 3 个 PCLK 内完成对 i1 和 i2 指令的译码 2 过程，同时预取部件预取出 i5 和 i6 两条指令。译码 1 部件完成对 i3 和 i4 两条指令的译码 1 过程。

第四段是指令执行段。主要在 ALU、桶形移位器和其他功能部件中完成指定的运算。

在第 4 个 PCLK 内完成对 i1 和 i2 两条指令的执行过程，同时预取部件预取出 i7 和 i8 两条指令。译码 1 部件完成对 i5 和 i6 两条指令的译码 1 过程，译码 2 部件完成对 i3 和 i4 两条指令的译码 2 过程。

第五段是写回段。将计算结果写回标志寄存器、目的寄存器及其他目的地方。

在第 5 个 PCLK 内完成对 i1 和 i2 两条指令执行结果的写回过程，同时预取部件预取出 i9 和 i10 两条指令（图 12-1 中没有表示出来）。译码 1 部件完成对 i7 和 i8 两条指令的译码 1 过程，译码 2 部件完成对 i5 和 i6 两条指令的译码 2 过程，执行部件完成对 i3 和 i4 两条指令的执行。

由于流水线分为 5 级，因此经过 5 个 PCLK 后，写回 i1 和 i2 指令执行完成后的结果，即执行完成 i1 和 i2 两条指令。在第 6 个 PCLK 后，执行完成 i3 和 i4 两条指令；在第 7 个 PCLK 后，执行完成 i5 和 i6 两条指令。因此，Pentium 的超标量流水线在执行简单指令时，在一个时钟周期内可以执行 2 条指令。

12.2.3 指令流水线技术中的相关问题

指令流水线技术是实现多条指令重叠执行的重要技术，自从 Pentium 微处理器采用了超标量流水线技术后，无论是 CISC 还是 RISC 微处理器，可以说均采用了指令流水线技术。指令流水线技术是现代微处理器设计中必须采用的方法和技术。

假设单一指令流水线的级数为 n 级，在理想情况下指令执行的速度可以提高 n 倍，而超标量流水线指令执行的速度更快，但在实际中，要确保流水线畅通流动，不发生断流，还必须要解决几个"相关"的问题，即数据相关、结构相关和控制相关。

1．数据相关

在流水线重叠执行的指令中，如果后一条指令依赖于前面一条指令的执行结果，那么就有可能出现数据相关的问题。

为什么 Pentium 微处理器要对 U、V 流水线采取按序发送与按序完成的调度策略呢？主要是因为在程序中相邻的两条指令不一定都是简单指令，可能会出现数据相关等问题，使不是所有的两条指令都能够完全并行执行。

【例 12-1】 两条指令都是简单指令，可以同时发送的示例。

```
MOV   DX, BX
MOV   ECX, EDI
```

上述两条指令使用的寄存器不同，没有数据相关问题，故这两条指令称为简单指令。可以将其同时发送到下一段，不需要停顿时间，并且能够完全并行执行。

【例 12-2】 两条指令存在写后读（RAW）数据相关问题示例。

```
ADD   DX, BX        ; j1 指令
MOV   CX, DX        ; j2 指令
```

如果 j1 指令和 j2 指令同时进入 U、V 流水线，那么 j1 指令的结果尚未存入 DX，j2 指令就要读取 DX 中的数据，于是发生写后读错误。

【例 12-3】 两条指令存在读后写（WAR）数据相关问题示例。

```
MOV   [SI], BX      ; j1 指令
MOV   BX, DX        ; j2 指令
```

j1 指令应该先读出 BX 中的内容再将其存入存储器单元[SI]，然而，这两条指令在进入 U、V 流水线后，由于形成存储器地址需要一个时钟周期，所以在 BX 中的内容尚未被读出之前，j2 指令就向 BX 写入了 DX 的内容，于是产生读后写错误。

【例 12-4】 两条指令存在写后写（WAW）数据相关问题示例。

```
MUL   AL, BL        ; j1 指令, AX←AL×BL
ADD   AX, DX        ; j2 指令
```

两条指令同时进入 U、V 流水线后，如果加法运算所需时间比乘法运算所需时间短，那么相当于先执行 j2 指令，后执行 j1 指令，于是发生写后写错误。

当发生以上 3 种数据相关问题时，j2 指令在执行过程中要有一个等的片段（停顿），否则，就会产生错误的结果，由此，引出了按序发送与按序完成的调度策略。

图 12-2 所示为按序发送和按序完成的调度策略。

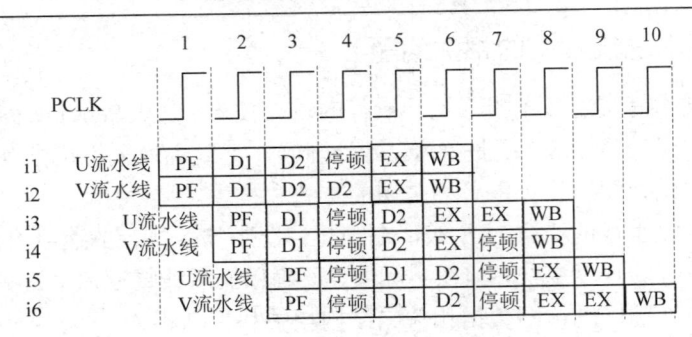

		1	2	3	4	5	6	7	8	9	10
PCLK											
i1	U流水线	PF	D1	D2	停顿	EX	WB				
i2	V流水线	PF	D1	D2	D2	EX	WB				
i3	U流水线		PF	D1	停顿	D2	EX	EX	WB		
i4	V流水线		PF	D1	停顿	D2	EX	停顿	WB		
i5	U流水线			PF	停顿	D1	D2	停顿	EX	WB	
i6	V流水线			PF	停顿	D1	D2	停顿	EX	EX	WB

图 12-2 按序发送与按序完成的调度策略

按序发送和按序完成的调度策略主要有以下 3 种情况。

（1）图 12-2 中的 i1 和 i2 两条指令在 D1 段经配对检查符合配对条件，这两条指令被同时发送到 D2 段，其也必须同时离开 D2 段到 EX 段，但是由于 i2 指令没有执行完，所以 i1 指令在停顿一个时钟周期后，i1 和 i2 两条指令才同时被发送到 EX 段，并在第 6 个时钟周期同时写回（WB）。

（2）因 i2 指令在 D2 段延长了一个时钟周期，所以 i3、i4 在从 D1 段进入 D2 段之前，都停顿了一个时钟周期。又由于 i3 指令在 EX 段的执行时间较长，占用了两个时钟周期，因此，V 流水线中的 i4 指令停顿一个时钟周期，等待 i3 指令执行完后一起被发送到 WB 段。

（3）i5、i6 两条指令因为流水线中前面指令的停顿，也引起了两次停顿。U 流水线中的 i5 指令在 EX 段能按时完成，即在第 9 个时钟周期执行完成，但 V 流水线中的 i6 指令因在 EX 段占用了两个时钟周期，所以在第 10 个时钟周期才写回结果。反过来，如果 i6 指令执行快于 i5 指令，那么 i6 指令不得提前写回结果，也就是说，V 流水线不得早于 U 流水线结束一条指令的执行过程。

2．结构相关

结构相关也称为资源相关，指多条指令进入流水线后在同一个时钟周期内使用同一个功能部件所发生的冲突。

在流水线访问存储器资源的过程中有可能发生冲突。例如，在超标度为 2 的超标量流水线中，如果一条指令执行预取指令操作，另一条指令执行存储器读/写操作，那么当指令代码和数据都存放在同一个存储器中且只有一个端口可以访问时，便发生两条指令争用存储器资源的结构相关冲突。

存储器资源相关引起流水线停顿的问题，可以通过增加存储器资源来解决。例如，把微处理器内部的 Cache 设计成两个，一个用于存放指令代码，另一个用于存放数据，这两个 Cache 分别称为指令 Cache 和数据 Cache。两个 Cache 都有各自的数据线、存储器地址寄存器及地址线。从而在同一时钟周期内，可以实现一条指令访问指令 Cache，另一条指令访问数据 Cache。Pentium 微处理器内部的 Cache 存储器就是这样配置的。

3．控制相关

控制相关主要是由程序中的转移指令或其他能改变程序计数器值的指令在流水线中进行处理时产生的。转移指令包括无条件转移指令和条件转移指令，其中，无条件转移指令有跳转（JMP）指令、调用（CALL）指令、返回（RET）指令；条件转移指令有 JC、JNC、JS、JNS 等指令。

无论是哪一类指令引起的程序转移，流水线中在转移指令之后已预取的指令都将不予执行，必须按照转移地址重新取出指令并执行。由于程序中的转移指令出现的频率很高，因此控制相关是设计指令流水线过程中的一个重要技术难题。

对于无条件转移指令，由于在译码时知道其转移的目的地址，因此可以较早对其进行处理，即在指令缓冲寄存器中，把无条件转移指令后面的一些预先取出的指令都废掉，然后按照转移地址取出新的指令序列，并存入指令缓冲寄存器队列。

对于条件转移指令，因条件转移指令可能引起流水线"断流"的问题，所以为了减少其造成的停顿时间，采用的措施和技术有多项，其中，动态分支预测（Dynamic Branch Prediction）技术的应用得到了预期的效果。

12.2.4 动态分支预测技术

1. Pentium 微处理器的动态分支预测

在指令流水线结构中，假设指令流水线中的某一条指令已进入译码阶段，如果发现该指令是分支指令，而其后的一条指令已进入取指令阶段，当前一条指令在执行期间形成了分支的目的地址，需从目的地址中去取指令，并交付执行，那么在指令预取队列中的下一条及下下条指令应同时立即被清除，再将目的地址后面的指令预取出来填到队列中。这表明，一旦遇到分支指令，整个指令流水线就会被打乱一次，稍后才能恢复正常。在程序中一般都包含分支转移指令。统计表明，平均每七条指令中就有一条是分支转移指令，因此，流水线会经常产生停顿或等待的现象。

减少转移指令对流水线性能影响的技术有多项，其中，转移预测是一种常用技术。转移预测包括静态转移预测和动态转移预测两种，动态转移预测也称为动态分支预测。

静态转移预测在程序编译时进行预测，相应地，在硬件设计中要规定条件转移指令总是向一个固定方向执行指令（固定顺序方向执行指令或固定转移方向执行指令）。在编译时应尽可能使程序的转移方向与硬件规定的方向一致。

如果预测错误，那么需要重新读取并执行另一分支方向的指令序列。

动态分支预测是现代微处理器设计中普遍采用的一种有效方法，依据一条转移指令过去的行为来预测该指令将来的行为。该方法通过增加硬件的办法来实现。通俗一点讲，通过查找指令的地址观察上一次在执行该指令时是否发生分支，如果在上次执行该指令时发生分支，那么就从上次分支发生的地方开始取新的指令。

在微处理器内部增加的主要硬件部件是分支目标缓冲器（Branch Target Buffer，BTB）。BTB 是一个小规模 Cache 结构，通常可以存放 256 个或 512 个目的地址，或者说 BTB 最多可以存放 256 项或 512 项记录。Pentium 微处理器内部 BTB 的工作机制图如图 12-3 所示。

指令 Cache：Pentium 微处理器内部的一个存储容量为 8KB 的专用 Cache，用于存储指令代码。指令 Cache 包含 32 行，每个 Cache 行含有 256 字节。Pentium 微处理器内部还有一个 8KB 的数据 Cache。

指令预取器和预取缓冲器：指令预取器按照给定的指令地址从指令 Cache 中顺序取出指令，并存入预取缓冲器。指令预取器在控制逻辑的控制下，可能按照顺序取的地址去指令 Cache 中取出指令，也可能根据 BTB 给出的转移地址去指令 Cache 中取出指令。

指令预取器从位于 Pentium 微处理器内部的 L1 Cache 中预取指令，一般情况下从中可以取到。若 L1 Cache 中没有，则需要访问位于主板上的 L2 Cache，若 L2 Cache 中也没有，则访问内存储器。指令预取队列中的指令按照管道方式，即先进先出依次进入指令译码器。

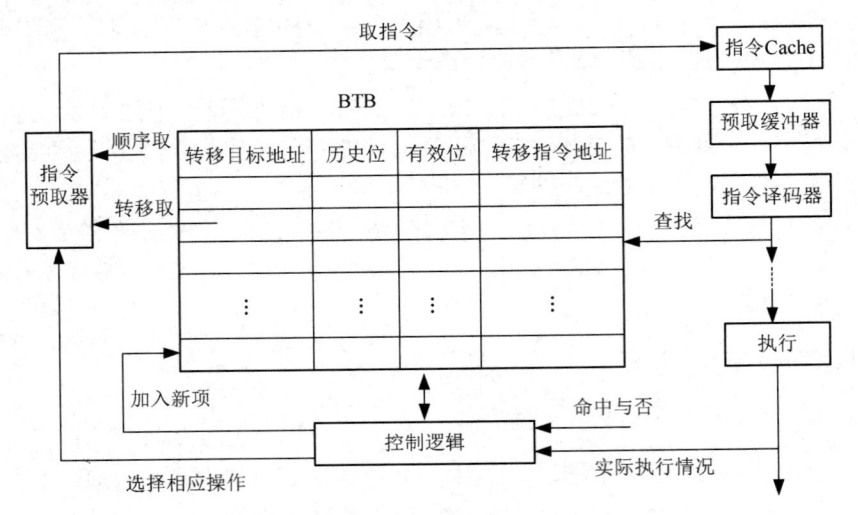

图 12-3　Pentium 微处理器内部 BTB 的工作机制图

指令译码器：指令译码器的基本功能是将预取出来的指令进行译码，从而确定该指令的操作。

若在译码时发现是一条转移指令，则将此指令的地址送往 BTB，进而查找在 BTB 中是否有该指令的历史记录，即是否发生过程序的转移。

第一，若 BTB 命中，即 BTB 中存在相应的登记项，则根据该项历史位的状态预测此指令在执行阶段是否会发生转移。BTB 的历史位及其状态转换如图 12-4 所示。

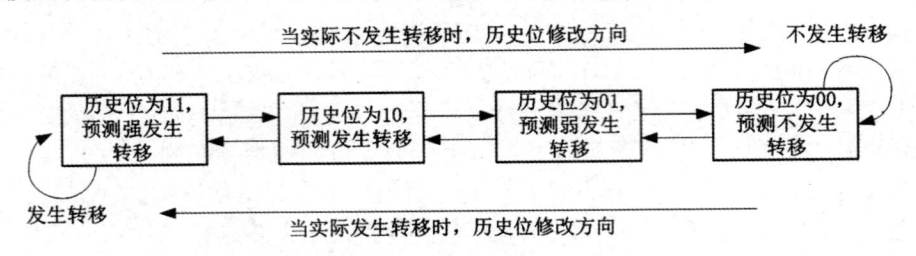

图 12-4　BTB 的历史位及其状态转换

若预测为会发生转移，则将其分支目的地址传输给指令预取器，由指令预取器从指令 Cache 中预取目的地址对应的指令及其后面的指令，并存入预取缓冲器。

若预测为不会发生转移，则从转移指令的下一条指令开始取出指令，实现顺序取。

在 Pentium 微处理器的执行单元确认在译码阶段对转移指令的转移预测是否与实际情况相符合，即预测是否正确。若正确，则只需要适当修改 BTB 中的历史位，继续执行程序；若不正确，则不仅需要修改历史位的状态，还需要清除该指令之后的已经在 U、V 流水线中的全部指令，同时由指令预取器重新取出指令并存入预取缓冲器。

第二，如果 BTB 未命中，即在 BTB 中没有查找到该指令的登记项，那么此时固定预测为不发生转移。若在执行阶段此指令确实没有发生转移，则不需要对 BTB 操作，程序顺序执行，当下次遇到此指令时，仍然将其作为首次被预测指令。如果在执行阶段此指令实际发生了转移，则按照预测错误处置：在 BTB 中建立一个新的登记项，包括该指令的地址和分支目的地址，历史位置为 11，即强发生转移状态。

【例 12-5】 循环程序的预测分析示例。

```
        MOV  CL，100
ABC：……
        ……
        DEC  CL
        JNZ  ABC
```

当第一次执行到 JNZ ABC 指令时，在 BTB 中没有登记该条指令的信息，即 BTB 未命中。如前所述，若在 BTB 中没有查找到该指令的登记项，此时固定预测为不发生转移，但实际在执行阶段此条指令发生了转移，则需要按照预测错误处置：在 BTB 中建立一个新的登记项，包括此转移指令的地址和分支目的地址，历史位置为 11，即强发生转移状态。

当第二次执行到 JNZ ABC 指令时，按 BTB 中的内容预测，一定会转移到 ABC 地址处执行程序，历史位仍然为 11，一直到 CL 的值变为 0 之前，预测都正确。当再循环一次，CL 的值变为 0 时，JNZ ABC 指令因条件不成立而不实行转移，但实际预测仍是转移，这是第二次预测错误。可见，本例中循环 100 次，有 98 次预测正确，只有两次预测错误。循环次数越多，BTB 带来的效益就越高。

2．BTB 中登记项的历史位

历史记录包含转移指令的地址、转移的目的地址、历史位和有效位。用两位表示历史位，用以登记相应分支指令先前的执行行为，一般称为 2 位饱和计数器。计数值为 11，预测强发生转移；10 预测发生转移；01 预测弱发生转移；00 预测不发生转移。显然有 3 种情况预测为发生转移，所以在 Pentium 微处理器的 BTB 中，历史位的设定更倾向于预测发生转移。

如果当前分支指令预测为 11，且实际发生转移，则历史位 11 保持不变；若实际不发生转移，则计数器减 1，历史位变成 10。

如果当前分支指令预测为 00，且实际不发生转移，则历史位 00 保持不变，不可能变成-1；若实际发生转移，则计数器加 1，历史位变成 01。

可以看出，只有在两种情况下历史位保持不变。在其他情况下，当实际发生转移时，历史位加 1 修改；当实际不发生转移时，历史位减 1 修改。

关于 Pentium 微处理器内部 BTB 的历史位及状态转换的机制有以下两点说明。

（1）Pentium 微处理器内部 BTB 的操作分为两个阶段：指令译码 1 段的预测阶段和指令执行段的预测验证及修改阶段。

（2）Pentium 微处理器内部 BTB 对于历史位的设定更倾向于预测转移发生，11、10、01 这 3 种历史位都预测转移。其根据是：第一，条件转移指令发生转移的概率大于 50%；第二，Pentium 微处理器采用了双预取指令队列，一种预测转移发生而实际不发生，另一种预测转移不发生而实际发生，前者的损失要小于后者的损失，所以，历史位的设定更倾向于预测转移发生。

12.3　动态执行技术

动态执行（Dynamic Execution）技术又称随机推测执行技术或预测执行技术。

在 P6（Pentium Pro、Pentium Ⅱ/Ⅲ）微结构、Pentium 4 NetBurst 微结构，以及酷睿系列 Core 微结构的 IA-32 微处理器中，为了提高程序指令并行执行的效能所采用的一系列技术，包括前端顺序取指、译码、寄存器更名、多端口乱序执行、动态转移预测和静态转移预测相结合、推测执行及顺序返回等，统称动态执行技术。

在实际应用中，把整个数据通路和流水线区分开来是十分困难的，因此，研究人员和工程师通常使用术语"微体系结构"（Microarchitecture）来描述微处理器内部体系结构的细节，包括主要的功能单元、功能单元的互连关系及流水线控制等。

12.3.1 Pentium II 微处理器的指令流水线技术

P6 中的 Pentium II/III 与 Pentium Pro 都是基于 P6 微结构的微处理器，所以二者在结构与流水线上没有太大变化，但是前者增加了新的指令集并提升了微处理器性能。

Pentium II/III 微处理器是 IA-32 体系结构，这两代微处理器都采用了"激进"的微结构，实现了动态执行结构，并具有以下特性。

① 乱序调度执行，展现指令执行的并行性。
② 超标量发射指令，充分利用并行性。
③ IA 寄存器重命名机制，避免 IA 寄存器数量的局限性。
④ 流水线化的执行，允许微处理器实现高主频。
⑤ 分支预测，避免流水线迟滞。
⑥ 微处理器微结构被设计为尽可能快速地执行传统的 32 位 IA 指令。

1. 流水线结构

在 Pentium 微处理器的基础上，Intel 公司对 Pentium Pro、Pentium II/III 微处理器的核心结构进行了重新设计，重新设计的核心结构采用了超标度为 3 的超标量流水线结构（Core 微结构的超标度为 4），将以往指令流水线的 5 段细分为 12 段（称为超流水线），整个指令流水线称为超标量超流水的指令流水线。微处理器呈现给用户的指令集保持了与以往的 80x86 及 Pentium 微处理器的兼容性，但在微处理器内部，从存储器读取来的 x86 指令被翻译成 RISC 型的微操作（Micro-Operation，μOP）来执行，并将执行后的最后结果写回 IA 寄存器组。微处理器应用动态转移预测和静态转移预测两级预测等技术，全面改善了超标量指令流水线的性能。

2. 微操作

微处理器的执行部件能够直接执行的指令称为微指令或微命令，执行部件接受微指令后所进行的操作称为微操作。在 Pentium II 微处理器的流水线结构中，把一条 x86 指令翻译成一个微操作，类似于在 Pentium 微程序控制器中，把一条 x86 指令的执行过程翻译成一个微指令序列（微程序）。

在 P6、Pentium 4 及 Core 等微处理器中，由于 x86 指令集存在变长的问题，因此每条 x86 指令对应的微指令序列长度是不一样的。为了便于指令在流水线中进行处理，指令译码部件将 80x86 指令转换成一条或多条固定长度的微操作（μOP），大多数指令被编译成 1~2 条固定长度的微操作。在 P6 微处理器中，固定长度是 118 位，这 118 位的微操作被称为一个 RISC 型微操作。

微操作的执行是由动态流水线的调度执行机制来实现的，所谓动态流水线调度，是指对指令进行重排序以避免阻塞的调度执行。

3. 流水线中的分段

Pentium II 微处理器的流水线结构图如图 12-5 所示。从图中可以看出，Pentium II 微处理器总线接口单元的外部有两条相互独立的总线，分别与系统内存储器和 L2 Cache 相连接，L2 Cache 的容量是 256KB 或 512KB 或 1MB。Pentium II/III 微处理器内部的 Cache 包括指令 Cache 和数据 Cache，指令 Cache 和数据 Cache 都与流水线紧密相连，均由 16KB 的 4 路组相联高速缓存组成，缓存行的长度是 32 字节，使用回写机制和一个最近最少使用替换算法来更新缓存行。数据缓存由 8 个在 4 字节边界上交错的 bank 构成。

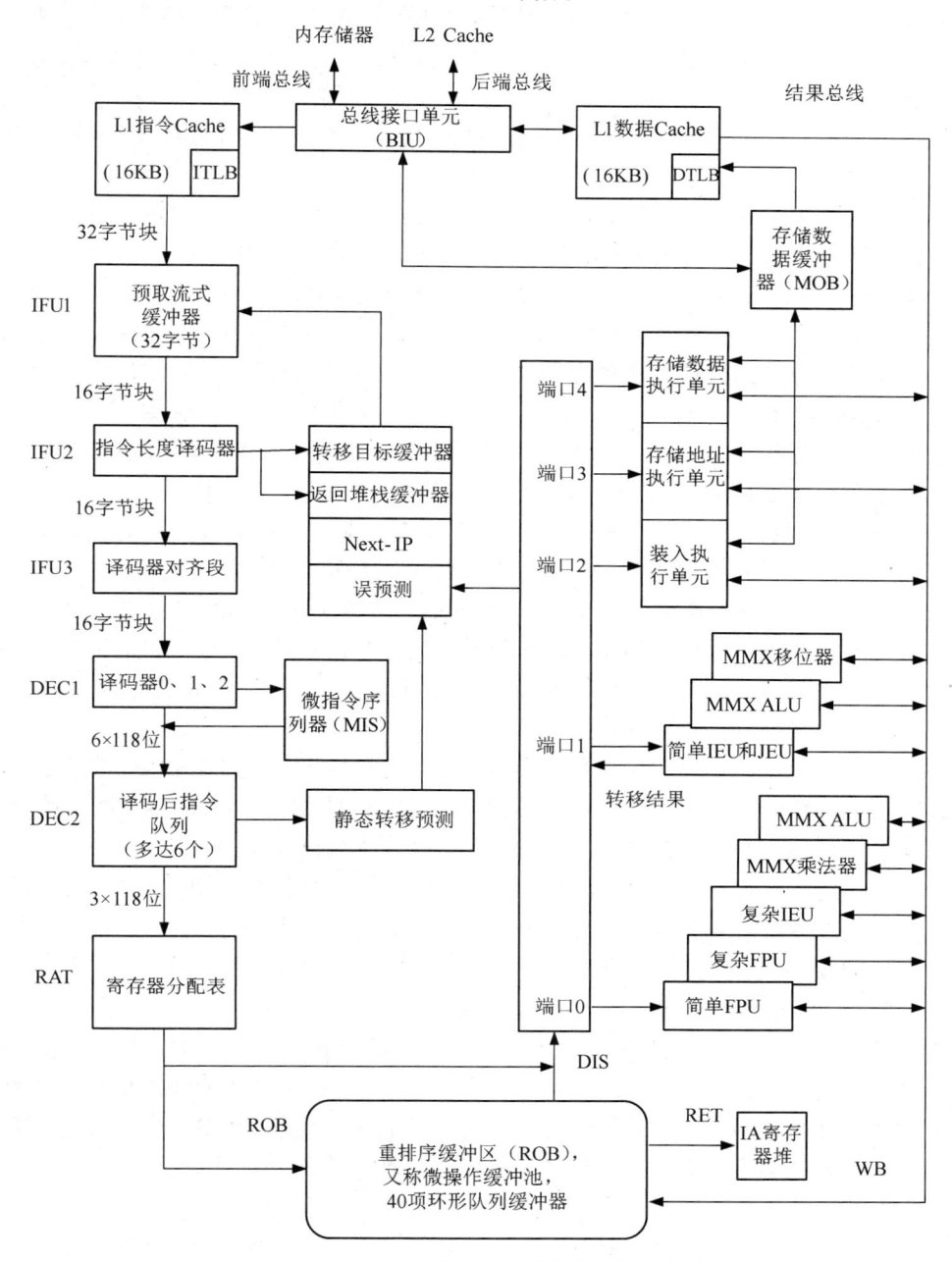

图 12-5 Pentium II 微处理器的流水线结构图

在图 12-5 中，12 段流水线可以分成三大阶段：顺序取指/译码阶段、乱序调度/执行阶段、顺序回收阶段。其中，顺序取指/译码阶段包括前面的 7 段，乱序调度/执行阶段包括中间的 3 段，顺序回收阶段包括最后的 2 段。Pentium Ⅱ 微处理器超标量流水线细分的 12 个子过程（段）如下。

1) 取指/译码段：顺序取指/译码阶段

（1）在取指单元段 1（IFU1），从 L1 指令 Cache 中取出 32 字节块 x86 指令，装入预取流式缓冲器。

（2）取指单元段 2（IFU2）主要由指令长度译码器构成。在 IFU2，指令以 16 字节块向前传输，并在 16 字节块中标示指令边界。如果发现转移指令，那么将此指令地址传输给 BTB 进行动态转移预测。

（3）在取指单元段 3（IFU3）完成译码器对齐功能，调整 16 字节块中的 3 条指令，使其按照复杂、简单、简单的顺序同时交给译码段 1 的译码器 0、1、2。

（4）在译码段 1（DEC1），将 x86 指令翻造成 RISC 型的微操作（μOP），每个 μOP 的定长是 118 位。每次能同时译码 3 条 x86 指令，最多可以产生 6 个 RISC 型的微操作，即译码器 0 将一条复杂指令翻造成 4 个 μOP，译码器 1、2 分别将一条简单指令各翻造成 1 个 μOP，3 个译码器同时最多生成 6 个 μOP。有些 x86 指令（如重复的串操作指令）可能需要翻造的 μOP 个数远多于 4 个，重复的微操作序列会很长，因此译码段 1 将翻造后的 μOP 交给微指令序列器（Micro Instruction Sequencer，MIS）。微指令序列器本质上是一种存储器。

（5）译码段 2（DEC2）。译码段 1 每次将译码器 0、1、2 或 MIS 中翻造好的最多 6 个 μOP 传输给译码段 2。在本译码段，第一，要将指令队列 DIQ 中的微操作序列按照原始程序序列排队；第二，如果在已经排队的 μOP 中发现转移型 μOP，且当认定 BTB 失效时，那么将转移型 μOP 提交给静态转移预测机制进行预测，即第二级分支转移预测。

（6）寄存器别名表和分配器段（RAT）。Pentium Ⅱ 微处理器只有 16 个寄存器，即 EAX、EBX、ECX、EDX、ESI、EDI、EBP、ESP 和浮点数寄存器 FR0～FR7。如果相邻两条指令使用了同一个 x86 寄存器编程，那么在指令流水线上就可能产生写后读（RAW）或读后写（WAR）或写后写（WAW）数据相关的问题。

采用寄存器换名策略，将 x86 寄存器换名成微处理器内部隐藏的寄存器，其数量远比 x86 寄存器的数量多，可以极大地消除数据相关问题。以每一时钟 3 个 μOP 的速率，将 μOP 序列传输给下面的重排序缓冲区（Re-Order Buffer，ROB），即微操作缓冲池。

（7）重排序缓冲区段（ROB）。重排序缓冲区有一个可以缓存 40 项 μOP 的环形队列缓冲器，缓冲器的两个指针分别指向缓冲器的开头和末尾，首指针是回收指针［"回收"的解释请参考**回收段（RET）**］，尾指针是存放指针。初始两指针指向同一位置，每存入一个 μOP，ROB 中的尾指针增 1，首指针指向最早存入的一个 μOP。

在 ROB 中，每一个 μOP 都有状态位，登记该 μOP 当前的状态，为后续操作提供标志信息，包括是否调度到保留站（Reservation Station，RS）、是否已经派遣到了相应端口的执行单元、是否正在执行单元执行、是否执行已经完成正在将结果返回 ROB、是否正在检查结果、结果是否正确、回收标志是否就绪、回收是否结束，即是否变为空项等。

2) 调遣/执行段：乱序调度/执行阶段

（1）派遣段（DIS）。派遣段的主要功能是当 ROB 装入 μOP 后，保留站能以任何顺序复制 ROB 中的多个 μOP，并将其派遣到相应端口的执行单元。

保留站是执行单元的缓冲区，用来保存操作和操作数。

在图 12-5 中，核心结构有端口 0～4 共 5 个端口，通向 11 个执行单元，其中，端口 0 有 5 个执行单元，端口 1 有 3 个执行单元，端口 2、3、4 各有 1 个执行单元。

重排序缓冲区是在动态调度处理器中用于暂时保存执行结果的缓冲区，等到安全时才将其中的结果写回 x86 寄存器或存储器。

调度的基本原则：μOP 的操作数已经就绪，相应的执行单元可用，而且排除了数据相关和资源相关的问题，把 ROB 中的微操作派遣到执行单元中去执行。这个过程不是顺序调度，而是乱序调度。

（2）执行段（EX）。执行段的主要功能是执行 μOP，端口 0 和端口 1 的 8 个执行单元用于实现全部的简单和复杂的整数运算、浮点运算及多媒体扩展（MMX）功能。

转移执行单元（JEU）处理转移 μOP，把实际是否发生转移情况返回给 ROB 和 BTB。

端口 2 是装入执行单元，用于生成所要读取存储器数据的存储单元地址，存储器读指令只产生一个微操作，或者说只需要一个微操作就可以实现存储器读操作。而存储器写指令产生两个微操作，一个微操作送至端口 3 的存储地址执行单元，用于产生所需写入存储器的地址，另一个微操作送至端口 4 的存储数据执行单元，用于生成所要写入的数据。所要写入的数据及其存储器地址同时被送往存储数据缓冲器（MOB）中。经过下游的回收检查无误后，在回收段（RET）通知 MOB 完成存储器写操作，即以严格的顺序把数据写到 L1 Cache 或 L2 Cache 中，最终可能写回内存。

在执行段执行 μOP 时，执行所需要的时钟周期数量是由各微操作指定的，大多微操作完成执行的时间仅为 1 个时钟周期。

3）回收段：顺序回收阶段

（1）**写回段（WB）**。本段将 μOP 执行结果写回 ROB，并且对写回的结果进行错误检查，包括对从 L1 数据 Cache 读入的数据进行错误检查和纠正（Error Checking and Correcting，ECC）操作。

（2）**回收就绪段（RR）**。当 μOP 执行结果写回 ROB 且结果无误时，还需要在回收就绪段逻辑判断它的上游转移指令是否已经被全部解决。若已经被全部解决，则按照程序的顺序以 IA 指令（x86 指令）为单位，标志其相应的 μOP 已回收就绪。

（3）**回收段（RET）**。本段是顺序回收段，按照原始程序的顺序，以 x86 指令为单位，每个时钟回收 3 个 μOP 执行的结果。

将已经回收就绪的 x86 指令对应 μOP 的执行结果写回 x86 寄存器集，并设置 EFLAGS 的标志位；通知 MOB 完成存储器写操作，即以严格的顺序把数据写到 L1 Cache 或 L2 Cache 中，也可能写回内存。

删除在 ROB 中已经被回收的 μOP，相应的 ROB 变为空，环形队列缓冲器的首指针自动增量。

4．P6 微结构动态执行技术的 3 个特征

乱序执行机制是 P6 微结构的核心。乱序执行又称动态执行，动态执行技术有以下 3 个特征：

第一，动态数据流分析（Dynamic Dataflow Analysis）指令之间数据的相关性，产生优化的重排序指令调度。

微处理器读取程序指令并译码后，判断当前指令能否与邻近指令同时执行，分析这些指令的数据相关性和资源相关性，以优化的执行顺序来处理这些指令，使乱序执行的内核能够同时监视许多指令，并且使微处理器的多个执行单元以最优化的顺序来执行这些指令。乱序执行使微处理器的各执行单元都处于忙碌状态。

第二，深度分支预测（Deep Branch Prediction）指利用先进的转移预测技术，允许程序的几个分支流向同时在微处理器中进行。

该技术的应用在取指令阶段，可以在程序中寻找未来要执行的指令，更快地向微处理器传递任务，进而为指令执行顺序的优化提供良好的可调度性。P6 微处理器实现了高度优化的分支预测算法，可以预测多级分支、过程调用及返回指令流的方向。

第三，推测执行（Speculative Execution）指微处理器在条件转移的目标未知时，就能够提前执行那些仅在条件转移发生后才能够确定执行的指令，并且最终能够以与原始指令流相同的顺序提交结果。

将多个程序流向的指令序列以调度好的优化顺序送往微处理器的各执行部件中执行，能够保持多端口多功能的执行部件始终处于忙工作状态，达到充分发挥执行部件效能的目的。

基于推测执行的需要，P6 微处理器从结构上把指令的调度、指令的执行及最终结果的提交分离开来。P6 的乱序执行内核利用数据流分析技术预先执行微操作缓冲池中所有可能要被执行的微操作，并把不同的执行结果都存入临时寄存器，然后由退出（卸出）单元顺序地搜索微操作缓冲池，查找那些已经被执行完成的微操作和与其他微操作不再有数据依赖关系的微操作（尚无结果的转移预测）。卸出单元找到这些微操作后，将其执行的结果按照原指令代码的顺序提交到存储器或寄存器中，并修改状态标志，最后把这些微操作从微操作缓冲池中卸出（删除）。

推测执行技术能够保证微处理器的超标量流水线始终处于忙碌状态，这不仅有效地克服了流水线中多重相关的难题，而且加快了程序执行的速度。

12.3.2　Pentium 4 微处理器的微结构及主要技术特征

2000 年 11 月，Intel 公司推出了首款 Pentium 4 微处理器，简称 P4，其属于 IA-32 微处理器。它是继 1995 年推出的 Pentium Pro 之后的第一款被重新设计过的微处理器，这一新的结构称为 NetBurst 结构。首款产品代码为 Willamette，拥有 1.4GHz 的内核时钟，内部包括 8KB L1 数据 Cache 和 12KB L1 指令 Cache，以及 256KB L2 Cache。其超标量流水线分为 20 级，具有 MMX、SSE、SSE2 等完善的多媒体指令，前端总线传输数据的带宽达 3.2GB/s，外部使用 Socket 423 插座。P4 不同于 Pentium Ⅱ、Pentium Ⅲ和各种 Celeron 微处理器，它是一种被全新设计的产品。

1. Pentium 4 微处理器全新的 NetBurst 微结构及流水线

微处理器内部简化的核心结构称为微体系结构，简称微结构。不同的微处理器有不同的结构特点。Pentium 微处理器基于 P5 微结构，Pentium Pro、Pentium Ⅱ、Pentium Ⅲ均基于 P6 微结构，它们都具有指令级的超标量流水线，可实现指令级的并行操作。

Pentium 4 微处理器采用了全新的 NetBurst 微结构，如图 12-6 所示。NetBurst 微结构延伸了指令级的并行方法，与 P6 微结构一样都采用超标度为 3 的指令流水线，不过，NetBurst 微结构的超级流水线达到了 20 级，流水线的子过程增多，执行指令的速度更快。

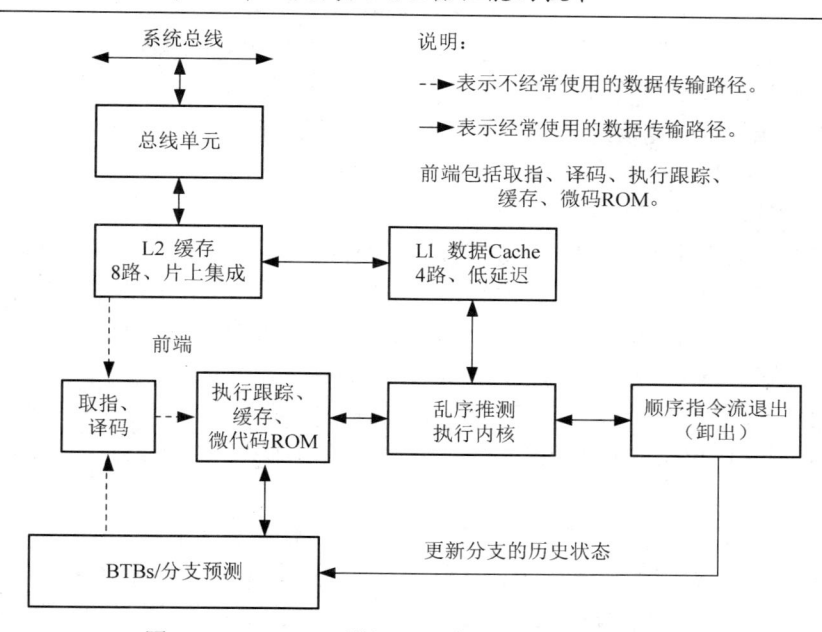

第 12 章 提高微处理器性能的技术

图 12-6 Pentium 4 微处理器采用的 NetBurst 微结构

由图 12-6 可知，NeBurst 微结构由三大部分组成：左边是顺序执行前端流水线，中间是乱序推测执行内核，右边是顺序指令流退出（卸出）。

1）顺序执行前端流水线段

顺序执行前端流水线段具有 6 个基本功能：预取可能要被执行的指令；取出未被预取的指令；把 x86 指令译码成微操作；为复杂指令和特殊指令生成微代码；从执行跟踪缓存（Execution Trace Cache）中送出译码后的指令（微操作）；使用先进的预测算法来预测可能的程序分支。

顺序执行前端的作用是执行取指操作，并对 x86 指令译码，然后把它们分解为简单的微操作，经由微指令排序器将其序列化成一系列的微操作——轨迹。这些微操作轨迹被存放在执行跟踪缓存中。

顺序执行前端将微操作提供给乱序执行内核，在一个时钟周期内以程序原来的顺序向乱序执行内核发出多个微操作。乱序执行内核能够按照程序原来的顺序并能以 1/2 个时钟周期的延迟执行基本整数运算。

Pentium 4 的特色是取消了 L1 指令 Cache，取而代之的是执行跟踪缓存，即把已经译码的指令（微操作）保存在执行跟踪缓存中。存储已译码指令使得 x86 指令的译码从主要执行循环中被分离出来，指令只被译码一次后就存入执行跟踪缓存，然后就可以像常规指令 Cache 一样重复使用。x86 指令译码器只有在没有命中执行跟踪缓存时，才需要从 L2 Cache 中取出新的 x86 指令，并将其译码成微操作。复杂指令的译码由微代码 ROM 生成。

综上所述，顺序执行前端流水线段解决了高速流水线微处理器中两个因译码时间而产生的延迟问题。

第一，在原来的 P6 微结构中，L1 指令 Cache 中的指令直到真正要被处理单元执行时才会被取出进行译码，对于某些复杂的 x86 指令，需耗费太多的时间进行指令译码。改进后，复杂指令的译码通过微代码 ROM 快速生成。

第二，在循环程序中，一段 x86 指令会被循环执行，每一次都必须进行译码。此外，一旦程序中的分支跳转预测发生错误，L1 缓存必须重新填充，这是 L1 指令 Cache 难以处理的问题。在使用了执行跟踪缓存后，当重复执行某些指令时，就可以从执行跟踪缓存中取出译码后的微操作直接执行，节省了译码时间，避免了流水线的延迟。

当超长流水线执行中出现分支预测错误时，流水线能及时从执行跟踪缓存中快速地重新取得发生错误前已经译码过的指令，从而加速流水线填充过程。

2）乱序推测执行内核段

乱序推测执行内核按照微操作的需要和执行资源是否就绪来进行乱序调度及分配微操作，通过多个并行执行单元的执行，实现代码流的并行执行。多个并行执行的执行单元包括两个倍频整数 ALU、一个复杂整数 ALU、一个复杂浮点/多媒体执行单元、一个浮点/多媒体传输执行单元、读取操作数和生成存储器操作数地址的执行单元。

执行单元与 L1 数据 Cache 紧密相连，执行过程中的操作数从 L1 数据 Cache 中进行存取。

乱序推测执行是 NetBurst 微结构的核心，也是并行处理的关键。乱序推测执行内核中的微操作能被重新排序，这样当一个微操作由于等待数据或竞争执行资源而被延迟时，后面的其他微操作也仍然可以绕过它继续执行，这显然是无序执行的。

NeBurst 微结构中有若干缓冲区来存储等待被执行的微操作，当流水线的一个部分产生了延迟，该延迟可以通过其他并行的微操作予以克服，也可以通过执行已经进入缓冲区排队的微操作来克服。

乱序推测执行内核中的微操作可以分为进、出和卸出（回收），从前端流入微操作（跟踪缓存）称为进，把微操作调度到执行单元去执行称为出，卸出（回收）需要删除微操作。乱序推测执行内核按并行执行的要求来进行设计，能在一个时钟周期内发出 6 个微操作，这大大超过了执行跟踪缓存和卸出部件卸出微操作的速率。

3）顺序指令流退出（卸出）段

卸出部分接收执行内核微操作执行的结果并处理它们，根据原始的程序顺序来更新相应的程序执行状态和指令顺序执行的结果，在卸出前按照原始程序的顺序进行提交。

微处理器中的重排序缓冲区用于缓冲执行结束的微操作，按原始顺序更新执行状态并管理异常的排序，而且当一个微操作执行完成后，就把结果写入目标保存，微操作就被卸出（删除），每一周期卸出的微操作数多达 3 个。

卸出部件还跟踪分支实际的执行情况，必须把已更新的转移目标信息送到分支目标缓冲器（BTB）中去更新分支的历史状态，并且将不再需要的轨迹清除出执行跟踪缓存，最后根据更新过的分支历史信息来取出新的分支。

2. Pentium 4 微处理器的主要技术特征

（1）双倍频算术逻辑单元结构（Double Pumped ALU）。

Pentium 4 微处理器的核心结构设计了两组相互独立运作的算术逻辑部件（ALU），在一个时钟周期的上升沿与下降沿进行运算，平均 1/2 个时钟周期就可以完成一个算术/逻辑运算。

（2）四倍爆发式总线（Quad Pumped Bus）。

奔腾 4 微处理器使用了在方波上升、峰值、下降和谷值的 4 个状态都能够传输数据的前端总线，而不是像以前的微处理器那样仅使用脉冲信号的一个状态传输数据，因此时钟的方波频率只是前端总线 FSB 频率的 1/4，Pentium 4 前端总线的工作频率为 400MHz、533MHz、800MHz 和 1066MHz，对应的实际总线使用的分别是 100MHz、133MHz、200MHz 和 266MHz 的方波，这种总线称为四倍爆发式总线。

（3）超线程技术。

进程是一段可以独立运行的程序，当一个进程被多个微处理器以共享代码和地址空间的形式执行时称为线程。在服务器和桌面的应用程序中都包含了可以并行执行的多个线程，能够实现线程级并行从而提高计算机执行速度的技术称为超线程（Hyper Threading，HT）技术。从 Pentium 4 微处理器开始支持 HT 技术，支持操作系统将 Pentium 4 具有的一个物理处理器看作两个逻辑处理器，允许两个线程的并行执行。

（4）新增 SSE2 多媒体指令。

多媒体指令的关键技术采用了单指令流多数据流结构（Single Instruction streams，Multiple Data streams，SIMD），即同一个指令使用不同的数据流被多个微处理器单元执行。

在 32 位的指令系统中，Pentium 4 针对双精度浮点数推出了数据流 SIMD 扩展（Streaming SIMD Extensions 2，SSE2）指令集，该指令集包含了 76 条新的 SIMD 指令和原有的 68 条整数 SIMD 指令。

（5）SSE2 指令集支持多媒体数据格式。

多媒体数据格式由 128 位数据组成，将多个 8 位、16 位、32 位、64 位整数或 32 位单精度、64 位双精度浮点数组合为一个 128 位紧缩数据格式，如图 12-7 所示，有 6 种组合。SSE2 指令集的指令支持图中所有的数据格式，不仅可以进行两组双精度浮点数或 64 位整数操作，而且可以进行 4 组 32 位整数、8 组 16 位整数和 16 组 8 位整数操作。

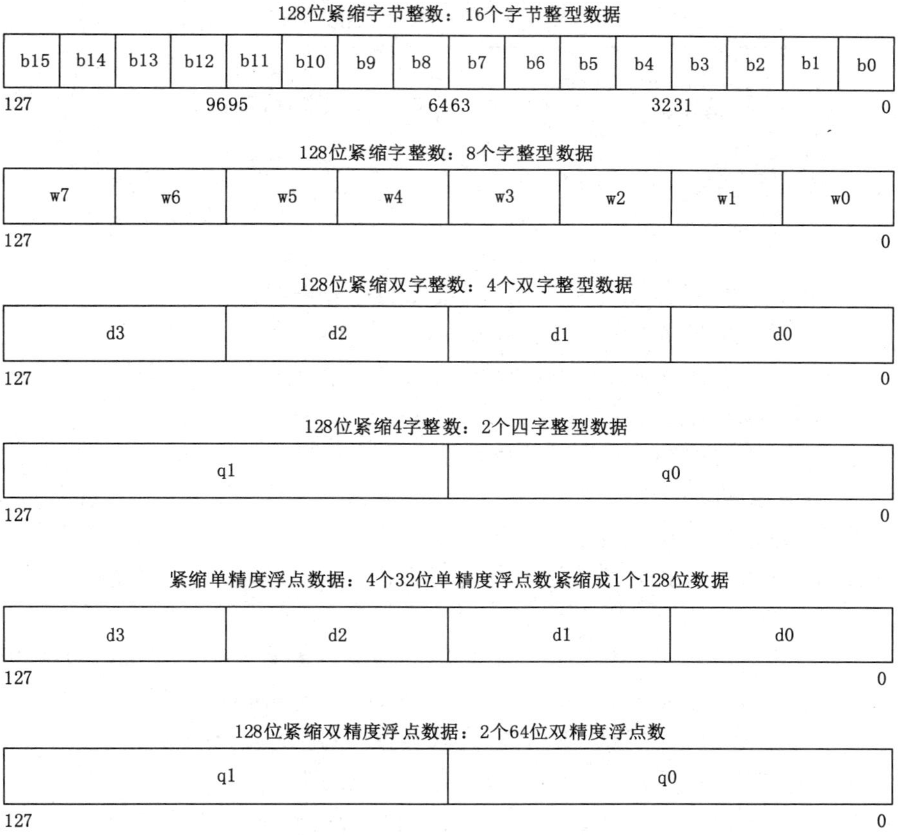

图 12-7 多媒体数据格式

Intel 公司推出的 Pentium 4 微处理器的版本很多。随着版本的不断升级，技术不断提升，性能不断提高。不同版本 Pentium 4 微处理器的主要参数及其特点表如表 12-2 所示。例如，微处理器的时钟频率由 1.3 GHz 提高到了 3.73 GHz、FSB 频率由 400MHz 提高到了 1066MHz、FSB 数据传输理论宽度由 3.2GB/s 增加到 8.5GB/s、微处理器内部高速缓存的容量逐步增多等。

表 12-2 不同版本 Pentium 4 微处理器的主要参数及其特点表

公开名称	内核	时钟频率	Socket	FSB 频率/理论宽度	高速缓存	其他特点
最初发布版本	Willamette	1.3GHz~2.0GHz	423, 478	400MHz/3.2GB/s	8KB L1 数据+12KB L1 指令/256KB L2	20 级流水线,MMX/SSE/SSE2 指令
P4C	Northwood	2.4GHz~3.4GHz	478	800MHz/6.4GB/s	8KB L1 数据+12KB L1 指令/512KB L2	更高前置总线，超线程，21 级流水线，MMX/SSE/SSE2 指令
P4 Extreme Edition	Gallatin	3.2GHz~3.4GHz	478, LGA775	800MHz/6.4GB/s	8KB L1 数据+12KB L1 指令/512KB L2/2MB L3	超线程，增加 L3 内存，21 级流水线，MMX/SSE/SSE2 指令
P4F/5x1 系列	Prescott	2.8GHz~3.8GHz	LGA775	800MHz/6.4GB/s	16KB L1 数据+12 KB L1 指令/1MB L2	支持 EM64T，31 级指令流水线、MMX/SSE/SSE2/SSE3 指令
6x2 系列	Cedar Mill	3.0GHz~3.8GHz	LGA775	800MHz/6.4GB/s	16KB L1 数据+12KB L1 指令/2MB L2	超线程、2MB L2 缓存、支持 EM64T
P4 Extreme Edition	Prescott 2M**	3.73GHz	LGA775	1066MHz/8.5GB/s	16KB L1 数据+12 KBL1 指令/2MB L2	超线程、更快前端总线

12.4 微处理器中的多核技术

12.4.1 多核微处理器及多线程概述

1. 多核技术的发展

微处理器芯片的功耗超过 150W 后，微处理器的可靠性就会受到致命性的影响，导致增加主频的道路走到尽头。尽管多线程在小的代价下提升了微处理器的效率，但仍需通过有效地编程，利用单片芯片上数量不断增加的微处理器，以使其性能遵循摩尔定律继续提升。

从 1996 年美国斯坦福大学首次提出片上多微处理器（CMP）思想和首个多核结构原型，到 2001 年推出第一个商用多核微处理器 POWER4，再到 2005 年 Intel 的 AMD 多核微处理器的大规模应用，最后到现在多核成为市场主流，多核微处理器经历了二十多年的发展。在这个过程中，多核微处理器的应用范围已覆盖了多媒体计算、嵌入式设备、个人计算机、商用服务器和高性能计算机等众多方面，多核技术及其相关研究也迅速发展，如多核结构设计方法、片上互连技术、可重构技术、下一代众核技术等。

2005 年 4 月，Intel 第一款用于 P4 计算机的双核微处理器至尊版问世，即奔腾微处理器。其主频为 3.2GHz，采用 Intel 955X 高速芯片组。Intel 多核超线程技术能使一个执行内核发挥两个逻辑处理器的作用。同年 5 月，双核微处理器 Pentium D 与 Intel 945 高速芯片组家族一同被推出，增强了环绕立体声音频、高清晰度视频和增强图形功能。

2006 年 1 月，Intel 发布了 Pentium D 9xx 系列微处理器，包括支持 VT 虚拟化技术的 Pentium D 960（3.60GHz）、950（3.40GHz）和不支持 VT 的 Pentium D 945（3.4GHz）、925

(3GHz)等。同年 7 月，Intel 发布了 65nm 的双内核微处理器酷睿 2（Core 2 Duo），即酷睿二代，酷睿 2 是 Intel 推出的新一代基于 Intel Core 微结构的产品体系的统称。它的上一代是采用 Yonah 微结构的微处理器，被命名为 Core Duo，即酷睿一代。Intel 酷睿 2 是一个跨平台的构架体系，包括服务器版、桌面版、移动版三大领域。其中，服务器版的开发代号为 Woodcrest，桌面版的开发代号为 Conroe，移动版的开发代号为 Merom。

Intel 酷睿 2 结构体系完全摒弃了 Pentium M 微结构和 Pentium 4 NetBurst 微结构。酷睿 2 CPU 支持移动 64 位计算模式，为迈向运算速度更快的时代提供了坚实的硬件基础。高端的 Core i7 系列拥有 4MB 二级缓存，比酷睿仅拥有的 2MB 二级缓存高出了一倍，更大的二级缓存意味着多任务处理能力更为强劲，处理的时间大大缩短。酷睿 2 CPU 支持将 IA-32 位扩展到 64 位，即扩展存储器 64 位技术（Extended Memory 64 Technology，EM64T），同时支持 SSE4 指令集。酷睿 2 对 EM64T 的支持使得其可以拥有更大的内存寻址空间。SSE4 指令集相比于酷睿的 SSE3 指令集，更强调了多媒体的处理速度，并有多处优化。

2006 年 11 月，Intel 四核微处理器正式发布。2008 年，Intel 推出了 64 位 4 个内核基于 Nehalem 结构的 Core i7（酷睿 i7）微处理器，其内核代号为 Bloomfield，拥有 8MB 三级缓存，支持三通道的 DDR 3 内存，该微处理器采用 LGA 1366 针脚设计，支持第二代超线程技术，即处理器能以八线程运行。

Intel 随后推出的基于 Nehalem 结构的双核微处理器 Core i5（酷睿 i5）依旧采用整合内存控制器，三级缓存模式，L3 Cache 最大可达 24MB。Core i5 采用成熟的直接媒体接口（Direct Media Interface，DMI）技术，相当于内部集成所有北桥的功能。DMI 技术用于准南桥通信，并且只支持双通道的 DDR 3 内存。

Nehalem 构架的 Core i5 和 Core i7 微处理器是 Intel 新一代的微处理器，具有诸多的先进特性，如 Turbo Boost、Intel 智能互连（Quick Path Interface，QPI）技术、Intel 智能高速缓存技术等。其中，QPI 技术取代了以前的 FSB（前端总线），为 CPU 和芯片组提供了更快速的连接方式，相应地，芯片组也必须支持 QPI 技术，因此 X48 被 X58 芯片组所取代。

2．多核技术

多核（Multi-core）技术将多个微处理器核心（Core）（又称内核）集成在一片半导体芯片上，各微处理器核心耦合紧密，构成一个多核微处理器（Multiprocessor）系统。整个芯片作为统一的结构对外提供服务，该结构称为单芯片多核微处理器结构（Chip Multi-Processor，CMP）。

多核微处理器结构的主要技术特征如下。

（1）充分利用应用程序的并行性。

复杂单微处理器结构通过多发射和推测执行来利用指令级并行性以提高微处理器的性能，但它不可能利用应用程序线程级的并行来执行程序。多核微处理器结构首先通过集成多个单线程微处理器核心或集成多个同时多线程微处理器核心。这一多核微处理器系统中的多个微处理器核心能够有效地并行执行多个进程或线程，可以同时共享系统总线、内存等资源，使得整个微处理器可同时执行的线程数或任务数是单微处理器的数倍，这极大地提升了微处理器的并行性能。

（2）降低硬件设计的复杂度。

多核微处理器结构可以通过重复使用先前的单微处理器设计作为微处理器内核，仅需要较小的改动就可以搭建一个高效的系统，而复杂单微处理器的设计为了提高较少性能，就需要重新调整控制逻辑和数据通路，这些控制逻辑由于紧密耦合的原因非常复杂，因此设计难度大。

多核微处理器结构的控制逻辑简单。相对超标量微处理器结构和超长指令字结构而言，CMP控制逻辑的复杂性要明显低很多，硬件实现必然要简单得多。

（3）低通信延迟和低功耗。

由于多个微处理器集成在一片芯片上，且采用共享Cache或内存的方式，因此多线程的通信延迟会明显降低；多个核集成在芯片内极大地缩短了内核间的互连线，内核与内核之间的通信延迟变低，提高了通信效率，数据传输带宽也得到提高；多核结构有效地共享片上资源，提高片上资源的利用率，功耗也随着器件的减少得到降低；通过动态调节电压/频率、负载优化分布等，可有效降低CMP功耗。

（4）高主频。

由于单芯片多微处理器结构的控制逻辑相对简单，包含极少的全局信号，引线延迟对其影响比较小，因此，在同等工艺条件下，CMP与超标量微处理器及超长指令字微处理器相比较，CMP能获得更高的工作效率。

3．多核微处理器的核心结构

多核微处理器的核心结构主要分为同构多核和异构多核两种。

同构多核微处理器是指微处理器芯片内部的所有核心结构是完全相同的。各内核相同且独立执行任务的多核微处理器称为同构多核微处理器。同构多核微处理器大多数由通用微处理器的核心组成，每个微处理器核心与通用单核微处理器的核心结构相近。

异构多核微处理器将结构、功能、功耗、运算性能等不同的多个核心集成在一片芯片上，通过任务分工和划分，将不同的任务分配给不同的核心去完成。各内核不同且不独立执行任务的多核微处理器称为异构多核微处理器。

同构多核微处理器的多核技术是相同的80x86微处理器核心；异构多核微处理器的多核技术是80x86微处理器核心配合了特定用途的核心，即众核技术。例如，Intel酷睿i系列集成了图形微处理器。

多核微处理器并非简单地将多个运算核集成在一片芯片上，而要解决许多关键技术问题：多核芯片之间的通信技术问题；在片上多微处理器结构下，在微处理器内部设计的多级高速缓冲存储器与内存之间出现的巨大速度差异及在二者之间如何保持一致性的问题；微处理器内部的总线接口单元（BIU）对多个访问请求的仲裁机制及效率问题；操作系统的任务调动算法及低功耗等问题。

4．微处理器的多线程

微处理器的多线程指同一个微处理器上的多个线程同步执行并共享微处理器执行资源的线程数量。

每个正在系统上运行的程序都是一个进程，每个进程包含一个或多个线程。进程可能是整个程序或部分程序的动态执行。线程是一组指令的集合，或者是程序的特殊段，它可以在程序里独立执行，也可以把它理解为代码运行的上下文。线程基本上是轻量级的进程，它负责在单个程序里执行多任务。通常由操作系统负责多个线程的调度和执行。

软件要明白如何把任务分给多个核心并让它们一起工作，这样会变相提高CPU的处理性能，现在新出的软件都支持多核微处理器。原本一个核心运行一个线程，不过Intel发明了一个核心能够运行两个线程的技术，即超线程技术，所以也有双核四线程的说法。

超线程技术可以为高速的运算核心准备更多的待处理数据,减少运算核心的闲置时间,这对于桌面低端系统来说无疑十分具有吸引力。通过划分任务,线程应用能够充分利用多个执行内核,并可在特定的时间内执行更多任务。

5. 多核微处理器的应用模式

在日常应用计算机的过程中,多核微处理器有两种典型的应用模式。

第一种应用模式:程序采用线程级并行编程,该程序在运行时可以把并行的线程同时分配给两个核心处理,由此,程序的运行速度大大提高。例如,专业图像处理程序、非线性视频编辑程序及科学计算等程序。对于这类程序的执行,两个物理核心和两个微处理器是等价的。IE 浏览器、Office 同样采用了线程级的并行编程,在运行时能够同时被多核微处理器进行处理。

第二种应用模式:程序没有采用线程级并行编程,属于单线程的程序,这类程序单独运行在多核微处理器上与单独运行在同样参数的单核微处理器上是没有区别的,但是,现在的操作系统都支持程序的并行处理,即在多核微处理器上同时运行多个单线程的程序时,操作系统会把该多个单线程程序的指令分别发送给不同的核心去执行,这样可以大大提高整机运行的速度。

6. Intel 酷睿 2 双核和酷睿 2 四核微处理器的结构

Intel 酷睿双核(Core Duo)是基于 Pentium M 微结构的。

Intel 酷睿 2 双核(Core 2 Duo)和酷睿 2 四核微处理器(Core 2 Quad)是基于 Intel Core 微结构实现的,其组织结构分别如图 12-8 和图 12-9 所示。

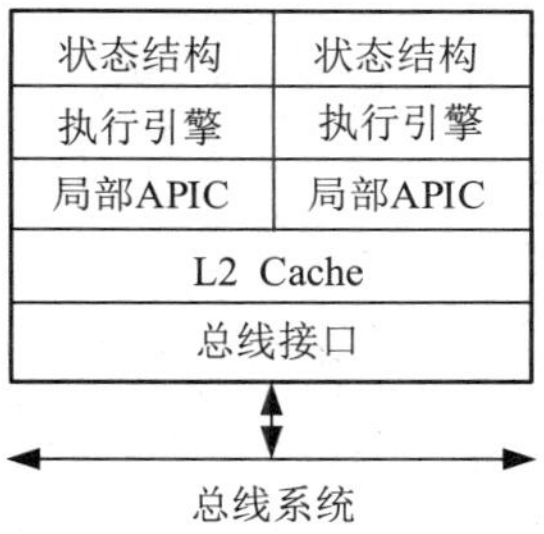

图 12-8 Intel 酷睿 2 双核微处理器的组织结构

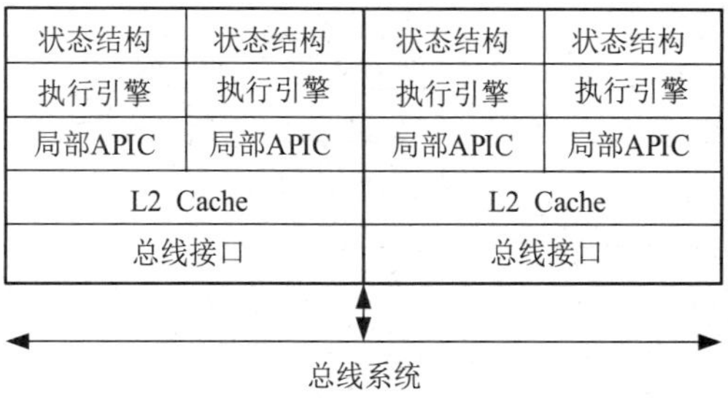

图 12-9 Intel 酷睿 2 四核微处理器的组织结构

Intel Core 微结构(Intel Core Micro architecture)是 Intel 2006 年宣布的一种新微处理器结构,它取代了原有的 NetBurst 及 Pentium M 微结构,并综合利用了 NetBurst 和 Pentium M 微结构的优势,使得 Intel Core 微结构的微处理器提高了执行性能并降低了执行功耗。

Intel Core 微结构内部采用了微程序控制器,具有一个 L1 Cache(数据)、两个核共享的 L2 Cache,减少使用前端总线进行数据交换,工作效率更高。它从 L2 Cache 预取指令并译码,4 个译码单元在每个时钟周期可以译码 4 条指令或具有宏联合的 5 条指令。Core 微结构具有 3 个不同功能的 ALU,且都支持 128 位 SIMD 指令的执行。Core 微结构中大多数 SIMD 指令可以在一个时钟周期内完成。Core 微结构采用了指令超标量流水线技术,可以乱序处理指令,在每个时钟周期处理 4 条指令。

Core 微结构有一个更大带宽的动态执行核心,并采用了智能 Cache、智能存储器及先进的数字媒体等技术。

从图 12-8 和图 12-9 可以看出,Intel 酷睿 2 双核微处理器由两个 Intel Core 微结构实现,

Intel 酷睿 2 四核微处理器由 4 个 Intel Core 微结构实现。

四核微处理器即基于单个半导体的一个微处理器上拥有 4 个一样功能的微处理器核心。换句话说，四核微处理器将 4 个物理微处理器核心整合入一个核中。

12.4.2 Intel Core i7 920

1．主要参数

Intel Core i7 系列微处理器分为两种，一种是面向高端的 1156 针的 Core i7 800 系列；一种是面向桌面计算机 1366 针的 Core i7 900 系列，其中，Intel Core i7 920 为该系列型号较低的版本。Intel Core i7 920 的主要参数如表 12-3 所示。

表 12-3　Intel Core i7 920 的主要参数

主要参数	情况
功耗	130W
时钟频率	2.66GHz
核/芯片	4
浮点	有
多发射	动态
峰值指令数/周期	4
流水线级数	14
流水线调度	动态乱序推测执行
分支预测	2 级
L1 Cache/核	32KB 指令、32KB 数据
L2 Cache/核	256KB
L3 Cache/核	8MB（共享）
线程数	8
服务	服务器

Core i7 总线不再是以往的 FSB，而是 QPI。QPI 总线采用时钟频率为 133MHz 的基准频率，CPU 内部每个模块都采用了独自倍频后的时钟，以达到指定的频率，Core i7 920 微处理器使用的是 20 倍频，主频率变为 20×133MHz =2.66GHz。

2．微体系结构

1）概述

从表 12-3 中可以看出，Intel Core i7 920 集众多先进技术于一体，包含 4 个核，每个核有 32KB 的 L1 指令 Cache 和 32KB 的 L1 数据 Cache，以及 256KB 的 L2 Cache。4 个核共享 8MB 大容量的 L3 Cache，大大减少了数据等待延迟。四核八线程微处理器大幅提升了 CPU 的多任务和多线程计算能力。QPI 总线取代 FSB 总线，用以连接北桥芯片，整合三通道 DDR 3 内存控制器，使带宽大幅提升，延迟大大下降。

Core i7 920 微处理器采用了复杂的流水线技术，在 14 级流水线中综合应用了动态多发射、乱序执行和推测执行的流水线调度技术。主体思想与 P6 及 Pentium 4 微结构的相似之处是都采用了微操作流水线，将 x86 指令翻译为微操作。微操作是由复杂的基于推测执行的动态调度流水线来执行的，流水线在每个时钟周期可执行多达 6 个微操作。

在动态调度微处理器的设计中，各功能单元、高速缓存、寄存器堆、指令发射及整个流水线的控制将混在一起，以至于流水线和数据通路难以分开，为此，设计人员用微结构来描述微处理器内部体系结构的实现。图 12-10 所示为 Core i7 920 微处理器基于 Nehalem 结构的微结构图。

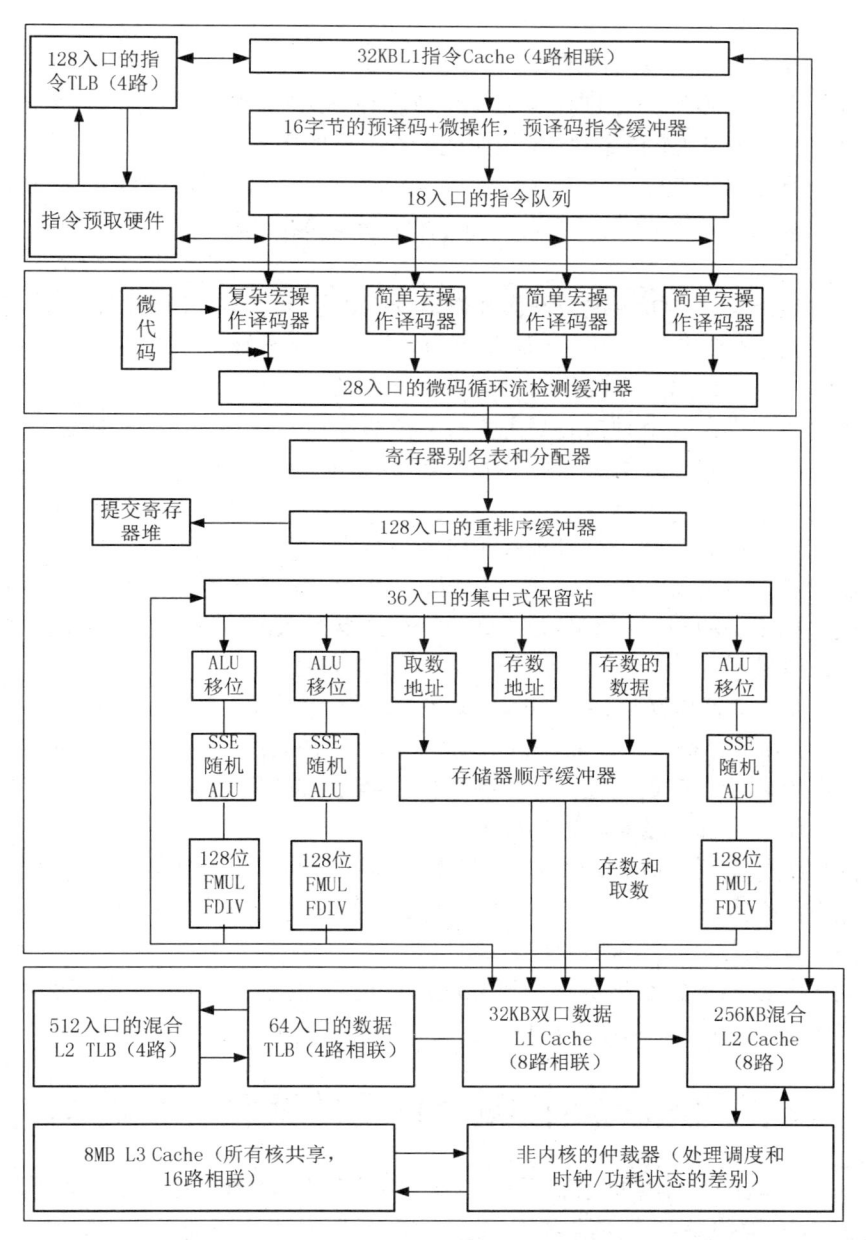

图 12-10　Core i7 920 微处理器基于 Nehalem 结构的微结构图

2）主要特征

第一，使用重排序缓冲区和寄存器重命名技术解决了反相关和推测错误的问题。

第二，将 x86 体系结构中的寄存器重命名为一组更大的物理寄存器。二者之间的映射关系必须明确哪个物理寄存器才是某个 x86 寄存器的最新备份。

第三，寄存器重命名提供了另一种当推测错误时的纠错方法，即撤销所有第一条推测错误指令后建立的所有映射，进而微处理器的状态能够返回到最后一条正确执行的指令处。

3) Core i7 920 的流水线结构

Core i7 920 的流水线结构为 14 级流水线，总体上可以归纳为三大过程段，可参考图 12-10 来理解。

第一，顺序取指、译码段的技术。

微处理器使用一个多级分支目标缓冲器在速度和预测准确性方面做出平衡之后，取指部件使用预测得到的地址从 L1 指令 Cache 中取出 16 字节的指令，并存入预译码指令缓冲器。

预译码阶段将 16 字节的指令转换为独立的 x86 指令，x86 指令的长度可能是 1~15 字节。预译码过程必须扫描多个字节来确定指令的长度，最后将每条 x86 指令放入 18 入口的指令队列。

经过复杂的预译码后，再经过微操作译码器译码，将每条 x86 指令都翻译成一个微操作。3 个简单宏操作译码器都将各自的一条简单的 x86 指令直接翻译为一个微操作，对于具有复杂语法功能的 x86 指令，使用一个微代码引擎产生一个微操作序列。

微操作译码器可以在每个时钟周期内生成 4 个微操作，直到必需的微操作序列生成为止，最后将所有的微操作按照 x86 指令的顺序存入 28 入口的微操作缓冲器，即微码循环流检测缓冲器。

第二，执行基本指令发射、派遣微操作段的技术。

在寄存器别名表中查找 x86 寄存器的位置，对 x86 寄存器进行重命名，分配重排序缓冲器入口，生成重排序缓冲器，从寄存器或重排序缓冲器中取出微操作，并将微操作发射到 36 入口的集中式保留站。

6 个相关部件（执行单元）共享 36 入口的集中式保留站。保留站在每个时钟周期内最多可以向相关部件分派 6 个微操作，6 个相关部件在每个时钟周期可以执行一个微操作。图 12-10 中描述了包括取数地址、存数地址、存数的数据、ALU 移位等 6 个相关部件。

第三，提交结果、标记及回收段的技术。

各相关部件执行微操作后，将执行结果不断地送往寄存器提交部件，在已知指令将不再需要预测的情况下更新寄存器状态。还可将执行结果送往任何一个等待的保留站，最后在重排序缓冲器中将与指令对应的入口标记为已完成。

当前面的一条或多条指令被标记为已完成后，还需要执行寄存器提交部件中尚未执行的写操作，最终将指令从重排序缓冲器中移走。

12.5　Intel 64 位微处理器的两种体系结构

32 位微处理器构成的计算机系统不能支持应用程序直接访问 4GB（2^{32}）以上的内存，4GB 寻址能力是 32 位计算机系统不可逾越的一道门槛。但随着对应用需求的不断发展，32 位微处理器将无法满足大容量、高负荷运算的要求，因此，出现了具有更大的内存寻址规模、更强计算能力的 64 位微处理器。目前世界上 64 位微处理器的厂商主要有 Intel、IBM、HP、Sum 和 AMD 等公司。

2001 年 Intel 公司发布了 Itanium（安腾）微处理器，Itanium 微处理器是 Intel 第一款 64 位微处理器，它是为顶级、企业级服务器及工作站设计的。在 Itanium 微处理器中采用了精确并行指令计算机指令集结构。

2004 年，Intel 公司推出了 EM64T，简称 Intel 64 技术。EM64T 其实就是在 IA-32 指令集的基础上进行扩展的，故又称 IA-32e，其首次应用于支持超线程和双核技术的 Pentium 4 微处理器的终极版，随后被应用于 6xx 系列 Pentium 4 微处理器。EM64T 将 IA-32 结构扩展到了 64 位，将 IA-32 位指令系统也扩展到了 64 位。

2006 年，Intel 公司将 EM64T（IA-32e）更名为 Intel 64，将 IA-64 体系结构称为安腾体系结构。Intel 公司目前支持两种不同的 64 位微处理器体系结构，即 Intel 64 体系结构和安腾体系结构。

12.5.1 Intel 64 体系结构

1．Intel 64 位微处理器的主要技术特征

（1）可以支持更大的内存寻址空间。Intel 64 位微处理器打破了 32 位 4GB 内存的限制，支持 40 位物理内存寻址和 64 位虚拟内存寻址，使得应用程序可以快速处理大量数据。

（2）具有大规模的并行执行内核、较强的预测能力、大容量加高速的缓存、高传输速率的总线结构和充足的执行单元。

（3）相对 32 位微处理器来说，64 位微处理器通用寄存器（General Purpose Register，GPR）的数据宽度为 64 位，微处理器一次可以运行 64 位的数据。

64 位整型数据的应用程序在 64 位硬件上进行运算，可以大幅提高计算性能，减少运算时间。这对于数值运算，包括三维动画、数字艺术和游戏、科学计算等领域，都是非常有利的。对使用 Windows x64 版本的用户来说，将会有更好的扩展性和性能体验。Intel 64 位微处理器对已有的 32 位程序提供更好的兼容性，在充分利用已在 32 位 Windows 应用程序上投入的功能的同时，能够获得最新的 64 位技术所带来的高性能。

（4）对通用寄存器来说，Intel 64 位微处理器主要存储整数数据和地址数据，统称为内存指针（Memory Pointer），它们都由算术逻辑部件来运算。此外，它通常还支持浮点数据和多媒体数据的处理，且其都有各自的专用寄存器和执行单元。

2．Intel 64 位存储器的工作方式

Intel 64 技术保留了 IA-32 微处理器的虚拟 8086 方式、保护方式、实地址方式及系统管理方式，引入了 32 位扩展工作方式（IA-32e）。IA-32e 除了能够兼容 16 位、32 位软件运行的方式，还新增了 64 位工作方式。在该工作方式下，允许 64 位操作系统运行存取 64 位地址空间的应用程序，为程序提供 64 位线性地址空间，支持 40 位物理地址空间，使用 64 位指令指针。

3．Intel 64 位寄存器的分类

由于 Intel 64 位微处理器是 IA-32 结构的 64 位扩展，因此 Intel 64 位微处理器寄存器的分类与 IA-32 寄存器的分类基本相同，包括通用寄存器、64 位状态和控制寄存器（RFLAGS）、128 位多媒体寄存器（XMM0～XMM15）、64 位浮点运算寄存器（MXCSR）、64 位指令指针寄存器（RIP）及 6 个 16 位段寄存器（CS、DS、ES、SS、FS、GS），浮点数的运算通过 SIMD 指令实现 32 位和 64 位的操作。

4．Intel 64 位通用寄存器的扩展与增加

IA-32e 结构的指令系统兼容 32 位指令系统，除此之外，其将 32 位指令扩展到了 64 位，相应的寄存器也由 32 位扩展到了 64 位，并且新增了一些指令，相应地增加了一些寄存器，包

括 8 位、16 位、32 位及 64 位的寄存器。扩展与新增的寄存器如下。

扩展了 8 个 64 位寄存器 RAX、RBX、RCX、RDX、RSI、RDI、RBP、RSP。

新增了 8 个 64 位寄存器 R8～R15。

新增了 8 个 32 位寄存器 R8D～R15D。

新增了 8 个 16 位寄存器 R8W～R15W。

新增了 8 个 8 位寄存器 R8B～R15B。

新增了 4 个 8 位寄存器 SIL、DIL、BPL、SPL。

在 64 位方式下，64 位存储器操作数的访问由 16 位段寄存器和 64 位（或 16 位或 32 位）偏移地址来决定，段寄存器有 CS、DS、ES、SS、FS 和 GS。

12.5.2 安腾体系结构

安腾体系结构是全新的结构，又称 IA-64，其完全放弃了与 IA-32 指令系统的兼容，适用于数据密集的商业应用，构成了大型多微处理器服务器平台。

1. 主要结构特点

（1）**精确并行指令计算**（Explicitly Parallel Instruction Computing，EPIC）技术能够充分利用编译程序对程序执行过程的调度，由专门的 EPIC 编译器分析源代码，并根据指令之间的依赖关系充分地挖掘指令级的并行，从而确定哪些指令的并行执行，并把这些指令从指令集中提取出来并重排序，构成指令集的并行序列。因此，EPIC 编译器等价于 IA-32 结构中指令并行执行所开销硬件电路的功能，降低了微处理器的复杂性。

（2）**超长指令字**（VLIW）技术能够有效提高微处理器内部各执行部件的利用率。超长指令字长可以多达几百位，经过编译器优化后，能够将安腾体系结构的多条并行执行的指令合并为一个具有多个操作码的超长指令字，从而控制多个独立的功能部件同时操作。

（3）安腾体系结构应用了一种新的分支预测技术，即**分支推断技术**。该技术从传统二分支结构程序所有可能的后续路径开始并行执行多段代码，并暂存各段代码的执行结果，直到微处理器通过对条件码的译码分析确认分支转移与否的正确路径后，再把正确路径上执行的结构保留下来。

显然，分支推断技术节省了可能需要等待读取转移指令序列的时间，也就避免了条件转移指令可能产生的停顿时间，或消除了因分支预测失误而需要重新转载流水线导致的延迟问题。并且，以前由于程序分支和指令依赖等因素不能并行执行的许多指令现在完全可以并行执行，从而提高了微处理器的执行效率。

（4）安腾体系结构应用了**推测技术**。推测技术包括控制推测和数据推测两方面，其效果为减少微处理器访问存储器的响应时间。具体实施如下。当遇到分支程序时，控制推测技术将位于分支指令之后的从存储器取数的指令提前若干周期执行，从而消除访问存储器的延时，提高指令执行的并行性能；提前执行从存储器取数的指令后，应用数据推测技术来解决数据的相关问题。

（5）安腾体系结构提供的硬件在循环程序的执行过程中支持前一个循环代码的执行可以与下一个循环代码的执行在时间上部分重叠，也就是下一个循环在上一个循环结束之前就可以开始执行，这种并行执行的方式称为**软件流水**。

在安腾体系结构的硬件支持下，编译器管理软件流水线，能够生成精简的代码，提高循环执行代码的并行性。

（6）安腾体系结构设置了 96 个堆栈寄存器，即**寄存器堆栈**。当这些堆栈寄存器不够使用时，由寄存器堆栈引擎来管理寄存器堆栈，将寄存器堆栈溢出的数据转移到内存，编译器将看到一个容量没有限制的堆栈空间。由于寄存器堆栈在微处理器内部，而不是像 IA-32 位结构中那样在内存中，所以提高了子程序的调用与返回等所有使用堆栈操作指令的执行速度。

（7）安腾体系结构内部设立了大量的寄存器，且寄存器数量远超过 RISC 微处理器中的寄存器数量，安腾微处理器只有存储器读指令和存储器写指令访问存储器，其他指令都在寄存器上操作。因此，程序运行的多数操作在微处理器内部，减少了访问存储器的延迟时间，同时，有利于程序的并行执行。

2. 安腾寄存器

安腾微处理器主要的寄存器如下。

（1）128 个通用寄存器：r0～r127。长度均为 65 位，其中，1 位用于在推测中指明该寄存器中的数据是否有效，其他 64 位用于存放操作数或存储器地址。

在 128 个通用寄存器中，r32～r127（96 个）作为旋转寄存器（用于软件流水）或实现寄存器堆。r0～r31 是静态寄存器，作为寄存器名被用户直接应用。

（2）128 个 82 位浮点寄存器：f0～f127。可以支持 IEEE 754 双精度浮点数。f32～f127（96 个）作为旋转寄存器，用于软件流水。其他寄存器为静态寄存器。

（3）64 个 1 位推断寄存器：p0～p63。用于保存条件表达式的推断结果。p16～p63 作为旋转寄存器，用于软件流水。其他寄存器为静态寄存器。

（4）1 个 64 位指令指针：IP。用于寄存当前正在执行的指令束的地址。

（5）128 个 64 位应用寄存器：ar0～ar127。用于支持寄存器堆栈和软件流水线等。

（6）8 个 64 位分支寄存器：b0～b7。用于在函数调用和返回等转移操作中指明间接转移的目的地址。

小结

复杂指令集计算机（CISC）和精简指令集计算机（RISC）是当前 CPU 的两种基本结构。精简指令集计算机的核心思想是通过简化指令来使计算机的结构更加简单、合理，从而提高 CPU 的运算速度。各种微处理器就是按照这两种结构的设计理念和方法发展而成的。现代计算机硬件技术是采用 CISC 和 RISC 融合的结果。

从 80486 微处理器开始，使用一条整数指令流水线技术；从 Pentium 微处理器开始，使用两条整数指令流水线技术，即超标量流水线技术。一条整数指令流水线称为标量流水线，超过一条整数指令流水线的指令流水线称为超标量流水线。Pentium 微处理器的超标度为 2，P6（Pentium Pro、Pentium Ⅱ、Pentium Ⅲ）微处理器及 Pentium 4 微处理器的超标度都是 3。

80486、Pentium、P6、Pentium 4 及多核微处理器的流水线级数分别是 5 级、5 级、12 级、20 级及 14 级。

Pentium 微处理器的 U、V 两条流水线中整数指令流水线均由 5 级组成，分别为指令预取（PF）、指令译码 1（D1）、指令译码 2（地址生成）（D2）、指令执行（EX）和写回（WB），每条整数指令流水线都有各自的 ALU、地址形成电路，以及与数据 Cache 的接口等。

假设单一指令流水线的级数为 n 级,在理想情况下指令执行的速度可以提高 n 倍,而超标量流水线指令执行的速度更快,但是,要确保流水线畅通流动,不发生断流,还必须要解决几个"相关"的问题,即数据相关、结构相关和控制相关。

为了解决结构相关问题,在 CPU 内部使用了指令 Cache 和数据 Cache。

为了解决数据相关和控制相关问题,不同微处理器分别采用了不同的应对技术。

Pentium 微处理器为了减少转移指令对流水线性能的影响,采用了动态分支预测和静态转移预测相结合的方法。

动态执行技术又称随机推测执行技术或预测执行技术。在 P6 微结构、Pentium 4 NetBurst 微结构,以及酷睿系列 Core 微结构的 IA-32 微处理器中,为了提高程序指令并行执行的效能所采用的一系列技术,包括前端顺序取指、译码、寄存器更名、多端口乱序执行、动态转移预测和静态转移预测相结合、推测执行及顺序返回等,统称动态执行技术。

P6 微处理器、Pentium 4 及多核微处理器的流水线从整体上看,都可以粗略分为三大阶段:顺序取指/译码阶段、乱序调度/执行阶段、顺序回收阶段或顺序退出(卸出)阶段。且都能够将 x86 指令(体系结构指令)经微指令译码器译码后变为微操作。

进程是一段可以独立运行的程序,当一个进程被多个微处理器以共享代码和地址空间的形式执行时称为线程。在服务器和桌面的应用程序中都包含了可以并行执行的多个线程,能够实现线程级并行从而提高计算机执行速度的技术称为超线程技术。从 Pentium 4 微处理器开始支持 HT 技术。

多媒体指令的关键技术采用了单指令流多数据流结构,即同一个指令使用不同的数据流被多个微处理器单元执行,能够利用一条多媒体指令同时处理紧缩数据中的数据,从而提高微处理器处理视频图像的速度。

多核技术将多个微处理器核心集成在一片半导体芯片上,各微处理器核心耦合紧密,构成一个多核微处理器系统。整个芯片作为统一的结构对外提供服务,该结构称为单芯片多核微处理器结构。

微处理器的多线程指同一个微处理器上的多个线程同步执行并共享微处理器执行资源的线程数量。

每个正在系统上运行的程序都是一个进程,每个进程包含一个或多个线程。进程可能是整个程序或部分程序的动态执行。线程是一组指令的集合,或者是程序的特殊段,它可以在程序里独立执行,也可以把它理解为代码运行的上下文。

Intel 有两种微处理器都支持工业标准的 64 位体系结构,分别是 Intel 64 微处理器和安腾微处理器。

Intel 64 技术保留了 IA-32 微处理器的虚拟 8086 方式、保护方式、实地址方式及系统管理方式,引入了 32 位扩展工作方式(IA-32e)。

Intel 64 微处理器增加了 16 个 64 位寄存器、8 个 32 位寄存器、8 个 16 位寄存器、12 个 8 位寄存器。段寄存器有 CS、DS、ES、SS、FS 和 GS。

安腾体系结构是全新的结构,又称 IA-64,其完全放弃了与 IA-32 指令系统的兼容。

思考题与习题

12.1 简单阐述下列名词的含义。

(1)超标量流水线。

(2)超标量超流水线。

（3）SIMD。

（4）CISC 技术。

（5）RISC 技术。

（6）数据相关。

（7）结构相关。

（8）微处理器的多线程。

（9）微操作。

（10）EPIC。

12.2 问答题

（1）80486 微处理器的流水线和 Pentium 微处理器的超标量流水线有什么不同？

（2）Pentium 微处理器的超标量流水线和 Pentium Ⅱ 微处理器的超标量流水线有什么不同？

（3）BTB 中的登记项包含哪些信息？

（4）什么叫微结构？

（5）什么叫动态分支预测？

（6）什么叫动态执行技术？

（7）Pentium Ⅱ 微处理器的超标量流水线中的顺序回收阶段包括哪 3 条？什么叫顺序回收？

（8）Pentium Ⅱ 微处理器的超标量流水线中的乱序调度/执行阶段的关键技术有哪些？

（9）Intel Core i7 920 集众多先进技术于一体，其多核结构是怎样的？

（10）什么叫超线程？

（11）Intel 64 位寄存器分为哪几类？64 位通用寄存器中有哪 16 个 64 位寄存器？

12.3 思考题

（1）总结 Pentium 微处理器内部 BTB 的历史位及状态转换的工作原理。

（2）总结按序发送和按序完成的调度策略。

（3）总结安腾体系结构的特点。

参 考 文 献

[1] 钱晓捷，等. 微机原理与接口技术：基于 IA-32 处理器和 32 位汇编语言[M]. 5 版. 北京：机械工业出版社，2014.
[2] 白中英，戴志涛. 计算机组成原理[M]. 6 版. 北京：科学出版社，2019.
[3] 吴宁，闫相国. 微机原理及应用[M]. 北京：机械工业出版社，2021.
[4] 李继灿. 微型计算机技术及应用：从 16 位到 64 位[M]. 北京：清华大学出版社，2003.
[5] 李华贵，程世旭，李新国，等. 微型计算机技术及应用[M]. 北京：科学出版社，2005.
[6] 李继灿，李华贵. 新编 16-32 位微型计算机原理及应用[M]. 北京：清华大学出版社，1997.
[7] 张晨曦，王志英，等. 计算机系统结构教程[M]. 2 版. 北京：清华大学出版社，2014.
[8] 戴梅萼，史嘉权. 微型机原理与技术[M]. 2 版. 北京：清华大学出版社，2009.
[9] 艾德才，等. 微机接口技术实用教程[M]. 2 版. 北京：清华大学出版社，2009.
[10] 王克义. 微机原理与接口技术[M]. 2 版. 北京：清华大学出版社，2016.
[11] BARRY B. BREY. Intel 微处理器[M]. 8 版. 金惠华，艾明晶，尚利宏，等译. 北京：机械工业出版社，2010.
[12] DAVID A. PATTERSON，JOHN L. HENNESSY. 计算机组成与设计：硬件/软件接口[M]. 5 版. 王党辉，康继昌，安建峰，等译. 北京：机械工业出版社，2015.
[13] 高辉，张玉萍. 计算机系统结构[M]. 武汉：武汉大学出版社，2004.
[14] 余永权. 计算机接口与通信[M]. 广州：华南理工大学出版社，2005.